河南省"十四五"普通高等教育规划教材

工程项目管理

（第3版）

主　编　杨耀红　裴海峰
副主编　孙少楠　郜军艳
主　审　陈新元

U0171919

黄河水利出版社

·郑州·

内 容 提 要

本书的定位是水利工程类专业的管理教育用书,目的是把项目管理一般知识和水利工程项目管理特点相结合,系统、全面地介绍水利工程项目管理的理论与实践。从内容的编写安排上,注重三个特点:基于一般工程项目,突出水利工程项目特点;基于项目管理知识体系,突出水利工程项目管理特点;基于项目管理理论,结合水利工程项目管理实际。

本书主要供大学水利工程类专业高年级学生学习项目管理之用,也可以为从事水利工程项目管理的工作者提供参考。

图书在版编目(CIP)数据

工程项目管理/杨耀红,裴海峰主编. —3 版. —郑州:黄河水利出版社,2021.9

河南省"十四五"普通高等教育规划教材

ISBN 978-7-5509-3094-0

Ⅰ.①工⋯ Ⅱ.①杨⋯ ②裴⋯ Ⅲ.①水利工程管理-项目管理-高等学校-教材 Ⅳ.①TV512

中国版本图书馆 CIP 数据核字(2021)第 189315 号

策划编辑:杨雯惠 电话:0371-66020903 E-mail:yangwenhui923@163.com

出 版 社:黄河水利出版社 网址:www.yrcp.com

地址:河南省郑州市顺河路黄委会综合楼 14 层 邮政编码:450003

发行单位:黄河水利出版社

发行部电话:0371-66026940、66020550、66028024、66022620(传真)

E-mail:hhslcbs@ 126. com

承印单位:河南承创印务有限公司

开本:787 mm × 1 092 mm 1/16

印张:26

字数:600 千字 印数:1—3 100

版次:2009 年 11 月第 1 版 印次:2021 年 9 月第 1 次印刷

2014 年 8 月第 2 版

2021 年 9 月第 3 版

定价:48. 00 元

第 3 版前言

本书自 2014 年 8 月再版以来,受到广大读者的欢迎和关怀,对本书提出了不少希望和建议,并期望再次出版,在此表示衷心的感谢!

本书再版至今,新工科建设理念和课程思政对教材建设提出了新要求;工程项目管理的思想、理论和实践都有了新的发展,涌现出许多创新成果,尤其是新基建的推进为工程项目管理带来了更多的创新和变革;国家相继颁布了新的相关法规,水利行业也发布了许多新的相关政策和规范。河南省批准本教材为"十四五"规划建设教材,也是教材修订的强大推动力。

本次修订,仍然保持了原书的基本架构和特色,局部做了结构调整,对有关章节的内容做了删减和修改完善,主要包括:

(1)基于新工科建设要求、项目管理最新研究成果、工程管理实践成果和课程思政要求,对教材内容进行了全面的补充完善。

(2)对教材各章均补充了复习思考题。

(3)结合《项目管理知识体系指南(PMBOK 指南)(第六版)》,修订了部分章节内容。

(4)结合 2014 年以后颁布的法规、政策、规范进行修订,主要包括《中华人民共和国民法典》《水利工程建设项目管理规定》《水利工程建设程序管理暂行规定》《水利工程设计概(估)算编制规定》《职业健康安全管理体系要求及使用指南》《水利水电 BIM 标准体系》《水利工程建设项目档案管理规定》等。

(5)基于 BIM 技术、5G 技术、云技术、人工智能、大数据信息平台等最新计算机辅助水利工程项目管理理论和实践成果,修订了部分章节内容。

本次修订工作主要由华北水利水电大学杨耀红组织并最终统稿和定稿。各章修订情况如下:华北水利水电大学杨耀红负责编写第一、第二、第三、第十六章;内蒙古农业大学裴海峰负责编写第四、第九章;华北水利水电大学部军艳负责编写第五、第七、第八、第十二章;华北水利水电大学李智勇负责编写第六、第十、第十一章;华北水利水电大学孙少楠负责编写第十三、第十四、第十五章;同时得到了华北水利水电大学聂相田、王博等有关教师以及其他原版编写者的大力协助。

在修订过程中,吸取了有关专业人士、教师与学生的宝贵意见和建议,在此表示衷心感谢。

本书虽经再次修订,但书中难免仍有不足和不妥之处,敬请同行和读者不吝批评指正。

编　者

2021 年 8 月

第 2 版前言

本书自 2009 年 11 月出版以来,受到广大读者的欢迎和关怀,究其原因,是国家水利事业蓬勃发展所致。几年来,读者对本书提出了不少希望和建议,在此表示衷心的感谢。

本书自出版至今,工程项目管理的思想、理论和实践都有了新的发展,涌现出许多创新成果。同时,国家也颁布了新的有关法规,水利行业也发布了许多相关的政策和规范。在本书的修订过程中,注意反映新的理论和实践成果,并结合新的法规、政策和规范。

本次修订,保持了原书的基本架构和特色,局部做了结构调整,对有关章节的内容做了删减和修改完善,文字和内容力求更加简明,主要包括:

(1)结合《项目管理知识体系指南(PMBOK 指南)(第五版)》,修订了第一章中工程项目群管理的内容。

(2)结合新的法规、政策、规范,修订了第二章中项目决策阶段、设计阶段过程和程序管理的内容,招标投标和建设监理的内容,第七章中质量检测和评定的内容,第十一章中征地拆迁管理和移民管理的内容。

(3)基于内容匹配考量和学时限制,删减了部分内容,主要包括第二章中项目启动的内容,第六章中非确定性网络计划技术的内容,第十一章中环境管理和征地拆迁管理的内容,第十四章中沟通管理和冲突管理的内容。

(4)基于信息管理和计算机辅助项目管理的紧密性,把第十五章和第十六章整合为一章,并对内容进行了修改完善。

本次修订工作主要由华北水利水电大学杨耀红完成,并最终统稿和定稿,内蒙古农业大学裴海峰负责编写第九、十一、十二章,郑州大学崔家萍负责编写第十章,同时得到了华北水利水电大学聂相田、孙少楠、张俊华、郜军艳、付婷婷以及其他原版编写者的大力协助。

在修订过程中,吸取了有关专业人士、教师与学生的宝贵意见和建议,在此表示衷心感谢。

本书虽经修订,但限于编者水平,书中难免有一些不足和不妥之处,敬请同行和读者不吝赐教。

编　者

2014 年 8 月

前　言

随着水利工程项目管理的持续发展和深化,水利工程类专业的教育迫切需要结合水利工程项目特点的项目管理教材来进行水利工程类专业的管理教育。

本书的定位就是水利工程类专业的管理教育用书。目的就是把项目管理一般知识和水利工程项目管理特点相结合,系统、全面地介绍水利工程项目管理的理论与实践。从内容的编写安排上,注重三个特点:基于一般工程项目,突出水利工程项目特点;基于项目管理知识体系,突出水利工程项目管理特点;基于项目管理理论,结合水利工程项目实际。

全书共分 17 章,三大部分内容。第一部分包括第一章到第三章,阐述了水利工程项目管理的基本概念和过程,内容包括水利工程项目管理概述、水利工程项目过程和程序管理,以及水利工程项目计划、跟踪和控制;第二部分包括第四章到第十五章,结合项目管理知识体系阐述了水利工程项目管理的主要内容,包括水利工程项目的范围管理,组织管理,进度管理,资源管理,成本和资金管理,质量管理,风险管理,安全、环境和移民管理,合同管理,人员和团队管理,组织协调管理,信息管理;第三部分包括第十六章和第十七章,阐述了计算机辅助水利工程项目管理和水利工程项目管理发展。

本书的编写分工如下:华北水利水电大学杨耀红编写第一、三、五、十七章,并与华北水利水电大学张俊华共同编写第二章;河北农业大学赵君彦编写第四章;内蒙古农业大学黄永江编写第六、七章;内蒙古农业大学王慧明编写第八章;黑龙江大学魏天宇编写第九、十五章;河北农业大学牛丽云编写第十章;三峡大学陈林编写第十一、十二章;华北水利水电大学孙少楠编写第十三、十四章;张俊华编写第十六章。全书由杨耀红统稿。本书由三峡大学陈新元教授主审。

本书可作为高等院校水利工程类专业高年级学生学习项目管理的教材,也可供从事水利工程项目管理的工作者阅读参考。

本书编写中参考和引用了参考文献中的某些内容,谨向这些文献的作者表示衷心的感谢。

由于编者水平有限,书中难免有一些缺点和不足、不妥之处,敬请广大同行和读者不吝批评指正,以便以后改进。

编　者
2009 年 6 月

目　录

第一章　水利工程项目管理概述

　　项目的历史可追溯到遥远的过去,埃及的金字塔、中国的长城等工程项目已经被人们普遍誉为早期成功项目的典范。以兴利避害为目的的水利工程项目也一直伴随着中国社会历史发展进程,从早期的大禹治水到现在的南水北调、三峡水利工程等。项目管理除由于其应用于曼哈顿计划和阿波罗登月计划中所取得的巨大成功而受世人的关注和青睐外,在水利工程项目中的应用,也在逐步发展和深化。随着经济全球化的深化、知识经济的来临、信息技术的发展,尤其是互联网、大数据、5G 通信、云计算、人工智能的快速发展,项目管理尤其是工程项目管理也进入了一个全新的阶段。

第一节　工程项目和工程项目管理

一、项目和项目管理

(一)项目

1. 项目的概念

　　"项目"一词被广泛地应用于我们的工作和生活中,人们把许多的活动或工作都称为项目。从概念上讲,项目的定义也是逐步发展而来的,比如项目一般是指有组织的活动,随着社会的发展,有组织的活动又逐步分化为两种类型:一类是连续不断、周而复始的活动,人们称之为"运作"(Operation);另一类是临时性、一次性的活动,人们称之为"项目"(Project),如企业的技术改造活动、一项工程建设活动等。

　　关于项目的定义有很多,比如:美国的项目管理协会认为,项目是为创造独特的产品、服务或成果而进行的临时性工作;Harold Kerzner 博士认为,具有以下条件的任何活动和任务均可以称为项目:有一个将根据某种技术规格完成的特定的目标,有确定的开始时间和结束时间,有经费限制,消耗资源(如资金、人员、设备等)。这些定义都从不同侧面和角度揭示了项目概念的本质和内涵。

　　中国项目管理知识体系中对项目的定义为:从最广泛的含义讲,项目是一个特殊的将被完成的有限任务,它是在一定的时间内,满足一系列特定目标的多项相关工作的总称。此定义实际包含了三层含义:

　　(1)项目是一项有待完成的任务,有特定的环境与要求。

　　(2)在一定的组织机构内,利用有限资源(人力、物力、财力等),在规定的时间内完成任务。

　　(3)任务要满足一定性能、质量、数量、技术指标等要求。

　　我们在理解项目的定义时,应注意:①项目是一个系统的过程和结果的总称。项目是由组织进行的,但并不是说组织本身就是项目;项目的结果可能是某种产品或服务,但项目也不仅是结果本身。如一个"工程建设项目",我们应当把它理解为包括项目可研、设计、施工、安装调试、完工移交在内的整个过程以及工程建设成果(工程项目实体产品),不能仅是某个过程环节,也不能仅仅指建设产品结果。②项目的过程具有临时性、一次性、任务有限性,有明确的起点和终点,重复进行的活动或任务不是项目,这是项目过程区别于其他常规"活动和任务"的基本标志,也是识别项目的主要依据。同时,临时性并不意味着项目的持续时间短。③项目的约束特性。项目是在一系列约束条件的制约下来实施的。首先是目标约束性,项目的实施要达到预设的特定目标;其次是资源约束性,项目是利用有限的资源、在规定的时间内完成的;最后是过程约束性,即项目的任务要满足一定性能、质量、数量、技术指标等要求。

2. 项目的属性

结合项目的概念,项目的属性可归纳为以下七个方面:①唯一性;②一次性;③多目标属性;④生命周期属性;⑤相互依赖性;⑥冲突属性;⑦整体性。由上面关于项目的定义和属性可以看出,在我们的社会中可以发现有各种各样的项目,比如建造一座大楼、建设一座水电站、修建一条公路、开发新的复方药、再造组织业务流程、采购和安装计算机硬件系统、一个地区的石油勘探、开发一套计算机软件、研发一项新技术新工艺等。

(二)项目管理

从 20 世纪 70 年代开始,项目管理作为管理科学的重要分支,对项目的实施提供了一种有力的组织形式,改善了对各种人力和资源利用的计划、组织、执行和控制方法,引起了广泛重视,并对管理实践做出了重要贡献。企业要应对科技快速发展、环境复杂多变、市场需求升级等带来的新挑战,项目管理显得更为重要。

1. 项目管理的概念

管理是社会活动中一种普遍的活动。首先,管理是共同劳动的产物,是社会化大生产的必然要求。为了达到个人能力不能实现的共同目标,需要社会性的共同劳动,人们之间出现了分工与协作,于是,劳动过程中的"计划、决策、指挥、监督、协调"等功能日益明显起来,进而出现了组织的层次、权力和职责,即出现了管理。其次,管理是提高劳动生产率、合理利用资源的重要手段。管理者通过有效的计划、组织、控制等工作,合理利用人力物力资源,可以用较少的投入和消耗,获得更多的产出,提高经济效益。

管理活动虽然在实际工作中应用广泛,但对管理概念的理解却不统一。职能论学派主要将管理解释为计划、组织、指挥、协调和控制;决策论学派认为管理就是决策;行为科学学派认为管理就是以研究人的心理、生理、社会环境影响为中心,以激励职工行为为动机,调动人的积极性。目前,管理还未形成准确、统一的定义,但是,也从另一方面反映了管理内涵的丰富性。

"项目管理"给人的一个直观概念就是"对项目进行的管理",这也是其最原始的概念。它包括两个方面的内涵:①项目管理属于管理的大范畴;②项目管理的对象是项目。然而,随着项目管理实践的发展,项目管理的内涵得到了较大的充实和发展,现在的项目管理已是一种新的管理方式、一门新的管理学科的代名词。

"项目管理"一词有两种不同的含义,其一是指一种管理活动,即一种有意识地按照项目的特点和规律,对项目进行组织管理的活动;其二是指一种管理学科,即以项目管理活动为研究对象的一门学科,它是探求项目活动科学组织管理的理论与方法。前者是一种客观实践活动,后者是前者的理论总结;前者以后者为指导,后者以前者为基础。就其本质而言,两者是统一的。

项目管理就是以项目为对象的系统管理方法,通过一个临时性的专门的柔性组织,对项目进行高效率的计划、组织、协调和控制,以实现项目全过程动态管理和项目目标的综合协调与优化工作。

项目管理贯穿于项目的整个生命周期,对项目的整个过程进行管理。它是一种运用既有规律又经济的方法对项目进行高效率的计划、组织、指导和控制的手段,并在时间、费用和技术效果上达到预定目标。项目的特点也表明它所需要的管理及其管理办法与一般作业管理不同,一般的作业管理只须对效率和质量进行考核,并注重将当前的执行情况与前期进行比较。在典型的项目环境中,尽管一般的管理办法也适用,但管理结构须以任务(活动)定义为基础来建立,以便进行时间、费用和人力的预算控制,并对技术、风险进行管理。目前,项目管理已经应用在几乎所有的工业领域中。

2.项目管理的特点

项目管理与传统的部门管理相比最大特点是注重综合性管理,并且项目管理工作有严格的时间期限。项目管理必须通过不完全确定的过程,在确定的期限内生产出不完全确定的产品,日程安排和进度控制常对项目管理产生很大的压力,具体表现在以下几个方面:

(1)项目管理的对象是项目或被当作项目来处理的运作。项目管理是针对项目的特点而形成的一种管理方式,因而其适用对象是项目,特别是大型的、复杂的项目;鉴于项目管理的科学性和高效性,有时人们会将重复性"运作"中的某些过程分离出来,加上起点和终点当作项目来处理,以便于在其中应用项目管理的方法。

(2)项目管理的全过程都贯穿着系统工程的思想。项目管理把项目看成一个完整的系统,依据系统论"整体—分解—综合"的原理,可将系统分解为许多责任单元,由责任者分别按要求完成目标,然后汇总、综合成最终成果;同时,项目管理把项目看成一个有完整生命周期的过程,强调部分对整体的重要性,促使管理者不要忽视其中的任何阶段,以免造成总体效果不佳甚至失败。

(3)项目管理的组织具有特殊性。项目管理一个明显的特征就是其组织的特殊性,表现在以下几个方面:有了"项目组织"的概念;项目管理的组织是临时性的;项目管理的组织是柔性的;项目管理的组织强调其协调控制职能。

(4)项目管理的体制是一种基于团队管理的个人负责制。由于项目系统管理的要求,需要集中权力以控制工作正常进行。

(5)项目管理的方式是目标管理。项目管理是一种多层次的目标管理方式。由于项目往往涉及的专业领域十分宽广,而项目主管不可能成为每一个专业领域的专家,所以,项目主管只能以综合协调者的身份,向被授权的专家,讲明应承担工作的意义,协商确定目标,以及时间、经费、工作标准等限定条件。此外的具体工作则由被授权者独立处理。同时,经常反馈信息、检查督促并在遇到困难需要协调时及时给予各方面有关的支持。可见,项目管理只要求在约束条件下实现项目的目标,其实现的方法具有灵活性。

(6)项目管理的要点是创造和保持一种使项目顺利进行的环境。有人认为,"管理就是创造和保持一种环境,使置身于其中的人们能在集体中一道工作以完成预定的使命和目标"。这一特点说明了项目管理是一个管理过程,而不是技术过程,处理各种冲突和意外事件是项目管理的主要工作。

(7)项目管理的方法、工具和手段具有先进性、开放性。项目管理采用科学先进的管理理论和方法。如采用网络图编制项目进度计划,采用目标管理、全面质量管理、价值工程、技术经济分析等理论和方法控制项目总目标;采用先进高效的管理手段和工具,如使用最新信息技术成果等。

需要说明的是,以上所述是项目管理的一般特点,对于不同类型的项目,又各有其独特的管理内容和管理特点。比如就项目层次来说,宏观项目管理主要是研究项目与社会及环境的关系,也是指国家、区域性组织或综合部门对项目的管理,涉及各类项目的投资战略、投资政策和投资计划的制订,各类项目的协调与规划、安排、审批等;中观项目管理是指部门性或行业性机构对同类项目的管理,如建筑业、冶金业、航空工业等,它包括制订部门的投资战略和投资规划,项目的优先顺序,以及支持这些战略、顺序的政策,项目的安排、审批和验收等;微观项目管理是指对具体的某个项目的管理,项目管理主体不同,项目管理的内容、方法、制度等也不完全相同,项目管理不仅仅是项目业主对项目的管理,项目设计、施工、监理单位等也要对项目进行管理,甚至与项目有关的设备、材料供应单位,以及政府或业主委托的工程咨询机构也有项目管理的业务要求。

(三)项目管理知识体系

项目管理最基本的职能有计划、组织、协调与控制,这些职能涉及多方面的内容,这些内容可以按照不同的线索进行组织,一般按照项目管理的职能领域,把项目管理分为十大职能,即整合管理、范围管理、时间管理、成本管理、质量管理、资源管理、沟通管理、风险管理、采购管理和项目相关方管理,如图 1-1 所示。当然,项目的生命周期包括项目开始、组织与准备、项目执行和项目结束几个阶段,项目管理的主体包括业主、各承包商(设计、施工、供应等)、监理、用户等,项目管理过程包括启动过程、规划过程、执行过程、监控过程、收尾过程。这些职能,随着项目管理主体不同、项目所处阶段不同、项目管理过程不同,实施内容和侧重点有所不同。

二、工程项目

(一)工程项目的概念

我们日常所说的"工程"一词,有三种含义:第一种含义是指将自然资源最佳地转化为结构、机械、产品、系统和过程以造福人类的活动;第二种含义是上述活动的成果,例如港珠澳大桥、青藏铁路、三峡工程、神舟飞船等;第三种含义是从上述活动实践过程中总结

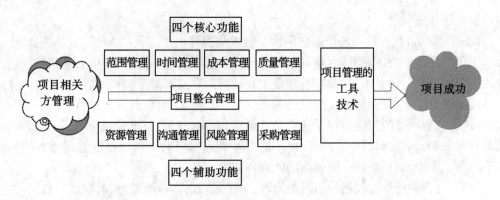

图 1-1　项目管理知识框架

提炼出来并吸收有关科学技术而形成的学科——工程科学。

对工程比较典型的定义有：

不列颠百科全书（Encyclopedia Britannica）对工程的解释为：应用科学原理使自然资源最佳地转化为结构、机械、产品、系统和过程以造福人类的专门技术。

《中国百科大辞典》把工程定义为：将自然科学原理应用到工农业生产部门中而形成的各学科的总称。

美国工程院（MAE）认为：工程的定义有很多种，既可以被视为科学应用，也可以被视为在有限条件下的设计。

《辞海》对工程的解释有两个：①将自然科学的原理用到工农业生产部门而形成的各学科的总称。这些学科是应用数学、物理学、化学、生物学等基础科学的原理，结合在科学实验与生产实践中所积累的经验而发展起来的。②指具体的施工建设项目。如京九铁路工程、南水北调工程等。《辞海》中的解释①与国际上普遍采用的解释基本上是一致的。

中国工程院咨询课题"我国工程管理科学发展现状研究——工程管理科学专业领域范畴界定及工程管理案例"研究报告中对工程的有关界定为：工程是人类为了特定的目的，依据自然规律，有组织地改造客观世界的活动。一般来说，工程具有产业依附性、技术集合性、经济社会的可取性和组织协调性，具体是指：工程建设；新型产品与装备的开发、制造和生产与技术创新；重大技术革新、改造、转型；产业、工程、重大技术布局与战略发展研究等领域。

将工程作为项目来进行管理，便是工程项目。工程项目是为了特定目标而进行的活动。建设工程项目便是常见的典型的工程项目。

（二）工程项目的特征

工程项目作为一种典型的项目类型，除了具有项目一般特点，同时具有以下特点：

（1）工程项目的对象是特定的、具体的。

虽然任何项目都有一定的目的和对象，但是工程项目的对象更加具体明确，就是一个工程技术系统，比如：具有一定生产能力的工厂，具有一定发电能力的电站，具有一定库容的水利枢纽，具有一定长度和等级的公路，具有一定功能的卫星等。

工程项目的对象具有一定的功能要求、有实物工程量等特性，这是工程项目的基本特性，是工程项目区别于其他项目的标志，整个工程项目的实施和管理都是围绕着这个特定的对象而展开的。

（2）工程项目具有较强的产业依附性和技术集合性。

工程项目所处的产业不同，具有不同的特点，比如建设产业的工程项目和机械制造产业的工程项目具有明显不同的特点；建设工程项目的产品都是不动产，而机械制造产业的产品大多是可以移动的；建设工程项目的实施是工程施工，而机械制造项目的实施是制造过程；建设工程项目的实施过程受自然条件约束和影响较大，而机械制造项目的实施受自然条件约束和影响相对较小等。而且，不同产业管理部门对工程项目的管理政策法规也各不相同。所以，工程项目具有较强的产业依附性。

同时，工程项目具有较强的技术集合性，每个工程的寿命周期过程，包括项目的产生、设计、实施或生产、验收等环节，均需要大量的技术支持，也就是说，工程项目本身包含了大量的工程技术，是一个技术集合体，所以工程项目具有较强的技术集合性。

（3）工程项目具有明确的性能和技术标准要求。

工程项目具有明确具体的对象，该对象是一个技术系统。工程项目完成该对象的目的就是要实现一定的功能要求，比如具有一定的产品生产能力或生产一定的产品，具有一定的装机容量或年发电量等。也就是说，工程项目具有明确的性能要求。同时，工程项目实施过程是十分复杂的，每项工作都需要达到一定的技术标准要求，这样才能保证最终的技术系统达到设定的性能。所以说，工程项目具有明确的性能和技术标准要求。

（4）工程项目的规模大、生命周期长。

工程项目实施的工程量一般较大，投资额也比较大，甚至达到上千亿元。同时，要完成如此大的工程量、如此大的投资额，需要大量的时间，而且工程建设完成后，能够运行较长时间，发挥工程预定的功能。所以说，工程项目的规模大、生命周期长。

（5）工程项目的参与主体多。

工程项目的工程量较大，实施过程也比较复杂，所以需要大量的参与方共同完成，并且密切联系和配合，才能完成。比如一个水库工程项目，需要投资方、勘测方、可研方、设计方、科研方、施工方、分包方、监理方，甚至包括贷款银行、保险机构、设备生产方、材料生产方、运输方等。所以，工程项目的参与主体多。

（三）工程项目的分类

工程项目的范围很广，一般包括工程建设，新型产品与装备的开发、制造和生产与技术创新，重大技术革新、改造、转型、产业、工程、重大技术布局与战略发展研究等领域。可以依据不同的分类标准和原则进行分类。比如可以依据工程项目所依附的行业进行分类，包括水利工程项目、交通工程项目、制造工程项目、电子工程项目、电力工程项目、航空航天工程项目等；也可以按照项目的性质分类，包括施工建设、产品开发、产品制造、技术革新等。并且还可以对每大类工程项目再进行细分，比如对于工程建设项目，按照建设项目的建设阶段分类，包括预备项目、筹建项目、施工项目、建成投产项目；按建设性质分类，包括新建项目、扩建项目、改建项目、迁建项目、恢复项目；按建设项目的规模和投资总量分类，包括大型项目、中型项目、小型项目；按建设项目的使用性质分类，包括公共工程项目、生产性产业建设项目、服务性产业建设项目、生活设施建设项目等。

三、工程项目管理

(一)工程项目管理的概念

目前,国内外对工程管理有多种不同的解释和界定,其中,美国工程管理协会(ASEM)的解释为:工程管理是对具有技术成分的活动进行计划、组织、资源分配以及指导与控制的科学和艺术。美国电气电子工程师协会(IEEE)工程管理学会对工程管理的解释为:工程管理是关于各种技术及其相互关系的战略和战术决策的制定及实施的学科。中国工程院咨询项目《我国工程管理科学发展现状研究》报告中对工程管理也做了界定:工程管理是指为实现预期目标,有效地利用资源,对工程所进行的决策、计划、组织、指挥、协调与控制。一般来说,工程管理具有系统性、综合性、复杂性。

目前,工程管理的含义越来越广泛,一些新领域的工程管理不断得到重视。

工程管理在我国常常被误认为单指对土木工程建设项目的管理。实际上,工程管理既包括重大工程建设项目实施中的管理,譬如,工程规划与论证决策、工程勘察与设计、工程施工与运行管理等,也包括重要复杂的新产品、设备、装备在开发、制造、生产过程中的管理,还包括技术创新、技术改造、转型、转轨、与国际接轨的管理,而产业、工程和科技的重大布局与发展战略的研究和管理等,也是工程管理工作的基本领域。

概括地说,工程管理是一门关于计划、组织、资源分配以及指导与控制带有技术成分经济活动的科学和艺术。所以,工程管理一般可界定为:对于具有技术集合性和产业依附性特征的各种工程所进行的各种管理工作。

但需要特别说明的是,本书后面所讨论的工程主要针对建设工程,建设工程主要包括决策、实施和运行三个阶段,而项目管理主要应用在建设工程的决策和实施阶段,所以,在此讨论的工程项目管理主要是建设工程项目的决策和实施管理。

(二)工程项目管理的特点

1. 工程项目管理具有严格的程序和过程要求

工程项目实施具有其自身的科学规律,国家有关部门也根据工程项目实施的客观规律,用法律规章的形式对工程项目实施程序和过程提出要求。比如水利部的水利工程建设程序管理暂行规定,就对水利工程的实施程序和过程进行了严格的规定,把水利工程项目的实施过程依次分为八个阶段,即项目建议书、可行性研究报告、施工准备、初步设计、建设实施、生产准备、竣工验收、后评价等阶段,所有的水利工程项目的建设实施必须按此程序进行,水利工程项目管理也应遵守此程序规定。

2. 工程项目管理具有严格的资金限制和时间限制

由于工程项目的投资额较大,对工程投资方,有时甚至对区域经济或国家经济都有较大影响,所以工程项目管理对工程投资额的确定以及项目资金的使用都有严格规定。比如水利工程项目,从项目可行性研究阶段的投资估算、初步设计阶段的设计概算、工程招标阶段的合同价确定、工程实施阶段的成本控制,到竣工验收阶段的工程造价确定,都有严格规定。

同时,由于工程项目实施的工期长,受自然等外界因素的影响较大,所以,工程项目管理具有严格的时间限制,否则,工程按期完工的可能性会降低。比如水利工程项目实施中,在进度计划中设有里程碑工期,如临时工程完成时间、截流时间、第一台机组发电时间等。在设定的截流时间如果不能完成截流工程,有可能导致整个工程的工期延长。

3. 工程项目管理具有特殊的组织和法规条件

由于社会化大生产和专业化分工,工程项目都有大量的参与方。要保证项目按计划有序实施,必须建立严密的项目组织。而项目组织又不同于一般的企业或机构组织,它是一次性组织,随项目的产生而产生,随项目的结束而消亡。项目各个参与方除有自己的组织以完成自己的工作外,又同时是整个项目组织的一部分,组织之间需要以合同为纽带,既分工负责,又相互协作,形成高效的项目组织系统。所以,工程项目管理具有特殊的项目组织。

同时,不同于一般项目的实施,工程项目实施要受到大量的、有针对性的法规的约束。比如水利工程项目管理,除受一般的合同法、税法、环境保护法等的约束外,国务院以及水利行业行政管理部门就工程的实施程序、招标投标、质量管理、工程监理、工程设计、工程施工、工程验收等,颁布了大量的行政法规和规章,水利工程项目管理还受到这些法规的约束。

4. 工程项目管理具有复杂性和系统性

工程项目管理的复杂性和系统性是由工程项目的特点决定的。随着工程行业的发展,工程项目越来越呈现如下特征:投资额巨大,规模大,涉及面广;技术更加复杂,需要大量的技术创新;参与方越来越多,组织越来越复杂;质量要求越来越高,工程进度越来越紧。同时,工程实施在追求传统的进度快、质量好、成本低等多重目标的同时,还要注重资源节约利用、生态影响小、环境负作用小等目标。所以,工程项目管理具有复杂性,需要基于系统观念,进行系统分析、系统管理和复杂性管理,才能使工程项目管理取得良好的效果。

(三) 工程项目管理的基本目标、基本职能和主要内容

1. 工程项目管理的基本目标

进行工程项目管理,就是为了在限定的时间内,在有限资源约束下,在保证工程质量的基础上,以尽快的速度、尽可能低的投资(或成本、费用)完成项目任务,提交工程产品或服务。所以,工程项目管理有三个基本目标:专业目标(工程功能、工程质量、生产能力等)、工期目标、投资(费用、成本)目标。把这几个目标组成一个三维空间,它们共同构成项目管理的目标体系,如图1-2所示。

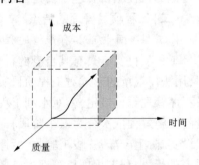

图1-2　工程项目目标

工程项目管理的三大目标通常由项目建议书、技术设计文件、合同文件具体确定,工程项目管理就是针对工程项目对象,围绕三大目标的实现来进行的。所以应该注意工程项目管理三大目标的关系和特征。

(1)三个目标共同构成工程项目管理的目标系统,互相联系,相互影响,某一个方面的变化必然引起另外两个方面的变化。

(2)三个目标在项目策划、设计、计划过程中经历由总体到具体、由简单到详细的过程。并且在项目的实施过程中,又把三个目标分解成详细的目标系统,落实到具体的各个子项目(或活动、任务、工作)上,形成一个具体的目标控制体系,才能保证工程项目管理总体目标的实现。

(3)工程项目管理必须保证三个目标结构关系的均衡性和合理性,不能片面强调某个方面,而忽视其他方面。质量目标是对工程的原材料、施工工艺等提出的质量要求,是用低限控制的目标;时间目标是完成工程的进度要求,是用高限控制的目标;成本目标是完成工程所需的资金,是用高限控制的目标。这三个目标不是完全的正相关关系,比如当进度较快时,质量会降低,但成本会增加。三者的均衡性和合理性不仅体现在总目标上,也表现在项目各项工作上,构成工程项目管理内在关系的基本逻辑。

所以,工程项目管理的过程,就是在一系列约束条件的制约下,在各种因素的影响下,在工程成本额的控制下,按照工程的质量要求和时间要求完成工程建设任务;或者说,是在保证工程质量和进度的前提下,不突破工程计划成本额完成工程。也就是说,要对三个目标进行权衡,并全面进行有效控制。

2. 工程项目管理的基本职能

管理职能是指管理者在管理过程中所从事的工作,有关管理职能的划分目前还不够统一。根据工程项目管理的职能,工程项目管理可以概括为:在工程项目生命周期内所进行的计划、组织、协调、控制等管理活动,其目的是在一定的约束条件下最优地实现工程项目的预定目标。

1)计划职能

"不打无准备之仗"。计划是管理职能中最基本的一项职能,也是管理各职能中的首要职能。项目的计划管理,就是把项目目标、全过程和全部活动纳入计划轨道,用一个动态的计划系统来协调控制整个项目的进程,随时发现问题、解决问题,使工程项目协调有序地达到预期目标。

计划有两个基本含义:一是计划工作,即确定项目的目标及实现这一目标过程中的子目标和具体工作内容;二是计划方案,即根据实际情况,通过科学预测与决策,权衡客观的需要和主观的可能,提出在未来一定时期内要达到的目标以及实现目标的途径。

2)组织职能

组织是项目计划和目标得以实现的基本保证。管理的组织职能包括两个方面:一是组织结构,即根据项目的管理目标和内容,通过项目各有关部门的分工与协作、权力与责任,建立项目实施的组织结构;二是组织行为,通过制度、秩序、纪律、指挥、协调、公平、利益与报酬、奖励与惩罚等组织职能,建立团结与和谐的团队精神,充分发挥个人与集体的能动作用,激励个人与集体的创新精神。

3)协调职能

项目在不同阶段、不同主体、不同部门、不同层次之间,以及项目和外部环境之间,存在大量的联系和冲突,需要进行协商与沟通,这是项目管理的重要职能之一。协调的目的就是要正确处理项目实施过程中总目标与阶段目标、全局利益与局部利益等之间的关系,保证项目活动顺利进行和项目目标的顺利实现。比如,在水利工程项目管理中,需要与当地政府各有关部门之间进行多方面的联系和沟通,做好外部协调工作,为项目建设提供良好的建设环境和外部保证。

4)控制职能

在工程项目实施过程中,根据项目实施计划,通过预测、检查、对比分析和反馈调整,对项目实行有效的控制,是工程项目管理的重要职能。项目控制的方式是在项目实施过程中,通过事前预测、事中监督检查和事后反馈对比,把项目实际情况与计划对比,若实际与计划之间出现偏差,则应分析其产生的原因,及时采取措施纠正偏差,力争使实际执行情况与计划目标值之间的差距减小到最低程度,确保项目目标的顺利实现。

3. 工程项目管理的主要内容

工程项目管理的目标是通过项目管理工作来实现的。为了实现工程项目目标,必须对项目进行全过程、多方面的管理。工程项目管理的主要内容,从不同的角度,有不同的描述:

按照一般管理工作的过程,工程项目管理可分为预测、决策、计划、实施、控制、反馈等工作。

按照系统工程方法,工程项目管理可分为确定系统目标、进行系统分析、制订系统方案、实施系统方案、跟踪检查和对系统进行动态控制等工作。

按照工程项目的实施过程,工程项目管理可分为:项目目标设计阶段的管理,包括项目建议书、可行性研究、项目评估以及初步设计工作;项目实施阶段的管理,进行工程施工准备、工程实施、试运行和竣工验收,包括计划工作、组织工作、信息管理、控制工作等;项目后评价阶段的管理。

按照工程项目管理的工作任务划分,通常包括以下几个方面的工作:

(1)工程项目整合管理,包括制定项目章程、制订项目管理计划、指导与管理项目工作、监控项目工作、实施整体变更控制、结束项目或阶段等。

(2)工程项目范围管理,包括规划范围管理、收集需求、定义范围、创建工作分解结构(WBS)、确认范围、控制范围等。

(3)工程项目资源管理,包括规划资源管理、估算活动资源、获取资源、控制资源等。

(4)工程项目进度管理,包括进度计划管理、定义活动、排列活动顺序、估算活动持续时间、制订进度计划、控制进度等。

(5)工程项目成本管理,包括规划成本管理、估算成本、制定预算、控制成本等。

(6)工程项目质量管理,包括规划质量管理、管理质量、控制质量等。

(7)工程项目安全管理,包括安全管理计划、安全控制、安全事故处理等。

(8)工程项目环境管理,包括环境管理计划、环境保护、环境监测评估等。

(9)工程项目移民管理,包括移民计划、移民实施、移民监测评估等。

(10)工程项目组织管理,包括确定项目管理模式,组建项目管理机构,确定组织结构、职责及工作流程等。

(11)工程项目人力资源管理,包括规划人力资源管理、组建项目团队、建设项目团队、管理项目团队等。

(12)工程项目沟通管理,包括规划沟通管理、管理沟通、监督沟通、管理冲突等。

(13)工程项目采购与合同管理,包括采购计划、采购实施、合同策划、合同签订、合同履行、合同纠纷与争议处理、合同担保等。

（14）工程项目风险管理,包括规划风险管理、识别风险、实施定性风险分析、实施定量风险分析、规划风险应对、实施风险应对和监督风险等。

（15）工程项目相关方管理,包括识别相关方、规划相关方参与、管理相关方参与、监督相关方参与等。

（16）工程项目信息管理,包括信息管理计划、信息沟通、信息技术应用、档案资料管理等。

第二节　水利工程项目和水利工程项目管理

一、水利工程项目

(一)水利工程项目的概念及特征

水利工程项目属于工程项目的一种类型,是基于工程项目的行业依附性所确定的一种工程项目类别。一般来说,水利工程项目是指防洪、排涝、灌溉、水利发电、引(供)水、滩涂治理、水土保持、水资源保护等各类工程项目及其配套和附属工程项目。

通过对水利工程项目的定义可以看出,水利工程项目除具有工程项目所具有的一般特征外,尚具有如下特征:

（1）水利工程项目都和水资源的开发、利用、管理、保护以及水灾害防治有关,水利工程项目的最终目的就是兴利除害。

（2）水利工程项目一般都涉及社会公共利益和公共安全,如引(供)水工程项目、灌溉项目是为了给社会大众谋福利,而防洪工程项目、河道整治工程项目是为了给社会大众提供安全的工作和生活环境。

(二)水利工程项目的分类

按照水利工程项目的对象,可以分为防洪工程项目、排涝工程项目、灌溉工程项目、水力发电工程项目、引(供)水工程项目、滩涂治理工程项目、水土保持工程项目、水资源保护工程项目等。

按照水利工程项目发挥作用的重要性,分为主体工程项目、配套工程项目、附属工程项目等。

按照水利工程项目建设的性质,分为新建、续建、改建、加固、修复等工程项目。

按照水利工程项目的空间分布特征,分为枢纽工程项目和引(供)水及河道工程项目,其中枢纽工程项目包括水库工程项目、水电站工程项目、其他大型独立建筑物工程项目等,引(供)水及河道工程项目包括引水工程项目、供水工程项目、灌溉工程项目、河湖整治工程项目、堤防工程项目等。

根据水利工程项目不同的社会效益、经济效益和市场需求等情况,将项目划分为生产经营性、有偿服务性和社会公益性三类项目。生产经营性项目包括城镇、乡镇供水项目、水电项目等,有偿服务性项目包括灌溉、水运、机电排灌项目等,社会公益性项目包括防洪、防潮、治涝、水土保持项目等。

按照水利工程项目的作用和受益范围,水利工程项目划分为中央项目和地方项目两类。中央项目是指跨省(自治区、直辖市)的大江大河骨干治理工程项目和跨省(自治区、直辖市)、跨流域的引水及水资源综合利用等对国民经济全局有重大影响的项目,地方项目是指局部受益的防洪除涝、城市防洪、灌溉排水、河道整治、供水、水土保持、水资源保护、中小型水电建设等项目。

当然还有其他一些分类方式,比如按是否必须进行招标投标、是否必须实行工程建设监理等标准进行分类,在此不再详细叙述。

二、水利工程项目管理

水利工程项目管理是指为实现预期目标,有效利用资源,对水利工程项目所进行的决策、计划、组织、指挥、协调与控制工作,也就是针对水利工程项目所进行的工程项目管理工作。

水利工程项目除具有一般工程项目管理所具有的系统性、综合性、复杂性外,还具有强制性的特点。国家水利行业行政管理部门针对水利工程项目的管理,颁布了一系列的规定,水利工程项目管理工作必须在此规定的框架内开展。《水利工程建设项目管理规定》中要求:水利工程建设项目管理实行统一管理、分级管理和目标管理。逐步建立水利部、流域机构和地方水行政主管部门以及建设项目法人分级、分层次管理的管理体系。水利工程建设项目管理要严格按建设程序进行,实行全过程的管理、监督、服务。水利工程建设要推行项目法人责任制、招标投标制和建设监理制,并积极推行项目管理。

(一)管理体制及职责

从管理体制及职责上,对水利部、流域机构、地方水行政主管部门以及项目法人分别做了具体的规定。

1. 水利部管理职责

水利部是国务院水行政主管部门,对全国水利工程建设实行宏观管理。水利部建设司是水利部主管水利建设的综合管理部门,在水利工程建设项目管理方面,其主要管理职责是:

(1)贯彻执行国家的方针政策,研究制定水利工程建设的政策法规,并组织实施。

(2)对全国水利工程建设项目进行行业管理。

(3)组织和协调部属重点水利工程的建设。

(4)积极推行水利建设管理体制的改革,培育和完善水利建设市场。

(5)指导或参与省属重点大中型工程、中央参与投资的地方大中型工程建设的项目管理。

2. 流域机构管理职责

流域机构是水利部的派出机构,对其所在流域行使水行政主管部门的职责。负责本流域水利工程建设的行业管理。

(1)以水利部投资为主的水利工程建设项目,除少数特别重大项目由水利部直接管理外,其余项目均由所在流域机构负责组织建设和管理。逐步实现按流域综合规划、组织建设、生产经营、滚动开发。

(2)流域机构按照国家投资政策,通过多渠道筹集资金,逐步建立流域水利建设投资主体,从而实现国家对流域水利建设项目的管理。

3. 地方水行政主管机构管理职责

省(自治区、直辖市)水利(水电)厅(局)是本地区的水行政主管部门,负责本地区水利工程建设的行业管理。

(1)负责本地区以地方投资为主的大中型水利工程建设项目的组织建设和管理。

(2)支持本地区的国家和部属重点水利工程建设,积极为工程创造良好的建设环境。

4. 项目法人管理职责

水利工程项目法人对建设项目的立项、筹资、建设、生产经营、还本付息以及资产保值增值的全过程负责,并承担投资风险。代表项目法人对建设项目进行管理的建设单位是项目建设的直接组织者和实施者。负责按项目的建设规程、投资总额、建设工期、工程质量,实行项目建设的全过程管理,对国家或投资各方负责。

(二)水利工程项目各阶段工作内容及建设主要参与方的职责

水利工程项目要严格按建设程序进行,各阶段的工作内容和程序详见第二章。其中建设实施期是参与方最多的阶段,项目建设单位要按批准的建设文件,充分发挥管理的主导作用,协调各方的关系,实行目标管理。各主要参与方的职责为:

(1)项目建设单位要建立严格的现场协调或调度制度。及时研究解决设计、施工的关键技术问题。从整体效益出发,认真履行合同,积极处理好工程建设各方的关系,为施工创造良好的外部条件。

(2)监理单位受项目建设单位委托,按合同规定在现场从事组织、管理、协调、监督工作。同时,监理单位要站在独立公正的立场上,协调建设单位与设计、施工等单位之间的关系。

(3)设计单位应按合同及时提供施工详图,并确保设计质量。按工程规程,派出设计代表组进驻施工现场解决施工中出现的设计问题。施工详图经监理单位审核后交施工单位施工。设计单位对不涉及重大设计原则问题的合理意见应当采纳并修改设计。若有分歧意见,由建设单位决定。如涉及初步设计重大变更问题,应由原初步设计批准部门审定。

(4)施工企业要切实加强管理,认真履行签订的承包合同。在施工过程中,要将所编制的施工计划、技术措施及组织管理情况报项目建设单位。

(三)对于水利工程项目的实施,要求实行"三项制度"改革

1. 法人责任制

对生产经营性的水利工程建设项目要积极推行项目法人责任制;其他类型的项目应积极创造条件,逐步实行项目法人责任制。

(1)工程建设现场的管理可由项目法人直接负责,也可由项目法人组建或委托一个组织具体负责,负责现场建设管理的机构履行建设单位职能。

(2)组建建设单位由项目主管部门或投资各方负责。

2. 招标投标制

属于招标投标范围的水利建设项目都要实行招标投标制。水利建设项目施工招标投标工作按国家有关规定或国际采购导则进行,并根据工程的规模、投资方式以及工程特点,决定招标方式。水利建设项目招标工作,由项目建设单位具体组织实施。招标管理按分级管理原则和管理范围划分如下：

（1）水利部负责招标工作的行业管理，直接参与或组织少数特别重大建设项目的招标工作，并做好与国家有关部门的协调工作。

（2）其他国家和部属重点建设项目以及中央参与投资的地方水利建设项目的招标工作，由流域机构负责管理。

（3）地方大中型水利建设项目的招标工作，由地方水行政主管部门负责管理。

3. 建设监理制

水利工程建设要全面推行建设监理制。

（1）水利部主管全国水利工程的建设监理工作。

（2）水利工程建设监理单位的选择，应采用招标投标的方式确定。

（3）要加强对建设监理单位的管理，监理工程师必须持证上岗，监理单位必须持证营业。

三、我国水利工程建设成就

我国历史上的郑国渠、灵渠、都江堰等水利工程展现了中国人民的勤劳、智慧和勇敢。新中国成立后，全国人民开展了大规模水利工程建设，兴水利除水害，建设成就举世瞩目，为我国经济和社会的长期持续稳定和高质量发展奠定了坚实的基础。一是基本建成以堤防为基础，江河控制性工程为骨干，蓄滞洪区为主要手段，工程措施与非工程措施相结合的防洪减灾体系；二是以跨流域调水工程、区域水资源配置工程和重点水源工程为框架的"四横三纵、南北调配、东西互济"的水资源配置格局初步形成；三是农田水利建设大幅度增加了农田有效灌溉面积，有力保障了国家粮食安全；四是水生态保护修复工程扎实推进，水生态环境面貌持续向好。比如：完成了包括以南水北调等工程为代表的引（调）水工程，以三峡工程等为代表的水电工程，以小浪底工程等为代表的防洪工程，以及大量的农田灌溉工程、河道治理工程、水土保持工程等，还有近年来大量实施的水资源保护、水环境治理、水生态修复工程等。这些工程的建设实施，大量是按照项目来进行管理的，尤其是改革开放后，伴随着水利科技创新能力不断增强，水利工程建设管理体制改革深入推进，水利工程项目管理在实践中不断创新，形成了具有中国特色的工程建设管理经验和理论，比如坚持以人民为中心，坚持服务国家经济社会发展大局，坚持保障国家安全，坚持遵循自然规律，坚持问题导向，坚持底线思维，坚持改革创新，坚持科技驱动。这些都体现了全国一盘棋、集中力量办大事等社会主义制度的优越性。

第三节　水利工程项目群管理

一、项目群管理

项目管理以其面向成果、基于团队、超越部门、柔性和动态管理等特点被组织管理者所关注，越来越多的组织实行管理项目化，以顺应"压缩组织规模、组织结构扁平化、借助外部资源、提供跨职能部门解决方案、建立学习型柔性组织"的现代管理潮流。项目管理也最终为组织带来广泛而明显的收益。

但是,只有有效的项目管理是远远不够的。这与组织的快速发展和复杂多变的环境有关。由于组织的快速发展,项目管理的数量和规模越来越大,组织发展战略与项目管理逐渐融为一体,需要基于组织战略而进行大量项目的协调管理。由于环境的复杂多变,项目的变更与日俱增,而变更的某些本质特征(如突发性)又是项目管理难以应对的,需要在组织战略实施中考虑应对变更。

处理这些问题需要具有组织全局的观点,既需要项目管理,又需要超越项目管理。项目群管理可以有效地在战略之间架构桥梁,并可随突发变更的出现和项目的变更而进行调整,是确保战略要求的实际贯彻和获得预期利益的重要手段。项目群管理的兴起并不标志着项目管理的贬值,相反,项目群管理能够更好地实现项目目标和组织目标。

需要说明的是,项目群管理包括项目管理知识体系指南(PMBOK 指南,第六版)中的项目组合管理和项目集管理。

(一)项目群的概念

项目群包括项目集和项目组合。

项目集是一组相互关联且被协调管理的项目、子项目集和项目集活动,以便获得分别管理所无法获得的利益。项目集中的项目通过产生共同的结果或整体能力而相互联系。如果项目间的联系仅限于共享业主、供应商、技术或资源,那么这些项目应作为一个项目组合而非项目集来管理。项目集可能包括所属单个项目范围之外的相关工作。一个项目可能属于某个项目集,也可能不属于任何一个项目集,但任何一个项目集中都一定包含项目。

项目组合是指为了实现战略目标而组合在一起管理的项目、项目集、子项目组合和运营工作的集合。项目组合中的项目或项目集不一定彼此依赖或直接相关。将项目组合组成部分合为一组能够促进这项工作的有效治理和管理,从而有助于实现组织战略和相关优先级。在开展组织和项目组合规划时,要基于风险、资金和其他考虑因素对项目组合组件排列优先级。项目组合方法有利于组织了解战略目标在项目组合中的实施情况,还能促进适当项目组合、项目集和项目治理的实施与协调。这种协调治理方式可为实现预期绩效和效益而分配人力、财力和实物资源。

例如,以投资回报最大化为战略目标的某基础设施公司,可以把油气、供电、供水、道路、铁路和机场等项目混合成一个项目组合。在这些项目中,公司又可以把没有关联关系的项目作为项目组合(子组合)来管理,如所有供电项目合成供电项目组合,所有供水项目合成供水项目组合。但是,如果几个项目是相关联的,如某发电项目、某输变电项目需要一起发挥供电功能,它们就应作为一个供电项目集来管理。

项目组合、项目集和项目之间的关系可以这样表述:项目组合是为了实现战略目标而组合在一起的项目、项目集、子项目组合和运营工作的集合。项目集包含在项目组合中,其自身又包含需协调管理的子项目集、项目或其他工作,以支持项目组合。单个项目无论属于或不属于项目集,都是项目组合的组成部分。虽然项目组合中的项目或项目集不一定彼此依赖或直接相关,但是它们都通过项目组合与组织战略规划联系在一起。

(二)项目群管理

项目群管理包括项目集管理和项目组合管理。

1.项目集管理

项目集管理就是在项目集中应用知识、技能、工具与技术来实现项目集的目标,获得分别管理项目集组成部分所无法实现的利益和控制。项目集组成部分指项目集中的项目和其他项目集。项目管理注重项目本身的相互依赖关系,以确定管理项目的最佳方法。项目集管理注重作为组成部分的项目与项目集之间的依赖关系,以确定管理这些项目的最佳方法。项目集和项目间依赖关系的具体管理措施可能包括:管理可能影响项目集内多个项目的项目集风险;解决影响项目集内多个项目的制约因素和冲突;解决作为组成部分的项目与项目集之间的问题;在同一个治理框架内管理变更请求等。

建立一个新的通信卫星系统就是项目集的一个实例,其所辖项目包括卫星与地面站的设计和建造、卫星发射以及系统整合。

2.项目组合管理

项目组合管理是指为了实现战略目标而对一个或多个项目组合进行的集中管理。项目组合中的项目集或项目不一定彼此依赖或直接相关。项目组合管理的目的是:指导组织的投资决策;选择项目集与项目的最佳组合方式,以达成战略目标;提供决策透明度;确定团队和实物资源分配的优先顺序;提高实现预期投资回报的可能性;实现对所有组成部分的综合风险预测的集中式管理;确定项目组合是否符合组织战略。其关注重点在于确定资源分配的优先顺序,并确保对项目组合的管理与组织战略协调一致。

3.项目组合管理、项目集管理和项目管理的关系

项目管理、项目集管理和项目组合管理既相互联系,又各具特征。为了理解项目组合管理、项目集管理和项目管理,识别它们之间的相似性和差异性非常重要。同时,还需要了解它们与组织级项目管理之间的关系。组织级项目管理是指为实现战略目标而整合项目组合、项目集和项目管理与组织驱动因素的框架,不断地以可预见的方式取得更好的绩效、更好的结果及可持续的竞争优势,从而实现组织战略。

项目组合、项目集和项目管理均需符合组织战略,或由组织战略驱动;反之,项目组合、项目集和项目管理又以不同的方式服务于战略目标的实现。项目组合管理通过选择正确的项目集或项目,对工作进行优先排序,以及提供所需资源,来与组织战略保持一致。项目集管理对项目集所包含的组成部分进行协调,对它们之间的依赖关系进行控制,从而实现既定收益。项目管理通过制订和实施计划来完成既定的项目范围,为所在项目集或项目组合的目标服务,并最终为组织战略服务。组织级项目管理把项目、项目集和项目组合管理的原则和实践与组织驱动因素联系起来,从而提升组织能力,支持战略目标。

从组织的角度对项目、项目集和项目组合管理进行比较,见表1-1。

表 1-1　项目、项目集与项目组合管理的比较

组织级项目管理

	项目	项目集	项目组合
定义	项目是为创造独特的产品、服务或成果而进行的临时性工作	项目集是一组相互关联且被协调管理的项目、子项目集和项目集活动，以便获得分别管理所无法获得的利益	项目组合是指为了实现战略目标而组合在一起管理的项目、项目集、子项目组合和运营工作的集合
范围	项目有明确的目标，范围在整个项目生命周期中渐进明细	项目集的范围包括项目集所有组件。通过确保各项目集组件的输出和成果协调互补，为组织带来效益	项目组合的组织范围随组织战略目标的变化而变化
变更	项目经理对变更和实施过程做出预期，实现对变更的管理和控制	项目集的管理方法是随着项目集各组件成果和/或输出的交付，在必要时接受和适应变更，优化效益实现	项目组合经理持续监督更广泛内外部环境的变更
规划	在整个项目生命周期中，项目经理渐进明细高层级信息，将其转化为详细的计划	项目集管理利用高层级计划，跟踪项目集组件的依赖关系和进展，项目集计划也用于在组件层级指导规划	项目组合经理建立并维护与总体项目组合有关的必要过程和沟通
管理	项目经理为实现项目目标而管理项目团队	项目集由项目经理管理，其通过协调项目集组件的活动，确保实现项目集预期效益	项目组合经理可管理或协调项目组合管理人员或对总体项目组合负有报告职责的项目集和项目人员
监督	项目经理在监控项目开展中生产产品、提供服务或成果的工作	项目集经理监督项目集组件的进展，确保整体目标、进度计划、预算和项目集效益的实现	项目组合经理监督战略变更和总体资源分配、绩效成果及项目组合风险
成功	成功通过产品和项目的质量、时间表和预算依从性以及客户满意度水平来衡量	成功通过项目集向组织交付预期效益的能力以及项目集交付所述效益的效率和效果来衡量	成功通过项目组合的总体投资效果和实现的效益来衡量

二、水利工程项目群管理

随着社会经济的发展,工程建设规模越来越大,工程项目呈现技术愈加复杂、投资多元化、参建单位多、不确定因素多、信息交互频繁、超常效益和广泛风险、社会和环境影响深远的特点。对于水利工程建设尤其如此,比如南水北调工程,干线包括东、中、西三条线,还包括受水区的大量配套工程。这些工程项目实际就是一个项目群,其中既有工程项目组合,也有工程项目集以及大量的工程项目,所以应该用项目群的管理方法进行管理。

(一)水利工程项目群集成方法

水利工程项目群,就是为了实现一个共同的组织目标,部分或全部由水利工程项目、水利工程项目集或水利工程项目组合组成的项目系统。水利工程项目群可以有几种集成方法:

(1)同属于一个大型水利工程系统的多个项目。这些所有的项目都是同一个大型工程项目的相对独立的一部分。比如三峡水利枢纽工程,包括大坝工程项目、电站工程项目、船闸工程项目等,可以认为这些项目组成了一个三峡水利工程项目群。再比如南水北调工程项目群等。

(2)为了同一个目的实施的相关的多个项目。比如,为了解决某个城市的防洪问题,需要修建堤防工程项目、水闸工程项目、泵站工程项目等,这些项目可以作为一个项目群进行管理。

(3)基于流域或区域规划的多个相关的水利工程项目。比如,某投资公司得到了某条河流的特许水资源开发经营权,在该流域需要建设的各个梯级电站工程项目,就组成了一个水利工程项目群。

(4)基于资源利用的水利工程项目群。就是基于共用某个或某些重要资源,比如大型施工设备等而形成的项目群。

(5)基于多个同类需统一管理的水利工程项目群。比如某个行政区内正在进行多座水库的除险加固工作,可以采用项目群管理的方式进行统一管理。

当然还有一些其他的水利工程项目群集成方法。

(二)水利工程项目群管理的作用

采用项目群管理的方法实施水利工程建设管理,主要作用如下:

(1)可以统一配置与管理资源,有利于资源调配和优化组合。水利工程项目实施中的两个主要因素是资源与进度,如采用单一项目管理的方式,则容易出现各个项目各扫门前雪,调度和配合非常困难,更谈不上资源的优化组合了。由于资源得不到保障,会影响进度。而采用项目群管理方式,实现了群内项目之间的资源与进度的有机平衡,项目群经理能根据项目群内部项目各自的优先顺序,合理调配资源,达到资源的最佳组合,提高资源利用效率。比如一些大型施工设备,可以在项目群内共用,一方面避免重复购买,增加成本;另一方面可以提高设备的使用效率,避免设备闲置。

(2)通过项目间的协调,有效提高项目组织管理效率。如果以单一项目管理模式去分别管理各个项目,那么对于多个项目的实施进度及实施质量进行管理的最大风险就是各项目之间管理接口的风险。由于各项目进度等具体情况各不相同,而各个项目都是各行其是,缺乏必要的沟通和配合,项目之间的接口界面缺乏清晰的界定,很容易形成多头管理、多头汇报、多头指挥的混乱局面,产生管理真空或者管理重叠,影响各个项目的实施,甚至导致项目的失败。尤其是对于同属于一个大型水利工程的项目群,这种优点尤其明显。

(3)实现知识共享,提高项目成功的保证率。一方面,对于在同一个项目群内部的多个组件的实施,项目群管理要求在组织战略层面上考虑群内各组件实施的进度安排和优先等级。每个组件实施获得的知识和经验可以与其他组件共享,互相指导和促进,如果以项目群管理思想统筹安排项目群各组件的实施,各个组件之间互相沟通配合,对每一个组件的实施都有促进与保证作用。另一方面,根据各个组件的具体进度和实施过程中的突发情况,项目群经理可以整合项目群内的信息、技术、流程、经验等,迅速有效地跨项目调动优秀的项目人员或团队进行应急处理,一是大大减少了培训成本,提高了管理效率;二是有利于每个组件目标的实现,有利于组织战略目标的实现。

(4)有利于实现组织的战略目标。项目群的规模往往是比较大的,项目实施的好坏,直接关系到组织的经济命脉及发展方向。以项目群管理思想进行项目群的规划、实施与管理,可以使高层管理者清晰掌握组织的战略目标,并通过对项目群的管理,最终实现组织的战略目标。比如对于水电开发公司,可以对水电站项目群进行总体的协调和管理,实现开发公司的战略目标。

(5)由系统统一决策代替单一分散决策,获得总体利益最大化。管理中有一种现象,就是个体理性导致群体非理性。对于多个水利工程项目来说,各个项目的项目经理针对其所负责的项目所进行的最优决策,对整个组织可能不是最优的,作为一个组织来说,所追求的是各个项目实施的总体结果最优,而不是单个项目的局部最优。采用项目群管理思想,项目群经理就可以从组织战略目标实现的角度来审视整个项目群,进行项目群级的优化和决策,获得总体利益的最大化。

(6)通过一体化采购或系列采购,有效降低成本或费用。由于水利项目群的规模一般较大,实施时间较长,消耗的资源量也较大。通过采用项目群管理思想,可以对资源和服务进行一体化采购或系列采购,和相关单位建立长期的互信合作关系,有效降低项目群成本。

(7)实现安全储备共享,有效降低项目实施的风险。项目群内每个组件的实施过程,会受到内外部环境的一系列因素的影响,给项目实施和成功带来风险,所以每个项目的实施都会有一定的安全储备,但每个项目的安全储备是有限的。采用项目群管理,可以有效整合项目群内每个组件的安全储备,实现共享,有效降低项目实施的风险。

第四节　水利工程项目管理系统及其环境

一、水利工程项目管理系统思想

按照系统理论,系统是具有特定功能的、相互间具有有机联系的许多要素所构成的一个整体,具有整体性、集合性、层次性、相关性、目的性等特点。由此定义可知,工程项目本身是一个系统。而水利工程项目是工程项目的一个类别,是依附于水利行业的工程项目,所以水利工程项目也是一个系统。

对于工程项目系统进行需求分析、可行性研究、投资风险分析、总体设计、可靠性分析、工程进度管理、工程质量管理、工程成本管理等工作,构成了工程项目管理系统。水利工程项目管理是以水利工程项目实体为对象,为实现预期的工期、成本、质量等目标,有效地利用资源,基于预测、决策、计划、控制等基本过程,对水利工程项目所进行的决策、计划、组织、指挥、协调与控制工作。所以,水利工程项目管理也是一个系统,是一个管理系统。

在水利工程项目管理中,系统思想和方法是最重要、最基本的管理思想和工作方法。这体现在水利工程项目管理中的目标确定、环境分析、编制计划、实施控制、组织设计以及对范围、质量、进度、成本、沟通、移民、信息等管理的各个方面。水利工程项目管理与系统工程理论和方法的联系是非常紧密的。

(一)水利工程项目管理系统

把水利工程项目管理作为一个系统,主要体现在以下几个方面:

(1)系统的对象是水利工程实体,是由目标设计和技术设计定义,通过实物模型、图纸、规范等来描述,并由项目实施完成的,它决定着项目的类型和性质,决定着项目的基本形象和最本质特征,决定着项目实施和项目管理的各个方面。该工程项目的对象实体可以采用结构分解的方法进行划分,关于结构分解方法将在其他章节叙述。

(2)水利工程项目管理的目标就是在保证工程质量的基础上,以最低成本、最快进度完成工程项目。该目标也具有系统特性,可以进行目标细分并用来控制系统的实施,需要动态地管理,以及总体的协调和均衡,避免过度强调某一个方面而忽视其他方面。

(3)水利工程项目管理组织是由项目的行为主体构成的系统。由于社会化大生产和专业分工,一个项目的参与方可能有几十个,甚至成百个,常见的有行政主管机构、项目法人、勘察单位、设计单位、监理单位、承包单位、分包方、材料供应方、设备供应方以及保险机构、贷款银行等。他们之间通过行政或合同的关系连接而形成一个庞大的组织体系。他们为了实现共同的项目目标系统各自承担着自己的职责,并享有相应的权益。所以,项目组织是一个目的明确、开放的、动态的、自我形成的社会组织体系。

(4)项目的活动组成了项目的行为系统。工程项目是由实现目标所必需的行为构成的,并通过各种各样的工程活动,解决提出的问题,完成上述任务,达到目标。所以,项目又是由许多活动构成的行为系统。这些活动之间存在各种各样的逻辑关系,构成有序的工作流程,形成一个动态的过程。项目的行为系统包括实现项目目标系统所有必需的工作,并将它们纳入计划和控制过程中。该行为系统保证项目实施过程程序化、合理化,均衡地利用资源,保持现场秩序,并可以保证各部分和各专业之间实现有利的、合理的协调。通过项目管理,将大量活动形成一个有序的、高效率的、经济的系统过程。项目的行为系统也是抽象系统,由项目结构图、网络、实施计划、资源计划等表示。

(二)采用系统思想的重要性

对于水利工程项目管理的参与者,必须首先确立基本的系统思想,其重要性主要体现在如下几个方面:

（1）采用系统思想，能够从全局、整体角度观察和解决问题。从共时性角度，要把水利工程项目管理看作由部分组成的整体，注重了解各部分之间的相互关系，从系统整体出发处理问题；从历时性角度，把水利工程项目管理看作由许多相互关联的阶段、步骤和工序等组成的过程，注重把握全局，从全过程出发协调好各个阶段。把水利工程项目管理作为一个系统，可以从全局和整体的高度，系统地观察问题，做全面、整体的计划和安排，系统地解决问题。

（2）基本系统思想的系统分析方法，尤其是结构化和过程化方法，是进行水利工程项目管理系统分析和系统设计的根本方法。水利工程项目管理首先利用系统分析方法将复杂的对象进行分解，以观察内部组成结构以及各部分之间的相互联系。然后，进行系统设计，做出决策并予以实施。在计划付诸实施时，要考虑系统结构各部分之间的联系、各个实施阶段之间的联系、各个管理职能的联系、组织的联系，而且还要考虑到与外界环境的联系，使它们之间互相协调、正常运行。所以，应强调综合管理、综合计划、综合控制，综合运用知识和措施，协调各方面的矛盾和冲突。

（3）采用系统思想方法是实现水利工程项目管理全局最优的根本保证。采用系统思想和方法，强调系统目标的一致性和协调性，强调项目的总目标和总效果，追求项目整体的最优化，这样可以避免出现两种情况：一是由于个体或部分的理性而造成全局非理性的情况；二是陷入局部最优，而非整体最优，这个整体包括系统的各个组成部分、各个层面和各个阶段。

（4）系统方法也是进行水利工程项目管理评价的基本方法。水利工程项目管理系统包括多个部分、多个方面、多个阶段以及它们之间的联系，系统的实施效果包括多个目标、多个指标，进行水利工程项目管理评价也需要采用系统的方法，从全局和整体角度做出科学合理的评价。

二、水利工程项目管理系统环境分析

任何一个系统都有一定的范围和边界，所以任何一个系统都存在于一定的环境之中。因此，它必然也要与外界环境产生物质、能量和信息的交换，外界环境对系统的内部结构和相互作用有影响，外界环境的变化必然会引起系统内部各要素及其关系的变化。系统必须适应外部环境的变化，不能适应环境变化的系统是没有持续生命力的，而只有能够经常与外界环境保持最优适应状态的系统，才是经常保持良好运行状态并不断发展的系统。

既然水利工程项目管理是一个系统，它必然也会受到环境的影响，主要体现在以下几方面：

（1）环境决定着对项目的需求，决定着项目的存在价值。

（2）环境决定着项目的技术方案和实施方案以及它们的优化。项目的实施受外部的政治环境、经济环境和自然环境等各方面的制约。项目需要外部环境提供各种资源，它们之间存在着多方面的交换，所以说项目的实施过程又是项目与环境之间互相作用的过程。任何项目必须充分地利用环境条件，如资源，周围的设施，现有的道路、水电、通信及运输条件，已有的社会组织，技术条件（人员、设施）等。同时，又要考虑环境的影响，如法律、经济、气候、运输能力、资源供应能力、场地的大小等。

（3）环境是产生风险的根源。在项目实施中，由于环境的不断变化，形成对项目的外部干扰，这些干扰会造成项目不能按计划实施，偏离目标，甚至造成整个项目的失败。所以说，环境的动态性极大地影响和制约着项目。

由上所述可见，环境对于项目及项目管理具有重大的影响。为了充分地利用环境条件，项目管理者必须在项目的设计、计划和控制中研究并把握环境与项目的交互作用，并预测环境风险对项目的干扰。所以，为了保证该系统能够良好地运行，就必须对系统所运行的环境进行分析，即水利工程项目管理环境分析。

水利工程项目管理环境分析包括内部环境分析和外部环境分析，在此只讨论外部环境，主要包括如下九个方面。

（一）政治环境

主要包括：政治局面的稳定性，有无宗教、文化、社会集团利益的冲突；当地政府对本项目提供的服务，办事效率，政府官员的廉洁程度；与项目有关的政策，特别对项目有制约的政策，或向项目倾斜的政策等。

目前，我国政治局面稳定，各民族和谐相处，共同发展，是进行水利工程建设的大好时机。而当地政府对该水利工程项目的态度、提供的服务和办事效率往往对工程项目管理的影响比较大。

（二）经济环境

主要包括：当地社会的发展状况，即所处的发展阶段和发展水平；当地的财政状况，国民经济计划的安排，重点投资发展的项目、领域、地区、工业布局及经济结构等；建设的资金来源，银行的货币供应能力和条件；市场情况，市场对项目或项目产品的需求，项目所需的建筑材料和设备供求情况及价格水平，劳动力供应以及价格；能源、交通、通信、生活设施的价格；物价指数等。

当地的经济发展状况和财政状况，对项目建设资金能否及时、足额到位有重大影响，尤其是地方配套资金比例比较高的水利工程项目，这是造成许多工程不能按期完工的重要原因。另外，当地施工企业的专业配套情况、建材和结构件生产、供应及价格等也对工程项目管理有重大影响。

（三）法规环境

水利工程项目在一定的法规环境中存在和运行，它必须受这些法规的制约和保护，这些法规包括与该水利工程管理有关的法律、规章和标准等。法律是由国家颁布的，行政法规由国务院颁布，地方法规由当地人大通过，规章包括地方政府的规章和国务院各部门的规章，标准和规范包括国家的、行业的和地方的。这些都会对项目管理造成制约和影响。所以，水利工程项目管理必须在这些法规的框架内开展。

（四）当地社会文化、意识环境

主要包括：项目所在地人的文化素质、价值取向、商业习惯，当地风俗和禁忌等。这些会反映在对工程实施的支持程度、工程涉及当地事务的协调难度等各个方面，尤其是涉及大量征地、移民的水利工程。

（五）当地社会资源环境

主要包括：项目所需的劳动力和管理人员状况，比如劳动力熟练程度、技术水平、工作效率、吃苦精神;劳动力的可培养、训练情况;当地教育,特别是相关的工程技术教育和职业教育情况等。还有社会的技术环境,即项目相关领域的技术发展水平、技术能力,解决项目运行和建设问题技术上的可能性等。

(六) 当地自然环境和工程自然条件

主要包括:可以供项目使用的各种自然资源的蕴藏情况,比如土料场、混凝土骨料等;自然地理状况,地震设防烈度及项目实施期间地震的可能性,地形地貌状况,地下水位;地质情况,如土类、岩层,可能的流沙、古河道、溶洞等;气候、气象条件,年平均气温、最高气温、最低气温,高温、严寒持续时间,雨雪量及持续时间,主要分布季节;河流的水文条件等。当地的自然环境和工程的自然条件会严重影响工程的顺利实施和运行。

(七) 当地社会服务设施条件

主要包括:场地周围的生活及配套设施,如粮油、副食品供应,文化娱乐,医疗卫生条件;现场及周围可供使用的临时设施;现场周围公用事业状况,如水、电的供应能力,排水条件;现场以及通往现场的运输状况,如公路、铁路、水运、航空条件、承运能力、费用等;各种通信条件、能力及价格等。

(八) 各项目参加者情况

主要包括:项目业主的基本状况、能力,对项目的要求,基本方针和政策;工程设计方、监理方、承包方等的基本情况;质量监督机构、工程审计机构的基本情况。

(九) 知识环境

知识环境主要指可为工程项目的决策和实施提供有效支持信息的条件,如类似工程的工期、成本、效率、存在问题、经验和教训等。在市场经济条件下,同类工程的信息和知识对管理者目标设计、可行性研究、设计、计划和实施决策等有很大的影响。

当然,一个水利工程项目的环境非常复杂,可能还涉及其他方面。对水利工程项目管理系统环境分析是一项非常重要的工作。

复习思考题

1. 简述项目的概念和属性。
2. 简述项目管理的概念和特点。
3. 结合某个水利工程项目,简要说明工程项目的特征和工程项目管理的特点。
4. 结合某个水利工程项目群,简述项目、项目集和项目组合之间的关系。

第二章　水利工程项目过程和程序管理

过程和程序管理是水利工程项目管理的重要内容。本章在讨论过程和程序管理及项目生命周期一般概念的基础上,首先讨论了水利工程项目建设程序中的决策阶段、初步设计阶段、实施阶段和终止阶段的内容。而在水利工程项目管理实践中,尤以实施阶段的程序和内容最复杂。在该阶段,基于项目法人责任制、招标投标制、建设监理制,形成了以国家宏观监督调控为指导,项目法人责任制为核心,招标投标制和建设监理制为服务体系的建设项目管理体制基本格局。市场三元主体(以项目法人为主体的工程招标发包体系,以设计、施工和材料设备供应为主体的投标承包体系,以及以建设监理单位为主体的技术服务体系)以经济为纽带,以合同为依据,相互制约,形成了水利工程项目实施阶段的基本程序和内容,所以本章也介绍了三项制度的基本内容。

第一节　水利工程项目生命周期和建设程序

一、项目管理过程

过程是一系列吸收投入并创造产出的连续程序,不仅仅是任务或功能的集合。过程是通过投入和产出来识别和定义的,能够不断改进,并可以度量和重复。同时,过程必须是一系列连续的程序,这里的连续是指一个过程包括互相关联而且彼此有效结合的程序,是可以理解和管理的。

项目管理过程是对整个项目实行管理和控制的过程,是为了使项目成为一个有机整体所进行的管理工作。每个项目管理过程通过合适的项目管理工具和技术将一个或多个输入转化成一个或多个输出。一个过程的输出,要么是另一个过程的输入,要么是项目或项目阶段的可交付成果。项目管理过程适用于各个行业各类项目。

项目管理过程代表了为带来项目结果所采取的一系列管理行为。各项目管理过程通过它们所产生的输出建立逻辑联系。过程可能包含了在整个项目期间相互重叠的活动,过程迭代的次数和过程间的相互作用因具体项目的需求而不同。过程分类方法有很多种,《PMBOK 指南》按达成项目特定目标的逻辑把过程归纳为五大类,即五大过程组。包括:启动过程组,是定义一个新项目或现有项目的一个新阶段,授权开始该项目或阶段的一组过程;规划过程组,是明确项目范围,优化目标,为实现目标制订行动方案的一组过程;执行过程组,是完成项目管理计划中确定的工作,以满足项目要求的一组过程;监控过程组,是跟踪、审查和调整项目进展与绩效,识别必要的计划变更并启动相应变更的一组过程;收尾过程组是正式完成或结束项目、阶段或合同所执行的过程。

项目管理就是通过合理运用与整合按逻辑分组的项目管理过程而得以实现的。这些过程在项目的每个时期都可能重复进行,而且这些过程之间还可能出现重叠。比如规划过程和控制过程有可能重叠,因为当出现进度拖延、资源改变等情况时,在控制的同时,需要重新计划。项目是一次性的活动,是不能重复的。但项目管理过程是可以重复的,并可以用于不同的项目。只有这样,才能将成功的项目管理过程应用于不同项目,取得一个又一个项目的成功。

二、项目生命周期

项目是一次性的、连续的渐进过程,从项目开始到项目结束,构成项目的整个生命周期。项目生命周期指项目从启动到完成所经历的一系列阶段。它为项目管理提供了一个基本框架,不论项目涉及的具体工作是什么,这个基本框架都适用。

项目阶段是一组具有逻辑关系的项目活动的集合,通常以一个或多个可交付成果的完成为结束。这些阶段之间的关系可以是顺序、迭代或交叠。

不同项目,其生命周期的内容不同,划分的阶段也不同,比如建设项目可以分为项目概念形成、可行性研究、规划和设计、施工、移交和投产等阶段;世界银行贷款项目的生命周期分为项目选定、准备、评估、谈判、实施和后评价六个阶段;一个软件项目包括需求分析、概要设计、详细设计、编码、测试、维护和管理几个阶段;一个药品开发项目包括基础研究、动物实验、临床实验、审批和投产等阶段;对于一个会议、一次演出活动、一个电子产品开发等项目,其活动内容和阶段又各有其特点。但是,不管项目阶段的内容和划分如何不同,大多数项目生命周期都可以大致归纳为四个阶段:萌芽阶段(项目建议书和启动)、成长阶段(项目规划、设计和评估)、成熟阶段(项目实施和控制)、变质阶段(项目完成和结尾)。

每个项目阶段都有其时间性和工作内容,而且是以交付某种成果为完成标志的,也只有完成该阶段的工作,下一阶段才有了输入,才能进入下一阶段。比如,当完成了项目的可行性研究,需要提交可行性研究报告,才能进入设计或研发阶段。所以,需要设立阶段关口(也可称为阶段审查、阶段门、关键决策点和阶段入口或阶段出口),即在项目阶段结束时,将项目的绩效和进度与项目和业务文件比较,以便做出项目决策。当然,有时各个阶段之间可能会有搭接的情况,以加快项目进展,但此时需要进行精心的阶段安排。

有许多方法来考察项目的生命周期。从项目资源投入强度或完成的工作来看,项目开始时,项目概念正在建立,投入资源较少;随着项目的进程深入,确定项目计划,项目活动增加,资源投入逐步增多;当接近结束时,资源的投入又迅速降低。该过程可以用图2-1表示。

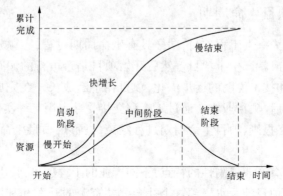

图2-1　项目生命周期模型

若从生命周期各阶段来考察项目的管理活动,项目管理的内容是以其生命周期过程为重点展开的,它能使人们从开始到结束对项目有个全面系统而又完整的了解。项目各个阶段完成的主要管理工作见表 2-1。

表 2-1　项目的生命周期及各阶段主要管理工作

C(概念阶段)	D(开发阶段)	E(实施阶段)	F(收尾阶段)
· 明确需求、策划项目 · 调查研究、收集数据 · 确立目标 · 进行可行性研究 · 明确合作关系 · 确定风险等级 · 拟订战略方案 · 进行资源测算 · 提出组建项目组方案 · 提出项目建议书 · 获准进入下一阶段	· 确定项目组主要成员 · 项目最终产品的范围界定 · 实施方案研究 · 项目质量标准的确定 · 项目的资源保证 · 项目的环境保证 · 主计划的制订 · 项目经费及现金流量的预算 · 项目的工作结构分解（WBS） · 项目政策与程序的制定 · 风险评估 · 确认项目有效性 · 提出项目概要报告 · 获准进入下一阶段	· 建立项目组织 · 建立与完善项目联络渠道 · 实施项目激励机制 · 建立项目工作包,细化各项技术需求 · 建立项目信息控制系统 · 执行 WBS 的各项工作 · 获得订购物品及服务 · 指导/监督/预测/控制:范围、质量、进度、成本 · 解决实施中的问题	· 最终产品的完成 · 评估与验收 · 清算最后账务 · 项目评估 · 文档总结 · 资源清理 · 转换产品责任者 · 解散项目组

项目的生命周期模型一旦建立,必须随着对项目了解程度的加深而改进,主要表现为项目的成本、时间、绩效等随着项目生命周期的进展而不断变化,对项目的资源需求、知识应用等也有变化。所以,项目管理者需要及时对项目的工作包、资源等进行动态调整以应对变化,逐步消除项目生命周期中的不确定性,并最终完成项目。

三、水利工程项目生命周期

水利工程项目作为一类工程项目,同样具有生命周期过程,它源于一个概念、想法的产生,并和资金相结合,就产生了项目。然后开始项目是否可行的调查研究,随着想法的逐步明晰,项目图纸和技术说明的逐步深化,项目在不断成长。在完成施工准备后,开始施工建设。完成项目后,项目业主会通过竣工移交接受并占用工程实体,负责工程的管理和维护,直到项目最终报废,项目生命周期过程结束。所以,项目生命周期模型同样适用于水利工程项目。

由于工程项目具有产业依附性的特点,不同产业的工程项目,其生命周期的阶段划分有所不同。水利工程项目涉及水资源这个社会公共资源的开发和利用问题,多属于涉及社会公共利益、公共安全的项目,水利工程项目的涉及面广,影响大,生命周期长,投资大,所以国家对水利工程项目的生命周期进行详细、严格的约束和管理,明确了水利工程项目的建设程序,而且把该程序规定为一个严格的结构化过程。

在此,要注意水利工程项目生命周期的特点:

一方面,水利工程项目建设程序中明确了水利工程项目生命周期划分的几个阶段,阶段之间的关系是先后顺序关系,不是迭代或交叠关系,即阶段之间是不能交叉并行的,禁止"三边"(边勘测、边设计、边施工)工程。水利工程项目管理工作必须按照该程序顺序开展。

另一方面,水利工程项目建设程序中明确了水利工程项目生命周期各阶段的工作内容,只有充分、全面完成了某个阶段的工作内容并通过阶段审查后,才能开展下一个阶段的工作,这对于保证工程的顺利实施是非常重要的,比如避免了由于某项工作虽然缺少必要的分析论证使决策合理性不足,但由于受到特殊支持而通过的情况,如"三拍"(拍脑袋决策、拍胸脯实施、拍屁股走人)工程。

四、水利工程项目建设程序

建设程序是指由行政性法规、规章所规定的,进行基本建设所必须遵循的阶段及其先后顺序。这个法则是人们在认识客观规律,科学地总结建设工作实践经验的基础上,结合经济管理体制制定的。它反映了项目建设所固有的客观规律和经济规律,体现了现行建设管理体制的特点,是建设项目科学决策和顺利进行的重要保证。国家通过制定有关法规,把整个基本建设过程划分为若干个阶段,规定每一阶段的工作内容、原则以及审批权限。建设程序既是基本建设应遵循的准则,也是国家对基本建设进行监督管理的手段之一。坚持建设程序,有利于依法管理工程建设,保证正常的建设秩序;有利于保证建设投资决策的科学性、合理性,实现投资效果;有利于顺利实施工程建设,保证工程质量。

我国的工程项目建设程序是在社会主义建设中,随着人们对项目建设认识的日益深化而逐步建立、发展起来的,并随着我国经济体制改革的深入得到进一步完善。1952年,我国出台了第一个有关建设程序的全国性文件,对基本建设的阶段做出了初步的规定,之后,又对加强规划和设计等工作做出了进一步的规定。改革开放以后,加快了改革和完善建设程序的步伐。直到1995年,水利部《水利工程建设项目管理规定(试行)》(水利部水建〔1995〕128号文)规定了水利工程建设程序,1998年颁布了《水利工程建设程序管理暂行规定》(水利部水建〔1998〕16号文),并在2014年、2016年、2017年和2019年分别做了四次修正,最终确定的水利工程建设程序包括项目建议书、可行性研究报告、施工准备、初步设计、建设实施、生产准备、竣工验收、后评价等阶段。

水利工程项目建设程序中,通常将项目建议书、可行性研究报告作为一个大阶段,称为项目建设前期阶段或项目决策阶段;施工准备、初步设计、建设实施的建设活动作为另一大阶段,称为项目建设实施阶段或项目实施阶段;生产准备、竣工验收、后评价是项目收尾阶段或项目终止阶段。水利工程建设程序各阶段相关的主要工作如图2-2所示。

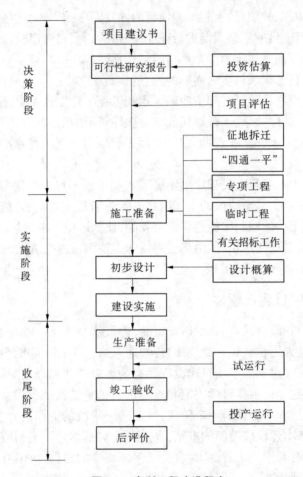

图 2-2　水利工程建设程序

第二节　水利工程项目决策阶段的过程和程序管理

决策阶段,包括项目建议书和可行性研究报告,目的是进行项目全面的分析讨论,给出充分的理由,说明并确定项目是否可行。该过程也叫项目论证。

一、水利工程项目建议书

水利工程项目建议书是水利工程建设基本程序中最初阶段的工作,是项目启动的最初工作,也是非常重要的基础性、创造性工作。项目建议书是对拟建项目的初步说明和建设提议文件,是对拟建项目轮廓初步的总体设想。项目建议书通常将作为工程立项和开展可行性研究工作的依据。项目建议书通过,才可以进行项目建设的下一个阶段可行性研究工作。

水利工程项目建议书应以批准的江河流域(河段)、区域综合规划或专业规划、专项规划为依据,贯彻国家的方针政策,按照有关技术标准,根据国土空间规划、国家和地区经济社会发展规划的要求,论证建设该工程项目的必要性,提出开发任务,对工程的建设方案和规模进行分析论证,评价项目建设的合理性。重点论证项目建设的必要性、建设规模、投资和资金筹措方案。对涉及国民经济发展和规划布局的重大问题应进行专题论证。

项目建设的必要性是项目建议书阶段的工作重点。项目建议书应在概述项目所在区域的行政区划、社会经济现状和自然、地理、资源情况及水利水电工程建设现状的基础上,说明项目所在流域(河段)、区域综合规划或专业规划、专项规划中与建设项目有关的内容和审批意见,以及项目在有关规划中所处的地位和开发次序。论证项目建设的必要性,一般把工程分为防洪(潮、凌)工程、治涝工程、河道河口整治工程、灌溉工程、供水工程和水力发电工程几个类型。工程类型不同,论证的主要内容也有所不同。论证时,应阐明项目所在地区国民经济与社会发展对水利水电工程建设的要求,水利水电近、远期发展规划对项目建设的安排,项目在该地区国民经济和社会发展及江河治理开发总体布局中的地位与作用。根据地区经济社会发展规划和建设项目的开发任务与建设目标,在流域(河段)、区域综合规划或专业规划、专项规划的基础上,进行必要的补充调查研究工作,对所在地区功能基本项目的项目方案进行综合分析比较,论述推荐建议项目的理由。同时,应阐明拟选项目在保障社会和谐安定、改善生态环境和航运、防止水土流失、促进旅游开发和水产养殖等方面的作用与效益。根据项目建设的必要性和建设条件,论证拟选项目需承担的治理、开发、保护方面的任务和主要建设内容。具有多任务的工程项目,应按照国家政策和总体效益优化原则,分析研究各部门对拟选项目要求的合理性,结合工程条件,考虑拟选项目在流域和区域规划中的作用,基本确定任务的主次顺序。对于建设规模较大、建设内容较多及效益逐步增长、达效期较长、拟分期建设的项目,应分别拟定近期和远期的任务与目标,根据技术经济条件,基本确定分期建设内容。

水利工程项目项目建议书应对拟选项目的建设外部条件进行调查。项目所在地区的自然、社会、环境等因素,相关行业规划、相关部门和地区对项目建设的要求等外部条件,都会对项目的建设目标和任务产生影响,甚至制约项目的立项条件。项目建议书阶段要充分调查,收集有关报告和技术文件,分析项目所在地区和邻近有关地区的社会、人文环境、生态、土地利用等外部条件,说明其他行业对拟选项目的要求,项目所在地区和有关部门对项目建设的意见、协作关系和有关协议,需与有关地区、部门、行业协调的主要问题、条件以及进展情况,影响项目立项和建设制约因素及初步解决措施等。

水利工程项目的建议书一般应包括以下内容:综合说明,项目建设的必要性和任务,水文,工程地质,建设规模,节水分析,工程布置及建筑物,机电与信息化,施工组织设计,建设征地与移民安置,环境影响评价,水土保持,工程管理,投资估算,经济评价,结论与建议等。这主要是指新建、改建、扩建的大中型水利水电工程项目建议书的内容,不同类型工程可根据其工程特点对上述编制内容有所取舍。此外,水利工程项目建议书可包括一些附件,如:有关规划的审查审批意见与工程有关的其他重要文件,相关专题论证、审查会议纪要和意见,水文分析报告,工程地质勘察报告,工程建设必要性和规模论证专题报告,建设征地与移民安置规划专题报告,贷款能力测算专题报告,其他重要专题报告等。

水利工程的项目建议书编制应按照水利部《水利水电工程项目建议书编制规程》(SL 617—2021)进行,一般由政府委托有相应资格的设计单位承担。项目建议书编制完成后,按国家现行规定依建设总规模和限额的划分审批权限向主管部门申报审批,进入审查、评估和批复程序。

根据国务院对项目建议书审批权限的规定,凡属中央投资、中央与地方合资的大中型或限额以上项目的项目建议书,首先要报送行业归口主管部门,同时抄送国家发展和改革委员会。行业归口主管部门初审通过后报国家发展和改革委员会,由国家发展和改革委员会再从建设总规模、生产力总布局、资源优化配置及资金供应、外部协作条件等方面进行综合考虑,并委托有资格的工程咨询单位进行评估,然后审批;凡属小型和限额以下项目的项目建议书,按项目隶属关系由部门或地方发展和改革委员会审批。

项目建议书被批准后,由政府向社会公布,若有投资建设意向,应及时组建项目法人筹建机构,开展下一建设程序工作。

二、水利工程项目可行性研究

水利工程项目建议书批准后,说明该项目建议是可行的,但并不能对是否进行项目建设做出最终的判断。为了科学合理地进行项目是否立项建设的决策,需要做进一步的调查研究工作,即进入项目可行性研究阶段,开展项目的可行性研究。水利工程可行性研究阶段是水利工程项目建设程序中非常重要的阶段,是进行投资决策、确定建设项目和编制设计文件的基础,直接关系到项目决策的合理性和项目建设的成败。

编制水利工程可行性研究报告应以批准的国土空间规划、江河流域(河段)规划、区域综合规划或专业规划、专项规划及批准的项目建议书为依据。根据国家现行固定资产投资管理有关规定,河道治理和堤防加固、水库(闸)除险加固等水利工程立项实行简化程序,直接编制项目可行性研究报告进行报批。

水利工程可行性研究应贯彻国家的方针政策,按照有关技术标准,对工程项目的建设条件进行调查和勘测,在可靠资料的基础上,进行方案比较,从技术、经济、社会、环境和节水节能等方面进行全面论证,评价项目建设的可行性。重点论证工程规模、技术方案、征地移民、环境、投资和经济评价,对重大关键技术问题应进行专题论证。可行性研究基本确定建设条件、主要规划指标、工程任务和规模、工程总布置、主要建筑物基本型式、主要机电设备的型式和布置、主体工程施工方法、施工导流方案、编制投资估算等内容。

可行性研究阶段的成果就是编写完成项目可行性研究报告。该报告是在可行性研究基础上编制的一个重要文件,一般包括以下主要内容:综合说明,水文,工程地质,工程任务和规模,节水评价,工程布置及建筑物,机电与信息化,施工组织设计,建设征地与移民安置,环境影响评价,水土保持,劳动安全与工业卫生,节能评价,工程管理,投资估算,经济评价,社会稳定风险分析,结论与建议等。这主要是指新建、改建、扩建的大中型水利水电工程可行性研究报告的内容,不同类型工程可根据其工程特点对编制内容有所取舍,除险加固项目可以参照执行。报告可包括以下附件:项目建议书批复文件及工程有关的其他重要文件,相关专题论证、审查会议纪要和意见,水文分析报告,工程地质勘察报告,建设征地与移民安置规划报告,环境影响评价专题报告,水土保持方案报告书,贷款能力测算专题报告,其他重大关键技术专题报告等。直接开展可行性研究的项目,必要时应编制工程建设必要性及规模论证、工程总布置方案等专题报告。

根据国家有关固定资产投资项目的管理规定,企业投资建设水利水电工程实现核准制或备案制,企业需向政府提交项目申请报告或备案材料,其主要依据就是项目可行性研究报告。水利工程建设项目的可行性研究报告应按照《水利水电工程可行性研究报告编制规程》(SL 618—2021)编制,由项目法人(或筹备机构)组织编制。承担可行性研究工作的单位应是经过资格审定的规划、设计和工程咨询单位。可行性研究报告编制完成后,按照国家现行规定的审批权限报批,进入审查、评估和批复程序。

按照国务院颁布的可行性研究报告审批权限的规定,属中央投资、中央和地方合资的大中型和限额以上项目的可行性研究报告,要报送国家发展和改革委员会审批;总投资2亿元以上的项目,不论是中央项目还是地方项目,都要经国家发展和改革委员会审查后报国务院审批;中央各部门所属小型和限额以下项目,由各部门审批;地方投资2亿元以下项目,由地方发展和改革委员会审批。

审批部门要委托有相应资格的工程咨询机构对可行性研究报告进行评估。审批部门根据评估机构的评估意见,并综合行业归口主管部门、投资机构(公司)、项目法人(或筹备机构)等方面的意见进行审批。经批准的可行性研究报告,是项目决策和进行初步设计的依据。

申报项目可行性研究报告,必须同时提出项目法人组建方案及运行机制、资金筹措方案、资金结构及回收资金的办法,并依照有关规定附具有管辖权的水行政主管部门或流域机构签署的规划同意书、对取水许可预申请的书面审查意见。

可行性研究报告经批准后,不得随意修改和变更,若在主要内容上有重要变动,应经原批准机构复审同意。项目可行性研究报告批准后,应正式成立项目法人,并按项目法人责任制实行项目管理。

三、水利工程项目评估

为了避免投资决策的失误,实现投资决策的民主化和科学化,在项目决策过程中,对决策研究工作进行评估是非常必要的。水利工程项目评估包括项目建议书的评估和可行性研究报告的评估。

(一)项目建议书的评估

项目建议书的评估是建设项目在项目建议书阶段不可缺少的步骤。项目评估是由项目的审批部门委托专门评估机构,从全局出发,依据国民经济的发展规划,国家的有关政策、法律、规程规范,对项目建议书就项目建设的必要性、建设布局的合理性,从技术、环境保护、财务、经济等方面的可行性进行多目标综合分析,提出评估意见,报国家审批部门审批。属于中央投资、中央与地方合资的大中型和限额以上项目的项目建议书的评估工作由中国国际工程咨询公司负责,项目评估的机构及人员必须遵循客观、公正、公平、实事求是的原则。

项目评估为国家决策提供重要依据,通过项目评估使国家对投资估算、资金使用了解更加具体,对宏观控制起到指导作用,同时项目评估也是防范信贷等风险的重要手段。

凡行业归口主管部门初审未通过的项目,国家发展和改革委员会不予审批。

(二)可行性研究报告的评估

可行性研究报告的评估是建设项目非常重要的程序,同样由项目审批部门委托有资质的工程咨询单位进行,但与项目建议书的评估不同,评估内容有所侧重,项目建议书主要从项目建设的必要性、初拟的建设规模和总布置、资金筹措方案、初步评价工程建设的合理性进行评估。而可行性研究报告的评估,首先对其所提供的基本资料、地质、水文成果、工程涉及地区的经济社会情况的可靠性、真实性进行全面审核;就项目的必要性、技术上的可行性、财务经济的合理性,从国家经济社会发展的角度和相关的法规、规程规范的执行方面进一步提出评估意见;对其投资估算筹措方式、贷款偿还能力、建设工期,以及工程对环境的影响、防范风险措施提出评估意见和建议。此外,对项目招标的组织形式、招标方式等提出参考意见,最后还应对工程建设提出结论性意见和对重大问题提出建议。

目前,属于中央投资、中央与地方合资的大中型和限额以上项目的可行性研究报告由中国国际工程咨询公司负责评估。中国国际工程咨询公司的评估工作由其专家委员会完成,并提交评估报告,作为审批机关进行决策的主要依据。

第三节　水利工程项目实施阶段的过程和程序管理

项目的实施阶段是实施项目计划,并对实施过程进行控制,以保证最终实现项目目标的过程。

一、施工准备阶段

项目可行性研究报告已经批准,年度水利投资计划下达后,项目法人即可开展施工准备工作。

年度建设计划是合理安排分年度施工项目和投资,规定计划年度应完成建设任务的文件。它具体规定:各年应该建设的工程项目和进度要求,应该完成的投资金额的构成,应该交付使用固定资产的价值和新增的生产能力等。只有列入批准的年度建设计划的工程项目,才能安排施工和支用建设资金。

施工准备工作的主要内容包括:

(1)施工现场的征地、拆迁。

(2)完成施工用水、电、通信、路和场地平整等工程("四通一平")。

(3)必需的生产、生活临时建筑工程。

(4)实施经批准的应急工程、试验工程等专项工程。

(5)组织招标设计、咨询、设备和物资采购等服务。

(6)组织相关监理招标,组织主体工程招标准备工作。

在耕地资源日益减少、国家对土地资源管理日益严格规范的情况下,征地工作是非常重要的一项工作,目前,它是影响很多工程顺利实施的原因。移民工作可能会持续到施工阶段,随着工程的进展逐步完成。

在施工准备阶段,除征地、拆迁、"四通一平"、临时设施和专项工程外,主要就是进行招标工作,选择设计单位、监理单位、设备生产厂家、物资供应厂家、咨询单位等。工程建设项目施工,除某些不适应招标的特殊工程项目外(须经水行政主管部门批准),均须实行招标投标,并按有关法律、行政法规和《水利工程建设项目招标投标管理规定》等规定执行。其实,有的大型水利工程项目,其"四通一平"、临时设施的建设,已经采用招标投标方式选择承建单位,完成这些前期项目。关于招标投标工作,也有严格的程序上的规定,在本章第六节详述。

施工准备工作在水利工程项目建设实施阶段是非常重要的,是工程建设实施的基础。准备工作完成的质量直接影响施工能否顺利进行。在工程实践中,有许多项目是在施工准备不充分的情况下,急于开工建设,造成一开工就拖延工期,并为后续工作的开展埋下祸根。

二、水利工程项目设计

(一) 工程项目设计

项目可行性报告获得批准后,就进入了项目的设计阶段,该阶段是工程项目建设程序中的关键环节。

设计是在已经批准的项目可行性研究报告的基础上开展的,是对拟建工程的实施在技术上和经济上所进行的全面而详细的安排,是基本建设计划的具体化,是组织施工的依据。设计将项目的技术方案具体化到施工图上,可以直接用来指导项目实施阶段的工作,并从经济上确定项目的具体投资数额。所以,该阶段对于工程后续的实施和运行都是非常重要的。

根据建设项目的不同情况,项目设计过程一般划分为两个阶段,即初步设计和施工图设计;重大项目和技术复杂项目,可根据不同行业的特点和需要,在初步设计之后增加技术设计阶段。有的规模小而且简单的项目,也可能将初步设计和施工图设计合并进行。

初步设计是根据批准的可行性研究报告和必要而准确的设计资料,对设计对象进行系统研究,做出总体安排。目的是阐明拟建工程在技术上的可行性和经济上的合理性,在时间、空间、投资、质量等条件的约束下,做出技术上可靠、可行,经济上合理的设计,规定项目的各项基本技术参数,并编制项目的总概算。一般应能满足土地征用、主要设备和材料订货、项目融资方案确定、进行施工图设计、编制工程施工组织设计、进行施工准备等的需要。

技术设计主要是根据批准的初步设计文件,针对技术复杂或有特殊要求的项目所进行的设计工作。目的是进一步明确初步设计中所采用的工艺流程、建筑结构上的主要技术问题,并进而校正设备选择、工程规模以及一些技术经济指标等。技术设计一般应能够满足特定重大技术问题、科学实验、设备研制等方面的需要。

施工图设计是在初步设计(和技术设计)的基础上,并根据已经批准的初步设计文件,将设计进一步形象化、具体化、明确化,将工程和设备详细的组成结构、几何尺寸、布局、施工方法等,以图形和文字的形式明确确定而形成的设计文件。施工图设计应能满足工程施工和设备制造的需要。

(二) 初步设计

初步设计是水利工程建设程序的一个重要阶段,经批准的初步设计是编制开工报告、招标设计、施工详图设计和控制工程投资等的重要依据。

水利工程项目初步设计应以批准的可行性研究报告为依据,贯彻国家的方针政策,按照有关技术标准,认真进行调查、勘测、实验、研究,在取得可靠的基本资料基础上,进行方案技术设计。设计应安全可靠、技术先进、因地制宜,注重技术创新、节水节能、节约投资。初步设计报告应有分析、论证和必要的方案比较,并有明确的结论和意见。初步设计任务应由项目法人按规定方式(直接委托或招标委托)择优选择有相应资格的设计单位承担。

初步设计阶段的成果就是初步设计报告,水利工程建设项目的初步设计报告应按照《水利水电工程初步设计报告编制规程》(SL 619—2021)编制,内容一般包括:综合说明,水文,工程地质,工程任务和规模,工程布置及建筑物,机电及金属结构,工程信息化,消防设计,施工组织设计,建设征地与移民安置,环境保护设计,水土保持设计,劳动安全与工业卫生,节能设计,工程管理设计,设计概算,经济评价,结论与建议等。这主要是指新建、改建、扩建的大中型水利水电工程初步设计报告的内容,不同类型工程可根据其工程特点对编制内容有所取舍,其工作内容和深度应有所侧重,除险加固项目可以参照执行。下列资料可列为报告的附件:可行性研究报告批复文件及与工程有关的其他重要文件,相关专题论证、审查会议纪要和意见,工程地质勘察报告,建设征地补偿与移民安置规划报告,其他重要专题和试验研究报告。

初步设计由项目法人组织审查后,按国家现行规定权限向主管部门申报审批。初步设计文件报批前,一般须由项目法人对初步设计中的重大问题组织论证。项目法人可委托有相应资格的工程咨询机构或组织行业各方面(包括管理、设计、施工、咨询等方面)的专家,进行咨询论证。设计单位根据论证意见,对初步设计文件进行补充、修改、优化。

初步设计文件经批准后,主要内容不得随意修改、变更,并作为项目建设实施的技术文件基础。若有重要修改、变更,比如工程任务、标准、规模和主要技术方案发生较大变化,须经原审批机关复审同意。

三、建设实施阶段

建设实施阶段是指主体工程的建设实施。项目法人按照批准的建设文件,组织工程建设,保证项目建设目标的实现。

(一)主体工程开工条件

水利工程具备开工条件后,主体工程方可开工建设。项目法人或建设单位应当自工程开工之日起15个工作日内,将开工情况的书面报告报项目主管单位和上一级主管单位备案。

按照《水利工程建设项目管理规定(试行)》,主体工程开工,必须具备以下条件:

(1)项目法人或者建设单位已经设立。

(2)初步设计已经批准,施工详图设计满足主体工程施工需要。

(3)建设资金已经落实。

(4)主体工程施工单位和监理单位已经确定,并分别订立了合同。

(5)质量安全监督单位已经确定,并办理了质量安全监督手续。

(6)主要设备和材料已经落实来源。

(7)施工准备和征地移民等工作满足主体工程开工需要。

(二)开工时间

开工时间是指建设项目设计文件中规定的任何一项永久性工程中第一次正式破土动工的时间。工程地质勘察、平整土地、临时导流工程、临时建筑、施工用临时道路、水、电等施工,不作为正式开工。

(三)项目建设组织实施

建设项目经批准开工后,项目法人要按照法律、法规、规范以及批准的建设文件,充分发挥建设管理的主导作用,组织工程建设,协调有关建设各方的关系,并创造良好的建设条件和外部环境,保证项目建设目标的实现。

项目法人应按照"政府监督、项目法人负责、社会监理、企业保证"的要求,建立健全质量管理体系。重要建设项目,须设立质量监督项目站,行使政府对项目建设的监督职能。

项目法人要充分授权工程监理,使之能独立负责项目的建设工期、质量、投资的控制和现场施工的组织协调。

参与项目建设的各方,包括设计方、监理方、工程承包单位、材料生产供应方、设备制造厂家等,应严格按照签订的合同,行使各方的合同权利,并严格履行各自的合同义务。同时,在各方的工作中,应从项目建设总体出发,建立完善的工作程序和制度,并做好信息沟通和协调工作,对于工程顺利实施以达到预期的目标是非常重要的。

在水利工程项目实践中,注意协调施工现场各方之间的工作程序,如承包方之间、土建施工方和机电、金属结构安装方之间等;同时,还应注意协调非现场实施方(支持方)和现场实施方之间的工作程序衔接,如设计方提供工程施工图纸和承包方的施工进度之间,材料供应方和现场施工方之间等。

水利工程项目的实施过程,也是根据项目计划,对项目实施过程进行必要的协调和控制,以保证项目的工期、质量和投资目标能够实现的过程。在该过程中,要对项目的范围、时间、成本、质量、资源、安全、环保、移民、人员、沟通、风险、合同、信息等进行计划、跟踪和控制。这些管理程序和内容,在后续章节陆续进行讨论。

第四节　水利工程项目终止阶段的过程和程序管理

一、项目终止过程

项目实施完成后,即进入项目终止阶段。项目的终止阶段也叫项目的收尾阶段,是项目全过程的最后阶段,没有项目的终止,就没有项目的运行和维护,不能及时获得项目收益,项目参与方也不能终止其应承担的责任和义务。

在项目终止阶段,一般需要完成的工作包括项目的合同收尾、项目行政收尾。

项目的合同收尾就是项目业主和承包方之间就合同项目进行合同验收、移交、试运行并结算工程款的过程。项目完成后,由承包方提请并和项目业主一起,对已经完成的工程成果进行审查,核实工程项目计划范围内的各项工作是否已经完成,可交付的成果是否令人满意。此时,进行一些测量、检测、实验等活动是非常必要的。在验收完成后,应形成验收报告,并附上必要的技术文件、图纸、说明等,由参与验收的各方签字。通过合同验收后,承包方就需要把工程移交给项目业主,这是一个合同程序,表明承包方履行合同义务,将项目产品交付项目业主照管;也是一个法律程序,表明项目产品成为业主的财产。移交结束也需要有文字材料,一般是移交清单或移交证书,由相关方签字。有时,移交时,项目尚有部分不重要的工作未完成,但不影响项目的移交和使用,此时可以先验收移交,但应在移交清单或移交证书中写明尚应完成的收尾项目。

项目的试运行,有的项目在合同验收前进行,叫运行测试;有的在验收移交后进行,叫试运行。试运行,由承包方和项目业主联合进行,承包方需要对业主操作人员进行必要的培训和指导,并需要完成备件定购等工作。最后,项目业主和承包方依据合同结清工程款。

项目的行政收尾是项目业主向行政主管机关汇报项目实施成果的过程。

项目的合同收尾一般项目均有,但行政收尾不然。有大量项目是不需要行政收尾的,比如,一个企业委托的软件开发项目,仅仅是完成合同收尾即可,不需要进行行政收尾工作。

对于水利工程项目,项目终止阶段包括合同收尾和行政收尾,收尾工作包括项目生产准备、验收移交和后评价。

二、水利工程项目生产准备

生产准备是项目投产前所要进行的一项重要工作,是建设阶段转入生产经营的必要条件。项目法人应按照建管结合和项目法人责任制的要求,适时做好有关生产准备工作。

生产准备应根据不同类型的工程项目要求确定,一般应包括如下主要内容:

(1)生产组织准备。建立生产经营的管理机构及相应管理制度。

(2)招收和培训人员。按照生产运营的要求,配备生产管理人员,并通过多种形式的培训,提高人员素质,使之能满足运营要求。生产管理人员要尽早介入工程的施工建设,参加设备的安装调试,熟悉情况,掌握好生产技术和工艺流程,为顺利衔接基本建设和生产经营阶段做好准备。

(3)生产技术准备。主要包括技术资料的汇总、运行技术方案的制订、岗位操作规程制定和新技术准备。

(4)生产的物资准备。主要是落实投产运营所需要的原材料、协作产品、工器具、备品备件和其他协作配合条件的准备。

(5)正常的生活福利设施准备。

此外,还应及时具体落实产品销售合同协议的签订,提高生产经营效益,为偿还债务和资产的保值增值创造条件。

三、水利工程项目验收

为加强水利工程建设项目验收管理,明确验收责任,规范验收行为,结合水利工程建设项目的特点,水利部制定并公布了《水利工程建设项目验收管理规定》(水利部〔2006〕30号令),并分别在2014年、2016年和2017年做了修正,适用于由中央或者地方财政全部投资或者部分投资建设的大中型水利工程建设项目(含1、2、3级堤防工程)的验收活动。

水利工程建设项目验收,按验收主持单位性质不同分为法人验收和政府验收两类。法人验收是指在项目建设过程中由项目法人组织进行的验收。法人验收是政府验收的基础。政府验收是指由有关人民政府、水行政主管部门或者其他有关部门组织进行的验收,包括专项验收、阶段验收和竣工验收。当水利工程建设项目具备验收条件时,应当及时组织验收。未经验收或者验收不合格的,不得交付使用或者进行后续工程施工。

(一)水利工程建设项目验收的依据

(1)国家有关法律、法规、规章和技术标准。

(2)有关主管部门的规定。

(3)经批准的工程立项文件、初步设计文件、调整概算文件。

(4)经批准的设计文件及相应的工程变更文件。

(5)施工图纸及主要设备技术说明书等。

(6)法人验收还应当以施工合同为验收依据。

(二)验收组织和结论

验收主持单位应当成立验收委员会(或验收工作组)进行验收,验收结论应当经2/3以上验收委员会成员同意。验收委员会成员应当在验收鉴定书上签字。验收委员会成员对验收结论持有异议的,应当将保留意见在验收鉴定书上明确记载并签字。

验收中发现的问题,其处理原则由验收委员会协商确定。主任委员(或组长)对争议问题有裁决权。但是,半数以上验收委员会成员不同意裁决意见的,法人验收应当报请验收监督管理机关决定,政府验收应当报请竣工验收主持单位决定。验收委员会对工程验收不予通过的,应当明确不予通过的理由并提出整改意见。有关单位应当及时组织处理有关问题,完成整改,并按照程序重新申请验收。

项目法人以及其他参建单位应当提交真实、完整的验收资料,并对提交的资料负责。

(三)法人验收

工程建设完成分部工程、单位工程、单项合同工程,或者中间机组启动前,应当组织法人验收。项目法人可以根据工程建设的需要增设法人验收的环节。

项目法人应当在开工报告批准后60个工作日内,制订法人验收工作计划,报法人验收监督管理机关和竣工验收主持单位备案。施工单位在完成相应工程后,应当向项目法人提出验收申请。项目法人经检查认为建设项目具备相应的验收条件的,应当及时组织验收。

法人验收由项目法人主持。验收工作组由项目法人和设计、施工、监理等单位的代表组成;必要时可以邀请工程运行管理单位等参建单位以外的代表及专家参加。项目法人可以委托监理单位主持分部工程验收,有关委托权限应当在监理合同或者委托书中明确。

法人验收后,质量评定结论应当报该项目的质量监督机构核备。未经核备的,不得组织下一阶段验收。项目法人应当自法人验收通过之日起30个工作日内,制作法人验收鉴定书,发送参加验收单位并报送法人验收监督管理机关备案。法人验收鉴定书是政府验收的备查资料。单位工程投入使用验收和单项合同工程完工验收通过后,项目法人应当与施工单位办理工程的有关交接手续。工程保修期从通过单项合同工程完工验收之日算起,保修期限按合同约定执行。

(四)政府验收

1. 验收主持单位

阶段验收、竣工验收由竣工验收主持单位主持。竣工验收主持单位可以根据工作需要委托其他单位主持阶段验收。国家重点水利工程建设项目,竣工验收主持单位依照国家有关规定确定。国家确定的重要江河、湖泊建设的流域控制性工程、流域重大骨干工程建设项目,竣工验收主持单位为水利部。专项验收依照国家有关规定执行。

除上述以外的其他水利工程建设项目,竣工验收主持单位按照以下原则确定:水利部或者流域管理机构负责初步设计审批的中央项目,竣工验收主持单位为水利部或者流域管理机构;水利部负责初步设计审批的地方项目,以中央投资为主的,竣工验收主持单位为水利部或者流域管理机构,以地方投资为主的,竣工验收主持单位为省级人民政府(或者其委托的单位)或者省级人民政府水行政主管部门(或者其委托的单位);地方负责初步设计审批的项目,竣工验收主持单位为省级人民政府水行政主管部门(或者其委托的单位)。

竣工验收主持单位为水利部或者流域管理机构的,可以根据工程实际情况,会同省级人民政府或者有关部门共同主持。竣工验收主持单位应当在工程初步设计的批准文件中明确。

2. 专项验收

枢纽工程导(截)流、水库下闸蓄水等阶段验收前,涉及移民安置的,应当完成相应的移民安置专项验收。工程竣工验收前,应当按照国家有关规定,进行环境保护、水土保持、移民安置以及工程档案等专项验收。经商有关部门同意,专项验收可以与竣工验收一并进行。项目法人应当自收到专项验收成果文件之日起10个工作日内,将专项验收成果文件报送竣工验收主持单位备案。专项验收成果文件是阶段验收或者竣工验收成果文件的组成部分。

3. 阶段验收

工程建设进入枢纽工程导(截)流、水库下闸蓄水、引(调)排水工程通水、首(末)台机组启动等关键阶段,应当组织进行阶段验收。竣工验收主持单位根据工程建设的实际需要,可以增设阶段验收的环节。阶段验收的验收委员会由验收主持单位、该项目的质量监督机构和安全监督机构、运行管理单位的代表以及有关专家组成;必要时,应当邀请项目所在地的地方人民政府以及有关部门参加。工程参建单位是被验收单位,应当派代表参加阶段验收工作。其中,大型水利工程在进行阶段验收前,可以根据需要进行技术预验收；水库下闸蓄水验收前，项目法人应当按照有关规定完成蓄水安全鉴定。

验收主持单位应当自阶段验收通过之日起30个工作日内，制作阶段验收鉴定书，发送参加验收的单位并报送竣工验收主持单位备案。阶段验收鉴定书是竣工验收的备查资料。

4.竣工验收

竣工验收应当在工程建设项目全部完成并满足一定运行条件后1年内进行。不能按期进行竣工验收的，经竣工验收主持单位同意，可以适当延长期限，但最长不得超过6个月。逾期仍不能进行竣工验收的，项目法人应当向竣工验收主持单位做出专题报告。

竣工验收前，建设项目的建设内容应全部完成，并经过单位工程验收（包括工程档案资料的验收），符合设计要求，并完成档案资料的整理工作；完成竣工报告、竣工决算等文件的编制。其中，竣工财务决算应当由竣工验收主持单位组织审查和审计，其审计报告作为竣工验收的基本资料。竣工财务决算审计通过15日后，方可进行竣工验收。

当工程具备竣工验收条件时，项目法人应当提出竣工验收申请，经法人验收监督管理机关审查后报竣工验收主持单位。竣工验收主持单位应当自收到竣工验收申请之日起20个工作日内决定是否同意进行竣工验收。

竣工验收原则上按照经批准的初步设计所确定的标准和内容进行。项目既有总体初步设计又有单项工程初步设计的，原则上按照总体初步设计的标准和内容进行，也可以先进行单项工程竣工验收，最后按照总体初步设计进行总体竣工验收。项目有总体可行性研究但没有总体初步设计而有单项工程初步设计的，原则上按照单项工程初步设计的标准和内容进行竣工验收。建设周期长或者因故无法继续实施的项目，对已完成的部分工程可以按单项工程或者分期进行竣工验收。

竣工验收分为竣工技术预验收和竣工验收两个阶段。

1）竣工技术预验收

大型水利工程在竣工技术预验收前，项目法人应当按照有关规定对工程建设情况进行竣工验收技术鉴定。中型水利工程在竣工技术预验收前，竣工验收主持单位可以根据需要决定是否进行竣工验收技术鉴定。竣工技术预验收由竣工验收主持单位以及有关专家组成的技术预验收专家组负责。工程参建单位的代表应当参加技术预验收，汇报并解答有关问题。

2）竣工验收

竣工验收委员会由竣工验收主持单位、有关水行政主管部门和流域管理机构、有关地方人民政府和部门、该项目的质量监督机构和安全监督机构、工程运行管理单位的代表以及有关专家组成。工程投资方代表可以参加竣工验收委员会。竣工验收主持单位可以根据竣工验收的需要，委托具有相应资质的工程质量检测机构对工程质量进行检测。项目法人全面负责竣工验收前的各项准备工作，设计、施工、监理等工程参建单位应当做好有关验收准备和配合工作，派代表出席竣工验收会议，负责解答验收委员会提出的问题，并作为被验收单位在竣工验收鉴定书上签字。不合格的工程不予验收；有遗留问题的项目，对遗留问题必须有具体处理意见,且有限期处理的明确要求并落实责任人。竣工验收主持单位应当自竣工验收通过之日起 30 个工作日内,制作竣工验收鉴定书,并发送有关单位。竣工验收鉴定书是项目法人完成工程建设任务的凭据。

(五)验收遗留问题处理与工程移交

项目法人和其他有关单位应当按照竣工验收鉴定书的要求妥善处理竣工验收遗留问题和完成尾工。验收遗留问题处理完毕和尾工完成并通过验收后,项目法人应当将处理情况和验收成果报送竣工验收主持单位。

项目法人与工程运行管理单位不同的,工程通过竣工验收后,应当及时办理移交手续。工程移交后,项目法人以及其他参建单位应当按照法律法规的规定和合同约定,承担后续的相关质量责任。项目法人已经撤销的,由撤销该项目法人的部门承接相关的责任。

四、水利工程项目后评价

项目后评价在项目已经建成,通过竣工验收,并经过一段时间的生产运行后进行,要对项目全过程进行总结和评价。为了保证后评价工作的"客观、公正、科学",选择项目后评价工作人员,应独立于该项目的决策者和前期咨询评估者。项目后评价的内容大体上可以分为两种类型:一类是全过程评价,即从项目的立项决策、勘测设计等前期工作开始到项目建成投产运行若干年以后的全过程进行评价,包括过程评价、经济效益评价、影响评价、持续性评价等;另一类是阶段性评价或专项评价,可分为勘测设计和立项决策评价、施工监理评价、生产经营评价、经济后评价、管理后评价、防洪后评价、灌溉后评价、发电后评价、资金筹措使用和还贷情况后评价等。我国目前推行的后评价主要是全过程后评价,在某些特定条件下,也可进行阶段性或专项后评价。

项目后评价是水利工程基本建设程序中的一个重要阶段。项目竣工投产后,一般经过 1~2 年生产运营后,要进行一次系统的项目后评价,是对项目决策、实施过程和运行等各阶段工作及其变化的原因和影响,通过全面系统的调查和客观的对比分析、总结并进行综合评价,主要内容包括:影响评价是项目投产后对各方面(如环境、水保、移民、社会等)的影响进行评价;经济效益评价是对项目投资、国民经济效益、财务效益、技术进步和规模效益、可行性研究深度等进行评价;过程评价是对项目的立项、设计施工、建设管理、竣工投产、生产运营等全过程进行评价;还有目标及可持续性评价。

项目后评价一般按三个层次组织实施,即项目法人的自我评价、项目行业的评价、计划部门(或主要投资方)的评价。

建设项目后评价工作必须遵循客观、公正、科学的原则,做到分析合理、评价公正。其目的是肯定成绩、总结经验、研究问题、吸取教训、提出建议、改进工作,不断提高项目决策、工程实施和运营管理水平,为提高投资效益、改进管理、制定相关政策等提供科学依据。《水利工程建设项目后评价报告编制规程》明确了项目后评价报告的编制原则、依据、方法、内容和深度要求,水利工程项目的后评价应依据该规程进行,并编制后评价报告。

第五节 水利工程项目法人责任制

随着我国改革开放的深化和社会主义市场经济的发展,水利工程项目投资呈现渠道多源化、主体多元化格局。因此,通过实施项目法人责任制,由项目法人对项目的策划、资金筹措、建设实施、生产经营、债务偿还和资产的保值增值实行全过程负责,使各类投资主体形成自我发展、自主决策、自担风险、讲求效益的建设和运营机制,已势在必行。

实行项目法人责任制是适应发展社会主义市场经济、转换项目建设与经营体制,提高投资效益,在项目建设与经营全过程中运用现代企业制度进行管理的一项具有战略意义的重大改革措施。《水利工程建设项目实行项目法人责任制的若干意见》(水建〔1995〕129号)、《关于实行建设项目法人责任制的暂行规定》(计建设〔1996〕673号)、《关于加强公益性水利工程建设管理的若干意见》(国发〔2000〕20号)、《关于加强中小型公益性水利工程建设项目法人管理的指导意见》(2011年发布,2017年修订)、《水利部关于印发水利工程建设项目法人管理指导意见的通知》(2020年11月)规定了实施程序和内容,构成了制度框架。

一、实施范围

根据水利行业特点和建设项目不同的社会效益、经济效益和市场需求等情况,将建设项目划分为生产经营性、有偿服务性和社会公益性三类项目。生产经营性项目原则上都要实行项目法人责任制;其他类型的项目应积极创造条件,实行项目法人责任制。

二、项目法人的设立

投资各方在酝酿建设项目的同时,即可组建并确立项目法人,做到先有法人,后有项目。

新上项目在项目建议书被批准后,应及时组建项目法人筹备组,具体负责项目法人的筹建工作。项目法人筹备组应主要由项目的投资方派代表组成。有关单位在申报项目可行性研究报告时,须同时提出法人的组建方案;否则,其项目可行性研究报告不予审批。项目可行性研究报告经批准后,正式成立项目法人。

《关于加强公益性水利工程建设管理的若干意见》(国发〔2000〕20号)明确规定:根据作用和受益范围,水利工程建设项目划分为中央项目和地方项目。中央项目由水利部(或流域机构)负责组织建设并承担相应责任,地方项目由地方人民政府组织建设并承担相应责任。项目的类别在审批项目建议书或可行性研究报告时确定。已经安排中央投资进行建设的项目,由水利部与有关地方人民政府协商确定类别,报国家计委备案。中央项目由水利部(或流域机构)负责组建项目法人,任命法人代表。地方项目由项目所在地的县级以上地方人民政府组建项目法人,任命法人代表,其中总投资在2亿元以上的地方大型水利工程项目,由项目所在地的省(自治区、直辖市及计划单列市)人民政府负责或委托组建项目法人,任命法人代表。

《水利部关于印发水利工程建设项目法人管理指导意见的通知》(2020 年 11 月)要求按照问题导向、权责一致、改革创新原则组建项目法人,并规定:政府出资的水利工程建设项目,应由县级以上人民政府或其授权的水行政主管部门或者其他部门负责组建项目法人。政府与社会资本方共同出资的水利工程建设项目,由政府或其授权部门和社会资本方协商组建项目法人。社会资本方出资的水利工程建设项目,由社会资本方组建项目法人,但组建方案需按照国家关于投资管理的法律法规及相关规定经工程所在地县级以上人民政府或其授权部门同意。

在国家确定的重要江河、湖泊建设的流域控制性工程及中央直属水利工程,原则上由水利部或流域管理机构负责组建项目法人。其他项目的项目法人组建层级,由省级人民政府或其授权部门结合本地实际,根据项目类型、建设规模、技术难度、影响范围等因素确定。其中,新建库容 10 亿 m³ 以上或坝高大于 70 m 的水库、跨地级市的大型引调水工程,应由省级人民政府或其授权部门组建项目法人,或由省级人民政府授权工程所在地市级人民政府组建项目法人。跨行政区域的水利工程建设项目,一般应由工程所在地共同的上一级政府或其授权部门组建项目法人,也可分区域由所在地政府或其授权部门分别组建项目法人。分区域组建项目法人的,工程所在地共同的上一级政府或其授权部门应加强对各区域项目法人的组织协调。

各级政府及其组成部门不得直接履行项目法人职责;政府部门工作人员在项目法人单位任职期间不得同时履行水利建设管理相关行政职责。

项目法人应按有关规定确保资本金按时到位,同时及时办理公司的设立登记。国家重点建设项目的公司章程须报国家计委备案,其他项目的公司章程按项目的隶属关系分别报有关部门、地方计委备案。项目法人组织要精干。建设管理工作要充分发挥咨询、监理、会计师和律师事务所等各类社会中介组织的作用。

由原有企业负责建设的基建大中型项目,需新设立子公司的,要重新设立项目法人,应按《关于实行建设项目法人责任制的暂行规定》规定的程序办理;只设分公司或分厂的,原企业法人即是项目法人。对这类项目,原企业法人应向分公司或分厂派遣专职管理人员,并实行专项考核。

项目法人与各方的关系是一种新型的适应社会主义市场经济机制运行的关系。实行项目法人责任制后,在项目管理上要形成以项目法人为主体,项目法人向国家和各投资方负责,咨询、设计、监理、施工、物资供应等单位通过招标投标和履行经济合同为项目法人提供建设服务的建设管理新模式。政府部门要依法对项目进行监督、协调和管理,并为项目建设和生产经营创造良好的外部环境,帮助项目法人协调解决征地拆迁、移民安置和社会治安等问题。

三、项目法人的组建和职责

(一) 组织形式

(1)国有单一投资主体投资建设的项目,应设立国有独资公司。国有独资公司设立董事会,董事会由投资方负责组建。

(2)两个及两个以上投资主体合资建设的项目,要组建规范的有限责任公司或股份有限公司,具体办法按《中华人民共和国公司法》等有关规定执行,以明晰产权,分清责任,行使权力。国有控股或参股的有限责任公司、股份有限公司设立股东会、董事会和监事会。

独资公司、有限责任公司、股份有限公司或其他项目建设组织即为项目法人。

(二)组建条件

水利工程建设项目法人应具备以下基本条件:

(1)具有独立法人资格,能够承担与其职责相适应的法律责任。

(2)具备与工程规模和技术复杂程度相适应的组织机构,一般可设置工程技术、计划合同、质量安全、财务、综合等内设机构。

(3)总人数应满足工程建设管理需要,大、中、小型工程人数一般按照不少于 30 人、12 人、6 人配备,其中工程专业技术人员原则上不少于总人数的 50%。

(4)项目法人的主要负责人、技术负责人和财务负责人应具备相应的管理能力和工程建设管理经验。其中,技术负责人应为专职人员,有从事类似水利工程建设管理的工作经历和经验,能够独立处理工程建设中的专业问题,并具备与工程建设相适应的专业技术职称。大型水利工程和坝高大于 70 m 的水库工程项目法人技术负责人应具备水利或相关专业高级职称或执业资格,其他水利工程项目法人技术负责人应具备水利或相关专业中级以上职称或执业资格。

(5)水利工程建设期间,项目法人主要管理人员应保持相对稳定。

不能按照上述要求的条件组建项目法人的,应通过委托代建、项目管理总承包、全过程咨询等方式,引入符合相关要求的社会专业技术力量,协助项目法人履行相应管理职责。代建、项目管理总承包和全过程咨询单位,如具备相应监理资质和能力,可依法承担监理业务。

(三)项目法人的职责

项目法人对项目的立项、筹资、建设和生产经营、还本付息以及资产的保值增值的全过程负责,并承担投资风险。项目法人对工程建设的质量、安全、进度和资金使用负首要责任,应承担以下主要职责:

(1)组织开展或协助水行政主管部门开展初步设计编制、报批等相关工作。

(2)按照基本建设程序和批准的建设规模、内容,依据有关法律法规和技术标准组织工程建设。

(3)根据工程建设需要组建现场管理机构,任免其管理、技术及财务等重要岗位负责人。

(4)负责办理工程质量、安全监督及开工备案手续。

(5)参与做好征地拆迁、移民安置工作,配合地方政府做好工程建设其他外部条件落实等工作。

（6）依法对工程项目的勘察、设计、监理、施工、咨询和材料、设备等组织招标或采购，签订并严格履行有关合同。

（7）组织施工图设计审查，按照有关规定履行设计变更的审查或审核与报批工作。

（8）负责监督检查现场管理机构和参建单位建设管理情况，包括工程质量、安全生产、工期进度、资金支付、合同履约、农民工工资保障以及水土保持和环境保护措施落实等情况。

（9）负责组织设计交底工作，组织解决工程建设中的重大技术问题。

（10）组织编制、审核、上报项目年度建设计划和资金预算，配合有关部门落实年度工程建设资金，按时完成年度建设任务和投资计划，依法依规管理和使用建设资金。

（11）负责组织编制、审核、上报在建工程度汛方案和应急预案，落实安全度汛措施，组织应急预案演练，对在建工程安全度汛负责。

（12）组织或参与工程及有关专项验收工作。

（13）负责组织编制竣工财务决算，做好资产移交相关工作。

（14）负责工程档案资料的管理，包括对各参建单位相关档案资料的收集、整理、归档工作进行监督、检查。

（15）负责开展项目信息管理和参建各方信用信息管理相关工作。

（16）接受并配合有关部门开展的审计、稽查、巡查等各类监督检查，组织落实整改要求。

（17）法律法规规定的职责及应当履行的其他职责。

项目法人组建单位应按照权责一致的原则，在项目法人组建文件中明确项目法人的职责和权限，对项目法人履行职责予以充分授权，保障项目法人依法实施建设管理工作的自主权。地方政府及有关部门不得干预项目法人通过招标投标程序择优选择参建单位，不得干预项目法人依据合同约定支付工程款，不得干预项目法人依据法律法规、技术标准对工程质量、安全和资金进行管理。县级以上人民政府可根据工作需要建立工程建设工作协调机制，加强对水利工程建设的组织领导，协调落实工程建设地方资金和征地拆迁、移民安置等工程建设相关的重要事项，为项目法人履职创造良好的外部条件。

第六节　水利工程项目招标投标制

招标投标是市场经济体制下建设市场买卖双方的一种竞争性交易方式。我国在工程建设领域推行招标投标制，采用公开、公平、公正和诚实信用的市场交易方式，择优选择承包单位，促使设计、监理、施工、材料设备生产供应等企业不断提高技术和管理水平，以确保建设项目质量和工期，提高投资效益。招标投标的过程和程序管理也是水利工程项目程序管理中的重要内容。当然，除招标投标外，工程建设市场尚有询价、竞争性磋商、竞争性谈判等其他竞争性交易方式，在此主要介绍招标投标制。

一、水利工程项目招标投标法规依据

为了加强水利工程建设项目招标投标工作的管理,规范招标投标活动,国家和政府有关部门颁布了大量的法规,形成了招标投标管理的法规体系。与水利工程项目招标投标关系比较密切的法规主要有:

(1)《中华人民共和国招标投标法》(简称《招标投标法》)。

(2)《中华人民共和国招标投标法实施条例》(2011 年国务院令第 613 号)。

(3)《电子招标投标办法》(2013 年发改委令第 20 号)。

(4)《必须招标的工程项目规定》(发改 2018 年 16 号令)。

(5)《必须招标的基础设施和公用事业项目范围规定》》(发改 2018 年 843 号令)。

(6)国家发展改革委办公厅关于进一步做好《必须招标的工程项目规定》和《必须招标的基础设施和公用事业项目范围规定》实施工作的通知(发改办法规〔2020〕770 号)。

(7)《国家重大建设项目招标投标监督暂行办法》(计委 18 号令)。

(8)《工程建设项目勘察设计招标投标办法》(8 部委 2 号令)。

(9)《工程建设项目施工招标投标办法》(7 部委 30 号令)。

(10)《工程建设项目货物招标投标办法》(7 部委 27 号令)。

(11)《评标委员会和评标方法暂行规定》(7 部委 12 号令)。

(12)《评标专家和评标专家库管理暂行办法》(计委 29 号令)。

(13)《水利工程建设项目招标投标管理规定》(2002 水利部第 14 号令)。

(14)《水利工程建设项目监理招标投标管理办法》(水利部水建管〔2002〕587 号)。

本节讨论水利工程项目招标投标的过程和程序管理,以《水利工程建设项目招标投标管理规定》为主,并兼顾其他有关法规。

二、水利工程项目招标范围

关于工程项目招标范围,招标投标法及相关法规均有相关规定,具体到水利工程建设项目的勘察设计、施工、监理以及与水利工程建设有关的重要设备、材料采购等的招标投标活动,符合下列具体范围并达到规模标准之一的水利工程建设项目必须进行招标。

(一)具体范围

(1)关系社会公共利益、公共安全的防洪、排涝、灌溉、水力发电、引(供)水、滩涂治理、水土保持、水资源保护等水利工程建设项目。

(2)使用国有资金投资或者国家融资的水利工程建设项目。

(3)使用国际组织或者外国政府贷款、援助资金的水利工程建设项目。

(二)规模标准

(1)施工单项合同估算价在 400 万元人民币以上的。

(2)重要设备、材料等货物的采购,单项合同估算价在 200 万元人民币以上的。

(3)勘察、设计、监理等服务的采购,单项合同估算价在 100 万元人民币以上的。

三、水利工程项目的招标

(一) 招标人

招标人是指依照《招标投标法》规定提出招标项目,进行招标的法人或者其他非法人组织。建设项目的招标工作由招标人负责,任何单位和个人不得以任何方式非法干涉招标投标活动。

(二) 招标方式

招标方式分为公开招标、邀请招标和两阶段招标三种。公开招标是指招标人以招标公告的方式邀请不特定的法人或者其他非法人组织投标。邀请招标是指招标人以投标邀请书的方式邀请特定的法人或者其他非法人组织投标。两阶段招标是对技术复杂或者无法精确拟定技术规格的项目,招标人可以分两阶段进行招标。第一阶段,投标人按照招标公告或者投标邀请书的要求提交不带报价的技术建议,招标人根据投标人提交的技术建议确定技术标准和要求,编制招标文件;第二阶段,招标人向在第一阶段提交技术建议的投标人提供招标文件,投标人按照招标文件的要求提交包括最终技术方案和投标报价的投标文件。

(三) 招标组织

1. 招标人自行招标

招标人具有编制招标文件和组织评标能力的,可以自行办理招标事宜,任何单位和个人不得强制其委托招标代理机构办理招标事宜。依法必须进行招标的项目招标人自行办理招标事宜的,应当向有关行政监督部门备案。

招标人申请自行办理招标事宜时,应当报送书面材料,内容包括:项目法人营业执照、法人证书或者项目法人组建文件;与招标项目相适应的专业技术力量情况;内设的招标机构或者专职招标业务人员的基本情况;拟使用的评标专家库情况;以往编制的同类工程建设项目招标文件和评标报告,以及招标业绩的证明材料;其他材料。

2. 招标代理

招标人有权自行选择招标代理机构委托其办理招标事宜,任何单位和个人不得以任何方式为招标人指定招标代理机构。招标代理机构是依法设立、从事招标代理业务并提供相关服务的社会中介组织。

(四) 招标条件

水利工程建设项目招标应当具备以下条件:

(1)勘察设计招标应当具备的条件:勘察设计项目已经确定,勘察设计所需资金已落实,必需的勘察设计基础资料已收集完成。

(2)监理招标应当具备的条件:初步设计已经批准,监理所需资金已落实,项目已列入年度计划。

(3)施工招标应当具备的条件:初步设计已经批准;建设资金来源已落实,年度投资计划已经安排;监理单位已确定;具有能满足招标要求的设计文件,已与设计单位签订适应施工进度要求的图纸交付合同或协议;有关建设项目永久征地、临时征地和移民搬迁的实施、安置工作已经落实或已有明确安排。

(4)重要设备、材料招标应当具备的条件:初步设计已经批准,重要设备、材料技术经济指标已基本确定,设备、材料所需资金已落实。

(五)招标程序

招标工作一般按下列程序进行:

(1)招标前,按项目管理权限向水行政主管部门提交招标报告备案。报告具体内容应当包括:招标已具备的条件、招标方式、分标方案、招标计划安排、投标人资质(资格)条件、评标方法、评标委员会组建方案以及开标、评标的工作具体安排等。

(2)编制招标文件。

(3)发布招标信息(招标公告或投标邀请书)。

(4)发售资格预审文件。

(5)按规定日期接受潜在投标人编制的资格预审文件。

(6)组织对潜在投标人资格预审文件进行审核。

(7)向资格预审合格的潜在投标人发售招标文件。

(8)组织购买招标文件的潜在投标人现场踏勘。

(9)接受投标人对招标文件有关问题要求澄清的函件,对问题进行澄清,并书面通知所有潜在投标人。

(10)组织成立评标委员会,并在中标结果确定前保密。

(11)在规定时间和地点,接受符合招标文件要求的投标文件。

(12)组织开标评标会。

(13)在评标委员会推荐的中标候选人中,确定中标人。

(14)向水行政主管部门提交招标投标情况的书面总结报告。

(15)发中标通知书,并将中标结果通知所有投标人。

(16)进行合同谈判,并与中标人订立书面合同。

(六)招标公告和投标邀请书

招标人采用公开招标方式的,应当发布招标公告。依法必须进行招标的项目的招标公告,《招标公告发布暂行办法》(国家计委2000年4号令)规定:《中国日报》、《中国经济导报》、《中国建设报》、中国采购与招标网(http://www.chinabidding.com.cn)为发布依法必须招标项目招标公告的媒介。依法必须招标的项目应至少在一家指定的媒介发布招标公告,其中,依法必须招标的国际招标项目的招标公告应在《中国日报》发布。大型水利工程建设项目以及国家重点项目、中央项目、地方重点项目同时还应当在《中国水利报》发布招标公告,公告正式媒介发布至发售资格预审文件(或招标文件)的时间间隔一般不少于10日。

招标人采用邀请招标方式的,应当向3个以上具备承担招标项目的能力、资信良好的特定的法人或者其他非法人组织发出投标邀请书。

招标公告或投标邀请书应当载明招标人的名称和地址,招标项目的性质、数量、实施地点和时间以及获取招标文件的办法等事项。招标人应当对招标公告和投标邀请书的真实性负责。招标公告不得限制潜在投标人的数量。

(七)资格审查

资格审查包括资格预审和资格后审两种方式。水利工程项目招标常采用资格预审。

招标人可以根据招标项目本身的要求,在招标公告或者投标邀请书中,要求潜在投标人提供有关资质证明文件和业绩情况,并对潜在投标人进行资格审查,提出资格审查报告,经参审人员签字后存档备查;国家对投标人的资格条件有规定的,依照其规定。在一个项目中,招标人应当以相同条件对所有潜在投标人的资格进行审查,不得以任何理由限制或者排斥部分潜在投标人,不得对潜在投标人实行歧视待遇。《工程建设项目勘察设计招标投标管理办法》规定:招标人不得以抽签、摇号等不合理条件限制或排斥资格合格的潜在投标人参加投标。

资格预审的一般程序是:招标人发资格预审公告(可能和招标公告合并),投标人购买资格预审文件,并在规定的时间内填报后提交,招标人接受资格预审申请文件,然后组建资格审查委员会进行审查,发出预审结果书,并编写资格预审评审报告。

(八)招标文件的编制与发售

招标人应当根据招标项目的特点和需要编制招标文件。招标文件是投标人编制投标的依据,招标文件的内容也是合同内容的一部分,所以招标文件是非常重要的文件。

招标文件应当包括招标项目的技术要求、对投标人资格审查的标准、投标报价要求和评标标准等所有实质性要求和条件,以及拟签订合同的主要条款。国家对招标项目的技术、标准有规定的,招标人应当按照其规定在招标文件中提出相应要求。招标项目需要划分标段、确定工期的,招标人应当合理划分标段、确定工期,并在招标文件中载明。

招标文件应当按其制作成本确定售价。通过资格审查的潜在投标人可在招标公告确定的时间和地点购买招标文件。

(九)现场踏勘

招标人根据招标项目的具体情况可以组织潜在投标人踏勘项目现场,但不得单独或者分别组织任何一个投标人进行现场踏勘。

(十)招标文件的澄清、修改与标前会议

招标人对已发出的招标文件进行必要澄清或者修改的,应当在招标文件要求提交投标文件截止日期至少 15 日前,以书面形式通知所有投标人。该澄清或者修改的内容为招标文件的组成部分。

招标人可以召开标前会议,就招标文件中的问题进行集中答疑、澄清。

(十一)编制投标文件的时间

招标人应当确定投标人编制投标文件所需要的合理时间。依法必须进行招标的项目,自招标文件开始发出之日起至投标人提交投标文件截止之日止,最短不得少于 20 日。

四、水利工程项目的投标

(一) 投标人

投标人是指响应招标、参加投标竞争的法人或者其他非法人组织。依法招标的科研项目允许个人参加投标的,投标的个人适用《招标投标法》有关投标人的规定。

投标人必须具备水利工程建设项目所需的资质(资格),该资质(资格)依国家有关规定和招标文件对投标人资格条件的要求。

两个以上法人或者其他组织可以组成一个联合体,以一个投标人的身份共同投标。联合体各方应当签订共同投标协议,明确约定各方拟承担的工作和责任,并将共同投标协议连同投标文件一并提交招标人。联合体中标的,联合体各方应当共同与招标人签订合同,就中标项目向招标人承担连带责任。

(二) 编制投标文件

投标人应当按照招标文件的要求编制投标文件。投标文件应当对招标文件提出的实质性要求和条件做出响应。

(三) 投标文件提交

投标人应当在招标文件要求提交投标文件的截止时间前,将投标文件密封送达招标人。招标人收到投标文件后,应当签收保存,不得开启。投标人少于 3 个的,招标人应当依照《招标投标法》重新招标。在招标文件要求提交投标文件的截止时间后送达的投标文件,招标人应当拒收。投标人应当对递交的资质(资格)预审文件及投标文件中有关资料的真实性负责。投标人在递交投标文件的同时,应当递交投标保证金。

(四) 投标文件的补充修改

投标人在招标文件要求提交投标文件的截止时间前,可以补充、修改或者撤回已提交的投标文件,但应当符合招标文件的要求,并书面通知招标人。补充修改的内容为投标文件的组成部分。

(五) 投标人的禁止行为

投标人不得相互串通投标报价,不得排挤其他投标人的公平竞争,损害招标人或者其他投标人的合法权益。

投标人不得与招标人串通投标,损害国家利益、社会公共利益或者他人的合法权益。禁止投标人以向招标人或者评标委员会成员行贿的手段谋取中标。

投标人不得以低于成本的报价竞标,也不得以他人名义投标或者以其他方式弄虚作假,骗取中标。

五、水利工程项目的评标标准和评标方法

评标标准和方法应当在招标文件中载明,在评标时不得另行制定或修改、补充任何评标标准和方法。招标人在一个项目中,对所有投标人评标标准和方法必须相同。

(一) 评标标准

评标标准分为技术标准和商务标准,见表2-2。

表 2-2 评标标准

勘察设计评标标准	施工评标标准
(1)投标人的业绩和资信； (2)勘察总工程师、设计总工程师的经历； (3)人力资源配备； (4)技术方案和技术创新； (5)质量标准及质量管理措施； (6)技术支持与保障； (7)投标价格和评标价格； (8)财务状况； (9)组织实施方案及进度安排	(1)施工方案(或施工组织设计)与工期； (2)投标价格和评标价格； (3)施工项目经理及技术负责人的经历； (4)组织机构及主要管理人员； (5)主要施工设备； (6)质量标准、质量和安全管理措施； (7)投标人的业绩、类似工程经历和资信； (8)财务状况
监理评标标准	设备、材料评标标准
(1)投标人的业绩和资信； (2)项目总监理工程师经历及主要监理人员情况； (3)监理大纲； (4)投标价格和评标价格； (5)财务状况	(1)投标价格和评标价格； (2)质量标准及质量管理措施； (3)组织供应计划； (4)售后服务； (5)投标人的业绩和资信； (6)财务状况

(二)评标方法

水利工程项目招标采用的评标方法包括合理最低投标价法、综合最低评标价法、综合评分法、综合评议法及两阶段评标法,各方法的特点和适用情况见表 2-3。在工程项目招标实践中,综合评分法采用最多。

表 2-3 评标方法比较

评标方法	实施过程	特点	适用情况
合理最低投标价法	找到不低于最低成本的报价(分有标底和无标底两种情况)	·操作简单 ·不能全面评价投标人 ·风险大	技术通用、标准简单的小型项目或材料、设备采购
综合最低评标价法	分析因素,报价调整	·非价格因素折算成货币困难 ·难操作	一般不用,设备、材料采购尚可用
综合评分法	审查、讨论、打分,综合	·报价计分灵活,变化多 ·量化方法,公正,科学性强,操作简便 ·诱导挂靠行为,人为因素	规模大、技术复杂的大、中型项目施工招标
综合评议法	分开分析比较,再讨论,后记名投票	·定性优选 ·易出不统一或过于统一 ·科学性差 ·过程简单	技术简单的小型项目或设备、材料采购
两阶段评标法	先技术,后商务,再权重综合	·过程复杂 ·科学性强	技术要求高、价格变化不大的项目,以及可研、设计、咨询、科研等招标

六、水利工程项目的开标、评标和中标

(一) 开标

开标应当在招标文件确定的提交投标文件截止时间的同一时间公开进行,开标地点应当为招标文件中预先确定的地点。

开标由招标人主持,邀请所有投标人参加。开标人员至少由主持人、监标人、开标人、唱标人、记录人组成,上述人员对开标负责。

开标一般按以下程序进行:

(1)主持人在招标文件确定的时间停止接收投标文件,开始开标。

(2)宣布开标人员名单。

(3)确认投标人法定代表人或授权代表人是否在场。

(4)宣布投标文件开启顺序。

(5)依开标顺序,先检查投标文件密封是否完好,再启封投标文件。

(6)宣布投标要素,并做记录,同时由投标人代表签字确认。

(7)对上述工作进行记录,存档备查。

(二) 评标

1. 评标委员会

评标由招标人依法组建的评标委员会负责。评标委员会由招标人的代表和有关技术、经济、合同管理等方面的专家组成,成员人数为 7 人以上单数,其中专家(不含招标人代表人数)不得少于成员总数的 2/3。评标专家应当从事相关领域工作满 8 年并具有高级职称或者具有同等专业水平。

公益性水利工程建设项目中,中央项目的评标专家应当从水利部或流域管理机构组建的评标专家库中抽取;地方项目的评标专家应当从省、自治区、直辖市人民政府水行政主管部门组建的评标专家库中抽取,也可从水利部或流域管理机构组建的评标专家库中抽取。评标专家的选择应当采取随机的方式抽取。

2. 评标程序

评标工作一般按以下程序进行:

(1)招标人宣布评标委员会成员名单并确定主任委员。

(2)招标人宣布有关评标纪律。

(3)在主任委员主持下,根据需要,讨论通过成立有关专业组和工作组。

(4)听取招标人介绍招标文件。

(5)组织评标人员学习评标标准和方法。

(6)经评标委员会讨论,并经 1/2 以上委员同意,提出需投标人澄清的问题,以书面形式送达投标人。

(7)对需要文字澄清的问题,投标人应当以书面形式送达评标委员会。

(8)评标委员会按招标文件确定的评标标准和方法,对投标文件进行评审,确定中标候选人推荐顺序。

3. 评审投标文件

评标委员会应当进行秘密评审,不得泄露评审过程、中标候选人的推荐情况以及与评标有关的其他情况。任何单位和个人不得非法干预、影响评标的过程和结果。评标委员会可以要求投标人对投标文件中含义不明确的内容做必要的澄清或者说明,但是澄清或者说明不得超出投标文件的范围或者改变投标文件的实质性内容。

评标委员会应当按照招标文件确定的评标标准和方法,对投标文件进行评审和比较;设有标底的,应当参考标底。评标委员会完成评标后,在评标委员会 2/3 以上委员同意并签字的情况下,通过评标委员会工作报告,并推荐合格的中标候选人,报招标人。

评标委员会经过评审,认为所有投标文件都不符合招标文件要求时,可以否决所有投标,招标人应当重新组织招标。

(三) 中标

评标委员会经过评审,从合格的投标人中排序推荐中标候选人。招标人可授权评标委员会直接确定中标人,也可根据评标委员会提出的书面评标报告和推荐的中标候选人顺序确定中标人。当招标人确定的中标人与评标委员会推荐的中标候选人顺序不一致时,应当有充足的理由,并按项目管理权限报水行政主管部门备案。

在确定中标人前,招标人不得与投标人就投标价格、投标方案等实质性内容进行谈判。中标人确定后,招标人应当向中标人发出中标通知书,并同时将中标结果通知所有未中标的投标人。中标通知书对招标人和中标人具有法律效力。中标通知书发出后,招标人改变中标结果的,或者中标人放弃中标项目的,应当依法承担法律责任。

(四) 签订合同

自中标通知书发出之日起 30 日内,招标人和中标人应当按照招标文件和中标人的投标文件订立书面合同,中标人提交履约担保。招标人和中标人不得另行订立背离招标文件实质性内容的其他协议。当确定的中标人拒绝签订合同时,招标人可与确定的候补中标人签订合同,并按项目管理权限向水行政主管部门备案。

招标人在确定中标人后,应当在 15 日之内按项目管理权限向水行政主管部门提交招标投标情况的书面报告。

七、电子招标投标

由于信息技术和网络技术快速发展,使招标投标过程电子化成为可能。电子招标投标活动是指以数据电文形式,依托电子招标投标系统完成的全部或者部分招标投标交易、公共服务和行政监督活动。数据电文形式与纸质形式的招标投标活动具有同等法律效力。《电子招标投标办法》对电子招标投标做出详细规定。

国家推广以数据电文形式开展电子招标投标活动,推进交易流程、公共服务、行政监督电子化和规范化,以及招标投标信息资源全国互联网共享。推行电子招标投标,对于提高采购透明度、节约资源和交易成本、促进政府职能转变具有非常重要的意义,特别是在利用技术手段解决弄虚作假、暗箱操作、串通投标、限制排斥潜在投标人等招标投标领域突出问题方面,有着独特优势,主要体现在以下几方面:

(1)可以解决招标投标领域的突出问题。推行电子招标投标,为充分利用信息技术手段解决招标投标领域突出问题创造了条件。例如,通过匿名下载招标文件,使招标人和投标人在投标截止前难以知晓潜在投标人的名称、数量,有助于防止围标、串标;通过网络终端直接登录电子招标投标系统,不仅方便了投标人,还有利于防止通过投标报名排斥潜在投标人,增强招标投标活动的竞争性。此外,由于电子招标投标具有整合信息、提高透明度、如实记载交易过程等优势,有利于建立健全信用惩戒机制,防止暗箱操作,有效查处违法行为。

(2)可以建立信息共享机制。采用电子招标投标方式,遵循标准统一、互联互通、公开透明、安全高效的原则,可以通过制定统一的交易规则和技术标准,明确各电子招标投标数据格式和数据交互接口,使电子招标投标信息可以交互共享,有利于形成统一开放、竞争有序的招标投标大市场。

(3)可以提高交易效率,节约资源和交易成本。招标投标过程在线上进行,避免了由于空间距离造成的交易时间长和交易成本大的问题,大幅度提高交易效率,比如通过线上提交投标文件,可以把编制投标文件的时间下限缩短;同时,招标投标过程的有关文件,如资格审查文件、招标文件、投标文件等,均采用电子文档的形式,可以实现绿色无纸化办公,避免了大量文档的打印复印,有效节约了社会资源。

(4)可以转变行政监督方式。与传统纸质招标的现场监督、查阅纸质文件等方式相比,电子招标投标的行政监督方式有了很大变化,其最大区别在于利用信息技术,可以实现网络化、无纸化的全面、实时和透明监督,提高了行政监督的有效性。

所以,除特殊情况外,依法必须进行招标的项目应当采用电子招标投标方式。

八、国际工程招标投标

国际工程通常是指工程主要参与主体来自不同国家,并且按照国际惯例进行管理的工程项目。面向国际进行工程招标、工程合同主体具有多国性是国际工程的主要特征。国际工程是一种综合性(技术、服务等)的国际经济合作方式。鲁布革水电站工程的国际招标标志着我国水利水电工程建设市场对外开放的大门打开,随后二滩水电工程、黄河小浪底水利枢纽工程等也进行了国际招标。同时,随着我国工程建设企业的发展壮大和"走出去"战略的实施,参与国际工程招标投标并承接国外的工程建设任务已成常态,国际工程建设市场份额占比逐年提高。

国际工程招标投标的主要方式包括国际竞争性招标、国际有限竞争性招标、两阶段招标和议标。国际竞争性招标是在国际范围内基于公开、公平原则的竞争性交易方式,即把公开招标在国际范围内实施,也是目前国际工程常用的招标方式。采用这种招标方式,可能是提供资金方的特定要求,如国际金融组织(如世界银行、亚洲开发银行等)、贷款援助国、多国合作基金会或多国合资项目等,也可能是工程所在国基于工程量、技术、人力或风险的考虑。国际有限竞争性招标是在有限国际范围内基于公平原则的竞争性交易方式。采用这种招标方式,可能是提供资金方的特定要求,如贷款国或援助国限定本国承包商的要求,或区域性金融组织对限定成员国的要求(如阿拉伯基金等),或工程所在国为照顾本国企业要求国外承包商必须和本国企业组成联合体投标,或工程所在国基于经验或技术等考虑指定或邀请招标。国际两阶段招标是国际竞争性招标和国际有限竞争性招标相结合的方式,和国内的两阶段招标过程类似,但其招标范围是国际范围。议标的习惯做法是招标人找一家企业直接进行谈判并签订合同,所以,严格讲不是一种招标方式,是一种非竞争性交易方式。但议标方式也在不断发展,现在有的招标人同时和几家企业进行谈判,并无约束地和其中一家企业签订合同。议标方式在国际工程中应用也很广泛,招标方基于保密、技术、紧急、经验要求或投资、项目特性(如研究试验性工程等)要求等,选择议标方式较合适。

国际工程招标投标的具体做法差别较大,总体来说,一方面要考虑工程所在国法律法规的要求,另一方面也要根据工程具体情况考虑一些外部要求,如世界银行贷款项目要遵守《世界银行采购指南》等。

第七节　水利工程项目建设监理制

建设监理制是我国水利工程建设项目管理的基本制度之一,是在借鉴国际工程项目管理先进经验的基础上,结合我国国情,建立的具有中国特色的建设项目管理制度。

一、水利工程建设监理的概念

水利工程建设监理是指具有相应资质的水利工程建设监理单位,受项目法人委托,按照监理合同对水利工程建设项目实施中的质量、进度、资金、安全生产、环境保护等进行的管理活动,包括水利工程施工监理、水土保持工程施工监理、机电及金属结构设备制造监理、水利工程建设环境保护监理,对工程建设实施的专业化管理。

建设监理是针对工程建设项目实施的监理管理活动,是专业化管理工作。建设监理具有服务性、独立性、公正性和科学性等特性。不同于政府质量监督,建设管理是社会化的监督管理活动。

二、水利工程建设监理的范围

《水利工程建设监理规定》第三条规定:"水利工程建设项目依法实行建设监理。总投资200万元以上且符合下列条件之一的水利工程建设项目,必须实行建设监理:关系社会公共利益或者公共安全的;使用国有资金投资或者国家融资的;使用外国政府或者国际组织贷款、援助资金的。铁路、公路、城镇建设、矿山、电力、石油天然气、建材等开发建设项目的配套水土保持工程,符合前款规定条件的,应当按照本规定开展水土保持工程施工监理。"

三、水利工程建设监理业务的承接

监理单位应当按照水利部的规定,取得《水利工程建设监理单位资质等级证书》,并在其资质等级许可的范围内承揽水利工程建设监理业务。两个以上具有资质的监理单位,可以组成一个联合体承接监理业务。联合体各方应当签订协议,明确各方拟承担的工作和责任,并将协议提交项目法人。联合体中标的,联合体各方应当共同与项目法人签订监理合同,就中标项目向项目法人承担连带责任。

监理单位承揽监理业务的方式主要有两种:一是按照《水利工程建设项目监理招标投标管理办法》的规定投标竞争;二是接受项目法人直接委托。项目法人和监理单位应当依法签订监理合同,监理合同应当采用或参考《水利工程建设监理合同示范文本》(GF 2019—0211),确定双方的权利义务。

四、水利工程建设监理的实施程序和要求

(一)实施程序

水利工程项目监理实施的工作程序包括总体程序和具体程序,总体工作程序如下:

(1)签订监理合同,明确监理工作范围、内容和责权。

(2)依据监理合同组建监理机构,选派满足工作要求的总监理工程师、监理工程师、监理员和其他工作人员,进驻现场。

(3)熟悉工程建设有关法律、法规、规章以及技术标准,熟悉工程设计文件、施工合同文件和监理合同文件。

(4)编制监理规划,明确项目监理机构的工作范围、内容、目标和依据,确定监理工作制度、程序、方法和措施,并报项目法人备案。

(5)进行监理工作交底。

(6)按照工程建设进度计划,编制监理实施细则。

(7)按照监理规划和监理实施细则开展监理工作,编制并提交监理报告。

(8)整理监理工作档案资料。

(9)参加工程验收工作,参加发包人与承包人的工程交接和档案资料移交。

(10)按合同约定实施缺陷责任期的监理工作。

(11)结清监理报酬。

(12)向发包人提交监理工作报告,移交有关监理档案资料。

(13)向发包人移交其所提供的文件资料和设施设备。

具体程序的内容非常多且详细,如工序或单元工程质量控制监理工作程序、质量评定监理工作程序、进度控制监理工作程序、工程款支付监理工作程序、变更监理工作程序、索赔处理监理工作程序等,例如进度控制监理工作程序如图 2-3 所示。

(二)实施要求

(1)监理单位应当聘用一定数量的监理人员从事水利工程建设监理业务。监理人员包括总监理工程师、监理工程师和监理员。总监理工程师、监理工程师应当具有监理工程师职业资格,总监理工程师还应当具有工程类高级专业技术职称。监理人员应当保守执(从)业秘密,并不得同时在两个以上水利工程项目从事监理业务,不得与被监理单位以及建筑材料、建筑构配件和设备供应单位发生经济利益关系。

监理单位应当将项目监理机构及其人员名单、监理工程师和监理员的授权范围书面通知被监理单位。监理实施期间监理人员有变化的,应当及时通知被监理单位。监理单位更换总监理工程师和其他主要监理人员的,应当符合监理合同的约定。

(2)水利工程建设监理实行总监理工程师负责制。总监理工程师负责全面履行监理合同约定的监理单位职责,发布有关指令,签署监理文件,协调有关各方之间的关系。监

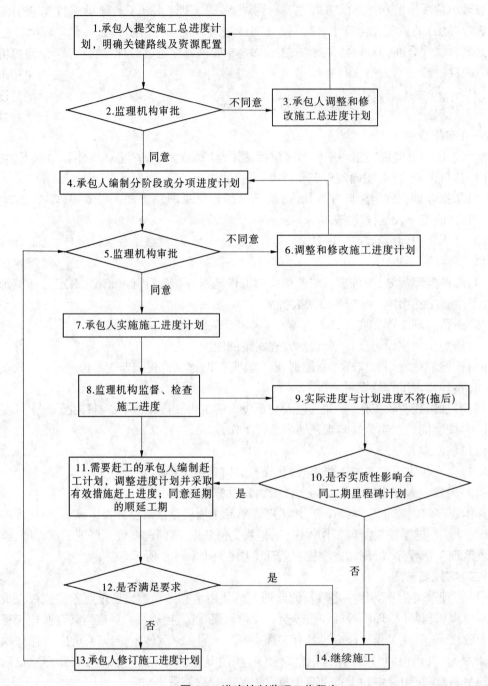

图 2-3　进度控制监理工作程序

理工程师在总监理工程师授权范围内开展监理工作,具体负责所承担的监理工作,并对总监理工程师负责。监理员在监理工程师或者总监理工程师授权范围内从事监理辅助工作。

(3)监理单位应当按照监理合同,组织设计单位等进行现场设计交底,核查并签发施工图。未经总监理工程师签字的施工图不得用于施工。监理单位不得修改工程设计文件。

（4）监理单位应当按照监理规范的要求，采取旁站、巡视、跟踪检测和平行检测等方式实施监理，发现问题应当及时纠正、报告。监理单位不得与项目法人或者被监理单位串通，弄虚作假、降低工程或者设备质量。监理人员不得将质量检测或者检验不合格的建设工程、建筑材料、建筑构配件和设备按照合格签字。未经监理工程师签字，建筑材料、建筑构配件和设备不得在工程上使用或者安装，不得进行下一道工序的施工。

（5）监理单位应当协助项目法人编制控制性总进度计划，审查被监理单位编制的施工组织设计和进度计划，并督促被监理单位实施。

（6）监理单位应当协助项目法人编制付款计划，审查被监理单位提交的资金流计划，按照合同约定核定工程量，签发付款凭证。未经总监理工程师签字，项目法人不得支付工程款。

（7）监理单位应当审查被监理单位提出的安全技术措施、专项施工方案和环境保护措施是否符合工程建设强制性标准和环境保护要求，并监督实施。监理单位在实施监理过程中，发现存在安全事故隐患的，应当要求被监理单位整改；情况严重的，应当要求被监理单位暂时停止施工，并及时报告项目法人。被监理单位拒不整改或者不停止施工的，监理单位应当及时向有关水行政主管部门或者流域管理机构报告。

（8）项目法人应当向监理单位提供必要的工作条件，支持监理单位独立开展监理业务，不得明示或者暗示监理单位违反法律法规和工程建设强制性标准，不得更改总监理工程师指令。项目法人应当按照监理合同，及时、足额支付监理单位报酬，不得无故削减或者拖延支付。项目法人可以对监理单位提出并落实的合理化建议给予奖励。奖励标准由项目法人与监理单位协商确定。

五、水利工程建设监理实施的主要工作方法

（一）现场记录

监理机构记录每日施工现场的人员、原材料、中间产品、工程设备、施工设备、天气、施工环境、施工作业内容、存在的问题及其处理情况等。

（二）发布文件

监理机构采用通知、指示、批复、确认等书面文件开展施工监理工作。它是施工现场监督管理的重要手段，也是处理合同问题的重要依据，如开工通知、质量不合格通知、变更通知、暂停施工通知、复工通知和整改通知等。

（三）旁站监理

监理机构按照监理合同约定和监理工作需要，在施工现场对工程重要部位和关键工序的施工作业实施连续性的全过程监督、检查和记录。需要旁站监理的重要部位和关键工序一般应在监理合同中明确规定。

（四）巡视检查

监理机构对所监理工程的施工进行定期或不定期的监督与检查。监理机构在实施监理过程中，为了全面掌握工程的进度、质量等情况，应当采取定期和不定期的巡视监察和

检验。

（五）跟踪检测

监理机构对承包人在质量检测中的取样和送样进行监督。

（六）平行检测

在承包人对原材料、中间产品和工程质量自检的同时，监理机构按照监理合同约定独立进行抽样检测，核验承包人的检测结果。平行检测费用由发包人承担。

（七）协调

监理机构依据合同约定对施工合同双方之间的关系以及工程施工过程中出现的问题和争议进行的沟通、协商和调解。

六、水利工程建设监理实施的主要工作制度

（一）技术文件核查、审核和审批制度

根据施工合同约定由发包人或承包人提供的施工图纸、技术文件以及承包人提交的开工申请、施工组织设计、施工措施计划、施工进度计划、专项施工方案、安全技术措施、度汛方案和灾害应急预案等文件，均应经监理机构核查、审核或审批后方可实施。

（二）原材料、中间产品和工程设备报验制度

监理机构对发包人或承包人提供的原材料、中间产品和工程设备进行核验或验收。不合格的原材料、中间产品和工程设备不允许投入使用，其处置方式和措施应得到监理机构的批准或确认。

（三）工程质量报验制度

承包人每完成一道工序或一个单元工程，都应经过自检。承包人自检合格后方可报监理机构进行复核。上道工序或上一单元工程未经复核或复核不合格，不得进行下道工序或下一单元工程施工。

（四）工程计量付款签证制度

所有申请付款的工程量、工作均应进行计量并经监理机构确认。未经监理机构签证的付款申请，发包人不得付款。

（五）会议制度

监理机构应建立会议制度，包括第一次监理工地会议、监理例会和监理专题会议。会议由总监理工程师或其授权的监理工程师主持，工程建设有关各方应派员参加。会议应符合下列要求。

1. 第一次监理工地会议

第一次监理工地会议应在监理机构批复合同工程开工前举行，会议主要内容包括：介绍各方组织机构及其负责人；沟通相关信息；进行首次监理工作交底；介绍合同工程开工准备检查情况。会议的具体内容可由有关各方会前约定，会议由总监理工程师主持召开。

2. 监理例会

监理机构应定期主持召开由参建各方现场负责人参加的会议，会上应通报工程进展情况，检查上次监理例会中有关决定的执行情况，分析当前存在的问题，提出问题的解决方案或建议，明确会后应完成的任务及其责任方和完成时限。

3. 监理专题会议

监理机构应根据工作需要,主持召开监理专题会议。会议专题可包括施工质量、施工方案、施工进度、技术交底、变更、索赔、争议及专家咨询等方面。

总监理工程师或授权副总监理工程师组织编写由监理机构主持召开会议的纪要,并分发与会各方。

(六) 紧急情况报告制度

当施工现场发生紧急情况时,监理机构应立即指示承包人采取有效紧急处理措施,并向发包人报告。

(七) 工程建设标准强制性条文符合性审核制度

监理机构在审核施工组织设计、施工措施计划、专项施工方案、安全技术措施、度汛方案和灾害应急预案等文件时,应对其与工程建设标准强制性条文(水利工程部分)的符合性进行审核。

(八) 监理报告制度

监理机构应及时向发包人提交监理月报、监理专题报告;在工程验收时,应提交工程建设监理工作报告。

(九) 工程验收制度

在承包人提交验收申请后,监理机构应对其是否具备验收条件进行审核,并根据有关水利工程验收规程或合同约定,参与或主持工程验收。

七、水利工程建设监理的主要任务

水利工程项目监理的实施,就是依据有关法规、规范、合同和工程文件,采取组织管理、经济、技术、合同和信息管理等措施,控制工程建设的资金、工期和质量,并对建设过程及参与各方的行为进行监督、协调和控制,以保证最优地实现项目建设目标。

(一) 进度控制

建设监理的进度控制是根据项目工期总目标,审批项目进度计划,并对计划的实施开展的有关监督管理活动。

进度控制主要工作包括:周密分析研究确定合理的工期目标,确定合同工期;在建设实施期,建立健全进度控制体系,运用运筹学、网络计划技术等科学手段,审查确定合同进度计划,并编制进度控制计划;随着工程的进展,对进度计划的实施进行动态跟踪和调整,管理好停工、复工等情况,排除干扰,最终保证项目总工期的实现。在此过程中,监理单位应当协助项目法人编制控制性总进度计划,审查施工方编制的施工进度计划,并督促其落实。

(二) 质量控制

质量控制是指为了保证工程质量达到法规或合同要求,对项目实施过程中有关质量活动进行的相关监督管理工作。

建设监理质量控制的主要工作包括:在施工前通过审查承包人组织机构与人员,检查建筑物所用材料、构配件、工程设备和施工设备、施工工法和施工环境及审查施工组织设计等实施质量预控;施工过程中的重要技术复核,工序操作检查,隐蔽工程验收,工序成果检查、认证,质量评定,质量事故的妥善处理,阶段验收等;最终的竣工验收等。另外,监理单位应组织设计单位等进行设计交底,核查并签发施工图。

（三）投资控制

建设监理投资控制就是根据合同支付工程款,以及对工程成本进行动态控制的有关活动。

建设监理投资控制的主要工作包括:审批承包人提交的资金流计划;协助发包人编制合同项目的付款计划;根据工程实际进展情况,对合同付款情况进行分析;审核工程付款申请,签发付款证书;根据施工合同约定进行价格调整;根据授权处理变更所引起的工程费用变化事宜;根据授权处理索赔中的费用问题;审核完工付款申请,签发完工付款证书;审核最终结清申请,签发最终结清付款证书。

（四）安全、环境和移民管理

监理单位应当督促承包人建立健全施工安全保障体系,对职工进行施工安全教育和培训,审查承包人提交的安全技术措施、灾害应急预案、专项施工方案等是否符合工程建设强制性条文和其他相关规定的要求,并监督其实施。监理单位在实施监理过程中,发现存在安全事故隐患的,应当要求承包人整改;情况严重的,应当要求承包人暂时停止施工,并及时报告项目法人。承包人拒不整改或者不停止施工的,监理单位应当及时向有关水行政主管部门或者流域管理机构报告。当发生安全事故时,监理单位应指示承包人采取有效措施防止损失扩大,并按有关规定立即上报,配合安全事故调查组的调查工作,监督承包人按调查处理意见处理安全事故。

监理单位应督促承包人按施工合同约定,审查施工组织设计中的环境保护措施是否符合要求,并对落实情况进行检查。施工过程中,要求承包人加强对施工环境和生活环境的管理,如加强对噪声、粉尘、废气、废水、废油的控制等。

工程建设涉及移民工作时,监理单位也应按有关法规规定和监理合同约定,做好移民相关的监理工作。

（五）合同管理

合同管理是监理单位最基本的工作,是进行投资控制、进度控制和质量控制等工作的手段和基础。

监理单位的合同管理,除依据合同进行投资控制、进度控制、质量控制以及安全、环保管理等工作外,还包括:解释施工合同文件;协助发包人选择承包人、设备和材料供货人;审核承包人拟分包的项目和分包人;处理合同违约、变更和索赔等合同实施中的问题;参与或协助发包人组织工程的各种验收;监督、检查工程保修情况;处理有关保险事务;处理合同争议等。

（六）信息管理

信息管理是建设监理的重要工作。只有及时、准确地掌握项目建设中的信息,严格、有序地管理各种文件、图纸、记录、指令、报告和有关技术资料,包括监理日志、报告、会议纪要、收函、发函等,完善信息资料的收集、分类、整编、归档、保管、传阅、查阅、复制、移交、保密程序和制度,才能使信息及时、完整、准确和可靠地为建设监理提供工作依据,以便及时采取措施有效地完成监理任务。计算机信息管理系统和互联网技术是现代工程建设领域信息管理的重要手段,5G 移动网络、BIM 技术、人工智能和大数据技术等也为工程建设信息管理打开了广阔空间。

(七)组织协调

在工程项目实施过程中,存在大量组织协调工作,一方面,项目建设过程参与单位和部门较多,包括政府监督机构、施工单位、设计单位、设备制造厂家、银行以及材料生产厂家、分包单位、保险机构等,他们的工作配合需要协调;另一方面,有关合同主体之间由于各自经济利益和对问题不同理解等难免会发生各种矛盾和冲突,需要进行协调解决。因此,监理单位及时、公正、合理地做好协调工作是项目顺利实施的重要保证。

复习思考题

1.什么是项目生命周期,水利工程项目生命周期有什么特点?

2.什么是工程建设基本程序,水利工程项目建设基本程序分几个阶段,各阶段的主要工作是什么?

3.简述水利工程项目招标投标的基本程序。

4.简述水利工程建设监理的主要工作方法和主要工作制度。

第三章　水利工程项目计划、跟踪和控制

"凡事预则立,不预则废。"水利工程项目管理是一个系统工程,符合管理的基本原理,如系统原理、反馈原理等。其实,水利工程项目的管理过程,就是计划、跟踪和控制的系统过程。先形成项目计划系统,然后执行计划,就是项目实施过程。在项目实施过程中,要跟踪项目实际进展情况。由于一系列内外影响因素的存在,需要对项目实施过程进行控制,一方面,保证项目按计划实施;另一方面,当项目实际实施情况偏离计划时,采取纠偏措施和修正计划。由此可见,计划、跟踪和控制是一个相互依赖、相互制约的互动过程,没有计划就没有跟踪和控制的对象、目标和指导,没有跟踪就没有控制的基本输入信息,没有控制就不能保证计划目标的实现,跟踪也成了空转。

第一节　水利工程项目计划概述

计划是管理的重要和基本的职能之一,处于首要位置、首要环节,是龙头,能引导各种管理职能的实现。水利工程项目计划也是水利工程项目管理中非常重要的工作,项目计划是项目实施和完成的基础与依据,不进行计划,项目就无从下手。计划能确定目标,并指导参与人如何努力,把项目计划变成现实。

水利工程项目计划是项目组织根据项目目标的规定,对项目实施工作进行的各项活动做出周密安排,系统地确定项目任务、安排任务进度、编制完成任务所需的资源预算等,从而保证项目能够在合理的工期内,用尽可能低的成本和尽可能高的质量完成。

水利工程项目计划是对未来行动方案的说明。项目计划是项目组织者思想的具体化,体现了他们对未来事件的思考和决定,回答了做什么、做多少、如何做、谁去做和何时做的问题,是安排合适的人、在合适的时间、以合适的方式做正确的事。

一、水利工程项目计划的作用

水利工程项目计划是项目过程中一个极为重要的环节,它的作用主要在于以下几点。

(一)形成计划文件,指导工程实施

计划是工程在人脑中的实现过程,相当于计划制订者在自己的脑海中把工程做了一遍。通过水利工程项目计划工作,确定方案,发现和分析问题,理清思维,把计划的前提、基础以及分析、决策的过程和结果形成书面文件,用来指导工程的实践活动。

(二)落实和再审查工程的总目标

在工程项目的总目标确定后,通过计划将工程项目目标进行分解,确定完成项目目标所需的各项任务,落实责任,并通过具体周密地安排工程活动,制定各项任务的时间表,明确各项任务所需的人力、物力、财力并确定预算,保证项目顺利实施和目标实现。所以说,计划既是对总目标实现方法、措施和过程的安排,又是许多更细、更具体的目标的组合;同

时,通过计划可以分析研究总目标能否实现,总目标确定的费用、工期、功能要求是否能得到保证,是否平衡。如果发现不平衡或不能实现,则必须修改目标,修改技术设计,甚至可能取消项目。所以,计划又是对构思、项目目标、技术设计更为详细的论证。

(三)确定项目实施规范,成为项目实施的依据和指南

通过计划和科学的组织与安排,可以保证有秩序地施工。通过计划能合理地、科学地协调各工种、各单位、各专业之间的关系,能充分利用时间和空间,进行各种技术经济比较和优化,提高项目的整体效益。同时,计划确定项目实施工作规范,经批准后就作为项目实施工作大纲。实施就必须按计划执行,并以计划作为控制依据,监督、跟踪和诊断实际实施状态,适时采取调整措施。最后,它又作为评价和检验实施状况的尺度。由于项目是一次性的、唯一的,所以与企业计划不同,项目实施成果只能与自己的计划比,与目标比,而不能与其他项目比或与上年度比。这样也使得项目计划工作十分重要,同时又富于挑战性。

(四)明确项目成员的责任和目标

通过计划,可以确立项目组各成员的责任范围、地位以及相应的职权,以便按要求去指导和控制项目的工作。可以使项目组成员明确自己的奋斗目标,实现目标的方法、途径及期限,并确保以时间、成本及其他资源需求的最小化实现项目目标。

(五)计划是沟通和协调的基础

水利工程项目比较复杂,一方面,有大量的参与人,需要协调配合;另一方面,大量的活动需要繁杂坚实的准备工作。通过计划,可以促进项目组成员及项目委托人和管理部门之间的交流与沟通,使项目各工作协调一致,并在协调关系中了解哪些是关键因素。而且在每项活动开始前,已经预知项目的实施情况以及需要的准备工作,积极准备,可以为项目计划活动的开展打下坚实的基础。

(六)计划是跟踪和控制的基础

项目参与者和主要决策者(业主或投资者等)需要了解和控制工程,需要计划的信息,以及计划和实际比较的信息,作为项目阶段决策和安排资金及后期生产准备的依据。特别是风险大、要求复杂的工程项目,必须对每一步做出总结和阶段决策。计划也为项目的跟踪控制过程提供了一条基线,可用以衡量进度、计算各种偏差及决定预防或整改措施,便于对变化进行管理。

在现代水利工程项目中,尤其是大型的水利工程项目,没有周密的计划,或计划得不到贯彻和保证,是不可能取得成功的。所以,水利工程项目必须有充分的时间,进行详细的计划。

但需要说明的是,在要求保证计划的相对稳定性以利于工程顺利实施的同时,要特别注意到,由于水利工程及其实施环境的复杂性、多变性,工程参与方对工程的理解、期望以及对未来情况的预测都是有限的,会造成“计划跟不上变化”,此时,要及时根据实时情况修改完善计划,“计划就是用来改变的”。所以,计划也不是一成不变的,是一个不断修改完善的动态过程。

二、水利工程项目计划的基本要求

水利工程项目计划作为一个重要的项目阶段,在项目过程中承上启下,必须按照批准

的项目总目标、总任务做详细的计划。计划文件经批准后作为项目的工作指南,必须在项目实施中贯彻执行。制订水利工程项目计划,一般应满足以下基本要求。

(一) 目的性要求

计划是为保证实现总目标而做的各种安排,所以目标是计划的灵魂,计划必须符合项目的总目标,受总目标的控制。因此,计划者首先必须详细地分析目标,弄清任务。水利工程的目标是一个体系,包括总目标和子目标,各种计划要受总目标的控制,同时受具体相应的子目标制约。比如,总承包方的施工进度计划要受工程总工期的控制,必须弄清楚招标文件和合同文件的内容,正确、全面地理解业主的要求和工程的总目标,而某分包商的进度计划除受工程总工期的制约外,还受到所分包的具体工作工期的控制。

(二) 全面性要求

要使项目顺利实施,必须安排各方面的工作,提供各种保证。项目的计划必须包括项目实施的各个方面和各种要素,在内容上必须周密、全面。项目实施需要各项目参与者、各专业、所有资源、所有工程活动在时间上和空间上协调,形成了一个非常周密的多维的计划系统。

(三) 关联协调性要求

项目计划本身是一个由一系列子计划组成的系统,各个子计划彼此之间相对独立,又紧密相关,是一个有机协调的整体。尤其是水利工程项目,计划系统非常复杂,所以制订项目计划时,必须考虑到计划的相关协调性,进行必要的协调工作,主要包括计划不同层次之间、不同内容之间、不同主体之间、不同专业之间的协调等。

(四) 环境适应性要求

环境适应性包括两个层面,一是要符合项目实际情况,二是能适应项目环境的变化。

1. 符合项目实际情况

项目计划要符合工程的实际情况,才有可行性和可操作性,不能纸上谈兵,脱离实际。符合实际主要体现在符合自然环境条件和社会环境条件,反映项目管理客观规律和工程各参与方的实际情况。所以,项目管理者做计划时,必须向生产者做调查,征求意见,一并安排工作过程,确定工作持续时间,确定计划的一些细节问题,切不可闭门造车。实践证明,由实施者来制订计划会更有效。

2. 适应项目环境的变化

项目计划是建立在项目目标、实施方案、以往经验、环境现状以及对未来合理预测基础上的,所以计划的人为因素较强。在实际工作中,计划受到许多方面的干扰,需要改变或调整,如市场变化、环境变化、气候影响、投资者情况变化、政府部门干预、新法律颁布、计划不周等。

所以,对环境要有适当预测,加强风险管理。计划中必须包括相应的风险分析内容。对可能发生的困难、问题和干扰做出预计,并提出预防措施。按适应性要求,计划不要做得太细,否则容易使下级丧失创造力和主动精神。同时,计划中必须留有余地。机动余地一般由上层管理者控制,不能随任务下达,否则会被下层实施者在没有干扰或问题的情况下用光,或者会使下层管理者形成已有机动余地的概念而不去积极追求更高绩效,这会妨碍工程绩效的提高。

(五)经济性要求

项目计划的目标不仅要求项目有较高的效率,而且要有较高的整体经济效益。这不仅是项目计划的要求,而且是项目计划的内容。所以,在计划中必须提出多种方案,并基于技术经济分析进行方案比选和优化,比如可以采用价值分析、费用/效益比较、活动分析、工期-费用优化、资源平衡等方法进行优化。同时,在进行经济优化时,要兼顾工程质量、工程安全,考虑工程风险,以保证最优经济效果的可靠性。

三、水利工程项目计划的种类

(一)按计划的过程分类

计划作为一个项目管理的职能工作,它贯穿于工程项目生命周期的全过程。在项目过程中,计划有许多版本,随着项目的进展不断地细化、具体化,同时又不断地修改和调整,形成一个动态的计划体系,主要包括以下几类:

(1)概念性计划。即在水利工程项目建议书阶段所形成的工程总体计划,包括项目规模、生产能力、建设期和运行期的预计、总投资及其相应的资金来源安排等,是项目的一个大致轮廓和初步计划。

(2)详细计划。即在水利工程项目可行性研究阶段形成的详细全面的计划,包括产品销售计划、生产计划、项目建设计划、投资计划、筹资方案等。而且,对于各个子项投资估算、进度里程碑、现金流等均做了详细的安排和部署。

(3)控制计划。是在设计阶段,随着设计的逐步深入:初步设计—扩大初步设计—施工图设计,计划不断深入、细化、具体化。每一步设计之后就有一个相应的计划,它是项目设计过程中阶段决策的依据,也是控制工程实施的依据,工程实施的工期、质量和投资受此计划控制。

(4)操作计划。主要是在施工准备阶段形成的计划。在工程开工之前,就工程如何实施和操作,要形成具体的操作计划。该计划比详细计划更具体,更具有操作性,如施工承包商的施工组织计划等。

(5)更新计划。主要是在施工过程中,需要根据实际情况,不断调整、修正、完善工程计划,形成阶段性(季度、月度等)的更新计划,该更新计划是滚动进行的。

(二)按计划的内容分类

按照项目计划必须解决的五个基本问题:项目做什么、如何做、谁去做、何时做及做多少,可以把计划的内容分为以下几类:

(1)工作实施计划。是为保证项目顺利开展、围绕项目目标的最终实现而制订的实施方案,包括工作细则、工作措施等,主要说明组织实施项目的方法和总进度计划,解决如何做和何时做的问题。

(2)技术计划。是确定工程的主要技术特征并保证能够达到的计划,包括技术要求、工艺要求、规格、标准、图纸、技术支持等有关项目性质的技术文件。解决如何做和做成什么的问题。

(3)人员组织计划。主要是表明工作分解结构图中的各项工作任务应该由谁来承担,应负的责任,以及各项工作间的关系如何,可以用组织结构图、职责分工矩阵等形式说明。解决谁去做的问题。

（4）支持计划。是确定如何满足项目实施所需要的资源，并对项目管理如何提供支持的计划。包括各种资源计划、培训支持计划、行政支持计划、软件支持计划、考评计划等。解决做多少或消耗多少的问题。

（5）文件计划。是说明项目的计划以及记录计划执行过程的计划，该计划阐明文件管理方式、细则以及建立并维护好项目文件，包括文件管理的组织、所需的人员和物资资源数量、文件的流程和内容等。

（6）应急计划。该计划是整个项目计划的辅助性计划。在计划实施中，由于各种因素的影响，会出现难以预料的"突发事件"或"意外事件"，需要有应对这些事件的应急预案和计划。

（三）按计划的主体分类

水利工程项目有多个参与主体，每个参与主体有自己的职责和分工。每个参与主体需要为完成自己的工作或任务制订计划。按照现行的水利工程项目管理程序和制度，主要有以下几类：

（1）项目业主的总计划。该计划是项目业主对工程的总体安排，是战略性的、总控性质的计划，其内容也非常繁杂，包括业主管理计划、勘测计划、可研计划、设计计划、招标计划、融资计划、征地拆迁计划、移民计划、验收计划等。其他各个参与方的计划都是在此总计划的基础上确定和编制的。

（2）质量监督工作计划。由政府质量监督机构做出的对该项目进行质量监督的工作计划。包括质量监督项目组管理计划，质量监督的方法、手段、措施等。

（3）勘测工作计划。由勘测单位做出的关于工程勘测工作安排的计划。

（4）设计工作计划。由承担设计任务的设计单位做出的关于工程设计工作安排的计划，就是设计单位的设计项目管理计划，包括设计项目组织、工作计划、资源计划、工程供图计划等。

（5）招标代理工作计划。由招标代理单位做出的关于招标工作安排的计划，包括勘测招标计划、设计招标计划、监理招标计划、施工招标计划、大型机电设备或材料招标采购计划等。每个招标计划包括招标代理组织管理计划、招标工作程序计划、评标计划等。

（6）监理工作计划。由监理单位做出的关于监理工作安排的计划，主要是指监理大纲、监理规划、监理细则等，包括监理工作管理计划、监理工程控制计划等。

（7）施工工作计划。由施工单位做出的关于工程施工工作安排的计划，主要是指工程施工组织设计。

（8）设备生产运输计划。由设备生产厂家做出的关于设备生产和运输工作安排的计划，包括设备生产计划和设备运输计划（有时设备生产厂家不负责运输，运输由专门的运输公司承担，此时，运输计划由运输公司编制）。

（9）材料供货计划。由材料生产厂家做出的关于材料生产和运输工作安排的计划，包括材料生产计划和材料运输计划。

另外，还有分包商的分包工程施工工作计划、管理咨询公司的管理咨询工作计划等。

这里需要特别说明的是，虽然这些计划是由不同主体对自己的工作进行安排而做出的,但这些计划都应在项目总体计划的控制之下,并且是相互协调的。

(四)按计划的层次分类

按计划的层次,可分为以下三类:

(1)总体计划。该计划是对工程工作进行总体安排和控制的计划,一般是由项目业主制定的。

(2)控制计划。是基于工程总体计划,说明如何控制工程实施的计划,该计划比总体计划要详细,比工程实施计划要粗略。主要包括:①行政监督计划。基于总体计划,由行政监督部门制订的对工程实施监督的计划,由于行政执法的特性,该计划也带有一定的控制性。②工程控制计划。基于工程总体计划,对工程实施进行控制的计划,包括监理单位的工程控制计划等。

(3)工程实施计划。基于工程总体计划做出的工程实施工作详细安排的计划,包括施工工作计划、设备生产运输计划等。

(五)按项目管理职能分类

按项目管理职能划分,项目计划一般包括项目范围计划、项目组织计划、项目进度计划、项目成本和资金计划、项目质量计划、项目风险管理计划、项目安全计划、项目环境保护计划、项目移民计划、项目合同管理计划、项目人员和团队管理计划、项目沟通和冲突管理计划、项目信息管理计划等。

第二节　水利工程项目计划过程

水利工程项目计划是通过计划过程产生的。该计划过程包括计划准备、计划编制、计划结果等基本过程。同时,该计划过程又是一系列子过程的结果。项目计划也是一个持续循环渐进过程。

一、计划前的准备工作

为了保证计划的科学性、合理性、有效性、可行性,在编制计划前,需要做必要的准备工作,这些工作包括:

(1)必须明确组织战略和项目战略。组织战略是事关组织长远发展、影响组织全局的谋略或方略,是组织定位。组织战略管理包括战略制定、战略实施、战略评价与控制等内容。项目是实现组织战略的方式,是组织战略实施的内容,所以组织战略决定了项目战略。组织的战略需求不同,比如尽快进入某一领域或某一区域市场,提高某一市场的占有率,尽快满足某一特定市场需求,在某一领域或某一区域市场树立良好形象,或完成项目集或项目组合"拼图"以实现协同效应等,相应的项目战略也会有差别。项目战略引领着项目计划和实施。

(2)必须对计划的目标和任务进行精确定义,对项目目标进行细化。没有明确、详细的目标,计划就会失去依据和方向。计划的目标取决于项目战略。一个工程项目的计划目标是一个目标系统,项目战略决定了各个目标的重要性层级和优先顺序。比如:某一组织的战略需求是尽快满足某一特定市场需求,由此确定的项目战略一定是尽快完成项目,形成生产能力,所以相应的项目计划目标必须以工期目标为中心统筹成本目标、质量目标等。

(3)收集历史资料。任何计划都不能凭空想象,必须建立在事实基础上。所以,需要明确和收集制订计划需要的资料、数据等,包括组织自身以往的业务和项目资料,以及其他组织、其他项目可以借鉴的记录资料等。

(4)学习和利用制订计划所需要的方法、知识、经验、工具和技术。这些方法、知识和经验能够保证制订出项目计划,有效的工具和技术能够保证高效率制订项目计划。

(5)进行详细的项目环境调查,包括内部环境和外部环境,以及环境的各个层面,掌握影响计划的一切可能的内外部影响因素,尤其应关注关键制约因素,并形成调查报告,作为计划编制的基础资料。

(6)进行项目的结构分析。一方面,不仅分析项目的技术结构,弄清项目各部分的技术关系,也要进行项目的管理结构分析;另一方面,不仅进行项目的静态结构分析,也要通过逻辑关系分析,获得项目动态的工作流程网络。

(7)定义各项目工作单元基本情况,即将项目目标、任务进行详细分解,确定其工程范围、工程量大小、质量要求等。

(8)制订详细的项目实施方案。制订多个详细的实施方案,并通过方案比选,确定最合理的方案。比如,对于水利工程项目的施工组织计划,要对施工平面布置、施工技术方案、导流方案、施工进度、施工强度、质量和安全保证措施、临时设施等进行全面研究、比较和分析。该实施方案决定着实施过程和实施活动,决定着工程工期、成本和质量,所以选择方案时需要项目管理者、技术人员、各职能人员甚至各工程小组的共同努力。

(9)进行资源分析和劳动生产率分析。劳动生产率分析决定着劳动的资源消耗和劳动效率,资源分析包括资金资源、人力资源、设备资源等的分析,并明确资源限制。

二、编制计划的基本步骤

编制项目计划的基本步骤大致包括:

(1)明确项目战略,确认与组织战略的对接和协调。

(2)明确项目目标,以及计划工作的依据和前提假设。

(3)明确定义项目范围和预期成果。

(4)挖掘实现项目目标的各种可行方案,并基于方案评价优选方案。

(5)确定详细的工作任务内容、实施时间等。

(6)明确工作任务的责任人、所需资源以及管理支持工作。

(7)整理形成计划成果(一般以计划书形式)。

(8)提交计划成果并获得相关方确认。

需要说明的是,一方面,编制计划时,上述步骤不一定一个个走完,也不一定必须按照上述顺序进行,根据项目的具体情况跳过某个步骤,或者调整步骤的顺序也是可以的;另一方面,计划的编制过程是一个不断调整、完善和修改的循环过程,所以上述步骤不是不可逆的。

另外需要注意的是,当采用基于数字化的工具和技术编制项目计划时,应提前做好数字化的规划工作,实现异质多源信息的沟通和融合,保证计划电子化的可实现性,以及用于工程项目管理的适用性和有效性。

三、计划过程中的子过程

在计划过程中,对于计划中的一些重要内容,要单独设立计划子项目,单独进行计划。比如,在施工组织计划中,要对质量管理、成本管理、资源支持、沟通管理、风险管理等内容单独设计计划子项目,单独进行计划编制。

单独对子项目进行计划的过程称为子过程,该过程和上述的计划基本步骤雷同,只是应注意:

(1)子过程应受总计划过程的控制。

(2)应注意保持子过程之间及时进行信息沟通和协商,保证其相互协调。

(3)各个子过程都有有效的工具和技术可以采用,但要注意信息的融合协调问题。

四、计划的结果

项目计划的结果主要包括两个内容:

(1)项目计划。

(2)计划的辅助资料,包括计划的依据和基础、计划过程、有关问题处理的说明、计划未考虑的事项、尚不明确的事项等。

最后,需要说明的是,以上讨论的是项目计划的一般过程。实际上,由于计划的主体不同,计划的内容不同,计划过程也会有所不同,比如施工承包商的施工计划和设备生产厂家的生产运输计划相比,其准备工作、基本步骤、结果等的过程和内容是有差异的,比如施工承包商的准备工作应进行地形、地质、水文、气象等调查,而设备生产厂家的准备工作不需此内容,但会进行更多的材料和配件市场调查。

第三节　水利工程项目计划进展跟踪

水利工程项目计划进展跟踪是以工程计划目标为依据,进行实际进展信息收集,为项目控制系统提供输入的过程。跟踪是控制的前提,控制是跟踪的服务对象,两者相互依存。没有项目的进展跟踪,项目控制系统就无法发挥作用,也就不能保证项目计划目标的实现。

一、项目进展跟踪概述

(一)项目计划进展跟踪的概念

项目跟踪是指项目管理人员依据项目的计划和目标,深入项目实施整个过程的各个层面,对项目计划的进展情况、项目目标实现情况以及影响项目进展和目标实现的内外部因素及其变化情况进行及时、连续、系统的追踪、检测、信息收集、记录、报告、分析等活动的过程。

项目跟踪在项目管理中具有非常重要的作用:

（1）项目跟踪是了解项目计划进展情况的基本手段和措施。

（2）项目跟踪为项目管理者进行及时、科学、合理的决策提供基础信息。

（3）项目跟踪为项目控制系统提供基本的输入信息。

许多项目或因失控导致最终失败，或管理效率不高，或决策不及时、缺乏合理性等，一个非常重要的原因，就是项目信息的不充分、不及时、不准确，也就是项目的跟踪出了问题。

随着水利工程项目的规模逐步增大，项目复杂性越来越高，项目的环境越来越复杂，变化越来越快，对项目计划实施控制的难度越来越大，这对项目的跟踪提出了更高的要求。同时，随着测量技术和水平的逐步提高，信息管理技术、科学手段的发展，获得信息的手段、数量、及时性、准确性都有大幅度的提高，为项目跟踪提供了技术支持，项目跟踪必将在水利工程项目建设管理中发挥更大的作用。

（二）项目计划进展跟踪的内容

项目进展跟踪是基于项目计划和目标，并为控制提供输入的，所以，水利工程项目进展跟踪的内容一般包括三个方面。

1. 项目计划和目标的实现情况

这是实际状态的跟踪。一方面是计划的实施情况，如作业实施情况、工程量完成情况等；另一方面是目标的实现情况，水利工程的计划、跟踪和控制的对象一般包括进度、成本、质量等目标，比如质量目标，要看工程的材料、设备、施工工艺等质量是否达到要求，工序质量、单元工程质量等是否合格。

2. 项目的外部因素

主要包括政治、经济、社会、法规、政策制度、自然环境等方面，这些因素一般是不可控的。跟踪外部因素主要有两个目的：一是对应环境的变化，管理者了解并预知其影响，及时跟进，采取措施，消除或尽量减小负面影响；二是为解决项目的一些合同问题提供基础信息和资料。

3. 项目的内部因素

主要包括项目人员投入、资金使用情况、材料到位和库存情况、施工设备运行情况、组织责任落实情况等。这些信息一般是可控的。及时掌握这些信息，并与项目计划相比较，了解这些因素影响大小，若负效应较大，应及时采取措施进行处理。

当然，对于不同的项目参与主体，其跟踪的具体内容会有差异，有时差异还可能很大。但所有的跟踪一定是围绕组织的计划和目标，并针对控制的信息需求来进行的。

二、项目进展跟踪的方式和成果

（一）项目跟踪的方式

项目跟踪的过程就是收集项目实施信息的过程，而信息是存在于项目系统中的，并随着项目运作过程而在系统内流动。关于信息的概念、特点和管理问题，将在信息管理章节论述，在此主要结合项目进展跟踪讨论信息的收集方式。

从收集信息的组织方式来说，可以采取以下方式：①要求产生信息部门的组织成员报告信息；②派其他人员到该部门参与工作流程收集信息；③通过人员访谈等方式调查收集信息。

从采集信息的技术形式来说,可以采取以下方式:①用表格、描述等方式采集数字、文字信息;②采用拍照、录像等方式采集图像信息;③采用录音等方式采集声音信息;④采用感知器获取压力、应力、温度等信息;⑤采用互联网络、电视等媒体和方式搜集信息等。

从信息的具体内容来说,可以采取以下方式:①采集原始记录信息,就是在项目实施过程中直接产生的信息,比如实际投入的人员数量、材料采购量、材料消耗量、设备台班消耗等,这些数据可以从日报表、入库单、出库单等中采集;②采集发生频次的信息,就是在项目实施过程中,通过现场原始文字叙述统计采集数据信息,比如无事故的天数、出现事故的次数、设备故障次数、不文明施工的次数、拖延提交报告的次数、会议迟到次数等;③用经验判断采集信息,比如建筑物外观质量的感官评定等;④等级指标法采集信息,有些信息是不便于用数字进行度量的,可以设计指标,进行分等、分级,直接采集等级数据;⑤口头测定、文字描述方法采集信息,有些信息,如人员的士气、各个组织之间的协调配合等,只能采取口头测定,并进行文字描述的方式采集。

从信息采集的安排来说,可以采取以下方式:①日常的信息采集,指按照设定的批次、频次等进行信息采集,如日报表等;②特殊的专项信息采集,指由于项目某个事件的重要性等原因,需要针对该事件,进行有针对性的信息采集,信息采集更全面、更详细、密度更大,比如工程索赔事件或变更信息的跟踪采集等。

当然,由于影响信息采集的因素较多,还有比如信息来源、流通方式等,对应还有其他一些采集的方式。总之,不论采取何种信息采集方式,都要满足项目跟踪的需要。

(二)项目跟踪的成果

项目跟踪的成果,就是收集的项目实施信息。根据该信息表现形式的不同,项目跟踪的成果一般包括:

(1)报表、记录。

(2)图形、图片。

(3)录像、录音。

(4)纪要。包括会议纪要、谈判纪要等。

(5)报告。包括日常报告、例外报告、专题报告等。

(6)计算机信息系统数据。

这些成果可能存在纸、胶片等媒介上,也可能以电子版形式存在光盘、计算机磁盘中。

三、项目进展跟踪系统设计

水利工程项目计划是一个系统,控制是一个系统,依据计划系统,并为控制系统提供输入的跟踪也是一个系统,需要进行跟踪系统设计。因为在进行项目进展跟踪时,要综合考虑大量的问题,比如收集哪些信息,如何收集,何时收集,谁去收集,需要什么技术支持和管理支持,收集过程中可能出现什么问题,如何处理等,这些问题需要通过进展跟踪系统设计来解决。

水利工程项目进展跟踪系统设计的内容,一般包括以下几方面:

(1)确定跟踪的对象。包括项目计划内容、内部环境因素、外部环境因素、风险等,具体有项目范围、主要里程碑、资源、进度、质量、资金、移民、安全、环保、变更、组织等。

(2)确定收集信息的范围。包括项目现场的活动信息、投入信息、项目产出信息等，以及项目对外部环境交流的信息，如采购活动等。

(3)确定项目跟踪过程。就是跟踪项目获得及时、准确、全面信息的活动过程，一般包括四个步骤：首先是观察，通过设立观察点、观察时间或频率、观察手段等，瞄准观察对象；其次是测量，根据不同的信息内容、形式等，采用科学合适的测量方式进行测量；再次是分析，对测量的结果进行初步分析，判定其准确性、可靠性、真实性等；最后是记录和报告。

(4)确定跟踪的组织和人员。设立专门的组织或融合在项目总体组织中，并选派或指定专门的人员，负责跟踪工作。

(5)确定跟踪的工作制度。完善的跟踪工作制度，是保证跟踪工作有效进行的基本保障。

在设计水利工程项目进展跟踪系统时，经验上，一般应注意以下四个问题：

(1)应非常重视项目跟踪与信息管理系统的总体规划相协调。工程实践中，大量的项目跟踪系统不完善，或信息收集和信息管理不协调，使项目跟踪的效率低，信息管理系统的效率更低，甚至造成废弃，使工程项目管理的整体绩效不高。

(2)应特别注意项目跟踪的及时性。及时的信息才对项目决策和管理起到辅助作用。工程实践中，应注意根据信息的紧迫程度、重要程度等进行分类，确定跟踪的强度和报告的频率。

(3)应特别注意信息的标准化和报表的规范化。对应项目管理和信息管理的需要，要对信息进行专门的设计，如代码设计等；另外就是报表的规范设计，也非常重要。良好的信息标准化和报表规范化，可以大大提高项目跟踪和信息管理的效率。

(4)应注意充分应用先进的信息技术。尤其是对于大型复杂、时空跨度大的水利工程项目，一方面，工程工期较长，跟踪时间长，信息量大；另一方面，项目的空间跨度大，交通成本高。此时，采用先进的信息技术，可以提高进展跟踪和信息管理的效率。比如射频识别 RFID(Radio Frequency Identification)技术、二维码等信息标识技术，以及大量的传感器技术，方便了信息采集；图形识别、大数据、BIM、移动网络和物联网技术等也为高效信息传输和处理提供了技术支持；空天地一体化的多源异质信息融合技术也为信息处理和应用提供了可能。

第四节　水利工程项目控制概述

一、控制的基本原理

控制是项目管理计划、组织、协调和控制等四大职能之一，是保证实现项目总目标的重要环节。

一般认为，控制就是为了改善某些对象的功能和进展，收集信息并依据这些信息，施加在该对象上的作用。依此推展，水利工程项目的控制就是在水利工程项目按照预定计划进行实施的过程中,由于项目计划中存在的不确定性和实施过程中各种影响因素的干扰,造成实施过程偏离预定计划,项目管理者依据项目跟踪获得的信息,通过比较原计划,找出偏差,分析原因,采取改善措施,实施纠偏的全过程。在水利工程项目实施过程中,项目的复杂性和项目环境的复杂多变性决定着工程实际过程必然或多或少偏离预定计划,是不可避免的。进行水利工程项目控制,就是把该偏离保持在可控的范围内,使工程实施始终处于受控状态,以保证最终目标的实现。

由此可知,水利工程项目控制是一个主动的、动态的、循环的过程。在此过程中,需要针对计划系统确定的目标,根据跟踪系统提供的信息,对项目进行系统控制。所以,进行水利工程项目控制时,要坚持控制论与系统论、信息论等相结合的指导思想。

二、控制的必要性

水利工程项目的控制直接关系到项目的成败,原因如下:

(1)水利工程项目是一个复杂的系统,尤其是随着社会的发展,水利工程项目的规模和投资越来越大、技术越来越复杂、要求越来越高,如三峡工程、南水北调工程等。这类项目的计划本身就很复杂,计划实施难度就更大,不进行有效的控制,预定的计划就很难实施,项目失去控制则必然会导致项目的失败。

(2)水利工程项目实施面临的环境越来越复杂,包括外部环境和内部环境,比如外部自然环境的复杂多变,如异常恶劣的气候条件、不可预见的地质条件等,以及复杂的社会环境,如物价的大幅度波动、政府的干预等;还有内部环境,如停水、断电、材料供应受阻、资金短缺、组织冲突等问题。这些干扰的作用使实施过程偏离项目的目标和计划,如果不进行控制,会造成偏离的增大,最终可能导致项目的失败。

(3)正是由于水利工程项目的复杂性,项目的设计、计划等难免出现错漏,在实施中,就需要频繁修改设计和调整计划,使正常的施工秩序被打乱,增加实施过程中管理工作或技术工作的失误。只有进行严格的控制,才能不断地调整实施过程,使它与目标、计划一致。所以,需要在实施过程中,控制这些修改和调整。

(4)水利工程项目的正常实施,需要大量参与单位的密切配合,协调一致,但可能由于项目各参与者利益的冲突,或者信息沟通的不畅,或者工作重点的错位,或者组织对接和融合不够,造成行为的失调、管理的失误。而这不仅会影响自己所承担的局部工作,而且会引起连锁反应,使项目实施整个过程中断或受到干扰。所以,对它们必须进行严格的控制。

(5)随着国内市场一体化、经济全球化,水利工程项目也面临一些新局面:跨地区、跨国界项目增多,投资结构更复杂,甚至包括外资进入,工程实施参与方更复杂,甚至包括大量国外组织和机构等,这会产生许多新问题和要求,如远程控制、跨国合作、资源调配、文化融合等。这些项目控制难度更大,失败的影响也更大,需要对项目进行更好的控制。

(6)水利工程项目的失败后果非常严重,如枢纽大坝的失稳、河道大堤的溃决等,都会引起非常严重的灾难性后果,所以,对工程的实施需要严格控制,以保证项目达到设计标准,保证工程的正常运行。

三、控制的类型

控制有多种形式和类型,可以从不同的角度进行划分。

(1)按控制方式分,包括前馈控制(事先控制)、过程控制(事中控制)和反馈控制(事后控制)。前馈控制是在项目活动或阶段开始前,深刻理解项目各项活动,根据经验对项目实施过程中可能产生的问题、偏差进行预测和估计,并采取相应的防范措施,防止不利事件的发生或尽可能地消除和缩小偏差。如对进场的材料和设备进行检查,防止使用不合要求的资源,保证项目的投入满足规定的要求。这是一种防患于未然的控制方法。过程控制是对进行过程中的项目活动进行检查和指导,一般在现场结合项目活动和控制对象的特点进行。反馈控制在项目活动或阶段结束或临近结束时进行,是偏差发生后的纠偏活动,如质量检查和成品检测等。

(2)按控制流程分,包括正规控制和非正规控制。正规控制就是按照设定的控制流程进行控制,如定期召开进展情况汇报会、阅读项目进展报告等,主要依靠控制系统的组织和技术来完成,如项目管理信息系统、变更控制系统等。非正规控制是项目管理人员非正式的交流、沟通,了解情况,找出和分析问题的原因,及时解决问题的控制方式。

(3)按控制内容分,包括进度控制、质量控制、成本控制等。

(4)根据对控制目标的针对性,分为直接控制和间接控制。直接对项目活动进行的控制属于直接控制;不直接对项目活动,通过组织成员对具体项目活动的直接控制来进行的控制,属于间接控制。项目的大规模、复杂性以及组织管理的规律决定着项目高级管理者必须对项目活动进行间接控制,项目组织的操作层必须对项目进行直接控制。

(5)按控制主体分,包括业主方控制、监理方控制、施工方控制等。不同的主体,控制的内容和流程有所不同。按照现行的水利工程建设项目管理体制,业主方控制是总体控制,施工方控制、供货方控制等是基础控制,监理方控制是中间控制,介于总体控制和基础控制之间。

四、控制的内容

水利工程项目实施控制的内容非常丰富,一般人们根据水利工程项目管理的三大目标,将它们归纳为三大控制,即进度(时间、工期)控制、投资(成本、费用)控制、质量(技术)控制,这仅是工程实施控制最核心的工作,但还包括其他一些重要的控制工作,如项目整体变更控制、项目范围控制、合同控制、风险控制等。

关于各个控制的具体内容,在后续章节详述。在此需要说明的是,一定要注意控制内容或目标之间的综合协调性,也就是要综合权衡各个目标,进行综合控制。因为这几个方面是互相影响、互相联系的,如果过分强调某一个方面,会造成其他方面的失控,或项目总体目标的失衡,所以应综合考虑成本、工期、质量等所有目标,综合地采取技术、经济、合同、组织、管理等措施,进行综合控制。进行综合控制,需要科学、艺术和意志的完美结合。

第五节　水利工程项目控制系统设计

对水利工程项目计划进行系统性的控制,需要设计和实施控制系统。项目实施控制必须形成一个由总体到细节,包括各个方面、各种职能的严密的、多维的控制体系。

一、控制的准备工作

项目实施控制的许多基础性管理工作和前提条件,必须在实施前或在实施初期完成,控制实施的准备工作主要包括以下几项。

(一)控制的组织、人员和制度准备

(1)组织准备。主要是选择控制的实施组织,可以采取两种方式:一是控制外包,即采用招标或协商谈判的方式,把控制工作外包给其他组织和单位实施。此时,注意全面审查其能力、资信、过去业绩、经验、技术等方面,并详细审查其针对本工程项目的控制方案,并通过合同明确本工程的控制目标、实施者的责任和义务等。二是由自己组织实施控制,一方面是人员和制度准备;另一方面,应通过设计交底、技术讨论、规范学习、管理沟通等,使大家对任务和目标产生共识,并通过研讨,制订详细的控制方案。

(2)人员准备。无论是采用何种组织形式,人员始终是实施控制的直接主体。选派能力足够、数量足够的人员,并进行必要的岗前培训和学习,对于实施有效控制是非常必要的。

(3)制度准备。进行控制组织的制度设计,一方面,明确权力、责任、目标和任务,并实施有效的激励和约束,调动控制人员工作的责任心和热情;另一方面,制定详细的控制工作业务流程。

(二)控制的软技术支持和硬技术支持准备

(1)控制的软技术支持,主要是一些管理技术,如建立信息管理系统、分解编码技术等。

(2)控制的硬技术支持,主要是指自然科学技术,包括测量、检验、试验等仪器、设备的购置、安装、调试等。

(三)控制的现场条件准备

控制的现场条件准备十分繁杂,涉及的工作很多。比如:控制用临时设施的搭建,场地的平整处理,计量认证的报批,修建控制用交通、通信基础设施,解决控制的办公和生活基础条件等。当然,有些准备工作是与工程实施准备工作重合的,可以一起完成并共用。

二、控制的主要工作和流程

按照反馈控制的方式,一个完整的控制过程,其主要流程和工作如下。

(一)确定控制目标,并建立项目控制指标体系

项目的控制目标包括总目标和阶段性目标,总目标一般通过项目设计说明书或项目

合同确定,阶段性目标可以是一些里程碑事件或者总目标分解的子目标等,这些目标可能包括费用目标、资源利用目标、质量目标、进度目标等。针对每个目标,应设计确定相应的控制指标体系,每个指标值的确定,要依据项目的计划系统文件、跟踪系统文件确定。

(二) 通过项目跟踪系统,获得项目实施的实际信息,确定偏差的存在

(1)通过对实施过程的跟踪获得反映工程实施情况的资料和对现场情况的了解,通过信息处理,管理者可以获得实际工程情况的信息,并形成项目状态报告或项目进展报告。这是进行工程控制的第一手资料。

(2)将获得的实际信息与项目的目标、计划相比较,可以确定实际与计划的差距,确定偏差是否存在,并获知何处、何时、哪方面出现偏差,形成项目的偏差报告。对偏差的分析应是全面的,从宏观到微观,由定性到定量,包括每个控制对象。

①获得偏差的方式。偏差的获得,一般采用的方式是将工程实际状态和原计划状态相比较。所谓原计划状态,就是项目计划系统确定的项目状态,其在工程初期由原任务书、合同文件、合同分析文件、实施计划确定。实际状态就是工程某时点的实际情况,由项目跟踪状态报告确定。

但是,还应注意到,由于项目实施中环境不断变化、业主的新要求等,会造成计划的变更。例如工程量的增加和减少、新增工程、业主指令停工或加速,这会导致目标的变更和新的计划版本。这样实际工程与原计划甚至原目标(指实施前制定的)可比性就不强,应该在原计划的基础上考虑各种变更的影响。为此,需要采取第二种获得偏差的方式,即将工程实际状态和调整后的计划状态相比较,所谓调整后的计划,就是在原计划的基础上考虑到各种变更,包括目标的变化,设计、工程实施过程的变化等确定的状况。计划的变更使计划更适应实际,而实施的控制是使实际更符合计划(或变更了的计划)。

这三种状态的比较代表着不同的意义和内容。用实际情况和原计划对比,可以获得实际情况到底偏离了原计划多少,对项目总体把握有用,但用于实际的实施控制,可能导致错误的结果;用实际情况和调整后的计划比较,可以得知更具实际意义的偏差信息,特别对成本分析和责任分析时,更为有用;将原计划和调整计划比较,可以获得项目计划的总体修改情况。

②偏差的内容。在水利工程项目中,偏差可能表现在以下方面:工程的工作量;生产效率,控制期内的劳动消耗;投资或成本,如各工作包成本、费用项目分解、剩余成本;工程工期,如工作包最终工期,剩余工期;工程质量。这些应在偏差报告中确定,并详细说明。

③偏差的表现形式。偏差的表现形式,可以有多种,包括数字、文字描述、图形、表格等,依据表现的偏差对象,采用合适的形式。比如对于进度偏差,可以用数字、网络图、横道图表示;对于投资偏差,可以用表格、直方图、累计曲线等表示。

需要另外说明的是,及时地认识偏差,可以及时分析问题,及时采取措施,反应时间短,使费用或损失尽可能地小。从发现项目发生偏差,到控制完成,还需要原因分析和措施提出、决策、措施应用、措施产生效果,这些都需要时间。实践证明,如果反应太慢,造成措施滞后,偏差量增大,会加大纠正偏差的难度,并造成更大的损失。发现偏差是第一步,所以应尽量快。

(三) 分析偏差产生的原因

1. 确定偏差的性质

项目进展中产生的偏差,一般有正向偏差和负向偏差两种。

1) 正向偏差

正向偏差意味着进度超前或实际的花费小于计划花费。这对项目来说可能是个好消息,但也应注意:一方面,可能是计划的不完善造成的,需要调整计划,重新确定关键线路,重新分配资源;另一方面,正向偏差也很可能是进度拖延的结果,比如项目预算的正向偏差很可能是由在报告周期内计划完成的工作没有完成而造成的。

2) 负向偏差

负向偏差意味着进度延迟或花费超出预算。进度延迟或超出预算不是项目管理层愿意看到的。但也应注意:负偏差也可能是好事,比如预算的负偏差可能是因为在报告周期内比计划完成了更多的工作,只是在这个周期内超出了预算。

2. 分析偏差产生的原因

分析产生问题和偏差的原因,即为什么会产生偏差,怎么引起的。对于水利工程项目,可能有如下若干原因:工程目标的调整;新的边界条件的变化,如工程范围的扩大;工程量的大幅变化;施工环境条件的变化,如出现恶劣的气候条件、不可预料的地质条件;计划存在错误;合同存在缺陷;不可预见的风险发生,如洪水、地震、动乱等不可抗力;物价的变动;后续法规的变化;工程施工冲突发生,协调不力;工程测量基准有偏差;工程指令不当等。

对偏差原因的分析,还应分析各原因对偏差的影响程度,对影响程度大的原因要重点防范。

通常偏差的作用很少是积极的和有益的,大多数是消极的,原因分析必须是客观的、定量和定性相结合的。原因分析可以采用因果关系分析图(鱼刺图)等方法。

3. 原因责任的分析

分清责任是采取纠偏措施的基础。责任分析的依据是原定的目标分解所落实的责任,包括任务书、合同、部门岗位责任等。只有清楚造成偏差的责任方和根源,才能分清应由谁来承担纠正偏差的责任和损失,以及如何纠正偏差。从责任主体来说,一般包括项目业主负责、项目业主服务方承担责任、第三方负责、无主体原因等。在实际工程中,常存在多方面责任交叉,或多种原因综合影响的情况,此时必须依据一定规则,进行协商分解。

4. 趋势预测

在分析偏差原因的基础上,进行工程趋势预测极为重要,可为项目决策提供有力的支持和帮助。预测包括两个大的方面:

(1) 原状预测。按目前状况继续实施工程,不采取任何新的措施,会有什么结果。例如工期、质量、成本开支的最终状况,所受到的处罚(如合同违约金),工程的最终收益(利润或亏损),完成最终目标的程度等。

(2) 改善预测。即如果采取调控措施,以及采取不同的措施,工程项目将会有什么结果。例如工期、质量、成本开支的最终状况,工程的最终目标实现程度等。

项目趋势预测是措施选择和决策的基础,是采取正确措施、做出合理决策的保证。

5. 采取控制措施，实施纠偏

对项目实施的调整通常有两大类：

（1）对项目目标的修改。即根据新的情况确定新目标或修改原定的目标。例如修改设计和计划，重新商讨工期、追加投资等，而最严重的措施是中断项目，放弃原来的目标。

（2）利用对项目实施过程的调控手段，如技术的、经济的、组织管理的或合同的手段，干预实施过程，协调各单位、各专业的设计和施工工作。

在工程过程中，调整是一个连续的、滚动的过程，每个时段、重要阶段、重要事项发生等，都需进行调控。而且采取调控措施是一个复杂的决策过程，会带来许多问题，例如：如何提出对实施过程进行干预的可选择方案，以及如何进行方案的组合。对差异的调整有的只需一个措施，有的却需几个措施综合，有的仅需局部调整，有的却需要系统调整。对调控方案需要进行技术经济分析，科学决策。调控方案也需要进行详细计划和安排，因为可能会带来新的问题，存在新的风险。有时，一些重大的修改或调控方案必须经过权力部门的批准，比如，工程设计的重大变更必须报原初步设计审批部门批准等。

三、水利工程项目控制在工程实践中应注意的问题

在水利工程项目控制的工程实践中，经验上，一般应注意以下几个问题。

（一）要非常重视非正规控制

非正规控制虽然没有正规控制详细、科学、系统，但在工程实践中的作用是不可小视的。比如，许多管理人员（业主主要负责人、总监理工程师、施工项目经理等）一有时间就到现场，观察工程进展，同人们交谈。这就是一种非正规控制，有人称之为"走动管理"。非正规控制有若干好处：了解的情况多而及时；现场的人们要比在办公室里坦率、诚恳；管理人员在工作岗位上时要比不在时更愿意向他人介绍自己的工作和成就，这时候高级管理人员若表示赞许，则能激发他们的干劲和创造精神；如果项目要出问题，则容易在其酝酿阶段就发现；高级管理人员到现场会产生多方面的微妙感受，能够觉察出许多潜伏的问题；到了现场，容易缩小管理班子成员之间的距离，彼此之间更易接近，讨论问题的气氛更融洽，更容易找出解决问题的办法。

在现场，项目的实际情况在管理人员头脑里形成了鲜明印象，这个印象随时同项目计划对照。这个印象也随时使头脑产生项目将来的形象。对照和预想就会发现问题，触发灵感，想到是否采取措施，纠正计划的偏离。

（二）要注意控制的灵活性

一说控制，许多人的即时反应就是标准、程序、制度等，工作中也死搬硬套标准、程序、制度。但应该知道，控制系统中的标准、程序、制度、方法、策略不是一成不变的，控制系统也要随着工程项目进展，根据具体情况进行调整和完善，所以进行控制要有灵活性，不能过于僵化，固定不变。

（三）要注意全局观念和重点观念

一是全局观念，就是要综合考虑，统筹兼顾，不能过分强调一个方面而不顾其他。比如过分强调质量而牺牲成本和进度，或过分强调进度而忽视质量等，都是不可取的。二是重点观念，要抓住项目中有重大影响的关键问题和关键点，如进度管理中，重点抓关键作

业和里程碑等,抓住重点,才能提高效率。全局观念和重点观念不矛盾。

(四)注意采用一些非常有效的方法和措施

比如高层检查制度,即高层管理人员深入工程现场,检查质量和进度,起到督促和榜样的作用。当然,这些人员不能随便在现场发号施令,需要发指示时,要通过项目组织系统;否则,就会越权,并让操作人员无所适从。再如建立应急优先机制,就是人们经常说的特事特办,当然,把特权加到正常的工作程序中是有害无益的,但对于一些重大或意外情况,必须有"绿色通道",才能更好地实施工程的控制。

复习思考题

1. 简述水利工程项目计划、跟踪和控制之间的关系。

2. 简述水利工程项目计划的作用。

3. 简述水利工程项目控制的主要工作和流程。

4. 了解信息技术最新进展,并选取一种最新技术(比如数字孪生、区块链等),讨论其在水利工程项目计划、跟踪和控制中的应用潜力。

第四章　水利工程项目范围管理

第一节　水利工程项目范围管理概述

一、项目范围的概念

项目范围是指为了成功实现项目目标所必须完成的各项工作。简单来说,确定项目范围就是为项目界定一个界限,划定哪些方面是项目应该做的,哪些是不应该包括在项目之内的。

在项目管理中,项目范围的概念主要包括以下两个方面:

(1)产品范围,是指工程产品或服务(可交付成果)中应包含哪些特征和功能,是项目的对象系统的范围。产品范围是对产品要求的度量。

(2)项目范围,是指为了成功达到项目目标,交付具有所指特征和功能的产品和服务所必须要做的工作,是项目行为系统的范围。项目范围在一定程度上可以说是项目计划产生的基础。

产品范围和项目范围要紧密结合,以保证项目目标的完成。确定了项目范围也就定义了项目的工作边界,明确了项目的目标和项目的可交付成果。所以,合理的范围定义对于项目的成功来讲是十分关键的。

二、项目范围管理的概念和作用

(一)项目范围管理的概念

项目范围管理是项目管理的一部分,是指从项目建议书开始到竣工验收交付使用为止的全过程中所涉及的工作范围进行界定和管理的过程。项目范围管理确保项目做且只做所需的全部工作,以成功完成项目的各个过程。

(二)项目范围管理的作用

在现代项目管理中,范围管理是项目管理的基础工作,其作用主要表现在以下三个方面。

(1)提高费用、时间和资源估算的准确性。范围管理对组织管理、成本管理、进度管理、质量管理、采购管理等都有规定性。对承包商来说,项目的工作边界定义清楚了,项目的实际工作内容就具体明确了,项目实施过程中所花费的各种费用、时间和资源估算的准确性就会更高,以便进行精确的计划和报价。

(2)确定了进度测量和控制的基准。项目范围是项目计划的基础,如果项目范围确定了,就为项目进度计划和控制确定了依据。

(3)有助于清楚地分配责任,对项目任务的承担者进行考核和评价。项目范围的确定也就确定了项目的具体工作任务和相应的责任分配。

项目范围管理对成功达到项目目标至关重要。如果项目范围的确定不明确或不恰当,一方面,会降低进度计划和资源估算的有效性;另一方面,项目实施过程中就需要不断进行项目范围的变更和调整,这会破坏项目的节奏和进程,造成返工、延长项目工期,影响项目组成人员的积极性,降低劳动生产率。另外,会导致最终费用的提高,甚至大大超出概算预算的要求。

三、工程项目范围管理的内容

工程项目范围管理的主要内容包括项目范围的规划、定义、控制、变更和确认等五个方面的工作。

(一)范围规划

项目范围规划就是明确项目的目标和可交付的成果,确定项目的总体系统范围并形成文件,以作为项目设计、计划、实施和评价项目成果的依据。

(二)范围定义

范围定义是对项目系统范围进行结构分解(工作结构分解),范围定义的结果是工作分解结构(WBS)以及相关的说明文件。用可测量的指标定义项目的工作任务,并形成文件,以此作为分解项目目标、落实组织责任、安排工作计划和实施控制的依据。

工作分解结构和工作范围说明文件是范围定义的主要内容,工作分解结构的每一项活动应在工作范围说明文件中表示出来。

(三)范围控制

主要是保证在项目实施过程中,各项工作是在已确定的项目范围内开展。

1. 活动控制

控制项目中实际进行的工作,保证在预定的范围内实施项目。

2. 落实范围管理的任务

审核设计任务书、施工任务书、承包合同、采购合同、会议纪要以及其他的信函和文件等,掌握项目动态,并识别所分派的任务是否属于合同工作范围,是否存在遗漏或多余。

3. 项目实施状态报告

通过这些报告了解项目实施的中间过程和动态,识别是否按项目范围定义实施,以及任务的范围和标准有无变化等。

4. 定期或不定期地进行现场访问

通过现场观察,了解项目实施状况,控制项目范围。

(四)范围变更

项目范围变更是项目变更的一个方面,是指在项目实施期间项目工作范围发生的改变,如增加或删除某些工作等。

(五)范围确认

在工程项目的结束阶段,或整个工程竣工时,在将项目最终交付成果移交之前,应对项目的可交付成果进行审查,审核项目范围内规定的各项工作或活动是否已经完成,可交付成果是否完备和令人满意。范围确认需要进行必要的测量、考察和试验等活动。

四、不同阶段水利工程项目的范围管理内容

水利工程项目建设程序分为八个阶段，范围管理在各个阶段的内容有所不同。

从项目产品范围来说，在项目建议书阶段，要对拟建项目做初步说明；在可行性研究阶段，通过方案比较，选定方案，明确确定项目范围；在初步设计阶段，通过设计工作明确定义项目范围，初步设计文件经批准后，主要内容不得随意修改、变更，并作为项目建设实施的技术文件基础。这三个阶段主要是项目范围的确定和定义，需要说明的是，这些工作需要按照国家和行业的有关规范、规定进行。在项目施工准备阶段、建设实施阶段和生产准备阶段，主要的工作是进行项目范围的控制和变更，除一般的范围控制和变更工作外，需要注意两点：一是注意预判、分析和处理范围变更引起的合同问题；二是注意重大的设计变更需要报有关部门批准。竣工验收阶段，需要进行项目范围的确认，核查项目产品的完整性和完好性。

第二节　水利工程项目范围规划定义

一、工程项目范围规划和定义的概念

工程项目范围规划就是确定项目范围并编写项目范围说明书的过程。项目范围说明书说明了为什么要进行这个项目，明确了项目的目标和主要可交付的成果，是将来项目实施的重要基础。

范围规划要依据成果说明书、项目许可证、制约因素、假设前提，进行成果分析、成本效益分析、方案识别和专家判断等工作。这些工作的前提是做好需求收集和分析，明确项目相关方的需求。需求收集分析就是为了实现项目目标而确定、记录和管理相关方的需要和需求的过程，其主要作用是为项目范围规划和定义并管理项目范围奠定基础。常见的进行需求收集分析的方法有访谈、焦点小组、引导式研讨会、群体创新技术（如头脑风暴法、名义小组技术、概念思维导图、多标准决策分析等）、群体决策技术、问卷调查、观察、原型法、标杆对照、系统交互图和文件分析等。

工程项目范围定义是制定项目和产品详细描述的过程，其主要作用是明确项目、服务或成果的边界，并把主要可交付成果划分为较小的、易于管理的单位。

下面主要讨论工程项目范围定义。

二、工程项目范围定义的过程

工程项目范围定义是进行进度网络分析、项目组织设计的基础工作。不进行工程项目范围的定义，以后的计划工作就没有办法完成。工程项目范围定义是一个复杂的系统工程，一般可从两个方面进行：一是静态结构，即分解出完成整个工程项目的所有工作；二是动态结构，即这些工作间是如何连接起来完成整个工程项目的。工程项目范围的定义通常需要经过如下过程完成：

（1）项目目标分析。

（2）项目环境调查与限制条件分析。

（3）项目可交付成果的范围和项目范围确定。

（4）对项目进行结构分解（WBS）工作。

（5）项目单元的定义。将项目目标和任务分解落实到具体的项目单元上，从各个方面（质量和技术要求、实施活动的责任人、费用限制、工期、前提条件等）对它们做详细的说明和定义。

（6）项目单元之间界面的分析。项目单元的定义只是给出了各项工作的静态结构，这些工作如何连接起来，需要对项目单元之间的界面进行分析。项目单元间的界面分析包括界限的划分与定义、逻辑关系的分析、实施顺序的安排。通过项目间的界面分析，可将全部项目单元还原成一个有机的项目整体。

三、工程项目范围定义的依据

(一)项目目标定义和批准的文件

如项目建议书、可行性研究报告、项目任务书、招标文件等。

(二)项目产品描述文件

如项目的功能描述文件、规划文件、设计文件、规范、可交付成果清单（如设备表、工程量表等）等。

(三)环境调查资料

如法律规定、政府或行业颁布的与本项目有关的各种设计和施工标准、现场条件、周边组织的要求等。它们确定了对工程实施的要求。

(四)项目的其他限制条件和制约因素

如项目的总计划、上层组织对项目的要求、总实施策略等。它们决定了项目实施的约束条件和假设条件，如预算的限制、资源供应的限制、时间的约束等。

(五)其他

如其他项目的相关历史资料，特别是关于过去同类项目经验教训的资料等。

四、工程项目范围定义的方法

(一)工作分解结构的概念

工作分解结构简称 WBS，是 Work Breakdown Structure 的缩写，指把工作对象（工程项目及其管理过程和其他过程）作为一个系统，把它按一定的目的分解为相互独立、相互制约和相互联系的活动或过程。这种方法应用于工程项目中，则称为工程项目工作分解结构。

工作分解结构确定了项目整个范围，并将其有条理地组织在一起。工作分解结构把项目工作分成较小和更便于管理的多项工作，每下降一个层次意味着对项目工作更详尽的说明。把一个项目按照其内在结构或实施过程分解成若干子任务或工作单元，目的是便于对项目进行合理规划与控制管理，能够找出项目工作范围的所有要素。列入工作分解结构的工作属于项目工作范围，而未列入工作分解结构的工作将排除在项目范围之外。工作分解结构包括已批准的项目范围说明书规定的工作，构成工作分解结构的各个组成部分，有助于利益相关者理解项目的可交付成果。通过逐级分解形成的 WBS 结构图可以明确地反映项目内工作细目结构层次和各个工作单元在项目中的地位与构成。WBS 结构图的每一层细分表示对项目可交付成果更细致的定义和描述,其最低层是细化后的"可交付成果"。

例如,对大型工程项目,在实施阶段的工作内容相当多,其工作分解结构通常可以分解为六级。一级为工程项目,二级为合同单项工程,三级为单位工程,四级为分部工程,五级为任务,六级为工作或活动。

(二)工程项目工作分解结构的目的

工程项目工作分解结构是项目结构分析的重要内容和基础,其技术性非常强。它的主要目的如下:

(1)保证项目结构的系统性和完整性。分解结果应包括项目的全部构成,不能有遗漏,这样才能保证设计、计划、控制范围的完整性。

(2)便于管理者了解整体,方便管理。通过项目结构分解,可使项目目的更加形象透明,管理者一目了然,从而方便了管理。

(3)确定建立完整项目保证体系的基础。在项目结构分解的基础上,将项目任务的重点、质量、工期、成本目标分解到各项目单元,这样可以进行详细的设计、计划,实行更有效的控制和跟踪,对项目单元进行工作量计算,确定实施方案,做实施计划、成本计划、工期计划、资源计划、风险分析等。

(4)能明确地划分各单元和各项目参与者之间的界限,能方便地进行责任的分解、分配和落实。

(5)方便进度网络的建立和分析,可用于进度控制。

(6)作为项目报告系统的对象。例如费用结算、进度报告、账单、会谈纪要、文件的说明等,常常都是以项目单元为对象。

(7)方便建立项目组织和相应的责任体系。即将项目系统与组织结合起来形成责任体系,作为委托或下达任务、进行沟通的依据。

(8)方便目标的协调,使项目形象透明,方便控制。

(三)工程项目工作分解结构的原则

工程项目工作分解结构没有普遍适用的方法与规则,要按照实际工作经验和系统工作方法、工程特点、项目自身规律性、管理者的要求操作。其基本原则如下:

(1)应在各层次上保持项目内容的完整性,不能遗漏任何必要的组成部分。

(2)一个项目单元只能从属于某一个上层单元,不能同时交叉从属于两个上层单元。

(3)相同层次的项目单元应有相同的性质。例如,某一层次是按照实施的过程进行分解的,则该层次的单元均应表示实施过程,而并列的单元不能有的表示过程,有的表示中间产品,有的表示专业功能,这样容易造成混乱。

(4)项目单元应能区分不同的责任者和不同的工作内容。项目单元应有较高的整体性和独立性,单元之间的工作责任、界面应尽可能小且明确,这样就会方便项目目标和责任的分解与落实,方便进行成果评价和责任分析。

(5)项目结构分解应注意功能之间的有机结合。项目结构分解能方便应用工期、质量、成本、合同、信息等管理方法和手段,方便目标的跟踪和控制,符合计划和控制所能达到的程度,注意物流、工作流、资金流、信息流的效率和质量,注意功能之间的有机组合和合理归属。

（6）分解出的项目结构应有一定的弹性。应能方便地扩展项目的范围、内容和变更项目的结构。

（7）符合要求的详细程度。

（8）对一个项目进行结构分解，层次要适宜。如果层次太少，则单元上的信息量太大，失去了分解的意义；如果层次太多，则分解过细，结构便失去了弹性，调整余地小，工作量大量增加，效果却很差。

（四）工程项目工作结构分解过程

不同性质、规模的项目，其结构分解的方法和思路有很大的差别，但分解的过程却很相近，其基本思路是：以项目目标体系为主导，以项目的技术范围和工程项目总任务为依据，由上而下、从粗到细进行。

（1）将工程项目分解成单个定义且任务范围明确的子项目（单项工程）。

（2）将子项目的结果做进一步分解，直到最低层（单位工程、分部工程）。

（3）列表分析并评价各层次（直到任务或工作）的分解结果。

（4）用系统规则将项目单元分组，构成系统结构图。

（5）分析并讨论分解的完整性。

（6）由决策者决定结构图，形成相应文件。

（7）建立工程项目的编码规则。

（五）工程项目工作结构分解结构图

工程项目工作结构分解的工具是工作分解结构 WBS 方法，它是一个分级的树形结构，是将项目按照其内在结构或实施过程的顺序进行逐层分解而形成的结构示意图。它可以将项目分解到相对独立的、内容单一的、易于成本核算与检查的项目单元，并能把各项目单元在项目中的地位与构成直观地表示出来，如图 4-1 所示。

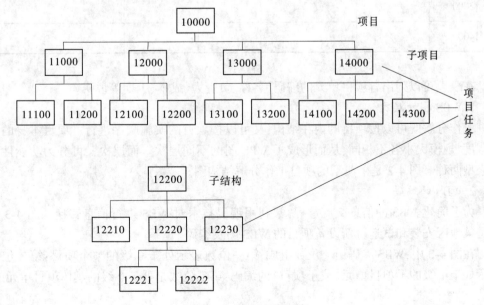

图 4-1　项目树型结构

　　WBS 树型结构图是实施项目、创造最终产品或服务所必须进行的全部活动的一张清单,它既是项目的工作任务分配表,又是项目范围说明书。

　　项目结构图用表来表示则为项目结构分解表。它类似于计算机中文件的目录路径。例如,上面的项目结构(见图 4-1)可以用一个简单的表表示,见表 4-1。

表 4-1　某项目结构分解表(项目工作分配表)

编码	活动名称	负责人(单位)	预算成本	计划工期	…
10000					
11000					
11100					
11200					
12000					
12100					
12200					
12210					
12220					
12221					
12222					
12230					
13000					
14000					

　　在表上可以列出各项目单元的编码、名称、负责人、成本、工期等说明。

　　1. WBS 图的层次

　　工作分解既可以按项目的内在结构,又可以按项目的实施顺序进行。项目本身的复杂程度、规模大小各不相同,从而形成了 WBS 图的不同层次。而层次又可分为功能性和要素型两种。图 4-2 是个典型的项目工作分解结构图。

　　2. WBS 的编码

　　为了简化 WBS 的信息交流过程,常利用编码技术对 WBS 进行信息转换。图 4-3 所示是某地区安装和试运行新设备项目的 WBS 图及编码。

　　在图 4-3 中,WBS 编码由 4 位数组成,第一位数表示处于 0 级的整个项目;第二位数表示处于 1 级的子项目单元(或子项目)的编码;第三位数是处于 2 级的具体项目单元的

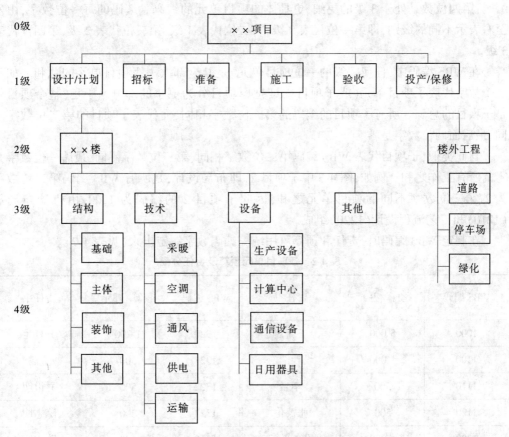

图 4-2 某工程项目工作分解结构图

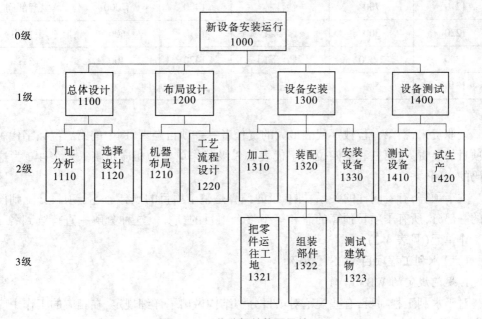

图 4-3 工作分解结构图及编码

编码;第四位数是处于 3 级的更细、更具体的项目单元的编码。编码的每一位数字,由左至右表示不同的级别,即第一位代表 0 级,第二位代表 1 级,第三位代表 2 级,第四位代表 3 级。

在 WBS 编码中,任何等级的一位项目单元,是其全部次一级项目单元的总和。如第二个数字代表子项目单元(或子项目),即把原项目分为更小的部分。于是,整个项目就是子项目的总和。所有子项目编码的第一位数字相同,而代表子项目的第二位数字不同,最后面两位数字是零。

与此类似,子项目代表 WBS 编码第二位数字相同、第三位数字不同,最后一位数字是零的所有工作之和。例如,图 4-3 中子项目 2,即布局设计,是所有 WBS 编码第二位数字为 2、第三位数字不同的项目单元之和,因此子项目 2 的编码为 1200,由机器布局和(1210)和工艺流程设计(1220)组成。

在制定 WBS 编码时,责任和预算可用统一编码数字制定出来(见表 4-2)。

表 4-2 各项目单元预算及责任分配

WBS 编码	预算/万元	责任书	WBS 编码	预算/万元	责任书
1000	5 000	王新建	1320	1 200	齐鲁生
1100	1 000	设计部门	1321	500	金震
1110	500	李岩	1322	500	乔世明
1120	500	张德伦	1323	200	陈志明
1200	1 000	设备部门	1330	300	陈志安
1210	700	钱江林	1400	1 000	生产部门
1220	300	宋晓波	1410	600	秦益明
1300	2 000	基建部门	1420	400	徐青
1310	500	纪成			

就职责来说,第一位数字代表最大的责任者——项目经理,例中的第二位数字代表各子项目的负责人,第三和第四位数字代表 2、3 级工作单元的相应负责人。表 4-2 为这种编码的一例。

关于预算,有着同样的关系,即 0 级的预算是整个项目的预算。各子项目分配到该总量的一部分,所有子项目预算的总和等于整个项目的预算。这种分解一直持续到各 2、3 级工作单元(见表 4-2)。

(六)水利工程项目 WBS 图实例

1. 规范规定的 WBS 结构

对于水利工程项目,有些规范对项目分解结构做出了详细规定,在相应的工作中应该遵守,主要有三个:

（1）工程项目设计概算分解结构，实质是项目费用（成本）分解结构，适用于初步设计阶段设计概算编制工作，详见《水利水电工程设计概（估）算编制规定》（水总〔2014〕429号）。

（2）工程项目质量评定的工程分解结构，适用于工程质量评定中项目划分工作，详见《水利水电工程施工质量检验与评定规程》（SL 176—2007）。

（3）工程项目清单计价分解结构，实质是工程工作量分解结构，适用于工程招标投标工作，详见《水利工程工程量清单计价规范》（GB 50501—2007）。

2. 工程项目 WBS 实例

除上述规范规定的工作分解结构外，在工程项目管理实践中，可以根据工程项目特点和管理工作需要，建立适用的 WBS 结构。

鲁布革水电站引水系统工程是我国第一个利用世界银行贷款，并按世界银行规定进行国际竞争性招标和项目管理的工程。1982 年国际招标，1984 年 11 月正式开工，1988年 7 月竣工。在 4 年多的时间里，创造了著名的"鲁布革工程项目管理经验"。可以说，鲁布革水电站项目是我国项目管理实践的一个成功典范，图 4-4 是该项目的工作分解结构及编码。

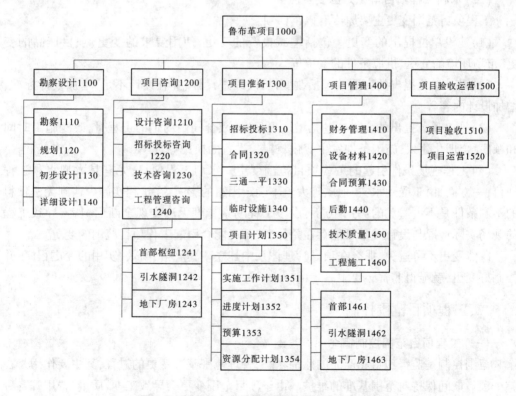

图 4-4　鲁布革水电站项目工作分解结构及编码

第三节　水利工程项目范围变更控制及确认

一、工程项目范围变更及原因

(一) 工程项目范围变更

在工程项目管理过程中,由于诸多因素的影响,可能导致对项目范围基准或项目管理计划其他组成部分提出变更请求。变更请求可包括预防措施、纠正措施或改善请求。变更请求一般需要经实施整体变更控制过程的审查和处理。

变更一般包括范围基准更新和其他基准更新两类。

(1)范围基准更新。如果批准的变更请求会对项目范围产生影响,那么范围说明书、WBS 都需要重新修订和发布。

(2)其他基准更新。如果批准的变更请求会对项目范围以外的方面产生影响,那么相应的成本基准和进度基准也需要重新修订和发布,以反映这些被批准的变更。

(二) 水利工程项目常见范围变更原因

工程项目范围变更主要原因有以下四项:

(1)建设单位提出的变更。包括增减投资的变更、使用要求的变更、项目产品的变更、市场环境的变更、供应条件的变更等。

(2)设计单位提出的变更。包括改变设计、改进设计、弥补设计不足、增加设计标准、增加设计内容等。

(3)施工单位提出的变更。包括增加项目,增减合同中约定的工程量,改变施工时间和顺序,合理化建议,施工条件发生变化,材料、设备的换用等。

(4)工程现场条件引起的工程项目范围变更。水利工程项目,尤其是大型水利工程项目,一方面,由于受到水文、地质等大量不确定因素的影响,在工程实施中遇到无法预料的不利条件是不可避免的;另一方面,由于工程勘察精度无法实现全断面覆盖,导致工程的现场实际情况与设计成果可能存在差异,这都可能会引起工程项目范围的变更。

既然变更不可避免,那么在项目管理体系中建立一套严格、高效、实用的变更程序,并控制好变更,就显得非常必要了。

二、工程项目范围控制

(一) 工程项目范围控制概念

范围控制是监督项目和产品的范围状态,管理范围基准变更的过程,其主要作用是在整个项目期间保持对范围基准的维护。由于项目范围变更会导致工期、质量、费用等各种目标变动,故对项目范围变动进行控制是必要的。

控制项目范围确保所有变更请求、推荐的纠正措施或预防措施都通过实施整体变更控制过程进行处理。在变更实际发生时,也要采用控制范围过程来管理这些变更。控制范围过程应该与其他控制过程协调开展,并避免范围蔓延。

（二）工程项目范围控制的内容

（1）对引起项目范围变更因素和条件进行识别、分析和评价。

（2）经权力人核实、认可和接受工程项目范围变更。

（3）对需要进行设计的工程项目范围变更，首先进行设计。

（4）设计施工阶段的变更，必须签订补充合同文件，然后才能实施。

（5）工程项目目标控制必须控制变更，且把变更的内容纳入控制范畴，使工程项目尽量不与原核实的目标发生偏离或偏离最小。

（三）工程项目范围控制的依据

（1）有关的法律、法规和规范。

（2）有关工程建设文件，包括可行性研究报告、初步设计报告、图纸等。

（3）有关的合同文件。

（4）工程项目实施进展报告。进展报告提供了项目范围执行状态的信息，并对项目的未来进展进行预测，可以提供信息的提示，以便进行项目范围变更的控制。

（5）各有关方提出的工程变更要求，包括变更内容和变更理由。

（四）工程项目范围控制的方法

（1）投资限额控制法，即用投资限额约束可能增加项目范围的变更。

（2）合同控制法，即用已经签订的合同限制可能增加的项目范围变更。

（3）标准控制法，即用技术标准和管理标准限制可能增减项目范围的变更。

（4）计划控制法，即用计划控制项目范围的变更。如需改变计划，则应对计划进行调整并经过权力人核实和审批。

（5）价值工程法。利用价值工程提供的提高价值的五条途径对工程项目范围变更的效果进行分析，以便做出是否变更的决策。这五条途径是：增加功能，降低成本；功能不变，降低成本；减少辅助功能，更多降低成本；功能增加，成本不变；增加少量成本，获得更多功能。

三、工程项目范围确认

范围确认是项目业主正式接受项目工作成果的过程。此过程要求对项目在执行过程中完成的各项工作进行及时检查，保证正确地、满意地完成合同规定的全部工作。如果项目提前终止，范围确认过程也应确定和正式记录项目完成的水平和程度。范围确认不同于质量控制，范围确认表示了业主是否接受完成的工作成果，而质量控制则关注完成的工作是否满足技术规范的质量要求。如果不是合同工作范围的内容，即使满足质量要求，也可能不为业主所接受。

（一）范围确认的方法

范围确认的主要方法是对所完成工作成果的数量和质量进行检查，通常包括以下三个基本步骤：

（1）测试。即借助于工程计量的各种手段对已完成的工作进行测量和试验。

（2）比较和分析（评价）。就是把测试的结果与合同规定的测试标准进行对比分析，判断是否符合合同要求。

（3）处理。即决定被检查的工作成果是否可以接收，是否可以开始下一道工序，如果不予接收，应采取何种补救措施。

（二）范围确认的结果

范围确认产生的结果就是对完成成果的正式接收。在项目的不同阶段，具有不同的工作成果。各阶段的主要工作成果描述如下：

（1）在项目策划和决策阶段，范围确认的结果就是项目建议书、可行性研究报告。

（2）在项目初步设计阶段，范围确认的结果就是初步设计报告和有关图纸等。

（3）在项目实施阶段，范围确认的结果就是承包合同、供货合同、施工详图设计、年度建设计划等，以及施工单位完成项目的实体成果和竣工图纸，还有已完成的生产准备工作等。

（4）在项目竣工验收和后评价阶段，范围确认的结果就是竣工验收鉴定书以及项目自评报告和后评价报告。

复习思考题

1. 简述工程项目范围管理的内容和作用。

2. 了解一项实际工程项目情况，画出 WBS 图。

第五章　水利工程项目组织管理

第一节　水利工程项目组织管理理论基础

一、水利工程项目组织的概念

(一) 组织

组织是管理的一项重要职能。专业化分工的实际和协作的需要是组织存在的前提。在组织理论中,从不同的角度,对组织有许多定义,现代组织理论开始向着统一系统理论和权变理论方向发展。一般认为,组织是系统在特定的环境中,为了实现特定的目标,设置权力、责任结构,使所有参与者既分工又协作的社会实体。从该定义可知,组织的概念有以下几个层面:

(1)组织是一个具有系统性的社会实体,是一个系统。

(2)组织是有边界的,有其外部环境。

(3)组织是具有共同目标的群体,确定的目标是组织的前提和基础。

(4)组织具有精心设计的结构。

(5)组织是具有分工和协作的活动性系统。

(二) 组织构成

从系统的角度看,组织是一个系统,由以下几个子系统构成:目标子系统,确定系统目标和价值;技术子系统,包括人们为完成任务所使用的知识、技术、设备和设施等;社会心理子系统,包括人的行为与动机、地位与作用关系、群体动力与影响网络;结构子系统,包括任务、工作群体、职权、程序、规则、工作流程、信息流程等;管理子系统,包括对外联系组织环境,对内确定目标、计划、资源配置、组织设计、控制等。

构成组织的要素包括人员要素、物质要素、工作要素、协调要素。

(三) 水利工程项目管理与组织

水利工程项目是在复杂的环境中、在资源有限性制约下进行的,这对项目管理提出了很高的要求。一方面,复杂的环境加大了项目成功的风险,需要专门的组织来进行项目管理;另一方面,资源的约束要求管理者必须进行精心的施工组织设计,并有效协调各个活动的资源需求。这些工作需要通过项目组织来完成。项目管理过程是一个相对长且复杂的过程,需要综合运用各种知识、技能、技术和方法,这不是一个人、一个部门能够掌握和运用的,需要建立项目组织,由组织来进行实施。

项目实施中存在大量的物质流和信息流,需要进行良好的物质管理和信息管理。水利工程项目实施中,材料、设备等物质的消耗量是比较大的,所以需要对物质的采购、运输、储存和使用以及质量、性能等进行有效的管理;否则,会造成物质的浪费,或不能满足工程进度和质量的要求。在工程实施过程中,完整、及时、准确、通畅的信息流通是工程控制和决策的基础与依据,这些信息管理工作也需要通过组织来实施。

水利工程项目管理必须通过项目组织来实施。水利工程项目组织就是在特定的工程环境中,为了实现特定的水利工程项目目标,设置权力、责任结构,设计业务流程,使所有参与者既分工又协作的社会实体。水利工程项目组织有两个层面,一个是项目总体的系统级的组织,即各个参与主体之间的结构和关系;另一个是项目参与主体的组织,比如业主、施工方、监理方等主体的组织。

二、水利工程项目组织设计

水利工程项目组织设计就是管理者基于系统内外环境和影响因素,针对具体水利工程项目,在系统中建立最有效的相互关系、形成项目组织的一种合理化的、有意识的过程。项目组织设计的主要内容就是项目组织结构设计和项目组织工作流程设计。

项目组织系统是关于人的社会实体,是可以人为设计的,不同于一般自发形成的自然系统。为了更有效地实现组织目标,管理者可以通过对项目组织的有效设计来实现。有效的项目组织设计在提高组织活动效能方面起着重大的作用。

(一) 水利工程项目组织设计的依据

水利工程项目组织是一个系统,基于系统的观点,进行项目组织设计时,主要的依据如下。

1. 项目目标

项目组织是为了一个明确的工程项目目标而有意识地建立并运作的。没有工程目标,就不会有项目组织,项目组织的目标就是实现工程项目的目标。

为了实现工程的总目标,需要对项目的目标进行分解,形成具有层次性的项目目标系统,并且随着项目的进程,在不同阶段实现不同的目标。项目组织就是围绕如何实现项目总目标以及子目标对项目实施进行计划、跟踪和控制而建立的。

2. 项目特点

项目特点包括项目的工作结构、项目空间分布、项目技术依赖特性、行业依附性、项目规模、项目持续时间等。项目的这些特点都对项目的组织有影响,比如项目的工作结构直接影响项目组织的部门设置和职能划分,管理者可以根据项目工作的分解,对工作单元有不同的技术和任务要求,而且对这些不同单元的跟踪和控制手段、方法也有所差异,可以分别划归不同的职能部门。所以,在进行项目组织设计时,要依据项目的特点。

3. 项目环境

项目环境包括内部环境和外部环境。外部环境是可以对项目组织活动产生影响的周围环境因素,一般包括经济、财政、技术、社会文化和心理、政治、法律等方面。这些环境的稳定性相对较强,但有变化时,对组织的影响也比较大。内部环境一般包括组织气氛、团队精神、工作作风等。有时,相关主体对组织的影响也比较大,如项目主管部门、公共团体等。比如项目的主管部门,依据有关的法律、规定和政策,在其权力范围内对项目实施进行行政性管理,但项目实际过程中,会有施加过大影响的情况,而成为项目实施的干扰因素,尤其是一些"政绩工程""献礼工程"等,这种影响甚至关系到项目目标的实现,关系到项目的成败。

4. 管理者

管理者的管理经验、习惯对项目组织也会有较大影响。管理者在不同组织中的工作经验、工作习惯，对不同组织的适应性和驾驭能力，会影响到组织的有效性，应该给予重视。

5. 资源和技术支持

资源的数量和可获得性，或者说是组织从环境中获得资源支持的能力，对组织设计也是非常重要的，如组织的人力资源状况，人员的能力和可用性，对组织结构有非常大的影响。另外，组织的技术支持也很重要，技术包括管理技术、施工生产技术等，如组织的信息管理技术的支持程度，对组织的结构和业务流程有重大影响，施工生产技术的不同使施工方案不同，施工管理的组织结构和业务流程也不相同。

(二)水利工程项目组织设计的内容

工程项目目标是项目组织存在的前提，所以项目组织设计应以有利于实现该目标为指导。在项目系统中，最重要的就是项目的有关方及其活动。所以，项目组织设计包括两个内容：组织结构设计和工作流程设计。

1. 项目组织结构

组织结构就是系统内的组成部分和要素及其相互之间关系的框架，它是组织根据系统的目标、任务和规模采用的各种组织管理架构形式的统称。

项目组织结构包括两个方面：项目总体组织结构和主体组织结构。

1)项目总体组织结构

项目总体组织结构是指与项目实施有关的相关者的结构。

一个水利工程项目的相关者有各种不同的类型，一般包括政府机构、公众机构、项目用户、项目发起人、项目法人、项目投资者、业主、设计方、监理方、施工方、设备供应商、材料供应商、运输方、分包方、保险公司等。水利工程项目的相关者之间的关系包括合同关系、管理关系、监督关系、供应关系等，正是这些项目相关者之间的关系，构成了水利工程项目主体系统，形成总体组织结构。

研究水利工程项目的总体组织结构，可以在组织设计阶段，对这些组织结构进行设计，以保证项目实施过程中，各个主体能够协调协作、减少摩擦和冲突，以保证工程项目目标的顺利实现。

2)主体组织结构

主体组织结构就是项目主体组织内部结构。

对主体组织内部结构的设计，就是根据项目目标和主体组织目标，确定相应的组织结构，以及如何划分并确定部门，部门之间又如何有机地相互联系和协调，共同为实现项目目标和组织目标分工协作。

主体组织结构一般是上小下大的形式，由管理层次、管理跨度、管理部门、管理职责四大因素组成。各因素是密切相关、相互制约的。在主体组织结构设计时，必须考虑各因素间的平衡与衔接。

(1)合理的管理层次和管理跨度。

管理层次是指从最高管理者到实际工作人员的等级层次的数量。管理层次通常分为决策层、协调层、执行层、操作层。决策层的任务是确定管理组织的目标和大政方针,其人员必须精干、高效;协调层主要是参谋、咨询职能,其人员应有较高的业务工作能力;执行层是直接调动和组织人力、财力、物力等具体活动内容的,其人员应有实干精神并能坚决贯彻管理指令;操作层是从事操作和完成具体任务的,其人员应有熟练的作业技能。这四个层次的职能和要求不同,标志着不同的职责和权限,同时也反映出组织系统中的人数变化规律。它犹如一个金字塔,从上至下权责递减、人数递增。

管理层次不宜过多,否则是一种浪费,也会使信息传递慢、指令走样、协调困难。

管理跨度是指一名上级管理人员所直接管理的下级人数。这是由于每个人的能力和精力都是有限度的,所以一个上级领导人能够直接、有效地指挥下级的数目是有一定限度的。管理跨度大小取决于需要协调的工作量。

管理跨度的大小弹性很大,影响因素很多。它与管理人员性格、才能、个人精力、授权程度以及被管理者的素质关系很大。此外,还与职能的难易程度、工作地点远近、工作的相似程度、工作制度和程序等客观因素有关。确定适当的管理跨度,需积累经验并在实践中进行必要的调整。

合理地确定一个组织的管理层次和管理跨度,是组织结构设计时应该认真考虑的问题。管理层次和跨度取决于特定系统环境下的许多因素:

①管理人员的工作能力、性格、个人精力及授权程度等。一般而言,一个组织中越高层的领导者或部门管理跨度宜小,这样可以主要考虑组织的战略性发展等重大决策问题,摆脱具体事务性工作。

②工作的复杂性。如果上下级管理工作复杂多变,需耗费较大的精力进行本部门的工作,管理跨度可以小一些;反之,对于简单重复的工作或较稳定、变化不大的工作,管理跨度则可大一些。

③信息传递速度的要求。若拟提高上下级之间沟通的效率和效果,应减少管理层次。这样,领导和下属人员可经常直接进行联系,上级的计划指令可迅速、准确地传至下级,下级的报告和建议也可直接、及时地反馈给上级领导。

④下级的工作能力。如果下属的素质好,工作能力强,则可多授权,管理跨度可大些;如果需要上级领导给予过多的具体指导及需对下属工作活动进行监督,则管理跨度应小些。

⑤工作地点的远近。管理层次和跨度的设计还需注意组织在空间上的分布状况,如地区性、全国性或跨国的组织机构等。

除此之外,还会有其他方面的因素影响组织的管理层次和跨度。具体的组织结构应根据具体情况、具体因素确定理想适宜的管理层次和跨度。

(2)合理划分部门。组织中各部门的合理划分对发挥组织效应是十分重要的。工作部门应根据组织目标和组织任务合理设置。每一工作部门有一定的职能,应完成相应的工作内容,并形成既有相互分工又有相互配合的、彼此相协调的组织系统。确立一个工作部门,同时需确定这个部门的职权和职责,同等的岗位职务应赋予同等的权力,承担同等的责任,做到责任与权力一致。如果部门划分不合理,会造成控制、协调的困难,也会造成人浮于事,浪费人力、物力、财力。

(3)合理确定职能和职权。组织设计中确定各部门的职能和职权,应使纵向的领导、检查、指挥灵活,达到指令传递快,信息反馈及时。要使横向各部门间相互联系、协调一致,使各部门能够有职有责、尽职尽责。职权涉及授权和分权的问题。授权是一个工作部门通过某种形式把一部分工作的责任和职权交给其下一级部门,通过给下级下达任务,授予从事这一任务和工作的权力,同时又要求下级对自己的工作负责。分权是一个工作部门向它所属下级进行系统的授权,允许下级部门在自己负责的工作范围内有自行做出决定的权力,并为自己的行动承担责任。在一个组织中,分权和集权是相对的,采取何种形式,应根据组织的目标、领导的能力和精力、下属的工作能力和工作经验等综合考虑确定。

2.组织业务流程

从系统理论来讲,系统的结构会对系统的功能产生重要影响,但是,系统的功能并不是由其结构唯一决定的,系统各个组成单元和组成部分之间的联系与协调也直接影响着系统的功能,所以系统各个部分的关系网络和关系集成也非常重要。

通过对水利工程项目总体组织结构分析设计,可以得到项目管理系统的结构;通过对项目主体组织结构设计,可以得到项目各个主体的各个组织单元。项目管理系统良好功能的实现,需要系统主体结构和主体组织结构的各个组成单元相互联系与协调。同时,需要和项目环境相适应。项目管理系统的联系主要体现在信息流、物质流和资金流三个方面,即需要进行信息流、物质流和资金流的设计。

3.水利工程项目组织设计的基本原则

项目主体组织设计中一般须考虑以下几项基本原则:

(1)效率原则。项目组织设计必须将效率原则放在重要地位。组织结构中的每个部门、每个人为了一个统一的目标,组合成最适宜的结构形式,实行最有效的内部协调,使事情办得简捷而正确,减少重复和摩擦。现代化管理的一个要求就是组织高效化。

(2)管理跨度与管理层次统一的原则。管理跨度与管理层次成反比例关系。管理跨度如果加大,管理层次就可以适当减少;如果缩小管理跨度,那么管理层次就会增多。在实际运用中,应该系统考虑各个因素后,根据项目具体情况确定。

(3)集权与分权统一的原则。集权是指把权力集中在主要领导手中;分权是指经过领导授权,将部分权力交给下级掌握。事实上,在组织中不存在绝对的集权,也不存在绝对的分权,只是相对集权和相对分权的问题。如何集权和分权,要根据工作的重要性、管理者工作经验和能力等综合考虑确定。

(4)分工与协作统一的原则。分工就是按照专业化程度和工作效率的要求,把组织的目标、任务分成各级、各部门、每个人的目标、任务,明确干什么、怎么干。在分工中,应强调尽可能按照专业化的要求来设置组织结构,并注意分工的经济效益。在组织中,有分工还必须有协作,明确部门之间和部门内的协调关系与配合办法。

(5)责权利一致的原则。责权利一致的原则就是在组织中明确划分职责、权力范围和权利大小,同等的岗位职务赋予同等的权力,并给予对应的权利,做到责任、权力、权利相一致。三者不一致对组织的效能损害是很大的。权大于责就很容易产生瞎指挥、滥用权力的官僚主义;责大于权就会影响管理人员的积极性、主动性、创造性,使组织缺乏活力。权力和责任大而权利小,就不能调动工作积极性,权力和责任小而权利大,就会伤害组织其他成员的积极性。

一个组织工作效率的高低,是衡量这个组织结构和工作流程是否合理的主要标准之一。

(6)适应性原则。组织结构既要有相对的稳定性,保持组织工作开展的稳定性;同时,又必须具有一定的弹性,能根据组织内部和外部条件的变化,做出适应性的调整与变化,使组织能够更好地应对外部环境的变化。

在进行水利工程项目总体组织设计时,除考虑以上一些原则外,尚应坚持下列原则:

(1)合法性原则。项目的总体组织结构每个主体的资格和能力、组织内的责任和风险等的分配均应满足国家或部门有关法规、条例的规定。

(2)开放性原则。项目的总体组织应对组织环境开放。项目总体组织是随着项目的进展逐步形成和完善的,时间较长,组织内的主体是按照一定的程序逐步加入的,所以需要项目总体组织对环境开放。

4. 常见的组织结构形式

项目的组织方式根据其规模、类型、范围、合同等因素的不同而有所不同。典型的项目组织形式有以下三种:

(1)树型组织。它是指从最高管理层到最低管理层按层级系统以树型展开的方式建立的组织形式,包括直线制、职能制、直线职能制、纯项目型组织等多个变种。树型组织比较适合于单个的、涉及部门不多的小型项目采用。当前的趋势是树型组织日益向扁平化的方向发展。

(2)矩阵型组织。矩阵型组织是现代大型项目管理应用最广泛的组织形式。该组织形式是按职能原则和对象(项目或产品)原则结合起来使用形成一个矩阵结构,使同一名项目工作人员,既参加原职能部门的工作,又参加项目组的工作,受双重领导。矩阵型组织是目前最为典型的项目组织形式。

(3)网络型组织。网络型组织是未来企业和项目的一种组织形式。它立足于以一个或多或少固定连接的业务关系网络为基础的小单位的联合。它以组织成员间纵横交错的联系代替了传统的一维或二维联系,采用平面性和柔性组织体制的新概念,形成了充分分权与加强横向联系的网络结构。典型的网络型组织如虚拟企业。新兴的项目型公司也日益向网络型组织的方向发展。

5. 组织的有效性

在水利工程项目组织中,无论是项目总体结构,还是主体组织结构,并没有好坏之分,只有对该工程项目是否适合的问题。影响水利工程项目组织的因素很多,任何一个因素的变化都会对项目组织产生影响,引起或要求项目组织进行变革和调整,所以没有任何一个组织结构形式适合所有的水利工程项目。最能有利于项目目标和组织目标实现的组织,就是最有效的组织。

最后需要说明的是,水利工程项目组织管理的两个层面,项目总体组织结构有时也称为管理模式、承发包模式、组织模式等,主体组织结构有时也称为组织结构形式。注意该点,便于阅读后续章节。

第二节　水利工程项目管理体制及管理模式

本节主要基于水利工程建设管理法规和水利工程项目相关方分析,讨论水利工程项目总体组织结构问题,包括水利工程项目建设管理体制和管理模式。

一、项目相关方分析

项目相关方管理是项目组织管理不可缺少的一部分内容。项目相关方的决策和活动会直接或间接影响到项目的决策和实施,影响到项目的成败。应识别能影响项目或受项目影响的全部人员、团体或组织,分析相关方对项目的期望和影响,制定合适的管理策略来有效调动相关方参与项目决策和执行。同时,还应关注与相关方的持续沟通,以便了解相关方的需要和期望,解决实际发生的问题,管理利益冲突,促进相关方合理参与项目决策和活动。项目相关方管理内容一般包括识别相关方、规划相关方参与、管理相关方参与、监督相关方参与等。

项目相关方是项目决策和实施过程中,与项目的所有权、权力、利益等有关的个人、团体或组织,如图 5-1 所示。

项目相关方可以分为主要相关方和次要相关方。项目的主要相关方,也称为项目当事人或项目参与方,是与项目有合法的合同关系的个人或团体。他们通过合同和协议相互联系,共同参与项目实施,所以主要相关方就是项目有关合同的当事人。有些行业项目的主要相关方可能非常少且简单,但水利工程项目的主要相关方非常多且复杂。

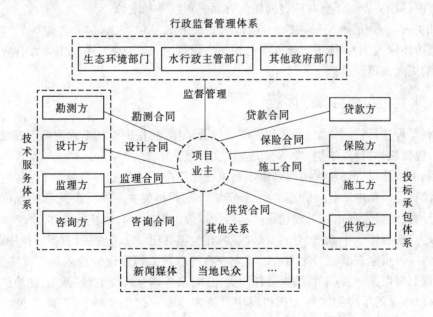

图 5-1　项目相关方

项目次要相关方是可以影响项目的实施或受项目影响,但并不正式参与到项目中的个人、团体或组织。这些人有能力改变公众的观点,支持或反对项目的目标或执行。水利工程项目的次要相关方一般包括政府有关部门(如水行政主管部门、环保部门、土地部门等)、项目用户、工程所在地的公众、新闻媒体、其他利益方(如航道管理部门、渔业部门等)。比如工程项目所在地的公众,可能会因为拆迁转移问题、征地问题、淹没赔偿问题等影响项目的实施,环境保护部门可能会因为工程设计的环境保护问题或工程施工期间的环保问题,对项目实施施加影响。

项目不同相关方,对项目的期望和需求不同,他们关注的目标和重点也相差很大。比如设计方关注技术和标准,设备供应商更关注设备质量和利润等。政府部门对项目实施的影响也非常大,有人说:成功的项目管理也是成功的政治管理。所以,对于项目组织来说,应该搞清楚项目相关方有哪些,谁是主要的,谁是次要的,他们在项目中有哪些利益、期望、权力和要求,他们会对项目施加什么影响,项目对相关方有哪些责任和义务,项目相关方有什么优势和弱点,他们有什么资源可以用于对项目施加影响,他们对项目可能提供什么机遇和挑战等。搞清楚这些问题,可以对项目相关方进行管理,干扰他们的期望和要求,控制他们对项目的影响,调动积极因素,化解消极影响,确保项目成功。

进行项目组织管理时,对于项目相关方,首先应进行项目相关方识别,分清主要相关方和次要相关方,然后着手收集项目相关方的有关信息,通过信息分析,搞清楚相关方的期望和要求,相关方的优势和劣势,识别相关方的资源、战略,预测其行为。然后对项目相关方进行干预和管理。当然,对于不同的项目相关方,干预和管理的方法、措施和手段会有所不同,但应努力做到,项目组织不会陷于相关方的质询、干扰等而无法保证项目的正常实施,项目相关方也不会对项目的任何方面感到意外和吃惊。

"相关方"一词的外延正在扩大,从传统意义上的发包人、承包商已经扩展到了各种群体,包括环保人士、媒体平台等。项目相关方管理时,应及时关注与相关方有效参与程度有关的正面及负面价值。

二、水利工程项目管理体制

水利工程项目管理体制,即水利工程建设管理体制,是由水利工程建设管理法规体系组成的,包括法律、行政法规、规章和规范性文件等。

水利工程建设管理法规构成是由水利工程建设中所发生的各种社会关系(包括水利工程建设管理活动中的行政管理关系、经济协作及其相关关系的民事关系)、规范水利工程建设行为、监督管理水利工程建设活动的法律规范组成的有机统一整体。

在这些法规体系中,最核心的就是四项制度,包括项目法人责任制、招标投标制、建设监理制和项目资金制度。以此四项制度为核心的水利工程建设管理体制可以描述为:在国家宏观监督调控下,以项目法人责任制为主体,以咨询、设计、监理、施工、物质供应等为服务、承包体系的系统的水利工程建设项目管理体制。在此体制下,形成并包括四个体系:以行政主管单位为主体的监督管理体系,以项目法人为主体的工程招标发包体系,以设计、施工和材料、设备供应为主体的投标承包体系,以设计、监理、咨询和评估为主体的技术服务体系。其中的后三个体系为水利工程市场的三元主体。

在这个体制中,核心是项目法人或者建设单位,其对项目筹划、筹资立项、建设实施、生产经营、还债、资产保值增值等全面负责,并承担全部的投资风险。项目法人或者建设单位要按批准的建设文件,充分发挥管理的主导作用,协调设计、监理、施工以及地方等方面的关系,实行目标管理。其他建设各方,都是以独立承担民事责任的市场主体身份出现的,他们之间形成经济关系,并以合同等形式存在。

基于上述讨论,可以形成水利工程建设项目管理的总体结构图(见图 5-1)。

三、水利工程建设项目管理模式

水利工程项目具有投资大、建设周期长、参与单位多、社会影响大等特点,所以水利工程项目实施的组织方式比较复杂,管理模式比较复杂。水利工程项目管理模式是通过分析项目的承分包模式确定项目合同结构,合同结构决定了项目的管理模式。在现行的水利工程项目管理体制下,市场主体的不同关系构成项目不同的管理模式,对工程管理的方式和内容产生不同的影响,决定了参与各方的工作内容和任务。

水利工程项目管理模式一般有平行承发包模式、设计/施工总承包模式、项目总承包模式等。

(一) 平行承发包模式

平行承发包模式也叫分标发包,是业主将工程项目经分解后,分别委托多个承建单位分别进行建造的方式。采用平行承发包模式,业主将直接面对多个施工单位、多个材料设备供应单位和多个设计单位,而这些单位之间的关系是平行的,各自直接对业主负责。

1. 合同结构

平行承发包模式是业主将工程分解后分别进行发包,分别与各单位签订工程合同,其合同结构如图 5-2 所示。如将工程设计、施工、材料供应、设备采购等分解为几项,则业主就将签订几个合同,工程任务切块分解越多,业主的合同数量也就越多。

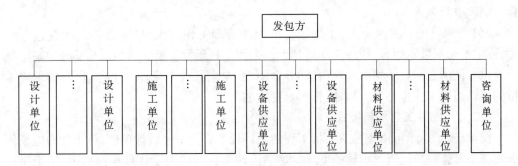

图 5-2　平行承发包模式合同结构

2. 特点及适用情况

该种管理模式有几个比较突出的优点:工程有关参与方都非常熟悉该模式的运行。该模式已经采用了很多年,其运行过程和有关的合同条款等均已比较完善,各方之间的关系比较清晰,大家比较熟悉,减少了管理的不确定性和风险;业主通过利用市场竞争获得较低的报价,经济上比较合算;有利于充分调动社会资源为工程建设服务。

但是,该模式的缺点也很明显:设计和施工的割裂,一方面,设计的可施工性不能得到检验和保证,另一方面,也不利于施工图设计过程和施工过程的有效融合;各方根据自己的合同义务和责任独立开展工作,不利于建设良好的互动机制和组建高效团队;对项目组织管理不利,对进度协调不利。因为发包方要和多个设计单位或多个施工单位签订合同,为控制项目总目标,协调工作量大,难度大。尤其是工程实施过程中出现不可预见的条件变化时,协调的难度就更大。

一般对于一些大型工程建设项目,即投资大、工期比较长,各部分质量标准、专业技术工艺要求不同,又有工期提前的要求时,多采用此种分标发包模式,以利于投资、进度、质量的合理安排和控制。当设计单位、施工单位规模小,且专业性很强,或者发包方愿意分散风险时,也多采用这种模式。

3. 对业主方项目管理的影响

(1)采用平行承发包模式,合同乙方的数量多,业主对合同各方的协调与组织工作量大,管理比较困难。业主需管理协调设计与设计、施工与施工、设计与施工等各方相互之间出现的矛盾和问题。因此,业主需建立一个强有力的项目管理班子,对工程实施管理,协调各参与单位之间的关系。

(2)对投资控制有利的一面是,因为业主是直接与各专业承建方签约,层层分包的情况少,业主一般可以得到较有竞争力的报价,合同价相对较低;不利的一面是,整个工程的总的合同价款必须在所有合同全部签订以后才能得知,总合同价不易在短期内确定,在某种程度上会影响投资控制的实施。

(3)采用平行承发包可以提前开始各发包工程的施工,经过合理地切块分解,设计与施工可以搭接进行,从而缩短整个项目的工期,有利于实现进度控制的目标。

(4)有利于工程的质量控制。由于工程分别发包给各承建单位,合同间的相互制约使各发包的工程内容的质量要求可得到保证,各承包单位能形成相互检查与监督的约束力。如当前一工序工程质量有缺陷的话,则后一工程的承建单位不会同意在不合格的工程上继续进行施工。

(5)合同管理的工作量大,工程招标的组织管理工作量大,且平行切块的发包数越多,业主的合同数也越多,管理工作量越大。采用平行承发包模式的关键是要合理确定每一发包合同的合同标的物的界面,合同界面不清,业主方合同管理的工作量、对各承建单位的协调组织工作量将大大增加,管理难度增加。

(二)设计/施工总承包模式

设计/施工总承包模式是业主将工程的设计任务委托一家设计单位,将工程的施工任务委托一家施工单位进行承建的方式。这一设计单位就成为设计总承包单位,施工单位就成为施工总承包单位。采用设计/施工总承包模式时,业主直接面对的是两个承建单位,即一个设计总承包单位和一个施工总承包单位。设计总承包单位与施工总承包单位之间的关系是平行的,他们各自对业主负责。

1. 合同结构

采用设计/施工总承包模式,业主仅与设计总承包单位签订设计总承包合同,与施工总承包单位签订施工总承包合同,合同结构如图5-3所示。总承包单位与业主签订总承包合同后,可以将其总承包任务的一部分再分包给其他承包单位,形成工程总承包与分包的关系。总承包单位可以与分包单位分别签订工程分包合同,分包单位对总承包单位负责,业主与分包单位没有直接的承发包关系。但是我国的法规规定,总承包单位只能将非主体、非关键工作分包给有相应资质的单位,且分包单位不能再分包。所有的分包必须获得业主的认可。

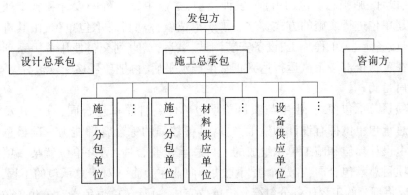

图 5-3 设计/施工总承包模式合同结构

2. 特点及适用情况

这种模式对项目组织管理有利,发包方只需与一个设计总承包单位和一个施工总承包单位签订合同,因此相对平行承发包模式而言,其协调工作量小,合同管理简单,对投资控制有利。

但是,采用这种管理模式,总承包方的风险较大,尤其是对于大型水利工程项目,总承包方的风险会影响项目目标的实现,进而加大项目业主的风险。另外,由于工程是一次发包的,不利于工程尽快开工,分阶段实施,加快施工进度。

该管理模式对于中小型水利工程比较适用,对于不是很复杂、规模不是非常大的大型工程也可采用。

3. 对业主方项目管理的影响

(1)业主方对承建单位的协调管理工作量较小。从合同关系上,业主只需处理设计总承包和施工总承包之间出现的矛盾和问题,总承包单位协调与管理分包单位的工作。总承包单位是向业主负责,分包单位的责任将被业主看作是总承包单位的责任。由此,设计/施工总承包模式有利于项目的组织管理,可以充分发挥总承包单位的专业协调能力,减少业主方的协调工作量,使其能专注于项目的总体控制与管理。

(2)设计/施工总承包模式的总承包合同价格可以较早地确定,宜于对投资进行控制。但由于总承包单位需对分包单位实施管理,并需承担包括分包单位在内的工程总承包风险。因此,总承包合同价款相对平行承发包要高,业主方的工程款支出会大一些。

(3)在工程质量控制方面,总承包单位能以自己的专业能力和经验对分包单位的质量进行管理,可以得知工程问题出在何处,监督分包工程的质量,对质量控制有利。但如果总承包单位出于切身利益或不负责任,则有可能对质量问题进行隐瞒,对业主方的质量控制造成不利影响。

(4)采用该模式,一般需在工程设计全部完成以后进行工程的施工招标,设计与施工不能搭接进行。另外,总承包单位须对工程总进度负责,须协调各分包工程的进度,因而有利于总体进度的协调控制。

(三)项目总承包模式

工程项目总承包亦称建设全过程承包,常见的有交钥匙承包、设计–采购–施工总承包(EPC)、设计–施工总承包(DB)等多种类型,是业主将工程的设计和施工任务一起委托一个承建单位进行实施的方式。这一承建单位就称项目总承包单位,由其进行从工程设计、材料设备定购、工程施工、设备安装调试、试运行,直到交付使用等一系列实质性工程工作。在项目全部竣工试运行达到正常生产水平后,再把项目移交发包方。

1. 合同结构

采用项目总承包模式,业主与项目总承包单位签订总承包合同,只与其发生合同关系。项目总承包单位拥有设计和施工力量,具备较强的综合管理能力。项目总承包单位也可以是由设计单位和施工单位组成的项目总承包联合体,两家单位就某一项目联合与业主签订项目总承包合同,在这个项目上共同向业主负责。对于总承包的工程,项目总承包单位可以将部分的工程任务分包给分包单位完成,总承包单位负责对分包单位的协调和管理,业主与分包单位不存在直接的承发包关系。项目总承包模式合同结构如图5-4所示。

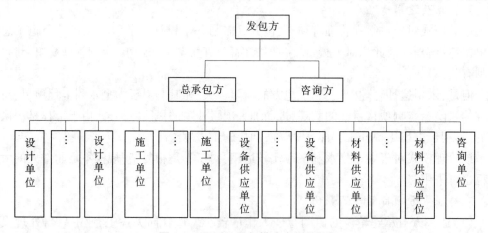

图 5-4　项目总承包模式合同结构

2. 特点及适应情况

采用项目总承包模式,由于工作量最大、工作范围最广,因而合同内容也最复杂,但项目组织、投资控制、合同管理都非常简单;而且这种模式责任明确、合同关系简单明了,易于形成统一的项目管理保证系统,便于按现代化大生产方式组织项目建设,是近年来现代化大生产方式进入建设领域,项目管理不断发展的产物。另外,由于设计、施工等工作由一个总承包单位负责,便于协调,如施工和设计的协调,设计的可施工性检查等,也有利于形成相互协作的团队;对于范围变化和无法预见的条件变化引起的变更,也更容易进行。

但是,这种模式对发包方总承包单位来说,承担的风险很大,一旦总承包失败,就可能导致总承包单位巨大损失甚至破产,对发包方也将造成巨大的损失。而且,项目业主不能利用各个合同主体之间的相互对比和检查来保证项目无缺陷和漏洞,因为这成了总承包方内部的事情。

在这种管理模式中,业主参与项目管理的工作较少。一方面,业主的管理工作量较小,大量的工作由总承包方完成,由其负责;另一方面,业主不能保证持续参与项目中,并了解项目进展,决策的及时性和合理性会受到影响。

目前,房屋建筑、市政基础设施项目以及新型建筑工业化项目领域积极推行项目总承包模式。水利工程领域,充分发挥设计优势、充分激发市场活力的以设计单位牵头的项目总承包模式正在兴起,并成功实践于河湖治理、水利枢纽工程等项目中。

3. 对业主方项目管理的影响

(1)项目总承包模式对业主而言,只需签订一份项目总承包合同,合同结构简单。由于业主只有一个主合同,相应的协调组织工作量较小,项目总承包单位内部以及设计、施工、供货单位等方面的关系由总承包单位进行协调与管理,相当于业主将对项目总体的协调工作转移给了项目总承包单位。

(2)对项目总投资的控制有利,总承包合同一经签订,项目总费用也就确定了。但项目总承包的合同总价会因总承包单位的总承包管理费以及项目总承包的风险费而较高。

(3)项目总工期明确,项目总承包单位对总进度负责,并需协调控制各分包单位的分进度。实行项目总承包,一般能做到设计与施工的相互搭接,对进度目标控制有利。

(4)项目总承包的时间范围一般是从初步设计开始至项目交付使用,项目总承包合同的签订在设计之前。因此,项目总承包需按功能招标,招标发包工作及合同谈判与合同管理的难度就比较大。

(5)对工程实体质量的控制,由项目总承包单位实施,并可以对各分包单位进行质量的专业化管理。但业主对项目的质量标准、功能和使用要求的控制比较困难,主要是在招标时项目的功能与标准等质量要求难以明确、全面、具体地进行描述,因而质量控制的难度大。所以,采用项目总承包模式,质量控制的关键是做好设计准备阶段的项目管理工作。

(四)其他管理模式

1. 工程项目总承包管理模式

工程项目总承包管理亦称工程托管,是指项目总承包管理单位在与业主签订项目总承包合同后,将工程设计与施工任务全部分包给分包单位,自己不直接进行设计和施工,而是对项目总体实施项目管理,对各分包单位进行协调、组织与控制。项目总承包管理单位一般没有自己的设计队伍和施工队伍,但具有较高水平和能力的管理人员与技术人员,具备一定的施工机械和一定的经济力量。工程项目总承包管理模式合同结构如图5-5所示。

目前,在我国工程项目总承包管理逐步演化为代建制管理模式。代建制主要应用于非经营性政府投资项目,通过招标等方式,选择具有工程建设管理经验、技术和能力的专业化项目管理单位(简称代建单位),负责项目的建设实施,竣工验收后移交运行管理单位。常见的代建单位形式有:①政府组建专业代建公司,按企业经营管理;②政府成立专业管理机构,按事业单位管理;③项目管理公司竞争参与。

2. 其他模式

常见的其他模式还有施工联合体承包模式以及 BOT、BT、BOO 等模式。

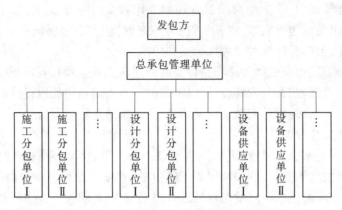

图 5-5　工程项目总承包管理模式合同结构

(五)水利工程项目管理模式的选择

水利工程项目管理模式由项目业主选择确定,每种模式都有优缺点,项目业主必须谨慎地权衡自己的选择,以确保针对特定的工程做出正确的选择。影响管理模式的因素有很多,包括项目规模、项目类型、工期、工作内容和性质、项目环境、工程质量成本和时间的重要性、业主的管理习惯等。

比如,对于变更风险小、工作范围定义明确、技术不太复杂、有过类似经验的项目,可以采用平行发包管理模式,通过竞争获得好的合同价格,对业主控制成本有利。对于技术较复杂的项目,一般采用总承包管理模式比较合适,便于设计和施工的协调与检验。

但是,需要指出的是,有的水利工程项目,其管理模式受到相关的法律、规章和政策的约束与影响。此时,应按照有关规定确定项目管理模式。

第三节　水利工程项目主体组织结构

水利工程项目主体组织结构是指各个水利工程项目参与方内部的组织结构形式。一个主体组织中,其工作部门、部门等级以及管理层次和管理跨度设计确定之后,各个工作部门之间内在关系不同,就构成了不同的组织结构形式。

由于水利工程项目的一次性和单件性,所以对于每个项目,参与方都需要根据项目管理体制和管理模式来确定的自己的目标和任务,建立自己的组织,负责完成关于该项目的有关工作,实现组织目标和项目目标。

一、水利工程项目主体组织设计过程

项目管理组织应尽早组建,尽早投入工作,并在项目管理过程中保持一定的连续性和稳定性。项目管理组织的一般组建过程如下:

(1)确定项目管理目标。项目管理是为了实现项目的整体效益,项目管理目标是由项目目标决定的,水利工程项目管理的主要目标体现在工期、成本和质量三大目标上。当然,对于不同的项目管理主体,其项目管理的具体目标会有所区别。

(2)项目组织责任、权力、义务和利益的确定。项目管理目标落实到项目组织上,就是确定责任、权力、义务和利益。没有责任和义务的压力、权力的支持和利益的激励,管理目标就无法实现。项目组织责任、权力、义务和利益的确定包括两个层面:一个是项目总体结构层面,主体之间的责任、权力、义务和利益的确定以及风险的分配,一般是通过合同定义的;另一个层面是主体组织内部,其责任、权力、义务和利益一般是通过任务书、部门职责等确定的。由此,可以形成项目责任表。比如,云南鲁布革工程的主体责任表如表5-1所示。

表 5-1　云南鲁布革工程的主体责任表

组织责任WBS	项目经理	土建总工	机电总工	总会计师	工管处	财务处	计划合同处	机电设备处	合同处	设计院	咨询专家	电力局	水电部	中技公司	十四局	大成公司
设计	○	○	○	○						#	○	※	□	※	※	※
招标投标	○	○	○	○		○	○			#	○	□	※	※	※	※
施工准备	#	○	※	※						□	※	※			#	※
采购	□	※	○	※	※			#	※	○	○					
施工	□	#	○	※	○	○	○	○	○		○				#	#
项目管理	#	○	○	○	○	○	○	○	○		○				※	※

注:#负责　※通知　○辅助　◎承包　□审批

（3）建立组织结构。基于组织的责任、权力、义务和利益,在进行详细工作分析的基础上,进行结构和功能分析,确定详细的各种职能管理工作任务,并按工作任务设立部门,分派人员,建立组织结构,并将各种工作任务作为目标落实,制作管理工作和任务的分配表,确定部门职能和岗位职责。

（4）确定管理工作流程。管理流程是一个动态的过程,确定了各种职能之间的关系,确定了项目管理组织成员之间、与项目组织之间,以及与外部单位之间的工作联系和界面。确定流程是一个非常重要的环节,对管理系统的有序运行和建立管理信息系统都有很大的影响。

（5）建立各职能部门的管理行为规范和沟通准则,形成管理工作准则,即建立项目组织的规章制度。制度设计也是组织设计的一项非常重要的工作。

（6）在以上工作的基础上,可以考虑进行项目管理信息系统设计。按照管理工作流程和职责,确定工作过程中的信息流向、处理过程,包括信息流程设计、信息数据形式设计、信息处理过程设计等。当然,管理信息系统的开发,需要经过系统规划、系统分析、系统设计、系统实施和系统运行等多个阶段来完成。

二、水利工程项目主体组织结构类型

水利工程项目主体的组织结构一般包括直线组织结构、职能组织结构、直线–职能组织结构、矩阵组织结构等。项目管理组织结构实质上决定了项目管理组织实施项目获取所需资源的可能方法与相应的权力,不同的项目组织结构对项目的实施会产生不同的影响。

(一)直线组织结构

直线组织结构是一种最简单的古老的组织形式,它的特点是组织中各种职位是按垂直系统直线排列的,如图 5-6 所示。

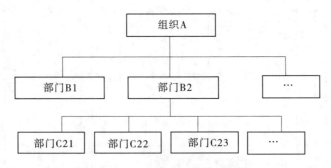

图 5-6　直线组织结构示意图

这种组织形式的特点是命令系统自上而下进行,责任系统自下而上承担。上层管理下层若干个部门,下层只唯一地接受上层指令,如 B2 只接受 A 的命令,并对 C21、C22、C23 等部门下命令,C21 只接受 B2 的命令,而不接受 A 的命令,因为 A 是 C22 的间接上级,B2 才是 C22 的直接上级。每个部门只有一个唯一的上级,下级绝对服从直接上级,所以在有的按直线组织结构建立系统的组织中,工作部门内的部门负责人只设正职而不设副职,以保证命令的唯一性和分清职责。

这种组织形式的主要优点是机构简单、权力集中、命令统一、职责分明、决策迅速、隶属关系明确,纪律易于维持。项目管理组织采用该组织结构,目标控制分工明确,能够发挥机构的项目管理作用。

直线组织结构的缺点是工作部门负责人的责任重大,往往要求其是通晓各种业务及多种知识和技能的全能式的人物;组织内横向联系及相互协作少;缺乏合理分工,专业化程度低。显然,在技术和管理较复杂的项目中,这种组织形式不太合适。

(二)职能组织结构

职能组织结构是社会生产力的发展、技术的进步和专业化分工的结果。职能组织结构是组织设立专业职能人员和相应的部门,将相应的专业管理职责和权力赋予职能部门,分别从职能角度对基层监理组进行业务管理,各职能部门在专业职能范围内拥有直接指挥下级工作部门的权力,如图 5-7 所示。

在图 5-7 所示的职能组织结构中,工作部门 A 可以指挥命令 B 平面的直接下属工作部门,如 B1、B2 等,也可对 C 平面的间接下属工作部门发布指令,如 C11、C21、C22 等。B平面的所有工作部门也可对 C 平面的工作部门进行指挥和命令,如除 C21、C22、C23 等外,也可对 C11、C12、C31 等下命令。也就是说,在职能组织结构中,一个工作部门可以在

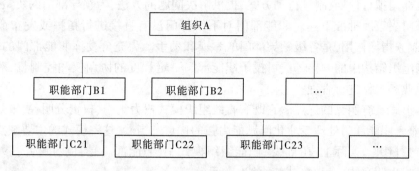

图 5-7　职能组织结构示意图

自己的专业职能的范围以内对下级的各个平面的工作部门都有指挥命令权,而不管其是否直接下级还是间接下级。而作为下级工作部门,根据属于本部门的专业范围要分别接受不同的多个上级职能部门的领导。

这种组织形式的优点是由于按职能实行专业分工管理,工作部门对管理的专门业务范围负责,能体现专业化分工特点,人才资源分配方便,有利于人员发挥专业特长,专业化程度高,处理专门性问题水平高,能促进技术水平的提高,促进实现职能目标,能适应生产技术发展与间接管理复杂化的特点。

这种组织形式的缺点是命令源不唯一,导致下级工作部门要接受多头领导。如果产生多维指令且这些指令又是相互矛盾的,即出现多个矛盾的命令的话,则将使得下级部门无所适从,容易造成管理混乱。出现问题以后,导致责任、后果不清;出问题时人人有份,又人人无责,产生推诿扯皮的结果,不利于责任制的建立。此外,在一个系统中若出现不同领导平面的不同指令,接受指令的部门往往是以"谁大听谁"为原则,形成家长制的组织形态。部门之间缺少横向协调,对外界环境的变化反映也比较缓慢。

此种形式适用于在地理位置上相对集中的、技术较复杂的工程项目。

(三) 直线-职能组织结构

直线-职能监理组织模式是吸收了直线组织形式和职能组织形式的优点而构成的一种组织形式,如图 5-8 所示。

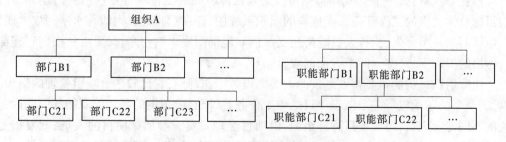

图 5-8　直线-职能组织结构示意图

这种组织结构模式综合了直线组织结构与职能组织结构的特点,借鉴了两者各自的优点。一方面,从命令源上保证了唯一性,可防止出现组织中的矛盾指令;另一方面,在保持线性指挥的前提下,在各级领导部门下设置相应的职能部门,分别从事各项专门业务工作。职能部门拟订计划、制订行动方案,提供解决问题的方法,为领导部门的决策服务,并由领导部门决策后批准下达。职能部门对下级部门没有直接进行指挥或发布命令的权力,只起业务指导作用,是各级领导部门的参谋和助手。为充分发挥职能部门的作用,直线性职能组织结构中的领导部门可授予职能部门一定程度的协调权和控制权,对下属部门的专业业务工作进行管理。

这种形式具有明显的优点。它既有直线组织模式权力集中、权责分明、决策效率高等优点,又兼有职能部门处理专业化问题能力强的优点。当然,这一模式的主要缺点是需投入的人员数量大。实际上,在直线-职能组织模式中,职能部门是直线机构的参谋机构,故这种模式也叫直线-参谋模式或直线-顾问模式。

(四)矩阵组织结构

矩阵结构是从专门从事某项工作小组(不同背景、不同技能、不同知识、选自不同部门的人员为某个特定任务而工作)形式发展而来的一种组织结构。在一个系统中,既有纵向管理部门,又有横向管理部门,纵横交叉,形成矩阵,所以借用数学术语,称其为矩阵结构,如图5-9所示。

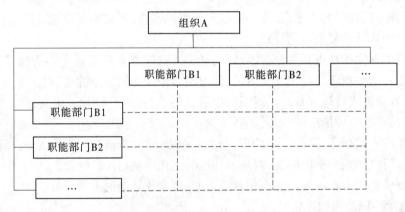

图5-9　矩阵组织结构示意图

在矩阵组织结构中,一维(如纵向)可以按管理职能设立工作部门,实行专业化分工,对管理业务负责;另一维(如横向)则可按规划目标(产品、工程项目)进行划分,建立对规划目标总体负责的工作部门。在这样的组织系统中,存在垂直的权力线与水平的权力线。在矩阵的某一节点上,执行人员既要接受纵向职能部门发出的指令,又要听从横向管理部门做出的工作安排,接受两个方面的双重领导。

矩阵组织结构的主要特点是按两大类型设置工作部门,它比较适合项目管理的组织。例如,一个公司承包了一个工程项目的施工任务,从原有组织中的各相关职能部门调取有关的不同专业人员,组成项目管理组织,由项目经理负责。参加该项目的人员,就要接受双重领导。项目经理负责工程施工,他有权调动各种力量,为实现项目目标而集中精力工作。负责某工程部位的部门是临时的,如导流工程项目部,完成任务以后就撤销,并不打乱原来设立的职能部门及其隶属关系,具有较大的机动性和适应性。这种结构形式加强了各职能部门的横向联系,便于沟通信息,组织内部有两个层次的协调,为完成一项特定工作,首先由项目经理与职能经理进行接触协调,当协调无法解决时,矛盾或问题才提交高层领导。

这种形式的优点是加强了各职能部门的横向联系,具有较大的机动性和适应性;把上下左右集权与分权实行最优的结合,有利于解决复杂难题,有利于监理人员业务能力的培养,实现了任务之间人力资源的弹性共享,也为职能和生产技能的改进提供了机会。

缺点是命令源不唯一,是非线性的,两条指挥线,命令源有两个,是二维的,存在交叉点。纵横向协调工作量大,处理不当会造成扯皮现象,指挥混乱,产生矛盾。同时,它对人员的要求较高,需要组织中各个部门工作人员的理解。工作耗时,需要经常性的会议来解决冲突。

为克服矩阵组织结构中权力纵横交叉这一缺点,必须严格区分纵向管理部门与横向管理部门各自所负责的任务、责任和权力,并应根据组织具体条件和外围环境,确定纵向、横向哪一个为主命令方向,解决好项目建设过程中各环节及有关部门的关系,确保工程项目总目标最优的实现。这样,管理职责、任务分工明确,矩阵组织结构可以有效地发挥组织功能的作用。

根据矩阵组织结构的特点,它适合技术复杂、项目工作内容复杂、管理复杂的工程项目。

三、水利工程项目组织结构选择

各个组织结构形式都有其优缺点和适用情况,作为项目参与主体,关键是要选择适合自己的组织结构形式。

(一)组织结构的有效性

组织是为达到一定的目标而设立的,所以组织的有效性就是组织实现其目标的程度。但是对组织的有效性进行全面的衡量是困难的,人们曾采用目标方法衡量组织是否按期望的产出水平完成目标,采用系统资源方法通过观察过程的开始和评价组织是否为较高业绩而有效获得必要的资源来估计有效性,采用内部过程方法考察内部活动并且通过内部效率指标来估计有效性,采用利益相关者方法,通过集中组织内外部的利益相关者的满意度来衡量有效性。但这些方法都只反映了组织的一个侧面,组织有效性评价是很复杂的,不存在简单容易又可靠的衡量方法来为组织的业绩提供一个清晰的评价。

作为一般性的原则,当组织结构不适合组织要求时,便会出现一个和多个下述特征,即组织无效的特征:

(1)决策迟缓或质量不高。可能是下级汇集太多的问题给决策者,使他们不堪重负;也可能是向下级的委托授权不足;也可能是信息没有及时传达给合适的人。无论纵向或横向,信息沟通不充分,不能保证决策质量。

(2)组织不能创造性地对正在变化的环境做出反应。缺乏创新的一个重要原因就是部门之间不能很好地进行横向协调。比如现场施工人员的现场需求和对现场条件变化的反馈,应与采购部门和应急处理部门相协调。

(3)明显过多的冲突。部门之间的目标应该和组织总目标有效协调起来。缺乏足够的横向沟通机制,当各部门目标冲突,各行其是,或在压力之下,为完成部门目标而不惜损害整体目标时,这种组织结构便是失败的。

(二)组织结构的选择

组织结构设计的影响因素很多。一个组织内部和外部的各种变化因素都会对组织的结构产生影响,引起组织结构模式的变化。组织结构的设置还受组织规模的影响,组织规模越大,专业化程度越高,分权程度也越高。组织所采取的战略不同,组织结构模式也会不同,组织战略的改变必然会导致组织结构模式的改变。组织结构还会受到组织环境等因素的影响。另外,组织管理经验、项目工期、项目工作内容、项目技术依赖性等也会对项目组织结构产生影响。所以,选择项目组织结构时,必须充分考虑这些因素的影响。

同时,各个项目参与主体确定自己的组织结构时,也应考虑与项目管理模式、相关方的组织结构等相适应。

第四节　水利工程项目组织生命过程

一、概述

由于水利工程项目规模大、建设期长、管理环境复杂多变等,项目组织也不是固定不变的,而是在整个工程项目生命周期过程,不断调整和变化,是一个动态的过程。

影响项目组织调整的主要因素包括:

(1)项目目标和任务的变化。如前所述,组织是为了实现一定的目标而设立的,但随着项目实施进程的延伸,项目目标可能发生变化,包括目标的完善、调整、修改、补充等。项目目标的变化会引起工作内容和任务的变化。项目目标和任务的变化,必然引起组织目标和组织工作内容的变化。此时,为了更有效实现组织目标,更有效完成组织任务,需要组织进行调整。组织调整可能是外部力量推动的,也可能是通过组织的自组织过程实现的。

(2)环境的变化——自然环境和社会环境。组织是受环境约束的,组织必须适应环境,才能更好地实现组织的目标。项目组织的环境主要有自然环境、法规政策环境、经济环境、政治环境等。当组织的环境发生变化时,组织必须对环境的变化做出反应,并通过自组织过程,实现组织的调整,来更好地适应环境。

(3)管理者主动调整——组织设计的缺陷。组织设计完成后,进入组织的运行阶段。在组织运行过程中,会发现组织中存在设计缺陷或漏洞,比如可能是组织的部门设计不合理,也可能是组织的工作流程有缺陷,或者人员安排不合适、制度安排不合理等,这些缺陷直接影响组织的效率和有效性,此时需要对组织进行完善性和修复性调整,以提高组织的有效性。

当然,可能还存在其他一些因素,引起或要求组织进行调整。

下面从水利工程项目的总体组织结构和主体组织结构两个角度分别论述。

二、水利工程项目总体组织结构生命过程

水利工程项目总体组织结构可参见图5-1。项目总体组织结构的调整主要是随着项

目生命周期进程的进展,总体组织的目标和任务在变化,所以对应的总体组织结构也在不断调整之中。

如前所述,水利工程项目的建设程序包括八个阶段:项目建议书,可行性研究报告,施工准备(包括招标设计),初步设计,建设实施,生产准备,竣工验收和后评价。如果把水利工程项目总体组织结构沿着项目的建设程序进行展开,就会得到项目总体组织结构随着项目进展的变化过程,如图 5-10 所示。其中,项目建议书阶段和项目初步设计阶段的项目总体组织结构如图 5-11、图 5-12 所示。

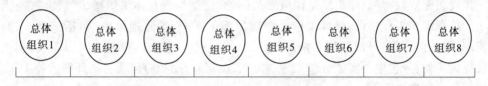

图 5-10 项目总体组织结构变化过程

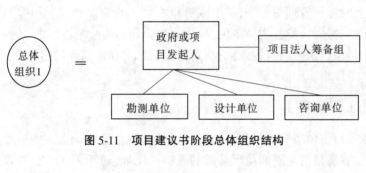

图 5-11 项目建议书阶段总体组织结构

图 5-12 项目初步设计阶段总体组织结构

在项目建议书阶段,此时由政府或项目发起人主持,并一般委托有相应资质的设计单位编制项目建议书,并成立了项目法人筹备组,项目建议书上报有关行政部门审批。此时项目总体组织结构中主要是政府或项目发起人、设计单位、勘测单位,施工单位、材料供应单位等尚未进入项目总体组织结构。

在项目可行性研究阶段,主要是编制可行性研究报告,由项目法人或法人筹备组负责,委托有资质的规划、设计或咨询机构编写,并上报有关行政部门审批。此时,由于涉及项目融资问题,投资机构和贷款机构也要参加。

在施工准备阶段,需要有关地方政府协助项目法人完成征地、拆迁、移民等工作,需要项目法人组织完成招标设计、咨询、设备和物资采购等服务工作,组织相关监理招标,组织主体工程招标准备工作,需要施工单位完成施工用水、用电、通信、道路和场地平整等工程和必需的生产、生活临时建筑工程。

在初步设计阶段,主要是进行工程设计,项目法人已经成立,由其委托有资质的设计单位进行工程设计,设计单位可能需要科研单位、咨询单位协助其解决有关的工程技术和组织管理问题,也可能需要专业设计单位的专项技术设计的支持。如果设计单位进行招标选择的话,需要招标代理机构的参与。

建设实施阶段,是总体组织结构最复杂的阶段,参与到总体组织的单位比较多,由项目法人负责组织工程建设,设计单位及时提供施工详图,各监理单位(包括施工监理、环保监理、设计监理等)开展监理工作,各施工单位按照合同逐步进场施工,设备、材料供应单位提供货物,分包单位实施分包工程,办理有关保险,质量监督项目站开展监督工作,贷款银行及时划拨资金等。

生产准备阶段,需要成立生产组织机构,配置人员,购买生产物资,建设生活福利设施等,需要相关方的参与。

竣工验收阶段,包括法人验收和政府验收。法人验收,需要法人、设计、施工、监理等有关方参加,有时运行管理单位、有关专家等也参加。政府验收时,上述项目参与方作为被验收单位参加。另外,验收主持单位、验收委员会作为验收单位参加。

后评价包括项目法人的自我评价、项目行业的评价和计划部门的评价,他们均参与到该阶段的项目总体组织中。

三、水利工程项目主体组织结构生命过程

水利工程项目主体组织结构随着项目目标和任务的变化、环境的变化、管理者主动调整等在变化,随着项目的进展而呈现动态的过程。比如,对于施工单位来说,由于出现设计变更,增加了某个比较大的分项目,此时,施工任务增加了,施工方的组织结构就需要增设负责该分项目的部门;或者由于突然出现了地震、洪水等重大灾害,对工程施工造成重大影响,需要成立专门的应急处理部门来应对该突发事件;或者由于国家出台法规要求各建设项目应成立专门环境保护部门以处理建设过程中的环保问题,施工组织中就需要把原来综合到其他部门管理的环保工作单独拿出来,成立专门的环保部门来开展该项工作。再比如,对于项目施工监理来说,可能由于项目前期测量工作量大且重要,所以在监理组织中设立专门的工程测量部,但到项目中后期,测量主要满足一般的计量需要,就可以取消专门的工程测量部,把该工作合并到其他部门中,但也可能到项目中后期,项目的资料整理和验收工作成为主要工作,工作量比较大,这时可以把原来属于总监办公室管理的文档资料管理工作单列,成立文档信息部,专门负责验收资料的整理等工作。

在项目总体组织结构中,由于各个参与主体的目标、责任和任务等不同,所以其相应的组织结构也不相同,当然,其变化和调整过程也有所区别。

另外,需要说明的是,随着项目主体组织结构的调整,项目的人员配置、业务流程、工作制度也均需要进行相应的调整,在此不再多述。

案例

南水北调工程建设管理体制

南水北调工程是缓解我国北方水资源短缺和生态环境恶化状况,促进水资源整体优化配置的重大战略性基础设施。《南水北调工程总体规划》明确,南水北调工程分别在长江下游、中游、上游规划了三个调水区,形成东线、中线、西线三条调水线路,与长江、淮河、黄河、海河相互连接,构建"四横三纵"总体格局,重组中国大水网,实现我国水资源"南北调配、东西互济"的优化配置目标。南水北调工程总体布局见图5-13。

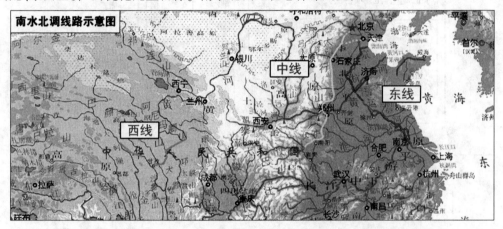

图5-13　南水北调工程总体布局

图片来源:《南水北调工程总体规划》

根据《南水北调工程总体规划》,南水北调工程实行"政府宏观调控、准市场机制运作、现代企业管理和用水户参与"的体制原则,顶层设计了政府行政监管、工程建设管理和决策咨询三个方面的工程建设管理体制总体框架。具体为政府管理机构、项目管理机构(项目法人、建设单位)、专家委员会3个层面5个部分。其中,政府管理机构包括领导机构、办事机构;项目管理机构分为工程建设管理机构(项目法人)和项目建设管理机构;原国务院南水北调工程建设委员会专家委员会(以下简称"专家委员会")是决策咨询机构。2003年10月31日,《南水北调工程项目法人组建方案》(国调委发〔2003〕2号)印发,2005年初,南水北调东线一期、中线一期工程4个项目法人组建到位,并开始履行项目法人职责。2005年11月,湖北省正式明确湖北省南水北调工程建设管理局作为汉江中下游治理工程项目法人。南水北调东、中线一期工程5个项目法人在工程建设管理中发挥责任主体的作用。随着工程建设推进,在总体框架基础上,逐渐细化、完善,形成的南水北调工程建设管理组织结构如图5-14所示。

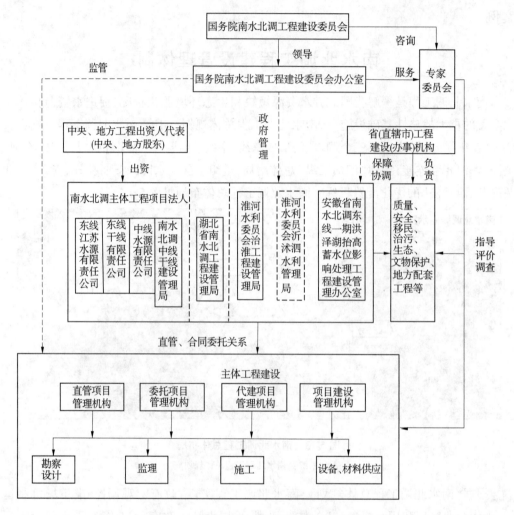

图 5-14　南水北调工程建设管理组织结构

复习思考题

1. 水利工程项目组织与管理分别指什么？两者之间有什么关系？

2. 以你熟悉的某一水利工程为例，谈谈其建设管理模式。

3. 设计单位牵头的项目总承包模式有什么优势？适用于哪些类型的水利工程？

4. 结合本章所学知识，请你谈一谈，随着工程项目的进展，水利工程项目主体组织结构动态调整的过程中各主要参建方应遵循什么原则？

第六章　水利工程项目进度管理

第一节　水利工程项目进度计划概述

一、水利工程项目进度计划

(一)水利工程项目的建设工期和合同工期

1. 建设工期

水利工程项目的建设工期是指项目从正式开工到全部建成投产或交付使用所经历的时间。建设工期是项目法人根据项目投产要求、项目工程量与特点、技术管理水平、项目建设条件和其他具体情况,参考建设工期定额或类似项目经验,在系统地编制和分析进度计划的基础上拟定,并经项目主管部门审批确定的。建设工期批准后一般不允许随意更改,如需更改,则需要由原审批部门重新审批。

建设工程的开工时间是指工程设计文件中规定的任何一项永久性工程破土动工的日期。按照水利工程项目各阶段的特征及其对工期的控制作用,建设工期一般可分为三个阶段:工程准备阶段、工程主体施工阶段、工程完建阶段。

2. 合同工期

水利工程项目建设活动由不同单位完成,包括勘察、设计、施工、监理、检测、材料供应、设备供应等单位。按照建设工期的总体要求,每个合同项目都有其相应的合同工期。

按照《水利水电工程标准施工招标文件》(2009 年版)的规定,施合合同工期按照如下合同条款确定:

(1)合同工期。指承包人在投标函中承诺的完成合同工程所需的时间,包括按照合同约定给予的工期变更。

(2)开工通知。指监理人在施工合同约定的期限内或发包人认为具备条件后,经发包人同意通知承包人开工的函件。

(3)开工日期。指监理人发出的开工通知中写明的开工日期。

(4)完工日期。即合同工程完工日,指合同工期约定的工期届满时的日期。实际完工日期以合同工程完工证书中写明的日期为准。

(二)水利工程项目进度计划的特点

任何水利工程项目都是由一系列活动构成的,而这些活动往往具有如下特点:

(1)有序性。一方面,各个活动之间在工艺上存在客观的时间顺序。一旦违背客观规律,必然会导致工期延误、质量降低或投资的增加;另一方面,某些建设活动的时间顺序具有可调整性,其时间顺序取决于组织需要或资源调配需要,这就为合理安排项目进度计划、实现建设项目总目标提供了可能。

（2）整体协调性。现代建设工程项目，尤其是一些大型工程项目，具有规模大、投资多、建设工期长、技术复杂、涉及的专业多等特点。例如，水利水电工程建设过程中要涉及土石方开挖与回填、地基处理、边坡处理、混凝土浇筑、机械、电气、金属、供水等专业，而项目管理人员只有通过统筹考虑，使各专业目标明确、互相协调，才能制订出合理的进度计划，顺利完成预期总目标。

（3）资源的优化配置与资源供应的保障是建设活动顺利进行的根本。在项目建设过程中需要投入大量的人力、材料、施工设备、资金以及技术文件等，这些资源在时间上和空间上以及数量上和比例上的合理安排，满足项目建设各个阶段的需要，是项目进度计划得以顺利实施的根本保证。如果缺乏系统的计划，就会导致工期的拖延以及资源的积压与浪费等。

（4）受建设环境的制约。每一项建设活动都是在特定的社会、自然以及经济环境中进行的，因此建设活动的进行必须与建设环境统一协调，把不利环境对建设活动的影响降到最低，以便各项建设活动得以顺利进行，确保工程项目进度计划顺利实施。

因此，水利工程项目进度计划是在分析工作顺序、持续时间、资源需求和制约因素的基础上，在综合考虑项目投资、质量、工期等目标的要求下，选择合适的进度计划方法和编制工具，通过对资源的合理配置与优化，对项目实施过程中的各项建设活动所进行的统筹安排。

二、水利工程项目进度计划的编制依据与步骤

（一）工程项目进度计划的编制方法

工程项目进度计划的表示方法有多种，常用的有横道图法、网络图法、进度曲线法和形象进度图法等。

1. 横道图法

横道图又称甘特图（Gantt Chart），由美国人甘特于 1917 年提出。由于其直观、易于编制和理解，因而被广泛用于工程项目进度计划与控制中。横道图表示进度计划，一般包括两部分，即左侧的数据区域（主要有活动名称、持续时间、单位、工程量等）和右侧的横道线区域。

横道图法的优点是：

（1）能明确地表示出各项工作的开始时间、结束时间和持续时间。

（2）一目了然，易于理解，能够为各层次的人员（上至决策指挥者，下至基层操作人员）所掌握和运用。

横道图法的缺点是：

（1）不能明确地反映各项工作之间错综复杂的相互关系，因而在计划执行过程中，当某些工作的进度由于某种原因提前或拖延时，不便于分析其对其他工作及总工期的影响程度，不利于建设工程进度的动态控制。

（2）不能明确地反映影响工期的关键工作和关键线路，也就无法反映出整个工程项目的关键所在，因而不便于进度控制人员抓住主要矛盾。

（3）不能反映工作所具有的机动时间，看不到计划的潜力所在，无法进行最合理的组

织和指挥。

（4）不能反映工程费用与工期之间的关系，因而不便于缩短工期和降低工程成本。

2. 网络图法

网络图是在横道图基础上改进而提出来的。网络计划技术的种类很多，以每项活动的持续时间和逻辑关系划分，可归纳为以下几类：

（1）针对活动持续时间肯定和逻辑关系确定的关键线路法（CPM），其特点是：每项工作具有肯定的持续时间，即要求确切地估计出完成各项工作所需的历时；各项工作之间相互联系的逻辑关系也是明确的、肯定的。

（2）针对活动持续时间不确定和逻辑关系确定的计划评审技术（PERT）和模糊网络计划技术（FCPM），其特点是：各项工作之间相互联系的逻辑关系是明确的、肯定的，但是，计划中的工作持续时间具有不确定性。

（3）针对活动持续时间确定和逻辑关系不确定的决策关键线路法。

（4）针对活动持续时间不确定和逻辑关系不确定的图示评审技术（GERT）、随机网络计划技术（QERT）、风险型随机网络（VERT）等。

其中，CPM 在工程项目中应用最广泛，其两种常用的工具为双代号网络图和单代号网络图。

3. 进度曲线法

施工进度曲线图一般用横轴代表工期，纵轴代表工程完成数量或施工量的累计，将有关数据表示在坐标纸上，就可确定出工程施工进度曲线。把计划进度曲线与实际施工进度曲线相比较，可掌握工程进度情况，并利用它来控制施工进度。

（1）在固定施工机械、劳动力条件下，若对施工进行适当的管理控制，无任何偶发的时间损失，能以正常施工速度进行，则工程每天完成的数量保持一定，其施工进度曲线呈直线形状。

（2）在施工初期，由于施工准备、施工临时设施、工作面较少等原因，施工后期由于工程收尾、验收等原因，施工速度一般较施工高峰期要慢。每天的完成数量通常自初期至中期呈递增趋势，由中期至末期呈递减趋势。施工进度曲线一般约呈 S 形（见图 6-1），其拐点发生在每天完成数量的高峰期。

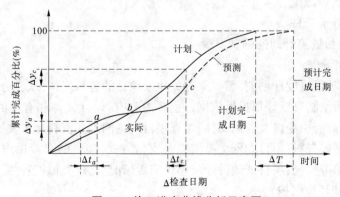

图 6-1　施工进度曲线分析示意图

施工进度曲线的切线斜率表示施工速度。斜率越大,表示每天的完成数量越大,施工机械及劳动力在工程上需要越大的作业能力。

施工进度曲线主要适用于有工程量工作的进度计划与控制,其主要作用如下:①计划进度与实际进度的对比分析;②判断工程量偏差和时间偏差;③预测未来的进度。

4.形象进度图法

形象进度图是把工程计划以建筑物形象进度来表达的一种控制方法。这种方法是直接将工程项目进度目标和控制工程标注在工程形象图的相应部位,故其非常直观,进度计划一目了然,特别适用于施工阶段的进度控制。此法修改调整计划亦极为简便,只需修改日期、进程,而形象图像依然保持不变。

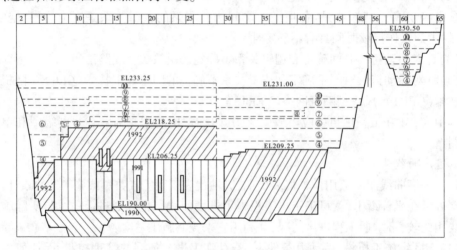

图 6-2　工程某时间节点施工形象进度图

(二)工程项目进度计划的编制依据

(1)工程项目承包合同。

(2)工程项目的施工规划和施工组织设计。

(3)相关的法规、标准和技术规范。

(4)承包方的经营策略与管理水平。

(5)承包方的资源配置。

(6)项目的外部条件。

(三)工程项目进度计划的编制步骤

1.收集、分析资料

在编制工程项目进度计划前,需收集有关建设项目的各种资料,认真分析影响进度计划的各种因素,为编制进度计划提供依据。主要内容有:设计文件和有关的法规、技术规范、标准、规程和政府指令以及合同文件;工程项目现场的勘测资料和水文资料;项目所在地区的气象、地震等资料;项目的资金筹措以及支付方式;项目的资源供应情况;供水、供电、供风以及通信等状况;项目征地拆迁与移民安置情况;已建类似工程的工程进度计划;其他有关资料(如环境保护)。

2. 工程项目分解

工程项目进度计划的编制,需要从项目的整体出发,根据系统工程的观点,将项目分解成若干个相互独立而又相互关联的子项目,编制子项目的网络计划,明确进度控制责任人,有效组织进度计划的实施,从而控制整个项目网络计划系统的实施。关于工作分解结构的内容可参见第四章。

3. 进行施工阶段划分并确定阶段性目标

根据项目自身特点,把整个项目的施工过程进行施工阶段的划分,例如对土石坝工程而言,可将其整个施工过程分为施工准备、施工导截流、基础处理、坝体施工、溢洪道施工、取水塔施工、机电设备的安装与调试等施工阶段。在此基础上进一步确定各阶段的阶段性目标,以此作为编制项目施工进度计划的重要依据。

4. 选择施工技术方案,确定工作内容与工作之间的逻辑关系

不同的建设项目,其工作内容和工作之间的逻辑关系(包括工艺关系和组织关系,反映了技术逻辑和管理逻辑关系)不同,相同的项目,当采用不同的施工技术方案时,其工作之间的逻辑关系也不尽相同。因此,在编制进度计划之前,首先应选择施工技术方案。

5. 项目各项工作的工程量、工作持续时间和资源量的计算

项目各项工作的工程量、工作持续时间和资源量是编制网络计划的基础,工程项目施工进度计划的准确性与上述基础数据密切相关。

1)计算工程量和资源量

项目工程量的估算精度与设计深度有直接关系,当没有各建筑物的详细设计文件时,可根据类似工程或概算指标估计工程量。当有各建筑物的设计施工图时,就可根据施工图纸,分别计算出项目各个阶段与各个施工段的工程量。

计算劳动量和机械台班数时,首先要确定所采用的定额,可直接套用现行工程项目定额,也可根据工程项目的实际情况做相应的调整;对应用新技术和有特殊作业的工程项目,定额中尚未列出,可参考类似已建项目。

2)确定各项工作的持续时间

在实际工程中,项目各项工作的持续时间主要有以下几种计算方法:

(1)按实物工程量和定额标准计算,计算公式如下:

$$t = \frac{W}{Rm} \tag{6-1}$$

式中:t 为工作基本工时;W 为工作的实物工程量;R 为台班产量定额;m 为施工人数(或机械台班数)。

(2)套用工期定额法。对于总进度计划中"大工序"的持续时间,通常参照国家制定的各类工程工期定额,在适当修改后采用。

(3)三时估计法。有些工作没有确定的实物工作量,又没有定额可套,例如采用新工艺、新技术的工作。在这种情况下,可采用三时估计法来计算这部分工作的持续时间,计算公式如下:

$$t = \frac{a + 4c + b}{6} \tag{6-2}$$

式中:a 为乐观估计时间;c 为最可能时间;b 为悲观估计时间。

上述三个工作持续时间是在经验的基础上,根据实际情况估计得出的。在实际工作中,还应考虑其他因素,对其进行相应的调整,调整公式为:

$$D = tK \tag{6-3}$$

$$K = K_1 K_2 K_3 \tag{6-4}$$

式中:D 为工作的持续时间计划值;K 为综合修正系数;K_1 为自然条件影响系数;K_2 为技术熟练程度影响系数;K_3 为单位或工种协作条件修正系数。K_1、K_2、K_3 都是大于 1 或等于 1 的系数,其值可根据工程实践经验和具体情况来确定。

在缺少经验数据时,综合调整系数参考取值为:当 $t \leq 7$ d 时,$K = 1.25 \sim 1.4$;当 $t \geq 7$ d 时,$K = 1.1 \sim 1.25$。

6. 编制工作项目明细表

通过编制工作项目明细表,对上述几项工作所得结果进行统计汇总,以便进行网络图的绘制与网络计划的优化,如表 6-1 所示。

表 6-1　工作项目明细表

代号	编码	名称	工作量		持续时间(d)	紧前工作	紧后工作	备注
A	1.5.1.1	施工放线	数量	单位	6	—	B	
B	1.5.1.2	基础开挖	11 000	m³	11	A	C	
…	…	…						

7. 编制初始网络进度计划

8. 进度计划的优化与调整

第二节　确定性网络计划技术

一、网络计划技术的简介

网络计划技术是随着现代科学技术和工业生产的发展而产生的一种科学的计划管理方法。1956 年,美国杜邦公司研究创立了网络计划技术的关键线路法(简称 CPM),并在工程应用中取得了良好的经济效益;在 CPM 法出现的同时,1958 年美国海军武器部在进行"北极星"导弹研制计划时,首次提出了计划评审技术(简称 PERT),使"北极星"导弹制造时间比计划缩短了近 3 年,获得了巨大成功。此后,网络计划技术受到各国的普遍重视,使网络计划技术在工程实践中不断发展和完善,在各领域得到广泛应用。网络计划技术主要包括确定性网络计划技术、非确定性网络计划技术。

确定性网络计划技术(主要指关键线路法)主要特点是:各项工作具有确定的持续时间,各项工作之间的逻辑关系也是明确的。

非确定性网络计划技术(主要指计划评审技术)主要特点是:各项工作之间的逻辑关系是明确的,但各项工作的持续时间具有不确定性。

二、双代号网络计划

(一)双代号网络图

网络图是网络计划技术的基本模型。网络图是由箭线和节点组成的,用来表示工作流程的有向、有序网状图形。双代号网络图是以箭线及其两端节点的编号表示工作的网络图,如图 6-3 所示。

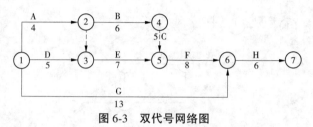

图 6-3　双代号网络图

1. 箭线

(1)在双代号网络图中,每一条箭线表示一项工作,箭线上方标注工作名称,箭线下方标注该工作的持续时间,如图 6-3 所示。

(2)在双代号网络图中,箭线宜画成水平直线,也可画成折线或斜线,但其行进方向均应从左到右。在无时间坐标的网络中,箭线的长度不直接反映该工作所占用的时间长短,工作持续时间以直线下方标注的时间为准;在有时间坐标的网络中,箭线的长度必须以该工作持续时间的长短按比例绘制。

(3)在双代号网络图中,任何一条实箭线都要占用时间,且大部分箭线同时也要消耗一定的资源,如土方开挖、混凝土浇筑等工作;但有一部分实箭线表示的工作并不占用任何资源,如抹灰干燥等。

(4)在双代号网络图中,箭线的粗细程度、大小范围的划分根据计划任务的需要确定,一条箭线可以表示一道工序、一个分部工程或一个单位工程。

(5)在双代号网络图中,为了正确表达各工作之间的逻辑关系,往往需要引入虚箭线,如图 6-3 所示。虚箭线表示一项虚工作,它既不占用时间,也不消耗资源,但在网络图中必不可少,它的主要作用是联系、区分、断路。

联系作用是通过合理应用虚箭线正确表达各项工作之间的相互依存关系,如图 6-3 中的 A、B、D、E 四项工作中,其中 A 与 E 的关系就必须用虚箭线来连接。在绘制双代号网络图时,有时会遇到两项工作同时开始,又同时完成,此时,必须应用虚箭线,才能区分两项工作,如图 6-4 所示,图(b)为正确画法。断路作用是通过引入虚箭线把没有逻辑关系的工作隔断,如图 6-5 中,第二施工段的挖槽与第一施工段的基础处理并没有逻辑关系,同样第一施工段的回填土与第二施工段的基础处理也没有逻辑关系,但在图中却都有了关系,致使网络产生了逻辑错误。如图 6-6 中,在第一施工段的基础处理与第二施工段的基础处理之间增加一条虚箭线,就会使上述错误的逻辑断开,用同样的方法,也可解决图 6-5 中其他错误的逻辑关系。

2. 节点

网络图中箭线端部的圆圈或其他形状的封闭图形称为节点。在双代号网络图中,节

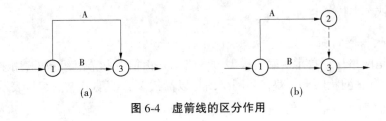

图 6-4　虚箭线的区分作用

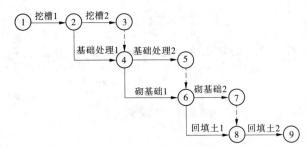

图 6-5　错误的逻辑关系

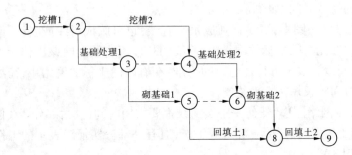

图 6-6　正确的逻辑关系

点既不占用时间,也不消耗资源,只表示工作之间的逻辑关系。箭线的箭尾节点表示该工作的开始,箭线的箭头节点表示该工作的结束。

网络图中的第一个节点叫"起点节点",表示一项任务的开始,起点节点只有外向箭线,如图 6-3 中的节点①;网络图中的最后一个节点叫"终点节点",表示一项任务的结束,终点节点只有内向箭线,如图 6-3 中的节点⑦;网络图中的其他节点称为中间节点,如图 6-3 中节点④、⑤等。

3. 线路

网络图中从起点节点开始,沿箭头方向顺序通过一系列箭线与节点,最后达到终点节点的通路称为线路。一般网络图中有多条线路,各条线路上的名称可用该线路上节点的编号自小到大记述。其中,线路上总的工作持续时间最长的线路称为关键线路,例如图 6-3 中的线路:①—②—④—⑤—⑥—⑦,该线路在网络图上应用粗线、双线或彩色线标注。位于关键线路上的工作称为关键工作。

(二) 双代号网络图中的逻辑关系

网络图中各工作之间相互制约或依赖的关系称为逻辑关系,包括工艺关系和组织关系。工艺关系是由生产工艺决定的、客观存在的先后顺序。例如,对于基础工程,都要先开挖,后做基础处理,最后回填土。组织关系是指工作之间由于组织安排需要或资源调配需要而规定的先后顺序。例如,建筑群中各个建筑物的开工顺序的先后。无论是工艺关系还是组织关系,在网络图中均表现为各工作之间的先后顺序。

为便于网络图的绘制,在网络图中,将被研究的对象称为本工作,紧排在本工作之前的工作称为紧前工作,紧跟在本工作之后的工作称为紧后工作。如图 6-3 中,对工作 F 而言,工作 C、E 为其紧前工作,工作 H 则为其紧后工作。

(三)绘制双代号网络图的基本规则

(1)双代号网络图必须正确表达已定的逻辑关系。

(2)双代号网络图中,严禁出现循环线路,如图 6-7 中的①—③—④。

(3)双代号网络图中,在节点之间严禁出现带双向箭头或无箭头的连线,如图 6-8 所示。

图 6-7　循环回路示意图　　　图 6-8　箭线的错误画法

(4)双代号网络图中,严禁出现没有箭头节点或没有箭尾节点的箭线,如图 6-9 所示。

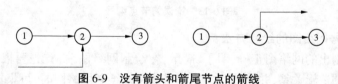

图 6-9　没有箭头和箭尾节点的箭线

(5)当双代号网络图的某些节点有多余节点或有多条外向箭线或多条内向箭线时,可使用母线法绘图(但一项工作应只有唯一的一条箭线和相应的一对节点编号),如图 6-10 所示。

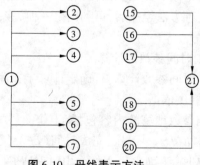

图 6-10　母线表示方法

(6)绘制网络图时,箭线不宜交叉;当交叉不可避免时,可用过桥法或指向法,如图 6-11 所示。

(7)双代号网络图中应只有一个起点节点;在不分期完成任务的网络图中,应只有一

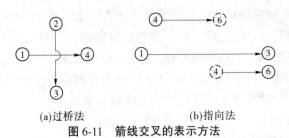

(a)过桥法   (b)指向法
图 6-11   箭线交叉的表示方法

个终点节点;而其他所有节点均应是中间节点,如图 6-12 所示。

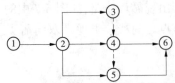

图 6-12   一个起点节点和一个终点节点的网络图

(8)双代号网络图中,箭尾节点的编号应小于箭头节点的编号,节点的编号顺序应从小到大,可不连续,但不允许重复,如图 6-13 所示,且应以最少的节点编号表示。

图 6-13   错误的节点编号

(四)双代号网络图的绘制方法

为了使绘制出的网络图正确、明了、简单,在绘制网络图前,首先要根据项目特点,明确各工作之间的逻辑关系,并将这些关系编排成表。绘制网络图时,可根据紧前工作或紧后工作的任何一种关系进行。当按紧前工作绘制时,从没有紧前工作的工作开始,按照上述绘制网络图的基本规则,依次向后,直至最后的工作结束于一个终点节点。在绘制过程中,要注意以下几点:第一,不要漏画关系;第二,没有关系的工作一定不要硬扯上关系;第三,要合理使用虚箭线,尽量减少交叉。当按紧后工作绘制时,同理,直至最后的工作结束于一个起点节点。使用一种方法绘完后,可利用另一种关系检查无误后,按上述节点编号的基本规则,进行节点编号。

(五)双代号网络计划时间参数的计算

通过双代号网络计划时间参数计算,可确定计算工期、关键线路和关键工作,为网络计划的优化、调整和管理提供依据。

双代号网络计划时间参数计算的内容包括:工作的最早开始时间(ES_{i-j})、最早完成时间(EF_{i-j})、最迟开始时间(LS_{i-j})、最迟完成时间(LF_{i-j})、节点的最早时间(ET_i)、节点的最迟时间(LT_i)、工作总时差(TF_{i-j})、工作自由时差(FF_{i-j})、计算工期(T_c)等。这些参数的计算方法主要有按工作计算法和按节点计算法,下面通过实例加以说明。

1. 按工作计算法

按工作计算法,就是以网络计划图中的各项工作为研究对象,直接计算各项工作的时间参数,并标注在网络图上,如图 6-14 所示。按工作计算法计算时间参数应在确定各项工作的持续时间之后进行,虚工作视同工作进行计算,其持续时间为零。

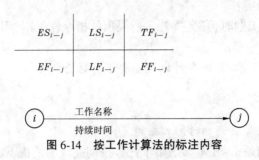

$$ES_{i-j} \quad LS_{i-j} \quad TF_{i-j}$$

$$EF_{i-j} \quad LF_{i-j} \quad FF_{i-j}$$

图 6-14　按工作计算法的标注内容

【例 6-1】　已知某建设项目的双代号网络图如图 6-15 所示,若计划工期等于计算工期,按工作计算法计算各项工作的时间参数并确定关键路线,标注在网络图上。

1)计算各项工作的最早开始时间和最早完成时间

工作最早开始时间是指:各紧前工作全部完成后,本工作有可能开始的最早时刻,用 ES_{i-j} 表示,$i\!-\!j$ 表示该工作的节点号。工作最早完成时间是指:各紧前工作全部完成后,本工作有可能完成的最早时刻,用 EF_{i-j} 表示,$i\!-\!j$ 表示该工作的节点号。工作的最早开始时间和最早完成时间的计算应从网络的起点节点开始,顺箭线方向依次逐项直到终点节点。计算步骤如下:

(1)以网络计划起点节点(节点①)为开始节点的各项工作,当未规定其最早开始时间时,其最早开始时间都为零:

$$ES_{1-2} = ES_{1-3} = 0$$

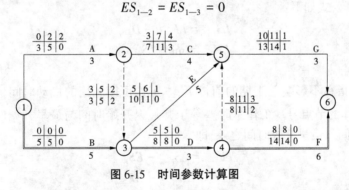

图 6-15　时间参数计算图

(2)顺箭线方向依次计算其他各项工作的最早时间。工作的最早完成时间等于最早开始时间加上其持续时间;工作的最早开始时间等于各紧前工作的最早完成时间 EF_{h-i} 的最大值,计算公式如下:

$$EF_{i-j} = ES_{i-j} + D_{i-j} \tag{6-5}$$

$$ES_{i-j} = \max[EF_{h-i}] \tag{6-6}$$

2)确定计算工期及计划工期

计算工期是根据网络计划时间参数计算所得到的工期,用 T_c 表示。计算工期等于以网络计划终点节点为箭头节点的各个工作的最早完成时间的最大值,即

$$T_c = \max\{EF_{i-n}\} \tag{6-7}$$

本例中,$T_c = \max\{EF_{5-6}, EF_{4-6}\} = \max\{13, 14\} = 14$。

计划工期是指根据要求工期和计算工期所确定的作为实施目标的工期,用 T_p 表示,计划工期按下列要求确定:

(1)当规定了要求工期时(任务委托人所提出的指令性工期,用 T_r 表示),取:

$$T_p \leq T_r \qquad (6\text{-}8)$$

(2)当未规定要求工期时,可令计划工期等于计算公期,即

$$T_p = T_c \qquad (6\text{-}9)$$

本例中, $T_p = T_c = 14$。

3)计算各项工作的最迟开始时间和最迟完成时间

工作最迟开始时间是指:在不影响整个任务按期完成的前提下,工作必须开始的最迟时刻,用 LS_{i-j} 表示, i—j 表示该工作的节点号。工作最迟完成时间是指:在不影响整个任务按期完成的前提下,工作必须完成的最迟时刻,用 LF_{i-j} 表示, i—j 表示该工作的节点号。工作的最迟开始时间和最迟完成时间的计算应从网络的终点节点开始,逆箭线方向依次逐项直到起点节点。计算步骤如下:

(1)以网络计划终点节点(节点⑥)为箭头节点的各项工作的最迟完成时间等于计划工期,即

$$LF_{i-n} = T_p \qquad (6\text{-}10)$$

本例中, $LF_{5-6} = LF_{4-6} = 14$。

(2)逆箭线方向依次计算其他各项工作的最迟时间。工作的最迟开始时间等于最迟完成时间减去其持续时间,工作的最迟完成时间等于各紧后工作的最迟开始时间 LS_{j-k} 的最小值,计算公式如下:

$$LS_{i-j} = LF_{i-j} - D_{i-j} \qquad (6\text{-}11)$$

$$LF_{i-j} = \min[LS_{j-k}] \qquad (6\text{-}12)$$

4)计算工作总时差

总时差是指在不影响总工期的前提下,本工作可以利用的机动时间,用 TF_{i-j} 表示, i—j 表示该工作的节点号。工作总时差等于其最迟开始时间与最早开始时间之差,或等于最迟完成时间与最早完成时间之差,即

$$TF_{i-j} = LS_{i-j} - ES_{i-j} \qquad (6\text{-}13)$$

$$TF_{i-j} = LF_{i-j} - EF_{i-j} \qquad (6\text{-}14)$$

5)计算工作自由时差

自由时差是指在不影响其紧后工作最早开始的前提下,本工作可以利用的机动时间,用 FF_{i-j} 表示, i—j 表示该工作的节点号。以网络计划的终点节点为箭头节点的工作,其自由时差 FF_{i-j} 应按网络计划的计划工期 T_p 确定,其他各工作的自由时差为其紧后工作的最早开始时间与本工作的最早完成时间之差,计算公式如下:

$$FF_{i-n} = T_p - EF_{i-n} \qquad (6\text{-}15)$$

$$FF_{i-j} = ES_{j-k} - EF_{i-j} \qquad (6\text{-}16)$$

6)关键工作和关键线路的确定

总时差最小的工作为关键工作,当网络计划的计划工期等于计算工期时,总时差为零(或自由时差为零)的工作就是关键工作。全部由关键工作组成的线路或线路上总的工

作持续时间最长的线路为关键线路。在网络图上,关键线路一般用双线或粗线标注。

本例中, 1—3、3—4 和 4—6 的总时差为零,都为关键工作,因此关键线路为:①—③—④—⑥。

2.按节点计算法

按节点计算法就是先计算网络计划中节点的最早时间(ET_i)和最迟时间(LT_i),然后根据节点时间推算工作时间参数。时间参数的标注形式如图 6-16 所示。

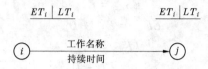

$$ET_i \mid LT_i \qquad\qquad ET_i \mid LT_i$$

i　　工作名称　　j
　　　　持续时间

图 6-16　按节点计算法的标注内容

按节点计算法计算时间参数应在确定各项工作的持续时间之后进行,虚工作视同工作进行计算,其持续时间为零。仍以图 6-15 所示网络计划图为例,说明按节点计算法计算时间参数的过程,其计算结果如图 6-17 所示。

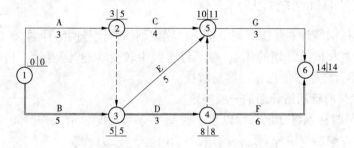

图 6-17　按节点法计算的网络图

1)节点最早时间(ET_i)的计算

在双代号网络计划中,节点最早时间是指以该节点为开始节点的各项工作的最早开始时间。节点的最早时间应从网络计划的起点节点开始,顺箭线方向依次逐项计算,计算公式如下:

$$ET_i = 0 \quad (i = 1) \tag{6-17}$$

$$ET_j = \max\left[ET_i + D_{i-j} \right] \tag{6-18}$$

2)确定网络计划的计算工期

网络计划的计算工期等于网络计划终点节点的最早时间,即

$$T_c = ET_n \tag{6-19}$$

本例中,计算工期为:

$$T_c = ET_6 = 14$$

3)节点最迟时间(LT_i)的计算

节点最迟时间是指以该节点为完成节点的各项工作的最迟完成时间。节点最迟时间的计算应从网络计划的终点节点开始,逆箭线方向依次进行。

（1）终点节点的最迟时间（LT_n）应按网络计划的计划工期（T_p）确定，即

$$LT_n = T_p \tag{6-20}$$

（2）其他节点的最迟时间为：

$$LT_i = \min\left[LT_j - D_{i-j}\right] \tag{6-21}$$

4）根据节点时间计算工作时间参数

计算公式如下：

$$ES_{i-j} = ET_i \tag{6-22}$$

$$EF_{i-j} = ET_i + D_{i-j} \tag{6-23}$$

$$LF_{i-j} = LT_j \tag{6-24}$$

$$LS_{i-j} = LJ_j - D_{i-j} \tag{6-25}$$

$$TF_{i-j} = LT_j - ET_i - D_{i-j} \tag{6-26}$$

$$FF_{i-j} = ET_j - ET_i - D_{i-j} \tag{6-27}$$

5）关键线路和关键工作的确定

关键线路和关键工作的确定同前，见图6-15。

三、双代号时标网络计划

双代号时标网络计划是以时间坐标为尺度编制的双代号网络计划。时标网络计划兼有一般网络计划和横道计划的优点，在工程实践中较受欢迎；随着计算机技术的快速发展，对时标网络计划的修改已比较容易解决。

（一）双代号时标网络计划的一般规定

（1）双代号时标网络计划必须以水平时间坐标为尺度表示工作时间，时标的时间单位应根据需要在编制网络计划之前确定，可为时、天、周、月或季。

（2）时标网络计划应以实箭线表示工作，实箭线的水平投影长度表示该工作的持续时间，当有自由时差时，用波形线表示，如图6-18所示；虚工作必须以垂直方向的虚箭线表示，有自由时差时加波形线表示，如图6-19所示。

图6-18　实箭线的表达方式　　　图6-19　虚箭线的表达方式

（3）时标网络计划中所有符号在时间坐标上的水平投影位置，都必须与其时间参数相对应。节点中心必须对准相应的时标位置。

（4）在编制时标网络计划之前，应按已确定的时间单位绘出时标计划表。时标可标注在时标计划表的顶部或底部。时标的长度单位必须注明。必要时，可在顶部时标之上或底部时标之下加注日历的对应时间，如表6-2所示。

表 6-2　时标计划表

日历															
（时间单位）	1	2	3	4	5	6	7	8	9	10	11	12	13	14	15
网络计划															
（时间单位）	1	2	3	4	5	6	7	8	9	10	11	12	13	14	15

（二）双代号时标网络计划的编制

编制时标网络计划应先绘制无时标网络计划草图,然后按以下两种方法之一进行。

1. 间接绘制法

间接绘制法是指先绘制出无时标网络计划,计算各工作的最早时间参数,然后将所有节点根据其最早时间定位在时标计划表上,再用规定线型绘出工作及其自由时差,形成时标网络计划图。

2. 直接绘制法

直接绘制法是指不计算网络计划的时间参数,根据网络计划中各工作之间的逻辑关系及各工作的持续时间,直接在时标计划表上绘制时标网络计划。绘制步骤如下:

(1)将起点节点定位在时标计划表的起始刻度表上。

(2)按工作持续时间在时标计划表上绘制起点节点的外向箭线。

(3)除起点节点外的其他节点必须在其所有内向箭线绘出以后,定位在这些内向箭线中最早完成时间最迟的箭线末端。其他内向箭线长度不足以达到该节点时,用波形线补足。

(4)用上述方法自左向右依次确定其他节点位置,直至终点节点定位绘完。

【例 6-2】　已知某网络计划的资料如表 6-3 所示,用直接法绘制其双代号网络时标计划;若计划工期等于计算工期,计算各项工作的时间参数并确定关键线路。

(1)将网络计划的起点节点定位在时标表的起始刻度线的位置上,如图 6-20 所示。

表 6-3　网络计划资料

工作名称	A	B	C	D	E	F	G
紧前工作	—	—	A	A、B	A、B	D	C、D、E
持续时间(d)	3	5	4	3	5	6	3

(2)画节点①的外向箭线,即根据其持续时间,画出工作 A、B,并确定节点②、③的位置,如图 6-20 所示。

(3)依次画出节点②、③的外向箭线工作 C、E、D,并确定节点④、⑤的位置,节点⑤的位置定位在其三条内向的最早完成时间的最大处,即定位在时标 10 的位置,工作 C 达不到节点,则用波形线补足,如图 6-20 所示。

(4)按上述步骤,直到画出全部工作,确定出终点节点⑥的位置,最终绘制出完整的时标网络计划图,如图 6-20 所示。

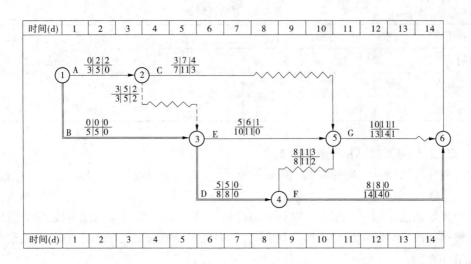

图 6-20　双代号时标网络图

（5）关键线路的确定。时标网络计划关键线路的确定,应自终点节点逆箭线方向朝起点节点观察,自始至终不出现波形的线路为关键线路。本例中,关键线路为:①—③—④—⑥,如图 6-20 所示。

（6）计算工期的确定。时标网络计划的计算工期,应是其终点节点与起点节点所在的时标值之差。如图 6-20 中,计算工期 $T_c = 14-0 = 14$（d）。

（7）时标网络计划时间参数的确定。

①最早时间参数的确定。按最早时间绘制的时标网络计划,每条箭线箭尾所对应的时标值为该工作的最早开始时间;如箭线右端无波形线,则箭头所对应的时标值为该工作的最早完成时间;如箭线右端有波形线,则实箭线右端末所对应的时标值即为该工作的最早完成时间。

②自由时差的确定。时标网络计划中各工作的自由时差值应为表示该箭线中波形线部分在坐标轴上的水平投影长度。

③总时差的确定。时标网络计划中工作的总时差的计算应自右向左进行,且符合下列规定:

以终点节点($j=n$)为箭头节点的工作的总时差 TF_{i-j} 应按网络计划工期 T_p 计算确定,即

$$TF_{i-n} = T_p - EF_{i-n} \tag{6-28}$$

其他工作的总时差应为:

$$TF_{i-n} = \min\{TF_{j-k}\} + FF_{i-j} \tag{6-29}$$

④最迟时间参数的确定。时标网络计划中工作的最迟开始时间和最迟完成时间应按下式计算:

$$LS_{i-j} = ES_{i-j} + TF_{i-j} \tag{6-30}$$

$$LF_{i-j} = EF_{i-j} + TF_{i-j} \tag{6-31}$$

四、单代号网络计划

(一)单代号网络图

单代号网络图是以节点及其编号表示工作,以箭线表示工作之间逻辑关系的网络图(见图 6-21)。

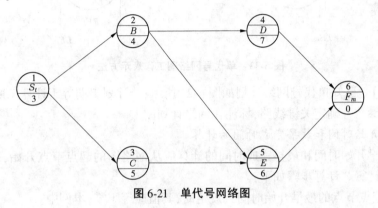

图 6-21　单代号网络图

1. 箭线

单代号网络图中的箭线表示工作之间的逻辑关系。箭线应画成水平直线、折线或斜线。箭线水平投影的方向应自左向右,如图 6-21 所示。

2. 节点

单代号网络图中的每一个节点表示一项工作,宜用圆圈或矩形表示。节点所表示的工作名称、持续时间和工作代号等应标注在节点内(见图 6-22),节点编号的规定同双代号网络。

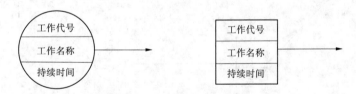

图 6-22　单代号网络图中的工作表示方法

3. 线路

单代号网络图中,各条线路应用该线路上的节点编号自小到大依次表述。

(二)单代号网络图的绘制规则

绘制单代号网络图的基本规则和要求与双代号网络图的绘制规则基本相同,需要强调的是:单代号网络图应只有一个起点节点和一个终点节点;当网络图中有多项起点节点或多项终点节点时,应在网络图的两端分别设置一项虚工作,作为该网络图的起点节点和终点节点。如图 6-21 所示。

(三)单代号网络计划时间参数的计算

单代号网络计划的时间参数计算应在确定各项工作持续时间之后进行。时间参数基本内容和形式的标注如图 6-23 所示。

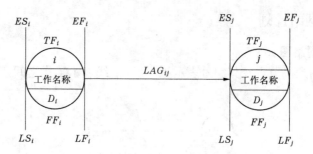

图 6-23   单代号网络图工作表示方法

【**例 6-3**】   已知单代号网络计划如图 6-24 所示;若计划工期等于计算工期,计算各项工作的时间参数并确定关键线路,标注在网络计划图上。

1. 最早开始时间和最早完成时间的计算

工作最早开始时间和最早完成时间的计算应从网络图的起点节点开始,顺着箭线方向依次逐项计算。计算步骤如下:

(1)当起点节点的最早开始时间无规定时,其值应等于零,本例中:

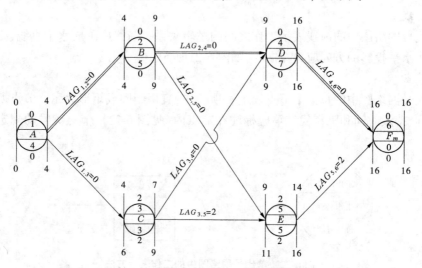

图 6-24   单代号网络计划时间参数计算图

(2)顺箭线方向依次计算其他各项工作的最早时间。工作的最早完成时间等于最早开始时间加上其持续时间;工作的最早开始时间等于各紧前工作的最早完成时间的最大值,计算公式如下:

$$EF_i = ES_i + D_i \qquad (6\text{-}32)$$

$$ES_i = \max\{EF_i\} \qquad (6\text{-}33)$$

(3)网络计划的计算工期等于其终点节点工作的最早完成时间,计划工期的确定同双代号网络。本例中:$T_p = T_c = EF_6 = 16$。

2. 相邻两项工作之间时间间隔的计算

(1)当终点节点为虚拟节点时,其时间间隔为:

$$LAG_{i,n} = T_p - EF_i \tag{6-34}$$

(2)其他节点之间的时间间隔为:

$$LAG_{i,j} = ES_j - EF_i \tag{6-35}$$

3. 工作总时差的计算

工作的总时差应从网络计划的终点节点开始,逆箭线方向依次逐项计算。

(1)网络计划终点节点所代表工作的总时差 TF_n 值为:

$$TF_n = T_p - EF_n \tag{6-36}$$

(2)其他工作的总时差 TF_i 为:

$$TF_i = \min\{TF_j + LAG_{i,j}\} \tag{6-37}$$

4. 工作自由时差的计算

(1)终点节点所代表工作的自由时差 FF_n 为:

$$FF_n = T_p - EF_n \tag{6-38}$$

(2)其他工作的自由时差 FF_i 为:

$$FF_i = \min\{LAG_{i,j}\} \tag{6-39}$$

5. 工作最迟完成时间和最迟开始时间的计算

工作最迟完成时间和最迟开始时间应从网络计划的终点节点开始,逆箭线方向依次逐项计算。计算步骤如下:

(1)终点节点所代表的工作的最迟完成时间 LF_n,应按网络计划的计划工期确定:

$$LF_n = T_p \tag{6-40}$$

(2)其他工作的最迟完成时间 LF_i 为:

$$LF_i = \min\{LS_j\} \tag{6-41}$$

或

$$LF_i = EF_i + TF_i \tag{6-42}$$

(3)工作最迟开始时间 LS_i 为:

$$LS_i = LF_i - D_i \tag{6-43}$$

或

$$LS_i = ES_i + TF_i \tag{6-44}$$

6. 关键工作与关键线路的确定

在单代号网络计划中,总时差最小的工作就是关键工作。从起点节点开始到终点节点均为关键工作,且所有工作的时间间隔均为零的线路为关键线路。该线路在网络图上应用粗线、双线或彩色线标注。本例中,关键线路为①—②—④—⑥。

第三节　网络计划优化

实际工程中,要使项目计划满足资源配置与工期合理,工程成本又较低,就必须对初始网络计划进行优化。然而,任何一个项目计划要同时做到工期最短、资源消耗最少、成本最低,往往很难实现。网络计划优化是指在满足既定约束条件下,按照选定目标,通过不断改进网络计划的可行方案,寻求满意方案,从而编制出可供实施的网络计划的过程。

网络计划的优化目标,应按计划任务的需要和条件选定,主要包括工期、资源和费用目标。通过网络计划优化实现这些目标,有重要的实际意义。手工优化只能在小型网络计划上办到,要做到对大型网络优化,必须借助电子计算机。目前,基于电子计算机先进优化算法的网络计划优化已得到广泛应用。

本节将主要介绍工期优化、资源优化和费用优化的基本原理。

一、工期优化

当网络计划的计算工期大于要求工期时,可通过压缩关键工作的持续时间,缩短工期,满足工期要求。关键路线是由关键工作所组成的。缩短关键路线的途径有二:一是将关键工作进行分解,组织平行作业或平行交叉作业;二是压缩关键工作的持续时间。

(一)工期优化的计算步骤

(1)计算并找出初始网络计划的计算工期、关键工作和关键线路。

(2)按要求工期计算应缩短的时间。

(3)确定各关键工作能压缩的持续时间。

(4)调整关键工作的持续时间,并重新计算网络计划的工期。

(5)如果已经达到工期要求,则优化完成。当计算工期仍超过要求工期时,重复以上步骤,直至满足工期要求或已不能再缩短。

(6)当所有关键工作的持续时间都已达到其能缩短的极限而工期仍不能满足要求时,应对项目计划的原技术方案、组织方案进行调整或对要求工期重新审定。

(二)压缩工作持续时间的对象选择

应选择那些压缩持续时间后对质量和安全影响不大的关键工作,有充足备用资源的工作,缩短持续时间增加费用最少的工作。还要注意,如果网络计划有两条以上关键线路,可考虑压缩公用的关键工作,或两条线路上的关键工作同时压缩同样时间。要特别注意每次压缩后,关键线路是否有变化(转移或增加条数)。

(三)使关键工作时间缩短的措施

为使关键工作取得可压缩时间,必须采取一定的措施:增加资源数量,增加工作班次,改变施工方法,组织流水作业,采取技术措施等。

二、资源优化

实际工程中,在某一时段内所能提供的各种资源(劳动力、机械设备和材料等)往往具有一定的限度,那么如何能将有限的资源合理而有效地利用,以达到最佳效果,便是资源优化所要解决的问题。资源优化的假定条件包括:

(1)在优化过程中,不改变网络计划中各项工作之间的逻辑关系。

(2)在优化过程中,不改变网络计划中各项工作的持续时间。

(3)网络计划中各项工作的资源强度(单位时间所需资源数量)为常数,而且是合理的。

(4)除规定可中断的工作外,一般不允许中断工作,应保持其连续性。

资源优化的两类方式包括:

(1)工期固定,资源均衡优化。这种情况是指在一定工期内如何合理安排各项工作,使使用的各种资源达到均衡分配,以便提高企业管理的经济效果。

（2）资源有限,工期最短的优化。此时所提供的资源有限,如果不增加资源数量,有时会导致工程的工期延长,在这种情况下,进行资源优化的目的是使工期延长最少。

（一）工期固定,资源均衡优化

工期固定是指要求工程在双方签订的合同工期或上级主管部门下达的工期指标范围内完成。一般情况下,网络计划的工期不能超过有关的规定,在此种情况下,只能考虑如何使资源分配比较均衡。

资源需要量的均衡程度可用不同的指标来衡量,一种是通过方差来衡量,即最小平方和法;另一种是通过极差来衡量,即削高峰法。本节只介绍削高峰法的优化步骤。

所谓削高峰法,是指通过利用时差降低资源高峰值,使得资源消耗量尽可能均衡的优化过程。采用削高峰法进行优化时,可按下列步骤进行:

（1）根据规定工期的网络计划,按工作最早时间绘制时标网络,计算单位时间资源需要量并确定最大值,找出关键线路。

（2）对某一单位时间资源需要量值最大的各工作(关键线路上的工作不动)进行削峰,其值等于资源需要量最大值减一个单位量。

（3）对这一时间区段的其他各项工作是否能调整,根据下式判断:

$$\Delta T_{i-j} = TF_{i-j} - (T_{k+1} - ES_{i-j}) \geqslant 0 \tag{6-45}$$

式中:ΔT_{i-j} 为工作时间差;T_{k+1} 为在高峰时段的最后时间。

若不等式成立,则该工作可右移至高峰值之后,移动$(T_{k+1}-ES_{i-j})$单位;若不成立,则该工作不能移动。

当需要调整的时段中不止一项工作使不等式成立时,应先移动时间差值最大的工作。若时间差值相等,则先移动资源数量小的工作。移动后若峰值不超过资源限量,则进行下一步工作;若移动后在其他时段中不满足这一要求,则需重复（2）、（3）步工作,直至每一时段不超过资源限量。

（4）重复以上步骤,进行再次削峰,直至峰值不能再降低时,即得到优化方案;否则,重复以上步骤。

【例6-4】　某工程的时标网络计划如图6-25所示,箭线上面的数字表示工作的资源强度,规定工期为22 d,对该网络计划进行资源均衡的优化。

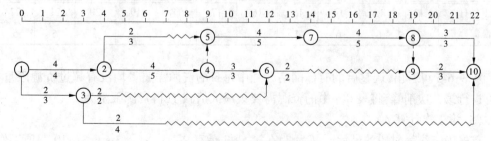

图6-25　时标网络图

（1）计算每日资源需要量并确定最大值,如表6-4所示。

（2）将表6-5中的资源需要量最大值减1,得资源限量为9。

（3）计算 ΔT_{i-j}。

表 6-4　资源需要量统计　　　　　　　　　　（单位:d）

工作日	1	2	3	4	5	6	7	8	9	10	11
资源需要量	6	6	6	8	10	8	8	4	4	7	7
工作日	12	13	14	15	16	17	18	19	20	21	22
资源需要量	7	6	6	4	4	4	4	4	5	5	5

首先确定高峰时段的最后时间为 5,在第 5 天有 2—5、2—4、3—6、3—10 四项工作同时进行,根据上面步骤(3)的公式计算可得:

$$\Delta T_{2-5} = TF_{2-5} + ES_{2-5} - 5 = 2 + 4 - 5 = 1$$
$$\Delta T_{2-4} = TF_{2-4} + ES_{2-4} - 5 = 0 + 4 - 5 = -1$$
$$\Delta T_{3-6} = TF_{3-6} + ES_{3-6} - 5 = 12 + 3 - 5 = 10$$
$$\Delta T_{3-10} = TF_{3-10} + ES_{3-10} - 5 = 15 + 3 - 5 = 13$$

根据上面步骤(3)的规定,需将工作 3—10 从第 3 天后开始向右移动 2 d。调整后的结果见图 6-26。

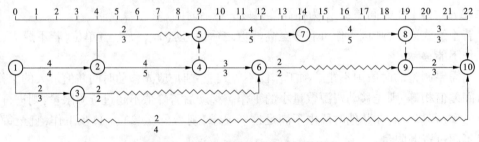

图 6-26　第一次调整后的时标网络图

（4）第二次计算每日资源需要量,见表 6-5。

表 6-5　资源需要量统计　　　　　　　　　　（单位:d）

工作日	1	2	3	4	5	6	7	8	9	10	11
资源需要量	6	6	6	6	8	8	8	6	6	7	7
工作日	12	13	14	15	16	17	18	19	20	21	22
资源需要量	7	6	6	4	4	4	4	4	5	5	5

从表 6-5 可看出,调整后的时标网络计划中每日的资源需要量均没有超过资源限量,则可进行第二次削峰,将表 6-5 中的资源需要量最大值减 1,得资源限量为 7。

（5）第二次计算 ΔT_{i-j}。

首先确定高峰时段的最后时间为 7,在第 5~7 天有 2—5、2—4、3—6、3—10 四项工作同时进行,根据上面步骤(3)的公式计算可得:

$$\Delta T_{2-4} = TF_{2-4} + ES_{2-4} - 7 = 0 + 4 - 7 = -3$$
$$\Delta T_{2-5} = TF_{2-5} + ES_{2-5} - 7 = 2 + 4 - 7 = -1$$

$$\Delta T_{3-6} = TF_{3-6} + ES_{3-6} - 7 = 12 + 3 - 7 = 8$$
$$\Delta T_{3-10} = TF_{3-10} + ES_{3-10} - 7 = 13 + 5 - 7 = 11$$

根据上面步骤(3)的规定,首先需将工作 3—10 从第 5 天后开始向右移动 2 d,然后再将工作 3—6 从第 3 天后开始向右移动 4 d。调整后的结果见图 6-27。

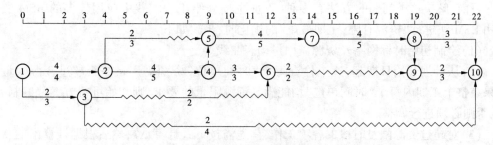

图 6-27　第二次调整后的时标网络图

(6)第三次计算每日资源需要量,见表 6-6。

表 6-6　资源需要量统计　　　　　　　　　　　　　　　　(单位:d)

工作日	1	2	3	4	5	6	7	8	9	10	11
资源需要量	6	6	6	6	6	6	6	8	8	9	9
工作日	12	13	14	15	16	17	18	19	20	21	22
资源需要量	7	6	6	4	4	4	4	4	5	5	5

由表 6-6 可知,8、9、10、11 四天的资源需要量均超过了资源限量 7,仍需再次削峰,重复上述计算步骤,最后资源限量为 7,优化结果见表 6-7 及图 6-28。

表 6-7　资源需要量统计　　　　　　　　　　　　　　　　(单位:d)

工作日	1	2	3	4	5	6	7	8	9	10	11
资源需要量	6	6	6	6	6	6	6	6	6	7	7
工作日	12	13	14	15	16	17	18	19	20	21	22
资源需要量	7	6	6	6	6	6	6	4	5	5	5

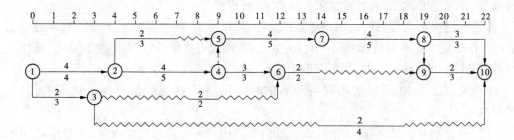

图 6-28　最终优化的时标网络图

(二) 资源有限,工期最短的优化

"资源有限,工期最短"的优化是指当初始网络计划中某一"时间单位"的资源需用量大于资源限量时,为解决这种资源冲突,在不改变对资源冲突的诸工作之间的逻辑关系的情况下,对其之间顺序进行重新调整,以达到工期增加最少的优化过程。

目前,解决这类问题的方法有多种,下面主要介绍工程实践中应用较多的 RSM 法。采用 RSM 法进行"资源有限,工期最短"的优化时,步骤如下:

(1)绘制初始时标网络及资源需用量动态曲线。

(2)从计划开始日期起,逐个检查每个"时间单位"资源需用量是否超过资源限量。如果在整个工期内每个"时间单位"均能满足资源限量的要求,则初始可行方案就编制完成,否则必须进行调整。

(3)对超过资源限量时段的各项工作,首先需按下式计算 ΔT,然后根据计算出的 ΔT 值对各项工作进行重新排序,如图 6-29 所示。

$$\Delta T = EF_i + D_j - LF_j = EF_i - (LF_j - D_j) = EF_i - LS_j \tag{6-46}$$

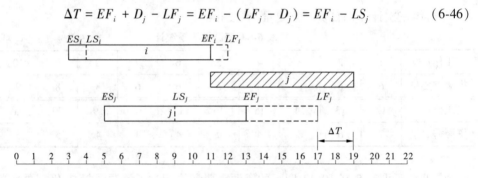

图 6-29　工作之间的调整

当在资源冲突的时段有多项工作时,应对各项工作之间分别进行 ΔT 的计算,选择 ΔT 值最小的,将一项工作移到另一项工作之后进行,即把各工作中 LS_i 值最大的工作移至 EF_i 值最小的工作之后进行。如果 EF_i 值最小和 LS_i 值最大属同一项工作,应找出 EF_i 值为次小、LS_i 值为次大的工作分别组成两个方案,从中选择 ΔT 值较小者进行调整。如果 ΔT 小于或等于零,则说明工期不会延长。

(4)每次调整后,重新绘制网络图与资源需要量动态曲线,再逐个检查每个"时间单位"资源需用量是否超过资源限量,如有资源冲突,则需再次进行调整,直到在整个工期内每个"时间单位"均能满足资源限量的要求,便得到最终的方案。

【例 6-5】 某工程的初始网络计划图如图 6-30 所示,图中箭线上下方的数字分别表示该工作的资源强度与持续时间(单位为 d)。若每天可提供的资源限量为 10 人,欲使工期最短,试用 RSM 法对该初始网络进行优化。

(1)绘制图 6-30 所示初始网络计划的时标网络计划及资源需要量动态曲线,如图 6-31 所示。

(2)从计划开始日期起,逐个检查每日资源需用量是否超过资源限量,从图 6-31 可看出,第 2~3 天的资源需要量超过了资源限量,故需要调整。这一时段共有 3 项工作进行,即工作 1—3、2—3 和 2—4,该三项工作的最早完成时间与最迟开始时间如表 6-8 所示。

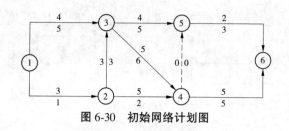

图 6-30　初始网络计划图

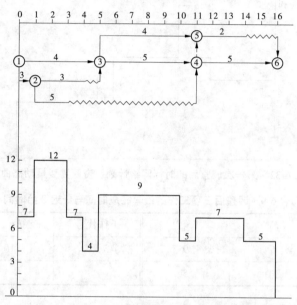

图 6-31　初始时标网络计划及资源需要量动态曲线

表 6-8　三项工作的最早完成时间与最迟开始时间

工作代号	EF_{i-j}	LS_{i-j}	工作代号	EF_{i-j}	LS_{i-j}
1—3	5	0	2—4	3	9
2—3	4	2			

从表 6-8 可看出，工作 2—4 的 EF_{i-j} 值最小，同时其 LS_{i-j} 值又最大，根据前文(二)中步骤(3)，应找出 EF_{i-j} 值为次小、LS_{i-j} 值为次大的工作分别组成方案，从中选择 ΔT 值最小的两项工作进行调整，本例中，EF_{i-j} 值为次小、LS_{i-j} 值为次大的工作是 2—3，则有：

$$\Delta T_1 = EF_{2-3} - LS_{2-4} = 4 - 9 = -5$$
$$\Delta T_2 = EF_{2-4} - LS_{2-3} = 3 - 2 = 1$$

因此，应将工作 2—4 移至工作 2—3 之后进行，移动后的时标网络计划及资源需要量动态曲线如图 6-32 所示。

(3)根据图 6-32 可知，第 6 天的资源需要量超过了资源极限，故需要再次调整。这一时段共有三项工作进行，即工作 3—5、3—4 和 2—4，该三项工作的最早完成时间与最迟开始时间如表 6-9 所示。

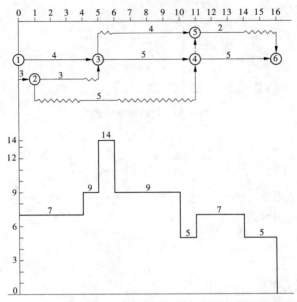

图 6-32　第一次调整后的时标网络计划及资源需要量动态曲线

表 6-9　调整后三项工作的最早完成时间与最迟开始时间

工作代号	EF_{i-j}	LS_{i-j}	工作代号	EF_{i-j}	LS_{i-j}
2—4	6	9	3—5	10	8
3—4	11	5			

　　从表 6-9 可看出,工作 2—4 的 EF_{i-j} 值最小,同时其 LS_{i-j} 值又最大,根据前文(二)中步骤(3),应找出 EF_{i-j} 值为次小、LS_{i-j} 值为次大的工作分别组成方案,从中选择 ΔT 值最小的两项工作进行调整,本例中,EF_{i-j} 值为次小、LS_{i-j} 值为次大的工作是 3—5,则有:

$$\Delta T_1 = EF_{3—5} - LS_{2—4} = 10 - 9 = 1$$
$$\Delta T_2 = EF_{2—4} - LS_{3—5} = 6 - 8 = -2$$

　　因此,应将工作 3—5 移至工作 2—4 之后进行,移动后的时标网络计划及资源需要量动态曲线如图 6-33 所示。

　　(4)根据图 6-33 可知,至此,每日的资源需要量均未超过资源限量,此时的网络计划,即为最终的优化方案。另外,在本例中,初始网络每次调整时 ΔT 值均为负值,因此最终工期并未延长,只有当 ΔT 值大于零时,才会导致工期延长。

三、费用优化

　　在前面讨论的优化中,并没有考虑工程费用这一因素。在实际工程中,工期的长短将直接影响工程费用的高低。当工期在不同的范围内变化时,工程费用可能会随工期的缩短减少或增加。如何合理确定工期,使工程费用最低,便成为费用优化所要解决的问题。

(一)工期与费用的关系

　　工程费用包括直接费和间接费。直接费主要包括人工费、材料费、机械费、特殊地区

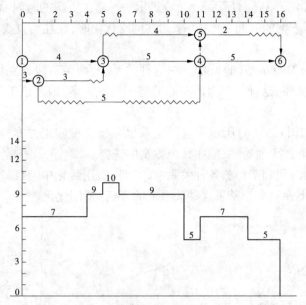

图 6-33　第二次调整后的时标网络计划及资源需要量动态曲线

施工费、夜间施工增加费以及特殊季节施工费等。同一工程,若采用的施工方案不同,其直接费用也有很大差异。如同样是钢筋混凝土框架结构,可采用预制装配施工,也可采用现浇施工;模板可用木模板,也可用钢模板等。间接费主要包括与工程有关的管理费、拖延工期的罚款、提前完工的奖励、占用资金所付的利息等。间接费一般随着工期的增加而增加。工期与费用的关系如图 6-34 所示。

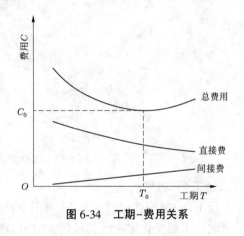

图 6-34　工期–费用关系

(二)工作持续时间和直接费用的关系

直接费用一般与工作持续时间成反比关系,但这种反比关系只在一定范围内成立,存在一个时间极限(最多可压缩时间),在达到这个时间点之前,增加费用能使工作持续时间缩短,一旦超过极限时间,若继续增加费用,可能使工作持续时间延长。

工作持续时间和费用的关系主要有以下几种类型:

(1)连续直线型,如图 6-35(a)所示。这种类型是将正常持续时间点 N 与最短持续时间点 C 连成一条直线,直线间各点代表某一工作时间缩短后的时间–费用关系。就整个工程而言,这种关系具有一定的实用价值。

(2)折线型,如图 6-35(b)所示。这种类型相对图 6-35(a)所示类型所得结果更为精确,但要求提供一定数量的数据,因此对小型工程的网络进行时间–费用优化时,具有实际的应用价值。

(3)突变型,如图6-35(c)所示。*NA* 段表示一种施工方案的时间-费用关系,*BC* 段表示采用另一种施工方案的时间-费用关系。在网络优化时,往往用直线 *NC* 来表示这种关系的近似值。

(4)非连续型,如图6-35(d)所示。在这种关系中,两条直线分别代表两种不同施工方案的时间-费用关系,这种情况多属不同的施工机械方案,因此该工作只能在不同的方案中选择。

(5)离散型,如图6-35(e)所示。这种关系也多属机械施工方案,且各方案之间无任何关系,工作也不能逐天缩短,只能在几个方案中选择。

上述工作持续时间和费用的各种关系,在工期-费用优化中,直线型关系更具有广泛的应用价值,因此下面只介绍基于这种关系下的工期-费用优化。

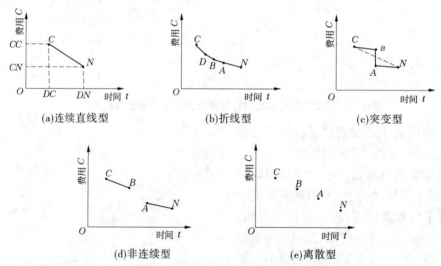

图 6-35　工作时间-费用关系类型

(三)工期-费用优化步骤

进行工期-费用优化时,应首先求出不同工期下的最低直接费,然后考虑相应的间接费的影响和工期变化带来的其他损益,最后通过叠加求出最低工程总成本。

(1)绘制正常时间下的网络图。

(2)简化网络图。

在网络计划的费用优化过程中,需得到每项工作缩短持续时间的各种方案,在实际操作中,这一过程的工作量比较庞大。在网络计划优化时,若先从网络计划中暂时删去那些满足规定工期条件下始终不能转变为关键工作的非关键工作,则可大大减少网络计划优化的工作量,具有很强的实际应用价值。一般可用下面的方法进行网络计划的简化:

①按工作正常持续时间找出关键工作及关键线路。

②令各关键工作都采用其最短持续时间,并进行时间参数计算,找出新的关键工作及关键线路。重复此步骤直至不能增加新的关键线路。

③删去不能成为关键工作的那些工作,将余下工作的持续时间恢复为正常持续时间,组成新的简化网络计划。

(3)按下列公式计算各项工作的费用率。

$$\Delta C_{i-j} = \frac{CC_{i-j} - CN_{i-j}}{DN_{i-j} - DC_{i-j}} \quad (6\text{-}47)$$

式中：ΔC_{i-j} 为工作 $i\text{—}j$ 的费用率；CC_{i-j} 为将工作 $i\text{—}j$ 持续时间缩短为最短持续时间后，完成该工作所需的直接费用；CN_{i-j} 为正常持续时间下完成工作 $i\text{—}j$ 所需的直接费用；DN_{i-j} 为工作 $i\text{—}j$ 的正常持续时间；DC_{i-j} 为工作 $i\text{—}j$ 的最短持续时间。

(4)在网络计划中选择压缩工作的对象。在进行网络压缩时，首先应选择压缩费用率 ΔC_{i-j} 最低的关键工作。

(5)确定工作压缩的时间。在确定工作压缩时间的长短时，要遵循下列原则：

①每项工作压缩后，其持续时间不得小于其最短持续时间。

②每次压缩后，其缩短值必须符合不能将原来的关键线路变为非关键线路。

③如果网络计划中存在两条以上关键线路，当需要缩短整个工期时，必须同时在几条关键线路上压缩相同的数值，且压缩的时间应是各条关键线路中可压缩量最少的工作。

④当关键线路的各项工作的持续时间都已达到最快持续时间时，整个网络的压缩即可结束。

(6)计算相应增加的直接费用以及工期变化带来的间接费及其他损益，在此基础上计算相应的总费用。

(7)求出工程费用最低时相应的最优工期或工期指定时相应的最低工程成本。

【例6-6】　已知某工程的初始网络计划，如图6-36所示，表6-10为各工作的时间-直接费用关系，若间接费用率为120元/d，试进行工期-费用优化。

第一步，简化网络图。首先按正常持续时间找出图6-36所示初始网络计划的关键线路为①—③—④—⑥，关键工作为 B、E 和 G，工期为 96 d。然后令工作 B、E 和 G 都采用其最短持续时间，找出新的关键线路及关键工作，重复此步骤，直至不能增加新的关键线路。经计算，图6-36所示初始网络计划中工作 C 不能变为关键工作，故暂时删去 C，重新整理成新的网络计划，如图6-37所示。

第二步，计算各项工作的压缩费用率。根据上述(三)步骤(3)所列计算公式求得各工作的压缩费用率，如表6-10所示。

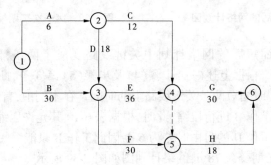

图 6-36　初始网络计划图

表 6-10　工作持续时间–费用关系

工作名称	工作代号	正常持续时间(d)	正常时间费用(元)	最短持续时间(d)	最短时间费用(元)	可压缩时间(d)	压缩费用率(元/d)
A	1—2	6	1 500	4	2 000	2	250
B	1—3	30	7 500	20	8 500	10	100
C	2—4	12	4 000	8	4 500	4	125
D	2—3	18	5 000	10	6 000	8	125
E	3—4	36	12 000	22	14 000	14	143
F	3—5	30	8 500	18	9 200	12	58
G	4—6	30	9 500	16	10 300	14	57
H	5—6	18	4 500	10	5 000	8	62.5
总计			52 500		59 500		

第三步,根据表 6-10 所计算数据,可知关键工作 G 的压缩费用率最低。

第四步,确定工作 G 的可压缩时间,根据其最短持续时间可知,工作 G 可压缩 14 d,但由于工作 H 的自由时差为 12 d,因此工作 G 只能缩短 12 d,此时,工作 G 的持续时间变为 18 d,工期变为 84 d,网络计划图如图 6-38 所示。

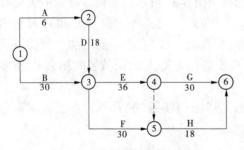

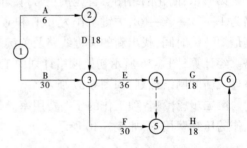

图 6-37　简化后的网络计划图　　　　图 6-38　第一次工期缩短后的网络计划图

由图 6-38 可知,缩短后的网络计划中关键线路变成了两条,即①—③—④—⑥和①—③—④—⑤—⑥。根据上述(三)步骤(4)及步骤(5)第③条,此时,如果该网络计划的工期再次缩短,需同时缩短两条关键线路上的时间。在本例中,首先选择两条关键线路上压缩费用率最低的工作 B 进行压缩,此时,根据表 6-10 其允许压缩时间有 10 d,但由于其平行非关键线路上工作 D 的自由时差为 6 d,因此工作 B 只能缩短 6 d,此时,工作 B 的持续时间变为 24 d,工期变为 78 d,网络计划图如图 6-39 所示。

根据图 6-39 可知,第二次工期缩短后的网络计划中关键线路变成了 4 条,即①—②—③—④—⑥、①—②—③—④—⑤—⑥、①—③—④—⑥和①—③—④—⑤—⑥。根据上述(三)步骤(4)及步骤(5)第③条,在本例中,首先选择两条关键线路上压缩费用率最低的工作 G 和 H 进行压缩,但此时工作 G 只能压缩 2 d,因此工作 H 也只能压缩 2 d,工期变为 76 d,网络计划图如图 6-40 所示。

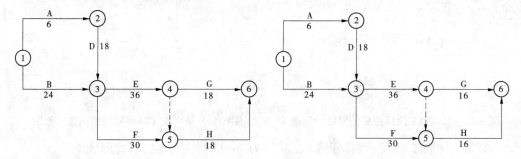

图 6-39　第二次工期缩短后的网络计划图　　　图 6-40　第三次工期缩短后的网络计划图

根据图 6-40 可知,此时,只能压缩工作 E,根据表 6-10,其允许压缩时间有 14 d,但由于其平行非关键线路上工作 F 的自由时差为 6 d,因此工作 E 只能压缩 6 d。至此,第四次压缩结束,可压缩工期 6 d,工期变为 70 d,压缩后的网络计划如图 6-41 所示。

由图 6-41 可知,第四次工期缩短后的网络计划中关键线路变成了 6 条,即①—②—③—④—⑥、①—②—③—④—⑤—⑥、①—②—③—⑤—⑥、①—③—④—⑥、①—③—④—⑤—⑥ 和①—③—⑤—⑥。根据上述(三)步骤(4)及步骤(5)第③条,在本例中,首先选择两条关键线路上压缩费用率最低的工作 E 和工作 F 进行压缩,从图 6-41 可知,此时,工作 E 还能压缩 8 d,因此工作 F 只能

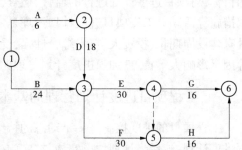

图 6-41　第四次工期缩短后的网络计划图

压缩 8 d;至此,第五次压缩结束,可压缩工期 8 d,工期变为 62 d,压缩后的网络计划图如图 6-42 所示。然后,选择压缩工作 B 和 D,但工作 B 到其最短持续时间时只能压缩 4 d,因此工作 D 也只能压缩 4 d。至此,第六次压缩结束,可压缩工期 4 d,工期变为 58 d,压缩后的网络计划图如图 6-43 所示。此时,该网络计划的工期已不能再压缩。

第五步,计算不同工期下相应增加的直接费用以及工期变化带来的间接费及其他损益,在此基础上计算相应的总费用。计算结果如表 6-11 所示。

表 6-11　不同工期–费用组合

费用	工期(d)						
	96	84	78	76	70	62	58
直接费用(元)	52 500	53 184	53 784	54 023	54 881	56 489	57 389
间接费用(元)	11 520	10 080	9 360	9 120	8 400	7 440	6 960
总费用(元)	64 020	63 264	63 144	63 143	63 281	63 929	64 349

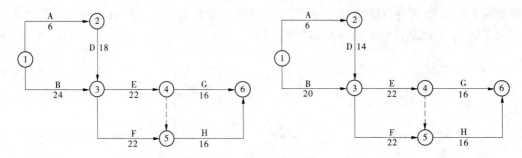

图 6-42　第五次工期缩短后的网络计划图　　　图 6-43　第六次工期缩短后的网络计划图

第六步,由表 6-11 所示结果可知,当工期为 76 d 时,该工程的总费用最少。

第四节　水利工程项目进度计划管理

　　工程项目进度计划管理是指在项目实施过程中,为实现工程项目进度计划中所确定的目标,对项目进度计划进行的监督、检查,对出现的实际进度与计划进度之间的偏差采取措施等活动。工程项目进度计划管理是实现工程工期目标的基本保证,水利工程项目具有建设周期长、投资大、技术综合性强,受地形、地质、水文、气象和交通运输、社会经济等因素影响大等特点,加强进度计划管理尤为重要。

一、工程项目进度计划管理的基本原理

　　工程项目的进度控制是一个动态的持续过程,首先在提出项目进度目标的基础上,编制进度计划;然后将计划加以实施;在实施过程中,要进行监督、检查,以评价项目的实际进度与计划进度是否发生偏差;最后对出现的工程进度问题(暂停、延误)进行处理,对暂时无法处理的进度问题重新进行分析,进一步采取措施加以解决,这一动态循环过程的原理就是工程项目进度计划管理的 PDCA(Plan-Do-Check-Action)循环原理。

二、进度计划的实施

　　工程项目进度计划的编制已在第一节进行了详细的论述,下面将对工程项目进度计划的实施进行阐述。进度计划的实施是 PDCA 循环过程中的 D(执行)阶段,在这一阶段主要应做好以下工作(以施工进度计划为例说明):

　　(1)编制年、季、月、旬、周等作业计划,作业计划的编制以施工进度计划为主要依据,同时要考虑现场情况以及编制时间周期的具体要求。对于工期比较长的大型综合项目,首先需要依据施工总进度计划编制年(季)作业计划。对于其中的单位工程,需要根据单位工程进度计划编制月(旬、周)作业计划。

　　(2)逐级落实上述作业计划,最终通过施工任务书由班组实施。施工任务书是管理层向作业人员下达施工任务的一种有效工具,可用来进行作业控制和核算,特别有利于进度管理,施工任务书的主要内容包括施工任务单、考勤表和限额领料单。

　　(3)坚持进度过程管理。在施工进度计划进行过程中,应加强监督与调度,记录实际

进度,执行施工合同对进度管理的承诺,跟踪进行统计与分析,将进度管理措施落实到位,处理好进度索赔,确保资源供应,使进度计划顺利进行。

(4)加强分包进度管理。分包人应根据施工进度计划编制分包工程施工进度计划并组织实施;项目经理部应将分包工程施工进度计划纳入项目进度计划控制的范畴,并协助分包人解决项目进度控制中的相关问题。

三、进度计划的检查

工程项目进度的检查与进度的执行往往融合在一起进行,计划检查是对计划执行情况的分析与总结,是工程项目进度进行调整的依据。

进度计划的检查主要是通过实际进度与计划进度对比,从而发现偏差,以便调整或修改计划,保证进度目标的实现。方法有如下几种。

(一)利用横道图检查

如图 6-44 中,用双线(粗线或彩色线)表示实际进度,用细线表示计划进度,从图中可看出,由于工作 F、K 提前 0.5 d 完成,使整个计划提前 9.5 d 完成。

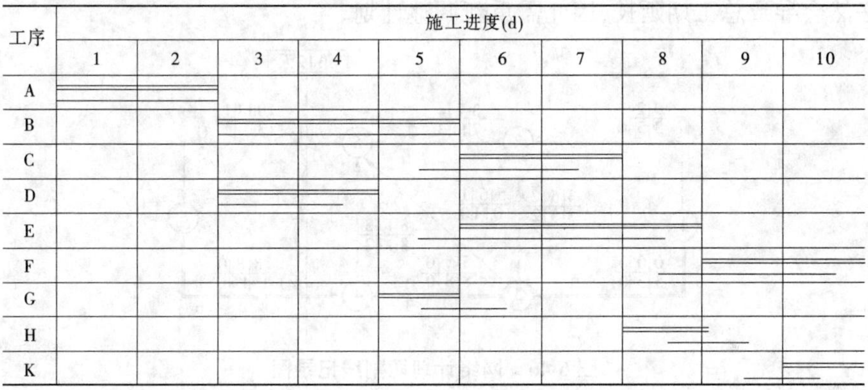

工序	施工进度(d)									
	1	2	3	4	5	6	7	8	9	10
A										
B										
C										
D										
E										
F										
G										
H										
K										

图 6-44　利用横道图检查进度计划

(二)利用网络计划检查

1. 实际进度前锋线检查法

当网络计划采用时标网络计划时,可从检查时刻的时间点出发,用点画线依次连接各工作的实际进度点,形成实际进度前锋线记录实际进度,并按前锋线判定各工作的进度偏差。当某工作前锋点在检查日前左侧,表明该工作的实际进度拖延;当前锋点在检查日前右侧,表明该工作的实际进度超前,如图 6-45 所示。前锋进度点的标定可采用按已完成的工程实物量比例或按尚需的工作持续时间来确定。

由图 6-45 可看出,在第 7 天进行检查时,工作 C、F 比计划进度拖后 1 d,工作 D 比计划进度提前 1 d,工作 E 比计划进度拖后 2 d;工作 C 的总时差为 2 d,对总工期没有影响,工作 E 的总时差为 2 d,对总工期没有影响,工作 F 的总时差为 3 d,对总工期没有影响,由于工作 D 为关键工作,根据其总工期可提前 1 d;但综合分析上述情况,由于工作 E 的可利用总时差已经用完,此时,总工期仍为 22 d。同理,可对第 16 天检查的情况进行分析。

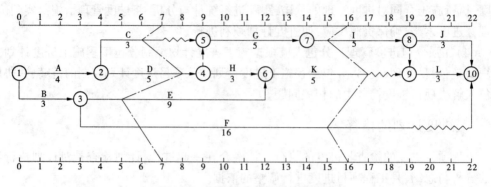

图 6-45　时标网络实际进度前锋线

2. 切割线检查法

此种方法是通过点画线(代表切割线)进行实际进度记录,如图 6-46 所示,当在第 12 天进行检查时,工作 G 尚需 2 d 才能完成,工作 F 尚需 4 d 才能完成。通过表 6-12 进行分析、计算,可判断工作 G 拖期 1 d,但不影响原进度计划;若工作 F 拖期 2 d,由于其是关键工作,必然会导致总工期延长,因此需重新调整计划。

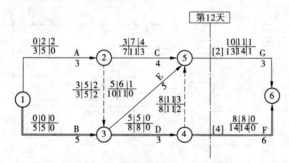

图 6-46　网络计划切割线记录图

表 6-12　网络计划进行到第 12 天的检查结果

工作代号	检查时尚需完成时间 (d)	到工作最迟完成 时间尚有时间 (d)	原有总时差 (d)	尚有时差 (d)	情况判断
G	2	14−12＝2	1	2−2＝0	拖期 1 d
F	4	14−12＝2	0	2−4＝−2	拖期 2 d

3. 香蕉曲线检查法

工程项目在实施过程中,一般在开始和收尾阶段,单位时间资源量较小,而在中间阶段的单位时间资源量较大,因此随时间进展累计完成的任务量呈 S 形变化。香蕉曲线是由两种 S 形曲线组成的封闭曲线,其一是以网络计划中各项工作的最早开始时间绘制的计划累计完成任务量曲线,称为 ES 曲线;其二是以网络计划中各项工作的最迟开始时间绘制的计划累计完成任务量曲线,称为 LS 曲线,如图 6-47 所示。

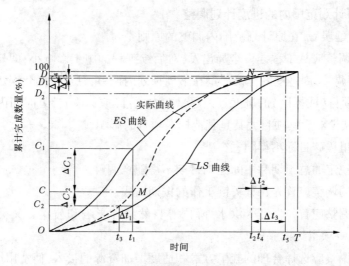

图 6-47　香蕉曲线检查图

具体检查过程如下：当计划进行到时间 t_1 时，累计完成的实际数量为 M 点。从图 6-47 可看出，实际进度比 ES 曲线要少完成 ΔC_1；比 LS 曲线要多完成 ΔC_2。由于该工程的实际进度比其最迟时间要求提前，因此不会影响总工期，只要控制合理，有可能提前 Δt_1 完成全部计划。同理可对其他时间进行分析。

四、进度计划的调整

工程项目在实施过程中，由于受到各种因素的影响，工程进度会经常发生暂停、延误，导致实际进度与计划进度发生偏差，一旦出现上述工程进度问题，需要采用科学的方法调整初始网络进度计划，并采取有效的措施进行赶工。

进度计划的调整内容主要包括对工作内容、工程量、工作起止时间、持续时间、工作逻辑关系以及资源供应等的调整。进度计划的调整方法主要有如下几种：

（1）利用网络计划的关键线路进行调整。具体原理与应用步骤见第三节中的工期优化与工期-费用优化。

（2）利用网络计划的时差进行优化。具体原理与应用步骤见第三节中的资源优化。

经过施工实际进度与计划进度的对比和分析，若进度的拖延对后续工作或工程工期影响较大，应及时采取相应措施。如果进度拖延不是由承包人的原因或风险造成的，监理人应在剩余网络计划分析的基础上，着手研究相应措施（如发布加速施工指令、批准工程工期延期或加速施工与部分工程工期延期的组合方案等），并征得发包人同意后实施，同时应主动与发包人、承包人协调，决定由此应给予承包商相应的费用补偿，随着月支付一并办理；如果工程施工进度拖延是由承包人的原因或风险造成的，监理人可发出赶工指令，要求承包人采取措施，修正进度计划。监理人在审批承包人的修正进度计划时，可根据剩余网络的分析结果考虑。

(一) 在原计划范围内的进度计划调整

工程进度延误后,在原计划范围内调整的原则是:

(1)计划调整应从工程建设全局出发,对后续工程的施工影响小,即日进度的延误尽量在周计划内调整,周进度的延误尽量在下周计划内调整,月进度的延误尽量在下月计划内调整;一个项目(或标段)的进度延误尽量在本项目(或标段)计划时间内或其时差内赶工完成,尽量减少对后续项目尤其是其他标段项目的影响。

(2)进度里程碑目标不得随意突破。

(3)合同规定的总工期和中间完工日期不得随意调整。

(4)计划的调整应首先保证关键工作的按期完成。

(5)计划调整应首先保证受洪水、降雨等自然条件影响和公路交叉、穿越市镇、影响市政供水供电等项目按期完成。

(6)计划调整应选择合理的施工方案和适度增加资源的投入,使费用增加较少。

(二) 超过合同工期的进度调整

当进度拖延造成的影响在合同规定的控制工期内调整计划已无法补救时,只能调整控制工期。超过合同工期的进度调整应注意以下两点:

(1)先调整投产日期外的其他控制日期。例如:截流日期拖延可考虑以加快基坑施工进度来弥补,厂房土建工期拖延可考虑以加快机电安装进度来弥补,开挖时间拖延可考虑以加快浇筑进度来弥补,以不影响第一台机组发电时间为原则。

(2)经过各方认真研究讨论,采取各种有效措施仍无法保证合同规定的总工期时,可考虑将工期后延,但应在充分论证的基础上确定。进度调整应使竣工日期推迟最短。

(三) 工期提前的进度调整

在工程建设实践中,经常由于技术方案合理、管理得当、工程建设环境有利,使工程施工进度总体提前,只有个别项目的进度制约工程提前投产,而这些制约工程提前投产的项目其提前完工的赶工费用又不大,这是调整计划提前完工投产的极好时机。例如,水电站项目蓄水、引水系统和电站土建部分基本具备发电条件,加快机组安装,提前发电,往往效益巨大;再如,供水工程全线施工进度总体提前,提前通水只是受个别标段或单位工程施工进度的制约情况。此时,监理人应协助发包人全面分析工程提前完工的可能性、费用增加以及提前投产的效益。若通过赶工作业,提前完工有利,应协助发包人拟订合理方案,并就赶工引起的合同问题与承包人沟通、协商,通过补充协议落实承包人按照要求提前完工的措施计划、发包人应提供的条件以及应补偿承包人的费用与激励办法。

一般情况下,只要能达到预期目标,调整应越少越好。在进行项目进度调整时,应充分考虑如下各方面因素的制约:

(1)后续施工项目合同工期的限制。

(2)进度调整后,给后续施工项目会不会造成赶工或窝工而导致其工期和经济上遭受损失。

(3)材料物资供应需求上的制约。

（4）劳动力供应需求的制约。

（5）工程投资分配计划的制约。

（6）外界自然条件的制约。

（7）施工项目之间逻辑关系的制约。

（8）进度调整引起的支付费率调整。

五、进度计划管理总结

（1）中间总结。在项目实施过程中，每次对进度计划进行检查、调整后，应及时编写进度报告，对进度执行情况、产生偏差的原因、解决偏差的措施等进行总结。

（2）最终总结。在进度计划完成后，应进行如下总结：进度管理中存在的问题及分析、进度计划方法的应用情况、合同工期及计划工期的完成情况、进度管理的经验以及进度管理的改进意见。

进度计划管理总结是进度计划持续改进的重要保障，必须给予充分重视。

六、基于 BIM 技术的项目进度管理

传统进度管理存在的主要问题包括：①项目信息丢失现象严重；②无法有效发现施工进度计划中的潜在冲突；③工程施工进度跟踪十分困难；④在处理工程施工进度偏差时缺乏整体性。网络计划等管理技术和 Project、P6 等项目管理软件的应用提升了项目进度管理的水平，然而随着建筑的科技含量越来越高，施工工艺越来越复杂，传统的施工进度管理技术由于工程项目施工进度管理主体信息获取不足和处理效率低下，已无法适应现在的工程进度管理需求。

BIM 技术可以支持工程项目进度管理相关信息在规划、设计、建造和运营维护全过程的无损传递与充分共享，支持项目所有参建方在工程的全生命周期内以统一基准点进行协同工作，包括工程项目施工进度计划编制与控制。BIM 技术的应用拓宽了施工进度管理的思路，可以有效解决传统施工进度管理方式中的弊病，并发挥巨大的作用。

（1）减少沟通障碍和信息丢失。BIM 技术能直观高效地表达多维空间数据，避免用二维图纸作为信息传递媒介带来的信息损失，从而使项目参与人员在最短时间内领会复杂的勘察设计信息，减小沟通障碍和信息丢失。

（2）支持施工主体实现"先试后建"。由于工程项目具有显著的特异性和个性化等特点，在传统的工程施工进度管理中，由于缺乏可行的"先试后建"技术支持，很多的技术错漏和不合理的施工组织设计方案，只有在实际的施工活动中才能被发现，这就给工程施工带来巨大的风险和不可预见成本。而利用 BIM 技术则可以支持管理者实现"先试后建"，提前发现当前的工程设计方案以及拟订的工程施工组织设计方案在时间和空间上存在的潜在冲突与缺陷，将被动管理转化为主动管理，实现精简管理队伍、降低管理成本、降低项目风险的目标。

（3）为工程参建主体提供有效的进度信息共享与协作环境。在基于 BIM 技术构建的

工作环境中,所有工程参建方都在一个与现实施工环境相仿的可视化环境下进行施工组织及各项业务活动,创建了一个直观高效的协同工作环境,有利于参建方进行直观顺畅的施工方案探讨与协调,有助于工程施工进度问题的协同解决。

(4)支持工程进度管理与资源管理的有机集成。基于 BIM 技术的施工进度管理,支持管理者实现各个工作阶段所需的人员、材料和机械用量的精确计算,从而提高工作时间估计的精确度,保障资源分配的合理化。另外,在工作分解结构和活动定义时,通过与模型信息的关联,可以为进度模拟功能的实现做好准备。借助可视化环境,可从宏观和微观两个层面,对项目整体进度和局部进度进行 4D 模拟及动态优化分析,调整施工顺序,合理配置资源,编制更科学可行的施工进度计划。

目前常见的支持基于 BIM 技术的施工进度管理软件主要有 Innovaya 公司的 Innovaya Visual 4D Simulation 和 Autodesk 公司的 TimeLiner。基于 BIM 技术的项目进度管理流程如图 6-48 所示。

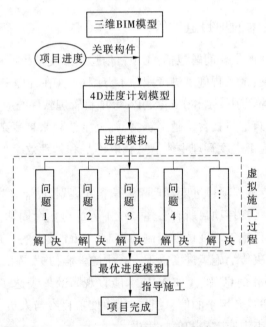

图 6-48　基于 BIM 技术的项目进度管理流程

复习思考题

1.试述工程项目进度计划的特点及其编制过程。

2.工程进度计划有哪些表示方法?网络进度计划与横道图计划相比,有何优点?

3.双代号网络图与单代号网络图的主要区别是什么?工作总时差与自由时差的主要区别是什么?

4. 已知某项工程项目分解后,根据工作间的逻辑关系绘制的双代号网络计划图如图 6-49 所示。工程实施到第 12 天末进行检查时各工作进展如下:A、B、C 三项工作已经完成,D 与 G 工作分别已完成 5 d 的工作量,E 工作完成了 4 d 的工作量。

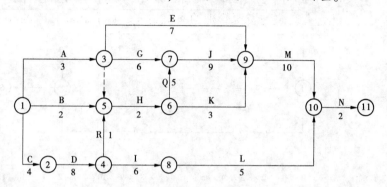

图 6-49 某项工程双代号网络计划图

问题:(1)该网络计划的计划工期为多少天?

(2)哪些工作是关键工作?

(3)按计划的最早进度,D、E、G 三项工作是否已推迟? 推迟的时间是否影响计划工期?

5. 已知某工程的网络计划图如图 6-50 所示。

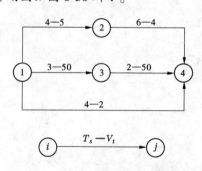

图 6-50 某工程的网络计划图

(1)求各节点的最早时间的期望值、最迟时间的期望值和时差,并确定计划的期望关键路线和期望工期。

(2)在要求完工工期 T_c 为 13 d、11 d 两种情况下,分别确定计划的关键路线及完工概率 P。

(3)在规定完工概率 P 为 35%、90%、99.98%三种情况下,分别确定网络计划的关键路线及计划完工工期 T_c。

6. 试述缩短工程工期的措施有哪些? 工期-费用优化的基本原理是什么?

7. 某工程双代号时标网络计划图如图 6-51 所示。计划实施到第 5 月末时检查发现,A 工作已完成 1/2 工程量,B 工作已完成 1/6 工作量,E 工作已完成 2/5 工程量。

（1）在时标网络计算图上标出上述检查结果的实际进度前锋线。

（2）根据当前进度情况，如不做任何调整，工期将比原计划推迟多长时间？

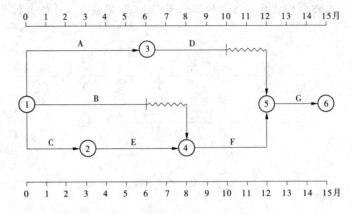

图 6-51　某工程双代号时标网络计划图

第七章 水利工程项目资源管理

第一节 水利工程项目资源管理概述

　　工程项目资源管理是指在项目实施过程中,对投入项目中的劳动力、材料、设备、资金和技术等生产要素进行的优化配置和动态平衡管理。工程项目的资源管理与进度管理、质量管理以及成本管理互相制约、互相影响。项目资源管理的目的,就是在保证工程质量和工期的前提下,进行资源的合理使用,努力节约成本,追求最佳经济效益。

一、工程项目资源管理的基本内容

(一)人力资源管理

　　在项目的实施过程中,人既是整个项目的决策者,同时又是整个项目的实施者,因此人力资源管理在整个资源管理中占有十分重要的地位。通过对项目中的人力资源进行合理的组织,采用指挥、监督、激励、协调、控制等有效措施,提高劳动生产率,充分发挥人力作用,为项目基本目标的实现提供一定的保障。

　　人力资源管理的主要内容包含以下几方面:

　　(1)人力资源的招收、培训、录用和调配,劳务单位和专业单位的选择与招标。

　　(2)科学合理地组织劳动力,节约使用劳动力。

　　(3)制定、实施、完善、稳定劳动定额和定员。

　　(4)改善劳动条件,保证职工在生产中的安全与健康。

　　(5)加强劳动纪律,开展劳动竞赛,提高劳动生产率。

　　(6)对劳动者进行考核,以便对其进行奖惩。

(二)材料管理

　　材料管理是指对项目实施过程中所需的各种原材料、周转材料等的计划、订购、运输、存储、发放和使用所进行的组织与管理工作。做好材料管理工作,有利于节约材料,加速资金周转,降低生产成本,增加企业的盈利,保证并提高工程产品的质量。

　　材料管理的主要内容包括计划编制、订货采购、组织运输、库存管理、定额的制定管理、现场管理和成本管理。

(三)机械设备管理

　　随着工程建设的发展,建筑施工机械化水平日益提高,在施工过程中所用的机械设备的数量、型号也在不断增多,加强机械设备的管理越来越重要。机械设备管理是指对施工过程中所需的各种机械的选择、应用、保养与维修所进行的管理工作。做好机械设备管理工作,有利于施工所需的各种机械设备的优化配置,提高机械设备的生产效率,从而提高工程质量,获得最大的经济效益。

机械设备管理的主要内容包括机械设备的合理装备、选用、使用、维护和修理等。

(四) 技术管理

技术管理是项目管理者对所承包的工程各项技术活动过程和施工技术各种要素进行计划、组织、协调等科学管理的总称。通过技术管理,一方面,能充分发挥施工中人员以及机械设备的潜力,降低工程成本,提高企业的经济效益;另一方面,有利于新技术、新材料和新工艺的研发,提高施工企业的竞争力。

技术管理的主要内容包括以下几方面:

(1) 施工图的熟悉、审查及会审。

(2) 编制施工组织设计及技术交底。

(3) 工程变更及变更洽谈。

(4) 制定技术标准。

(5) 进行原材料和半成品的试验与检测。

(6) 技术情报、技术交流、技术档案的管理。

(7) 各类技术的培训。

(8) 技术改造和技术创新。

(9) 新材料、新工艺、新结构及新技术的研发与推广。

(五) 资金管理

资金管理是指按照国家的政策、法令和财经制度,对工程项目实施过程中资金的筹集、计划与使用、分配以及资金核算与分析等活动所进行的管理工作。做好资金管理,对加快资金的流动、促进施工、降低成本等有重要意义。

资金管理主要包括资金筹集、编制资金计划、资金的使用、资金的预测以及资金的回收和分配等。

二、工程项目资源管理的基本程序

工程项目资源管理的全过程包括项目资源的计划、配置、优化、控制和调整。在这一过程中,项目资源管理应遵循下列程序。

(一) 编制详细的资源计划

在项目施工过程中,往往要涉及多种资源,因此在项目施工前,应按合同要求,编制详尽的资源配置计划表,对各种资源的性能标准、投入数量、投入时间以及进场要求做出合理的安排,以指导项目的实施。

(二) 保证资源可靠到位

在项目施工过程中,为保证各种资源的供应,应根据编制的资源配置计划,委派专业人员负责资源的采购以及资源的优选,使计划得以顺利实施。

(三) 优化配置资源

在项目施工过程中,要根据每种资源的特性,采取科学的措施,进行资源配置和组合,合理投入,合理使用,在满足项目使用要求的前提下,努力做到节约资源、降低成本。

(四) 动态管理资源

在项目的实施过程中,应对资源投入和使用情况进行动态分析,找出问题,不断改善资源的配置和利用效率。

(五)资源利用总结

一方面,总结资源利用的总量;另一方面,总结资源管理效果,不断积累经验,以便持续改进资源利用。

三、水利工程项目资源的基本特点

水利工程项目资源的基本特点主要有:

(1)需要的资源种类多,供应量大。

(2)资源的需求和供应不平衡。

(3)资源供应过程复杂。

(4)项目的规划和设计与资源的使用存在交互作用。

(5)资源对项目成本影响大。

(6)资源的供应受外界因素制约大。

(7)资源的供应必须在多项目中协调平衡。

(8)资源的限制,不仅存在上限,有时可能存在下限,或要求充分利用现有的定量资源。

鉴于上述资源问题的基本特点,可以看出,一方面,项目资源管理工作在水利工程项目中极其复杂;另一方面,在项目的实施过程中,如果资源管理工作不到位,会对整个项目的质量、进度以及成本产生严重影响,加强项目资源管理工作具有十分重要的意义。

四、项目资源管理现状

目前,项目资源管理同项目的质量、进度、成本(费用)管理相比,重视程度远不如后者。关于工程项目资源的计划和优化方法,也不太具有可操作性,主要原因如下:

(1)资源计划多采用将资源消耗总量在工程活动持续时间上平均分配的模型。尽管这种模型在理论上是正确的,但由于工程实施过程的不均衡性,造成资源使用的不均衡,理想化的模型其实并不能反映实际情况。

(2)当前,资源计划方法仅包括与时间相关的资源使用计划;而项目的资源供应过程是十分复杂的,影响因素非常多,必须按使用计划确定供应计划,建立供应计划网络,提高资源供应的可靠程度。

(3)项目组织没有和资源供应商建立长期的互信合作机制,仅在签订施工合同后,临时按价格寻找资源,造成资源的品质和供应可靠性差。

(4)用户对资源优化方法和它的适用性了解较少,其结果又未被正确全面地理解。

新发展理念和经济高质量发展背景下,项目管理风格正在从管理项目的命令和控制结构转向更加协作和支持性的管理方法,通过将决策权分配给团队成员来提高团队能力。此外,现代的项目资源管理方法致力于寻求资源的优化使用。近年来,由于关键资源稀缺,在某些行业中出现了一些普遍趋势,涌现出精益管理、准时制(JIT)生产、持续改善(Kaizen)、全面生产维护(TPM)、约束理论等资源管理方法。项目经理应确定执行组织是否采用了一种或多种资源管理工具,从而对项目做出相应的调整。另外,项目经理应提升内在(如自我管理和自我意识)和外在(如关系管理)能力,从而提高个人情商。研究表明,提高项目团队的情商或情绪管理能力可提高团队效率,还可以降低团队成员离职率。

第二节　水利工程项目资源分配

工程项目资源分配是指按发包人需要和合同要求,根据工程特征,进行资源的选择与确定各种资源的投入时间、投入数量与投入地点,以保证预期目标的实现。

一、水利工程项目资源分配的依据

(一)项目目标分解

通过对项目总目标进行逐层分解,分解为具体子目标,便于把握项目所需资源的总体情况。

(二)工作分解结构

通过工作分解结构即可确定完成项目所进行的各项具体工作,在此基础上可初步确定完成每项工作所需的资源种类、数量和质量,然后逐步汇总,最终得到整个项目所需各种资源的总用量。

(三)项目进度计划

在项目进度计划中可了解到项目的各项工作所需资源的投入时点与占用这些资源的时间,据此可更合理地分配项目所需的各种资源。

(四)约束条件

在进行资源分配时,应对各类约束条件给予充分考虑,如项目的组织模式、资源的供应条件、资金的投入情况等。

二、人力资源的分配

人力资源的分配是指在工程项目实施过程中,根据工程项目的数量、质量和工期以及成本的要求,对项目中每项工作执行过程中所需人力资源的数量与质量所进行的合理安排。要做到科学合理地使用人力资源,在进行人力资源分配时,需注意以下四方面:

(1)要准确计算出工程量和施工期限,在此基础上,根据定额标准认真分析劳动需用总工日,以便能够合理确定出每一项工作执行过程中所需的工程技术人员、普通工人等,做到数量合适、结构合理、素质匹配。

(2)要保持人力资源的均衡使用。如果人力资源使用不均衡,不仅增加了施工企业的管理难度与管理费用,还会带来临时设施费用的增加。

(3)在项目实施过程中,还应包括为劳动力服务人员(如医生、厨师、司机、工地警卫以及勤杂人员)的分配,这些人员的分配可根据劳动力投入量按比例分配,或根据现场实际需求安排。

(4)要保持分配到工作中的劳动力和劳动组织相对稳定,避免频繁调动。

三、材料和设备的分配

材料和设备的分配是指在工程项目实施过程中,根据工程项目的设计文件和施工组织设计的要求,对项目中的每一项工作执行过程中所需各种材料的品种、规格、数量和各种设备的类型、数量所进行的合理安排。

与人力资源的分配相类似,材料和设备的分配也要围绕工程项目进度计划的实施进行,在进行分配时,主要需做好以下几点工作。

(一)确定各种材料的消耗定额

材料消耗定额是指在一定生产条件下,完成单位工程量所必须消耗的材料数量标准。它是确定项目实施过程中各工作材料需要量的重要依据。因此,只有准确地确定出各种材料的消耗定额,才能对每项工作所需材料进行合理的分配。

1. 材料消耗的构成

材料消耗主要由净用量消耗和材料损耗两部分构成,具体如下:

(1)净用量消耗:应用到工程实体上的有效消耗。

(2)操作损耗:材料在加工过程中产生的损耗,包括散落损耗(可回收利用、不可回收利用)、边角余料损耗(合理下料、不合理下料)、废品损耗等。

(3)运输损耗:材料在运输过程中产生的损耗,包括场外运输损耗与场内运输损耗。

(4)保管损耗以及事故损耗。

2. 材料消耗量的确定

1)材料净用量的确定

当只采用一种材料时,可计算一个计量单位的材料用量,也可计算单位工程量的材料用量;当采用多种材料混合使用时,可先求得所用几种混合材料的配合比,作为计算材料用量的依据,如常用的混凝土、水泥砂浆等。

2)材料损耗量的确定

在确定材料损耗量时要注意,在上面提到的材料损耗中,既包括合理的、控制在指标范围内的损耗,也包括不合理的、超出控制指标范围的损耗。因此,在制定材料消耗标准时,必须对那些不可避免的、不可回收的合理损耗在标准中予以体现,比如钢筋的加工损耗等,而对那些本可避免或者可再回收利用而没有回收利用、没有避免的损耗,则不能计入标准,材料消耗标准只包括有效消耗和合理消耗。

在实际计算时,往往按材料总消耗量的一定比例计算材料的损耗量,各种材料的损耗率在不同的工程类别中有一定的差别,具体数据可查阅相关标准。

(二)确定各种材料的需求量

对于工程项目的每个部分,可按施工图纸、施工方案以及相关的技术规范确定出相应的工作量和所需材料的品种、规格及质量要求。在此基础上,根据所确定的消耗标准,逐项计算各种材料的需用量,然后根据施工进度计划分配各种材料的需用量。

(三)确定材料需求时间曲线

(1)通常是将工程项目各部分的各种材料消耗总量平均分配到其持续时间上。但有时要考虑在时间上的不均衡性。

(2)将各工程活动的材料消耗量按项目进度计划分段求和,就可得到每一种材料在各个时间段上的分配情况。

(3)做材料投入-时间分配曲线。其绘制方法与劳动力分配曲线的绘制原理基本相同。

四、资金的分配

资金的分配是指在项目实施过程中,根据工程要求,在项目每一实施阶段投入的各种形态的资金数量。由于建设项目的所有活动(如物质的采购、工资的发放、设备的购置等)均伴随着资金活动,因此资金的合理分配对于项目的顺利实施尤为重要。

在进行资金分配时,需按照国家的政策、法规和财税制度执行。在实际操作中,要做到资金的合理分配,应注意以下几个问题。

(一)了解项目施工过程中的资金运动规律

(1)在项目施工过程中,项目的资金要同时以固定资金、储备资金、生产资金、成品资金等形态存在,且每一种资金都有其特定的职能,在进行资金分配时,必须根据项目需要,使其用途明确、比例恰当,以便资金的运动保持良性循环。

(2)在项目施工中,资金的收入与资金的分配、支出是资金周转的桥梁,要保证资金顺利循环,就必须使资金的收入、分配、支出在数量上与时间上保持平衡协调。

(二)资金分配是资金筹集的依据

资金的分配方案是决定企业资金筹集渠道和筹集方式的重要依据,因此进行资金分配时,要充分考虑到其对资金筹集渠道和筹集方式的影响,这对降低项目资金成本、减少项目资金风险、提高项目资金的使用效益有重要意义。

(三)资金分配方式

应根据工程项目的施工进度、业主支付能力、企业垫付能力、分包或供应商承受能力等进行资金的分配。

(1)在项目实施过程中,可根据编制的施工进度计划,得到各活动的开工时间、完成时间以及单位时间的资源需要量,在此基础上便可进行资金按时间进度的分配。如可利用时间–投资累计曲线(S 曲线)来表示资金的分配,如图 7-1 所示。

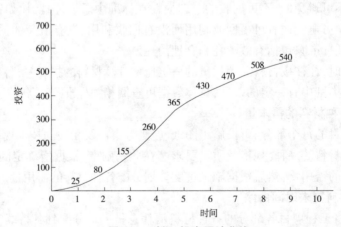

图 7-1　时间–投资累计曲线

(2)在项目实施过程中,可根据业主支付能力、企业垫付能力、分包或供应商承受能力编制项目的现金流量计划。根据现金流量计划,可更科学地进行资金的分配。

第三节　水利工程项目资源优化

在水利工程项目建设过程中,用于各种资源的费用往往占据着工程总费用的绝大部分,因此通过对项目实施过程中涉及的各种资源进行合理组合、科学供应与使用,对降低工程成本、提高工程的经济效益有重大影响。在工程施工过程中,资源的获取、供应、使用往往有多种方案,在实际操作中,需要在多方案中择优选取,以努力降低工程成本,实现收益最大化。

在进行资源优化时,有时可从宏观角度定性分析,有时却需要从微观角度定量分析;有时只需考虑某一种因素即可,有时则需要考虑多种因素。一般情况下,需进行以下几方面的工作。

一、确定资源的优先级

在水利工程项目施工过程中,涉及的资源种类较多,再加上资源的供应受外界因素制约大,作为资源管理者需对各种资源区别对待,根据资源重要程度确定资源的优先级,并采取相应的管理措施。在实际操作中,在项目资源计划、采购、供应、存储、使用等过程中,应首先保证优先级高的资源,以保证项目的顺利进行。

不同的工程项目具有不同的资源优先级确定标准,在确定资源优先级时,需考虑以下因素。

(一)资源的使用量和价值

在项目施工过程中,要对那些使用数量多、价值量高的大宗材料给予高度重视。因此,在项目施工初期,可对项目所需各种材料进行分类,要把那些使用数量多、价值量高的大宗材料作为优先级最高的材料类别,以便对其进行重点管理,更有效地控制工程的材料费用。

(二)资源获取的难易度

通常情况下,对那些要求高、风险大、获得过程较为复杂的资源,其优先级较高,如需到国外采购的材料、设备等;而能在当地自行获得或通过当地采购获得的资源,则其优先级较低。

(三)资源的可替代性

对于那些没有替代可能的、专门生产的、使用面较窄的以及不可或缺的资源,其优先级较高;而对于那些可以用其他品种替代的,则其优先级较低。

(四)资源增减的可能性

如对于材料采购而言,对那些需要专门加工定做的、专门采购供应的材料,其优先级较高;而对那些在施工现场周围可随时采购的材料,则其优先级较低。

(五)资源供应对项目的影响程度

对那些若供应过程出现问题对工程进度影响大,甚至会造成整个工程停工的必需资源,其优先级较高,如主要的机械设备、主要的建筑材料、关键的部件等;对那些如果出现货源短缺或暂时供应不足对工程并无太大影响的资源,则其优先级较低,如非关键线路上工作所需的资源。

二、资源的均衡和限制

工程项目的建设过程往往是一个不均衡的生产过程,在不同的建设阶段对资源种类和数量的需求常常起伏较大。在实际工程中,经常会面临下面的问题:

(1)在工期固定的情况下,能否通过合理的安排,使不同时段的资源使用量比较均衡,接近某一均值。

当项目的工期确定时,可通过合理利用非关键线路上工作的时差,在时差范围内调整其开始和结束时间,逐渐来削减资源高峰值。其具体原理见第六章。

如果经过非关键线路上工作的调整后仍未达到目标,或希望将资源分配得更为均衡,则可考虑减少非关键线路上各工作的资源强度,但这样必然会延长该工作的持续时间,因此此时的延长时间必须小于该工作的时差,以保持该工作所在的网络计划的工期不变。此时,要注意,当改变非关键线路上各工作的资源投入量时,可能会导致不能有效利用设备、工程小组工作不协调等。另外,资源投入量改变时,还可能会出现新的关键线路。

如果非关键线路上的工作经过调整后仍不能满足要求,则可采取以下措施:

①调整各工作之间的逻辑关系,重新安排施工顺序,将资源投入强度高的工作错开来施工。

②改变施工方案,提高劳动效率,以减少资源的投入。

③如果减少关键线路上各工作的资源投入量,必然会影响工期,对此要进行技术经济分析和目标的优化。

(2)在可提供的资源数量有限的情况下,能否通过合理的安排,使建设项目能按预定的工期完成,或使工期的延长值最短。

当发生资源冲突的时段有一项工作时,此时只能采取延长此工作的持续时间来解决这种冲突,该工作的延长时间,可用下式确定:

$$工作延长时间 = 该工作所需资源总量 / 每单位时间可能供应量$$

当发生资源冲突的时段有多项工作时,可采用 RSM 法,在不改变对资源冲突的诸工作之间的逻辑关系的情况下,对其之间顺序进行重新调整,其具体原理见第六章。

三、资源的技术经济分析

在进行资源计划时,经常有多种方案可供选择,可通过对其进行经济技术分析,在实现预期目标的前提下,选择最为合理的方案,用于指导项目的实施。

如当进行材料的技术经济分析时,应考虑以下因素:供应商的选择、采购地点的选择;采购批量材料时的价格折减、付款期、现场存储条件;在合同允许条件下材料的代用。当进行机械设备的技术经济分析时,应考虑以下因素:租赁还是采购,购买新设备还是维修旧设备,选择哪个供应商,采购国产设备还是进口设备等。

四、水利工程项目群的资源优化

在多项目的情况下,资源的分配和优化往往比较复杂。当多个项目需要同一种资源,而各项目又有自己的目标时,分以下两种情况进行资源优化。

(1) 如果资源供应充足且没有限制,则可将各项目的各种资源按时间取和。可定义一个开始节点,将几个项目网络合并为一个大网络,或用高层次的横道图分配资源,进行总体计划,综合安排采购、供应、运输和存储。

(2) 如果提供的资源有限制,则在进行资源优化时,首先要最大限度地满足每个项目的需求,同时还要保证各部门之间的资源(尤其是人力资源)使用量比较均衡。在进行优化时,一般先在各项目中进行个别优化,若实在无法保证供应,则可按项目的重要程度定义优先级,首先保证优先级高的项目,然后考虑优先级低的项目。

案例

某施工标段施工资源调配与优化

一、工程概况

某引水干渠工程,起点桩号 50+182,终点桩号 61+168,总长 10.986 km,其中渠道长 10.489 km,交叉建筑物 1 座,长 0.497 km;其中,总干渠为 Ⅰ 等工程,渠道及其交叉建筑物的主要部位为 1 级,次要部位为 3 级。该施工标段主要工作内容包括:标段内建筑工程、临时工程、运行道路、金属结构设备安装、机电设备及其他设施的埋件采购与安装、消防设备采购安装、火灾报警系统安装、硅芯管和流量计设备安装、防雷接地工程、水土保持工程、环境保护工程等施工项目。

二、施工总体安排与资源配置

(一) 施工总体安排

根据工程特点及工期要求,为便于施工组织管理,渠道开挖、填筑施工时拟分四段组织施工,每段起止桩号及长度如下:一段,起点桩号 50+182,终点桩号 51+767,长度 1 585 m(其中包括倒虹吸 1 座);二段,起点桩号 51+767,终点桩号 55+005,长度 3 238 m;三段,起点桩号 55+005,终点桩号 57+824,长度 2 819 m;四段,起点桩号 57+824,终点桩号 61+168,长度 3 344 m。在第一段内,以某倒虹吸开挖为主,渠道开挖为辅,依据总进度计划,先开挖倒虹吸管身段,再开挖进出口段及退水(排冻)闸,在其间穿插进行靠近倒虹吸出口侧的渠道开挖;在第二~四段内,从上述桩号的起始端开始开挖与填筑。

按照合同进度计划,该工程渠道主体工程施工时的关键线路为:施工准备→渠道开挖→渠道填筑→渠道衬砌→沥青混凝土道路施工→隔离网安装→细部整理、竣工清理→竣工验收。渠道开挖与填筑包括膨胀土换填及防洪堤填筑,且填筑及渠道混凝土衬砌避开冬季施工;渠道衬砌拟先做试验段,膨胀土渠段换填后过一个雨季后方可衬砌,与渠道交叉建筑物处的回填提前进行,给渠道衬砌预留合理的沉降期;对于填高大于 3.0 m 的填筑渠段,衬砌之前的沉降期应不少于半年;冬季不安排混凝土、回填施工,主要安排开挖、基础处理、护砌等项目;需导流的河流建筑物尽量安排在枯水期施工。

(二)资源配置安排

按照施工方案的总体部署,施工分区开展,4个分区在具备作业条件的情况下基本同时开工,开挖与填筑包括渠道开挖、膨胀土换填及防洪堤填筑;局部开挖、填筑完成后,插入渠道衬砌施工,渠道衬砌时使用两套衬砌机;对于建筑物,单独组织一个作业队施工。各春节安排 10 d 假期。

三、施工过程中遇到的影响事件及后果

影响事件:①弃渣场容量不足与提供延误;②取土场变更及取土场村民阻工;③外运取土量增加;④渠道新增换填段与换填方案调整;⑤排水布置图延期交付;⑥截流沟设计变更;⑦合同外新增工程。

后果:工程进度拖延,合同完工工期延长。

四、资源调配与优化

在原有施工进度安排的基础上,首先细化施工安排:依据工程项目空间布局,考虑线性工程的施工特点,以最合理、工期最短为原则,按作业面移交时间的先后顺序,具备施工条件就积极调配人、材、机等资源组织实施,按实际作业发生情况调整作业间的逻辑关系,如:需要沉降的换填渠段先安排施工等,力求在最短时间内,以最小的资源消耗,完成工程项目。优化时,首先将 4 个施工区进一步进行细化划分。此外,渠道衬砌机施工作为制约性机械资源,需要尽可能做到不闲置,尽可能降低长距离转移安拆,尽可能避开冬季衬砌作业。

在优化进度安排和资源调配的基础上,仍然不能保证按期完工,最终,较合同承诺增加投入 4 台渠道衬砌机。

复习思考题

1. 为什么说工程项目的资源管理与进度管理、质量管理及成本管理是相互制约和相互影响的?

2. 项目进度计划确定后,如果出现多条关键线路,如何进行水利工程项目资源优化?

3. 一个工程项目施工过程中,出现多个资源峰值时,意味着什么?如何进行优化施工?

4. 试结合本章案例,分析水利工程项目资源优化的具体步骤和注意事项。

第八章　水利工程项目成本和资金管理

第一节　水利工程项目成本概算

一、工程项目成本与费用

成本与费用是工程项目管理中频繁使用的两个概念,两者之间既有区别又有联系。在工程项目管理中,掌握成本与费用的概念,了解实际成本的构成、计算方法、核算程序以及费用的会计处理,对于实现管理目标和提高投资效益都具有重要意义。

(一)工程项目成本

1. 工程项目成本的概念

任何工程项目的建设都需要消耗资源。工程项目成本是围绕工程项目建设全过程发生的资源消耗的货币体现。其所涵盖的内容与整个工程项目投资基本一致,但二者的侧重点有所不同。投资通常强调资金付出的目标,即以提高投资经济效益为目的;成本则强调付出本身,以节约投资为目标。

2. 工程项目成本的范围

工程项目由不同的参与方共同建设完成,参建各方所站的角度不同,参与工程建设的阶段和内容不同,工程项目的成本范围也有所不同。项目的成本范围主要取决于参建方参与工程建设的阶段和内容。

业主作为工程项目建设的组织者,其面对的是工程项目周期全过程,其所理解的工程项目成本是最为完整的。对于总承包企业而言,其承包工程的范围可以包括工程项目的勘察、设计、材料设备的采购以及工程项目的施工、试运行和交工验收的若干阶段或全过程,这样,总承包企业所理解的工程项目成本包括其实施承包范围内工程所支付的全部成本。对于其他参建方,如设计单位、咨询单位、施工单位和材料设备供应单位,如果只是参与工程项目建设的某个阶段或某些工作,则其所理解的工程项目成本仅包括其实施设计、咨询、施工和材料设备供应等工作所需支付的成本。

3. 承包企业项目成本

承包企业项目成本是指工程承包企业以工程项目为成本核算对象,在实施其承包范围内工程的过程中消耗资源的货币体现。在我国,项目成本管理一般指承包企业为使项目成本控制在计划目标之内所做的预测、决策、计划、控制、核算、分析和考核等管理工作。因此,工程项目成本在狭义上主要是指承包企业对承包工程项目付出的成本,即承包企业项目成本。

(二) 费用

1. 费用的概念

费用是指企业在日常活动中发生的、会导致所有者权益减少的、与向所有者分配利润无关的经济利益的总流出。费用具有如下两个基本特征:

(1)费用最终会导致企业资产的减少或负债的增加。费用在本质上是企业资源流出,最终会使企业资产减少,具体表现为企业现金或非现金支出,比如,支付工人工资、支付管理费用、消耗原材料等;也可以是预期的支出,比如,承担一项在未来期间履行的负债——应付材料款等。

(2)费用最终会减少企业的所有者权益。一般而言,企业的所有者权益会随着收入的增加而增加;相反,费用增加会减少企业的所有者权益。

2. 费用的分类

对费用进行恰当的分类,有利于合理确认和计量费用,正确计算产品成本。按不同的分类标准,可以有多种不同的费用分类方法。费用按经济内容进行分类,可分为劳动对象方面的费用、劳动手段方面的费用和活劳动方面的费用三大类。费用按经济用途可分为生产成本和期间费用两类,该分类方式能够明确地反映出直接用于产品生产上的材料费用、工人工资以及耗用于组织和管理生产经营活动上的各项支出,有助于企业了解费用计划、定额、预算等的执行情况,控制成本费用支出,加强成本管理和成本分析。

1) 生产成本

生产成本是指构成产品实体、计入产品成本的那部分费用。施工企业的生产成本,是指工程成本,是施工企业为生产产品、提供劳务而发生的各种施工生产费用。生产成本的费用又可以分为直接费用和间接费用。

施工企业的直接费用是指为完成工程所发生的、可以直接计入工程成本核算对象的各项费用支出。主要是施工过程中耗费的构成工程实体或有助于工程形成的各项支出,包括人工费、材料费、机械使用费和其他直接费。

施工企业的间接费用是企业下属的施工单位或生产单位为组织和管理施工生产活动所发生的费用。间接费用往往应由几项工程共同负担,不能根据原始凭证直接计入某项工程成本,而应当采用适当的方法在各受益的工程成本核算对象之间进行分配。如企业所属各施工单位为组织和管理施工活动而发生的管理人员工资及福利费、折旧费、办公费、水电费、差旅费、排污费等。但要注意,施工企业在签订施工合同时发生的差旅费、投标费等相关费用应在发生时直接确认为当期的期间费用,不计入工程成本。这是因为建造承包商与客户的谈判结果具有较大的不确定性,根据重要性的要求,为简化会计计算,直接作为期间费用处理。

2) 期间费用

期间费用是指企业当期发生的,与具体产品或工程没有直接联系,必须从当期收入中得到补偿的费用。由于期间费用的发生仅与当期实现的收入相关,因而应直接计入当期损益。期间费用主要包括管理费用、财务费用和营业费用。

(三) 成本与费用的关系

成本与费用是两个并行使用的概念,两者之间既有联系也有区别。成本是针对一定的成本核算对象（如某工程）而言的，费用则是针对一定的期间而言的。

费用与成本都是企业为达到生产经营目的而发生的支出，体现为企业资产的减少或负债的增加，并需要由企业生产经营实现的收入来补偿。企业在一定会计期间内所发生的生产费用是构成产品成本的基础。成本是按一定对象所归集的费用，是对象化了的费用。产品成本是企业为生产一定种类和数量的产品所发生的生产费用的汇集，两者在经济内容上是一致的，并且在一定情况下成本和费用可以相互转化。

成本与费用之间也是有区别的。企业一定期间内的费用构成完工产品生产成本的主要部分，但本期完工产品的生产成本包括以前期间发生而应由本期产品成本负担的费用，如待摊费用；也可能包括本期尚未发生但应由本期产品成本负担的费用，如预提费用；本期完工产品的成本可能还包括部分期初结转的未完工产品的成本，即以前期间所发生的费用。企业本期发生的全部费用也不都形成本期完工产品的成本，它还包括一些应结转到下期的未完工产品上的支出，以及一些不由具体产品负担的期间费用。

二、工程造价的含义

"工程造价"是工程项目造价管理的主要研究对象。对"工程造价"概念的理解和理论研究是工程项目造价管理的基础研究工作。"工程造价"中的"造价"既有"成本"（cost）的含义，也有"买价"（price）的含义。对于工程造价的理解已经从单纯的"费用"观点逐步向"价格"和"投资"观点转化，并且出现了与之相关的"工程价格（承发包价格）"和"工程投资（建设成本）"两种含义。

第一种含义，工程造价是指建设一项工程预期支付或实际支付的全部固定资产投资费用，即工程投资或建设成本。这一含义是从投资者——业主的角度来定义的。投资者在投资活动中所支付的全部费用形成了固定资产和无形资产。所有这些费用构成了工程造价。从这个意义上说，工程造价就是工程投资费用，建设项目工程造价与建设项目投资中的固定资产投资相等。

第二种含义，工程造价是指建筑产品价格，即工程价格。也就是为建成一项工程，预计或实际在土地、设备、技术劳务市场以及承发包等交易活动中所形成的建筑安装工程价格和建设工程总价格。显然，工程价格是以社会主义市场经济为前提的。它以工程这种特定的商品形式作为交易对象，在多次预估的基础上，通过招标投标、承发包或其他交易方式，最终由市场形成价格。在这里，工程的范围和内涵既可以是一个涵盖范围很大的建设项目，也可以是一个单项工程，甚至可以是整个建设工程中的某个阶段。

通常把工程价格作一个狭义的理解，即认为工程价格指的是工程承发包价格。工程承发包价格是工程价格中的一种最重要、最典型的价格形式。它是在建筑市场通过招标投标，由需求主体（投资者）和供给主体（施工企业）共同认可的价格。

(一)工程造价两层含义的关系

工程造价的两层含义之间既存在区别又存在联系。

(1)工程投资是对投资方（业主或项目法人）而言的。在确保建设要求、工程质量的基础上，为谋求以较低的投入获得较高的产出，建设成本总是越低越好。这就必须对建设成本实施从前期就开始的全过程控制与管理。从性质上讲，建设成本的管理属于对具体工程项目的投资管理范畴。

（2）工程价格是对于承发包双方而言的。工程承发包价格形成于发包方和承包方的承发包关系中，即合同的买卖关系中。双方的利益是矛盾的。在具体工程上，双方都在通过市场谋求有利于自身的承发包价格，并保证价格的兑现和风险的补偿，因此双方都需要对具体工程项目进行管理。这种管理显然属于价格管理范畴。

（3）工程造价的两种含义关系密切。工程投资涵盖建设项目的所有费用，而工程价格只包括建设项目的局部费用，如承发包工程部分的费用。在总体数额及内容组成上，建设项目投资费用总是高于工程承发包价格的。工程投资不含业主的利润和税金，它形成了投资者的固定资产；而工程价格则包含了承包方的利润和税金。同时，工程价格以"价格"形式进入建设项目投资费用，是工程投资费用的重要组成部分。但是，无论工程造价是哪种含义，它强调的都只是工程建设所消耗资金的数量标准。

（二）工程造价理论框架

从工程建设项目参与主体的角度区分，投资者的投资决策与承包企业的工程成本管理是不一样的。投资者在投资决策中起主导和决定作用；承包企业工程成本管理所遵循的规律不是决策规律，而是成本管理和控制的一般规律。根据工程造价的含义，工程造价的理论框架主要包括：一是以投资者的效益为出发点的投资控制理论；二是建筑产品价格理论；三是施工企业工程成本管理理论；四是工程项目管理。各个理论部分的区别和研究重点见表 8-1。

表 8-1　工程造价的理论框架和研究重点

研究重点	工程投资	工程价格	工程成本	工程项目管理
活动参与主体	投资者、业主	业主、承包企业	承包企业	全团队
主要阶段	前期投资决策阶段	招标投标、合同实施阶段	工程实施阶段	全生命周期
管理重点	投资主体决策行为分析	建筑市场管理、价格管理	成本管理	集成化管理

三、水利工程项目设计概算的编制

为节约国家建设资金，合理控制建设成本，加强对基本建设的科学管理和有效监督，提高企业的经营管理水平和经济效益，至关重要的一项工作就是严格按照基本建设程序和有关规定，认真做好各建设阶段的造价预测工作，合理确定建设成本目标。工程造价预测，在项目建议书和可行性研究阶段编制投资估算，在初步设计阶段编制设计概算，在施工图设计阶段编制施工图预算。投资估算、设计概算和施工图预算在编制方法上大体相似，这里重点介绍设计概算的编制。

设计概算是指在初步设计阶段，设计单位为确定拟建基本建设项目所需的投资额或费用而编制的工程造价文件，是设计文件的重要组成部分。由于初步设计阶段对建筑物的布置、结构形式、主要尺寸以及机电设备型号、规格等均已确定，所以设计概算是在不突破投资估算的基础上对建设工程造价有定位性质的造价测算。设计概算是编制基本建设计划，控制其中建设拨款、贷款的依据；也是考核设计方案和建设成本是否合理的依据。

设计单位在报批设计文件的同时,要报批设计概算,设计概算经过审批后,就成为国家控制该建设项目总投资的主要依据,不得任意突破。

(一)设计概算的构成

1.工程分类

水利工程按工程性质划分为三大类:枢纽工程、引水工程和河道工程,见图8-1。

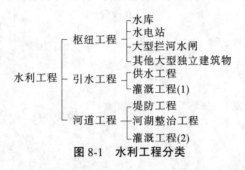

图8-1　水利工程分类

2.水利工程概算构成

水利工程概算项目划分为工程部分、建设征地移民补偿、环境保护工程、水土保持工程四部分,见图8-2。

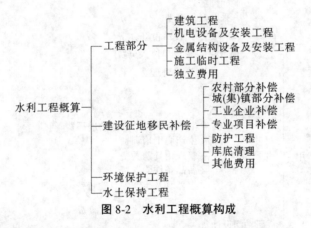

图8-2　水利工程概算构成

大型水利项目和报送水利部、流域机构审批的中性水利项目,初步设计概算的编制执行《水利工程设计概(估)算编制规定》(工程部分)(水总〔2014〕429号)、《水利工程设计概(估)算编制规定》(建设征地移民补偿)、《水利水电工程环境保护概估算编制规程》和《水土保持工程概(估)算编制规定》、《水利工程营业税改增值税计价依据调整办法》(办水总〔2016〕132号)以及《水利部办公厅关于调整水利工程计价依据增值税计算标准的通知》(办财务函〔2019〕448号)。

(二)水利工程工程部分费用构成

根据现行划分办法,水利工程工程部分费用由工程费(包括建筑及安装工程费、设备费)、独立费用、预备费、建设期融资利息组成(见图8-3)。其中:

(1)静态投资为建筑工程费、机电设备及安装工程费、金属结构设备及安装工程费、施工临时工程费、独立费用及基本预备费之和。

（2）动态投资为价差预备费、建设期融资利息之和。

（3）总投资为静态投资和动态投资之和。

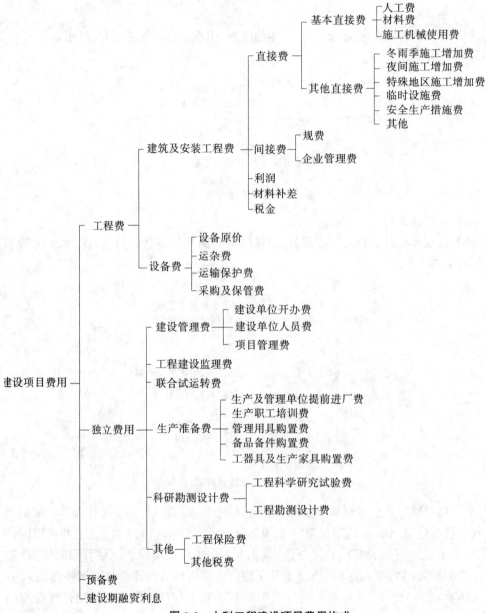

图 8-3　水利工程建设项目费用构成

第二节　水利工程项目成本管理

水利工程施工阶段是工程造价形成的主要过程，即建设资金的主要使用阶段。做好从施工准备到工程竣工的项目成本管理工作对建设资金的控制管理至关重要，直接影响着工程的效益。如何将实际造价控制在预测值之内，如何科学地使用建设资金，是实施管理要研究的主要目标和任务。本节将重点介绍施工阶段成本管理工作的基本原理和基本方法。

成本管理是在保证满足工程质量、工期等要求的前提下，采取相应管理措施，包括组织措施、经济措施、技术措施、合同措施，把成本控制在计划范围内，并进一步寻求最大程度的成本节约。施工成本管理的任务和环节主要包括成本预测、成本决策、成本计划、成本控制、成本核算、成本分析和成本考核。

一、施工成本预测

(一) 成本预测的概念

施工成本预测就是根据成本信息和施工项目的具体情况，运用一定的专门方法，对未来的成本水平及其可能发展趋势做出科学的估计，其实质就是在施工以前对成本进行估算。通过成本预测，可以在满足业主和施工企业要求的前提下，选择成本低、效益好的最佳成本方案，又能够在施工项目成本形成过程中，针对薄弱环节，加强成本控制，克服盲目性，提高预见性。因此，施工项目成本预测是施工项目成本决策与计划的依据。预测时，通常是对施工项目计划工期内影响其成本变化的各个因素进行分析，比照近期已完工施工项目或将要完工施工项目的单位成本，预测这些因素对工程成本中有关项目的影响程度，预测出工程的单位成本或总成本。

施工项目成本预测，既是成本管理工作的起点，也是成本事前控制成败的关键。实践证明，合理有效的成本决策方案和先进可行的成本计划都必须建立在科学严密的成本预测基础之上，它是实行施工项目科学管理的一项重要工具。准确、有效地预测施工项目的成本，仅依靠经验估计是很难做到的，这就需要掌握科学的、系统的预测方法，以使其在施工项目经营管理中发挥更大的作用。

(二) 成本预测方法

施工项目成本预测方法可以归纳为两类：

一类是近似预测法，即以过去的同类工程为参考，预测当前施工项目的成本，可分为定性预测法和定量预测法两种。定性预测法是指对预测对象未来一般变化方向所做的预测，侧重于对事物性质的分析，主要有专家预测法、德尔菲法、主观概率法等。专家预测法又包括个人判断预测法、专家会议法和头脑风暴法。定量预测法是对预测对象未来数量方面的特征所做的预测，主要有时间序列预测法、回归分析预测法、马尔可夫预测、灰色预测分析以及非线性预测等。

另一类是详细预测法，即以近期内的类似工程成本为基数，考虑结构与建筑上的差异，通过修正人工费、材料费、机械使用费、其他直接成本和间接成本来预测当前施工项目的成本。详细预测法通常是对施工项目计划工期内影响其成本变化的各个因素进行分析，参照近期已完施工项目或将要完工施工项目的成本，预测各因素对工程成本中有关成本项目的影响程度，之后用比率法进行计算，预测出工程的单位成本或总成本。采用详细预测法时，首先要进行近期同类施工项目的成本调查或计算，然后进行结构和建筑上的差异修正。由于建筑产品的单件性，每个施工项目在结构上和建筑上都有别于其他项目，故而利用同类项目成本进行预测时必须加以修正。

二、施工项目成本决策

(一)施工项目成本决策的含义

施工项目成本决策是对施工生产活动中与成本相关的问题做出判断和选择的过程。项目施工生产活动中的许多问题涉及成本,成本控制有多种解决的方法和措施。为了提高各项施工活动的可行性和合理性,提高成本控制方法和措施的有效性,项目管理和成本控制过程中,需要对涉及成本的有关问题做出决策。施工项目成本决策是施工项目成本控制的重要环节,也是成本控制的重要职能,贯穿于施工生产的全过程。施工项目成本决策的结果直接影响到未来的工程成本,正确的成本决策对成本控制极为重要。

(二)施工项目成本决策的内容

施工项目成本决策按决策涉及的时间不同可分为短期成本决策和长期成本决策;按决策所依据变量的确定程度分为确定性决策和不确定型决策;按决策是否重复分为重复性(程序化、例行性)决策和一次性(非程序化)决策;按决策问题的重要程度,可分为战略决策和战术决策。

1. 短期成本决策

长期成本决策和短期成本决策的时间界限因施工项目的特点不同而有所不同,通常以一年为标准。短期成本决策是对未来一年内有关成本问题做出的决策。其所涉及的大多是项目在日常施工生产过程中与成本相关的内容,通常对项目未来经营管理方向不产生直接影响,故短期成本决策又称为战术性决策。与短期成本决策有关的因素基本上是确定的。因此,短期成本决策大多属于确定性决策和重复性决策。短期成本决策主要包括以下几类:

(1)采购环节的短期成本决策。如不同等级材料的决策、经济采购批量的决策等。

(2)施工生产环节的短期成本决策。如结构件是自制还是外购的决策、经济生产批量的决策、分派追加施工任务的决策、施工方案的选择、短期成本变动趋势预测等。

(3)工程价款结算环节的短期成本决策。如结算方式、结算时间的决策等。

上述内容是仅就成本而言的。施工项目成本决策过程中,还涉及成本与收入、成本与利润等方面的问题,如特殊订货问题等。

2. 长期成本决策

长期成本决策是指对成本产生影响的时间长度超过一年以上的问题所进行的决策。一般涉及诸如项目施工规模、机械化施工程度、工程进度安排、施工工艺、质量标准等与成本密切相关的问题。这类问题涉及的时间长、金额大,对企业的发展具有战略意义,故又称为战略性决策。与长期成本决策有关的因素通常难以确定,大多数属于不确定性决策和一次性决策。长期成本决策主要包括以下几类:

(1)施工方案的决策。项目的施工方案是对项目成本有着直接、重大影响的长期决策行为。施工方案牵涉面广,不确定性因素多,对项目未来的工程成本将在相当长的时间内发生重大的影响。

(2)进度安排和质量标准的决策。施工项目工程进度的快慢和质量标准的高低也直接、长期影响着工程成本。在决策时应通盘考虑,要贯穿目标成本管理思想,在达到业主的工期和质量要求的前提下力求降低成本。

(三)施工项目成本决策目标与判断标准

1.成本决策目标

成本决策的目标既是成本决策的出发点,又是成本决策的归宿点。总体而言,施工项目成本决策的目标是选择符合预期质量标准和工期要求的低成本方案。在决策过程中,由于所要解决的具体问题有所差别,其目标又有不同的表现形式。

如成本变动不影响收入的决策,成本决策目标可以简化为"成本最低";对于收入、成本均取决于成本决策结果的项目,则需要将成本变动与收入变动联系起来考虑,不能简单地强调成本最低。特别是当企业为了增强竞争实力、保持竞争优势、追求长期效益最大时,成本是相关问题的一个方面,要将成本与环境、成本与经济资源、成本与竞争等因素结合起来考虑。

施工企业在其发展壮大阶段,为实现势力扩张、提高市场占有份额、增强竞争实力、保持竞争优势,往往以影响企业能否长期生存发展的"竞争优势"作为判断标准进行方案的选择。此外,还应尽可能地考虑那些对企业产生重要影响的不可计量经济因素和非经济因素,一并将其作为判断标准,以选取"足够好"的方案。

2.成本决策的方法

进行成本决策的方法有很多,一般应根据决策是长期成本决策,还是短期成本决策,结合具体情况来选择决策方法。在决策理论中,有大量的决策方法可供进行成本决策时采用。

三、施工成本计划

施工成本计划是以货币形式编制施工项目在计划期内的生产费用、成本水平、成本降低率以及为降低成本所采取的主要措施和规划的书面方案,它是建立施工项目成本管理责任制、开展成本控制和核算的基础。一般来说,一个施工项目成本计划应包括从开工到竣工所必需的施工成本,它是该施工项目降低成本的指导文件,是设立目标成本的依据。可以说,成本计划是目标成本的一种形式。

(一)施工成本计划应满足的要求

(1)合同规定的项目质量和工期要求。

(2)组织对施工成本管理目标的要求。

(3)以经济合理的项目实施方案为基础的要求。

(4)有关定额及市场价格的要求。

(二)施工成本计划的具体内容

1.编制说明

编制说明指对工程的范围、投标竞争过程及合同条件、承包单位对项目经理提出的责任成本目标、施工成本计划编制的指导思想和依据等的具体说明。

2.施工成本计划的指标

施工成本计划的指标应经过科学的分析预测确定,可以采用对比法、因素分析法等方法来进行测定。施工成本计划一般情况下有以下三类指标：

（1）成本计划的数量指标，如按子项汇总的工程项目计划总成本指标，按分部汇总的各单位工程（或子项目）计划成本指标，按人工、材料、机械等各主要生产要素计划成本指标。

（2）成本计划的质量指标，如施工项目总成本降低率，可采用以下公式计算：

$$设计预算成本计划降低率 = 设计预算总成本计划降低额 / 设计预算总成本 \quad (8\text{-}1)$$

$$责任目标成本计划降低率 = 责任目标总成本计划降低额 / 责任目标总成本 \quad (8\text{-}2)$$

（3）成本计划的效益指标，如工程项目成本降低额：

$$设计预算成本计划降低额 = 设计预算总成本 - 计划总成本 \quad (8\text{-}3)$$

$$责任目标成本计划降低额 = 责任目标总成本 - 计划总成本 \quad (8\text{-}4)$$

3. 按工程量清单列出单位工程计划成本汇总表

按工程量清单列出的单位工程计划成本汇总表见表 8-2。

表 8-2　单位工程计划成本汇总表

序号	清单项目编码	清单项目名称	合同价格	计划成本
1				
2				

4. 按成本性质划分单位工程成本汇总表

根据清单项目的造价分析，分别对人工费、材料费、机械费、其他直接费、施工管理费和税费逐项汇总，形成单位工程成本计划表。

成本计划应在项目实施方案确定和不断优化的前提下逐项编制，因为不同的实施方案将导致直接工程费和企业管理费的差异。成本计划的编制是施工成本预控的重要手段。因此，应在工程开工前编制完成，以便将计划成本目标分解落实，为各项成本的执行提供明确的目标、控制手段和管理措施。

（三）施工项目成本计划的编制程序

施工成本计划是施工项目成本控制的一个重要环节，是实现降低施工成本任务的指导性文件。施工项目的成本计划工作，重要的是选定技术上可行、经济上合理的最优降低成本方案。如果针对施工项目所编制的成本计划达不到目标成本要求，就必须组织施工项目管理班子的有关人员重新研究寻找降低成本的途径，重新进行编制。同时，编制成本计划的过程也是动员全体施工项目管理人员的过程，是挖掘降低成本潜力的过程，是检验施工技术质量管理、工期管理、物资消耗和劳动力消耗管理等是否落实的过程。

1. 收集和整理资料

编制施工成本计划，需要广泛收集相关资料并进行整理，作为施工成本计划编制的依据。在此基础上，根据有关设计文件、工程承包合同、施工组织设计、施工成本预测资料等，按照施工项目应投入的生产要素，结合各种因素的变化和拟采取的各种措施，估算施工项目生产费用支出的总水平，进而提出施工项目的成本计划控制指标，确定目标总成本。目标总成本确定后，应将总目标分解落实到各个机构、班组，及便于进行控制的子项目或工序。最后，通过综合平衡，编制完成施工成本计划。

2. 确定目标成本

财务部门在掌握了丰富的资料,并加以整理分析,特别是在对基期成本计划完成情况进行分析的基础上,根据有关的设计、施工等计划,按照工程项目应投入的物资、材料、劳动力、机械、能源及各种设施等,结合计划期内各种因素的变化和准备采取的各种增产节约措施,进行反复测算、修订、平衡后,估算生产费用支出的总水平,进而提出项目的成本计划控制指标,最终确定目标成本。

把目标成本以及总的目标分解落实到各相关部门、班组,大多采用工作分解法。具体步骤是:首先把整个工程项目逐级分解为内容单一、便于进行单位工料成本估算的小项或工序,然后按小项自下而上估算、汇总,从而得到整个工程项目的估算结果。估算结果汇总后还要考虑风险系数与物价指数,对估算结果加以修正。

3. 施工成本计划的编制方法

1)按施工成本组成分解的施工成本计划

水利部现行的水利工程建筑安装工程费由直接工程费、间接费、利润和税金组成(见图8-3)。从施工单位的角度,基于施工成本组成分解,编制施工成本计划。

2)按项目组成编制施工成本计划

水利工程项目通常划分为三级或四级,编制施工进度计划时,应按招标文件中的项目划分,把项目总施工成本分解到三级或四级项目中。

在完成施工项目成本目标分解之后,编制三级或四级项目的成本支出计划,从而得到详细的成本计划表。

3)按工程进度编制施工成本计划

编制按工程进度的施工成本计划,通常可利用控制项目进度的网络图进一步扩充而得。即在建立网络图时,一方面,确定完成各项工作所需花费的时间;另一方面,确定完成这一工作合适的施工成本支出计划。在实践中,将工程项目分解为既能方便地表示时间,又能方便地表示施工成本支出计划的工作较难做到。通常如果项目分解程度对时间控制合适的话,则对施工成本支出计划可能分解过细,以至于不可能对每项工作确定其施工成本支出计划;反之亦然。因此,在编制网络计划时,应在充分考虑进度控制对项目划分要求的同时,还要考虑确定施工成本支出计划对项目划分的要求,做到二者兼顾。

通过对施工成本目标按时间进行分解,在网络计划基础上,可获得项目进度计划的横道图,并在此基础上编制成本计划。其表示方式有两种:一种是在时标网络图上按月编制的成本计划,见图8-4;另一种是利用时间-成本累积曲线(S形曲线)表示,见图8-5。

以上三种编制施工成本计划的方式并不是相互独立的。在实践中,往往是将这几种方式结合起来使用,从而可以取得扬长避短的效果。例如,将按项目分解施工总成本与按施工成本构成分解施工总成本两种方式相结合,横向按施工成本构成分解,纵向按项目分解。这种分解方式有助于检查各子项工程施工成本构成是否完整,有无重复计算或漏算;同时还有助于检查各项具体施工成本支出的对象是否明确或落实,并且可以从数字上校核分解的结果有无错误。或者还可将按子项目分解施工总成本计划与按时间分解施工总成本计划结合起来,一般纵向按项目分解,横向按时间分解。

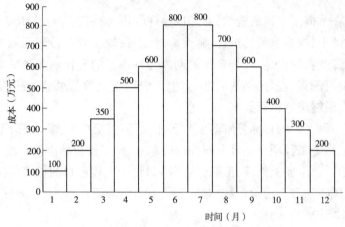

图 8-4　时标网络图上按月编制的成本计划

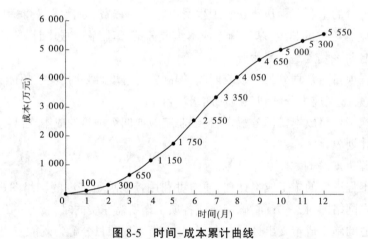

图 8-5　时间-成本累计曲线

4. 编制成本计划草案

对大中型项目,经项目经理部批准下达成本计划指标后,各职能部门应充分发动员工进行认真的讨论,在总结上期成本计划完成情况的基础上,结合本期计划指标,找出完成本期计划的有利因素和不利因素,提出挖掘潜力、克服不利因素的具体措施,以保证计划任务的完成。为了使指标真正落实,各部门应尽可能将指标分解落实下达到各班组及个人,使得目标成本的降低额和降低率得到充分讨论、反馈、再修订,使成本计划既能够切合实际,又成为群众共同奋斗的目标。各职能部门亦应认真讨论项目经理部下达的费用控制指标,拟订具体实施的技术经济措施方案,编制各部门的费用预算。

5. 综合平衡,编制正式的成本计划

在各职能部门上报了部门成本计划和费用预算后,项目经理部首先应结合各项技术经济措施,检查各计划和费用预算是否合理可行,并进行综合平衡,使各部门计划和费用预算之间相互协调、衔接;其次,要从全局出发,在保证企业下达的成本降低任务或本项目目标成本实现的情况下,以生产计划为中心,分析研究成本计划与生产计划、劳动工时计划、材料成本与物资供应计划、工资成本与工资基金计划、资金计划等的相互协调平衡。

经反复讨论、多次综合平衡,最后确定的成本计划指标即可作为编制成本计划的依据。项目经理部正式编制的成本计划,上报企业有关部门后即可正式下达至各职能部门执行。

(四)施工项目成本的计算方法

施工项目成本计划编制的前提是计算项目成本,这是成本计划的核心。常用的计算施工项目成本的方法主要有定额估算法、直接估算法和工程类推算法。

1.定额估算法

在概、预算编制力量较强、定额比较完备的情况下,特别是施工图预算与施工预算编制经验比较丰富的企业,工程项目的成本目标可由定额估算法产生。应用定额估算法编制施工项目成本计划按下列步骤进行:

(1)根据已有投标、预算资料,求出中标合同价与施工图预算的总价格差以及施工图预算与施工预算的总价格差。

(2)对施工预算未能包括的项目,参照定额进行估算。

(3)对实际成本与定额差距大的子项,按实际支出水平估算出实际与定额水平之差。

(4)考虑价格因素,不可预见和工期制约等风险因素,进行测算调整。

(5)综合计算项目的成本降低额和降低率。

2.直接估算法

以施工图和施工方案为依据,以计划人工、机械、材料等消耗量和实际价格为基础,由项目经理部各职能部门(或人员)归口计算各项计划成本,据此估算项目的实际成本,确定目标成本。直接估算法的具体步骤类似概算的编制过程,即单价分析方法,不过在该方法中,应依据自己企业的具体情况和市场情况,并考虑一定的风险因素。

3.工程类推算法

此法先将工程项目分为少数几个子项,然后参照同类项目的历史数据,类推计算该项目的成本。采用该方法时,应尽可能多地收集同类施工项目的历史数据,以避免出现偏差。估算时,还应考虑对成本的影响因素,如规模、建筑物形状、建设时间、工程质量、位置、生产的重复性、劳动生产率、气候、地质条件、投标竞争情况、当时的社会经济状况以及其他特殊条件。

四、施工成本控制

施工成本控制是指在施工过程中,对影响施工项目成本的各种因素加强管理,并采用各种有效措施,把施工中实际发生的各种消耗和支出严格控制在成本计划范围内,随时揭示并及时反馈,严格审查各项费用是否符合标准,计算实际成本与计划成本之间的差异并进行分析,消除施工中的损失浪费现象,发现和总结先进经验。

施工项目成本控制应贯穿于施工项目从投标阶段开始直到项目竣工验收的全过程,它是企业全面成本管理的重要环节。因此,必须明确各级管理组织和各级人员的责任与权限,这是成本控制的基础之一,必须给予足够的重视。在项目的施工过程中,需按动态控制原理对实际施工成本的发生过程进行有效控制。

合同文件和成本计划是成本控制的目标,进度报告和工程变更与索赔资料是成本控制过程中的动态资料。

(一)施工成本控制的方法

1. 施工成本的过程控制方法

施工阶段是控制建设工程项目成本发生的主要阶段,它通过确定成本目标并按计划成本进行施工、资源配置,对施工现场发生的各种成本费用进行有效控制,其具体的控制方法如下。

1)人工费的控制

人工费的控制实行"量价分离"的方法,将作业用工及零星用工按定额工日的一定比例综合确定用工数量与单价,通过劳务合同进行控制。

2)材料费的控制

材料费控制同样按照"量价分离"原则,控制材料用量和材料价格。

(1)材料用量的控制。在保证符合设计要求和质量标准的前提下,合理使用材料,通过定额管理、计量管理等手段有效控制材料物资的消耗。具体方法如下:①定额控制;②指标控制;③计量控制;④包干控制。

(2)材料价格的控制。材料价格主要由材料采购部门控制。由于材料价格是由买价、运杂费、运输中的合理损耗等所组成的,主要通过掌握市场信息、应用招标和询价等方式控制材料、设备的采购价格。

3)施工机械使用费的控制

合理选择施工机械设备对成本控制具有十分重要的意义。比如不同的起重运输机械各有不同的用途和特点,因此在选择起重运输机械时,首先应根据工程特点和施工条件确定采取何种起重运输机械的组合方式。在确定采用何种组合方式时,首先应满足施工需要,同时还要考虑费用的高低和综合经济效益。

施工机械使用费主要由台班(或台时)数量和台班(或台时)单价两方面决定,为有效控制施工机械使用费支出,主要从以下几个方面进行控制:

(1)合理安排施工生产,加强设备租赁计划管理,减少因安排不当引起的设备闲置。

(2)加强机械设备的调度工作,尽量避免窝工,提高现场设备利用率。

(3)加强现场设备的维修保养,避免因不正确使用造成机械设备的停置。

(4)做好机上人员与辅助生产人员的协调与配合,提高施工机械台班(或台时)产量。

4)施工分包费用的控制

分包工程价格的高低必然对项目经理部的施工项目成本产生一定的影响。因此,施工项目成本控制的重要工作之一是对分包价格的控制。项目经理部应在确定施工方案的初期就要确定需要分包的工程范围。决定分包范围的因素主要是施工项目的专业性和项目规模。对分包费用的控制,主要是要做好分包工程的询价、订立平等互利的分包合同、建立稳定的分包关系网络、加强施工验收和分包结算等工作。

2. 赢得值(挣值)法

赢得值法(Earned Value Management, EVM)作为一项先进的项目管理技术,最初是美国国防部于1967年首次确立的。到目前为止,国际上先进的工程公司已普遍采用赢得值法进行工程项目的费用、进度综合分析控制。用赢得值法进行费用、进度综合分析控制,基本参数有三项,即已完工作预算费用、计划工作预算费用和已完工作实际费用。

1)赢得值法的三个基本参数

(1)已完工作预算费用,简称 BCWP(Budgeted Cost for Work Performed),是指在某一时间已经完成的工作(或部分工作),以批准认可的预算为标准所需要的资金总额。由于业主正是根据这个值为承包商完成的工作量支付相应的费用,也就是承包商获得(挣得)的金额,故称赢得值或挣值。

$$已完工作预算费用(BCWP) = 已完成工作量 \times 预算(计划)单价 \qquad (8-5)$$

(2)计划工作预算费用,简称 BCWS(Budgeted Cost for Work Scheduled),即根据进度计划,在某一时刻应当完成的工作(或部分工作),以预算为标准所需要的资金总额。一般来说,除非合同有变更,BCWS 在工程实施过程中应保持不变。

$$计划工作预算费用(BCWS) = 计划工作量 \times 预算(计划)单价 \qquad (8-6)$$

(3)已完工作实际费用,简称 ACWP(Actual Cost for Work Performed),即到某一时刻为止,已完成的工作(或部分工作)所实际花费的总金额。

$$已完工作实际费用(ACWP) = 已完成工作量 \times 实际单价 \qquad (8-7)$$

2)赢得值法的四个评价指标

在以上三个基本参数的基础上,可以确定赢得值法的四个评价指标,它们也都是时间的函数。

(1)费用偏差 CV(Cost Variance)。

$$费用偏差(CV) = 已完工作预算费用(BCWP) - 已完工作实际费用(ACWP) \quad (8-8)$$

当 $CV<0$ 时,表示项目运行超出实际费用,项目运行超支;当 $CV>0$ 时,表示实际费用未超出预算费用,项目运行节支;当 $CV=0$ 时,表示项目按计划执行。

(2)进度偏差 SV(Schedule Variance)。

$$进度偏差(SV) = 已完工作预算费用(BCWP) - 计划工作预算费用(BCWS) \quad (8-9)$$

当 $SV<0$ 时,表示进度延误,即实际进度落后于计划进度;当 $SV>0$ 时,表示进度提前,即实际进度快于计划进度;当 $SV=0$ 时,表示项目按计划执行。

(3)费用绩效指数 CPI(Cost Performed Index)。

$$费用绩效指数(CPI) = 已完工作预算费用(BCWP) / 已完工作实际费用(ACWP)$$
$$(8-10)$$

当 $CPI<1$ 时,表示超支,即实际费用高于预算费用;当 $CPI>1$ 时,表示节支,即实际费用低于预算费用。

(4)进度绩效指数 SPI(Schedule Performed Index)。

$$进度绩效指数(SPI) = 已完工作预算费用(BCWP) / 计划工作预算费用(BCWS)$$
$$(8-11)$$

当 $SPI<1$ 时,表示进度延误,即实际进度比计划进度拖后;当 $SPI>1$ 时,表示进度提前,即实际进度比计划进度快。

在项目的费用、进度综合控制中引入赢得值法,可以克服过去进度、费用分开控制的缺点,即当发现费用超支时,很难立即知道是由于费用超出预算,还是由于进度提前;相反,当发现费用低于预算时,也很难立即知道是由于费用节省,还是由于进度拖延。而引入赢得值法即可定量地判断进度、费用的执行效果。

(二)偏差分析的表达方法

偏差分析可以采用不同的表达方法,常用的有横道图法、表格法和曲线法。

1. 横道图法

用横道图法进行费用偏差分析,是用不同的横道标识已完工作预算费用($BCWP$)、计划工作预算费用($BCWS$)和已完工作实际费用($ACWP$),横道的长度与其金额成正比例,见图8-6。横道图法具有形象、直观、一目了然等优点,能够准确表达出费用的绝对偏差,而且能一眼感受到偏差的严重性。但这种方法反映的信息量少,一般在项目的较高管理层应用。

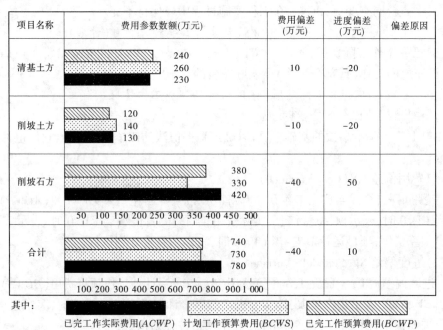

图 8-6　费用偏差分析的横道图法

2. 表格法

表格法是将项目的编号、名称、各费用参数以及费用偏差综合归纳入一张表格中,并且直接在表格中进行比较。由于各偏差参数都在表中列出,使得费用管理者能够综合了解并处理这些数据。

用表格法进行偏差分析具有以下优点:

(1)灵活、实用性强。可根据实际需要设计表格,进行增减项。

(2)信息量大。可以反映偏差分析所需的资料,从而有利于费用控制人员及时采取针对性措施,加强控制。

(3)表格处理可借助于计算机,从而节约大量数据处理所需的人力,并大大提高速度。表8-3为用表格法进行费用偏差分析的例子。

3. 曲线法

在用曲线法进行偏差分析时,应当引入计划工作预算费用($BCWS$)、已完工作预算费用($BCWP$)、已完工作实际费用($ACWP$)曲线,见图8-7。用曲线法进行偏差分析同样具有形象、直观的特点,但这种方法很难直接用于定量分析,只能对定量分析起一定的指导作用。

表 8-3　费用偏差分析表

项目编码	(1)	001	002	003
项目名称	(2)	清基土方	削坡土方	削坡石方
单位	(3)			
计划单价	(4)			
计划工作量	(5)			
计划工作预算费用(BCWS)	(6)=(5)×(4)	260	140	330
已完工作量	(7)			
已完工作预算费用(BCWP)	(8)=(4)×(7)	240	120	380
实际单价	(9)			
其他款项	(10)			
已完工作实际费用(ACWP)	(11)=(7)×(9)+(10)	230	130	420
费用局部偏差	(12)=(8)−(11)	10	−10	−40
费用绩效指数(CPI)	(13)=(8)÷(11)	1.04	0.92	0.90
费用累计偏差	(14)=∑(12)	−40		
进度局部偏差	(15)=(8)−(6)	−20	−20	50
进度绩效指数(SPI)	(16)=(8)÷(6)	0.92	0.86	1.15
进度累计偏差	(17)=∑(15)	10		

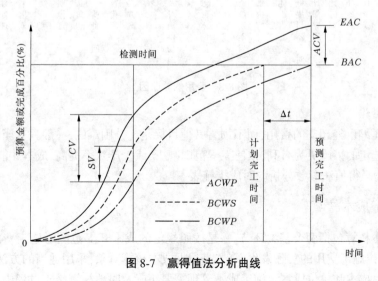

图 8-7　赢得值法分析曲线

图 8-7 中,$CV=BCWP-ACWP$,由于两项参数均以已完工作为计算基准,所以两项参数

之差,反映项目进展的费用偏差。

$SV=BCWP-BCWS$,由于两项参数均以预算值(计划值)作为计算基准,所以两者之差,反映项目进展的进度偏差。

采用赢得值法进行费用、进度综合控制,还可以根据当前的进度、费用偏差情况,通过原因分析,对趋势进行预测,预测项目结束时的进度、费用情况。图8-7中:

BAC(budget at completion)——项目完工预算,指编计划时预计的项目完工费用。

EAC(estimate at completion)——预测的项目完工估算,指计划执行过程中根据当前的进度、费用偏差情况预测的项目完工总费用。

ACV(at completion variance)——预测项目完工时的费用偏差。

(三)偏差原因分析与纠偏措施

1.偏差原因分析

在实际执行过程中,最理想的状态是已完工作实际费用($ACWP$)、计划工作预算费用($BCWS$)、已完工作预算费用($BCWP$)三条曲线靠得很近、平稳上升,表示项目按预定计划目标进行。如果三条曲线离散度不断增加,则预示可能发生关系到项目成败的重大问题。

偏差原因分析的一个重要目的就是要找出引起偏差的原因,从而有可能采取有针对性的措施,减少或避免相同原因再次发生。在进行偏差原因分析时,首先应将已经导致和可能导致偏差的各种原因逐一列举出来。导致不同工程项目产生偏差的原因具有一定共性,因而可以通过对已建项目的投资偏差原因进行归纳、总结,为该项目采用预防措施提供依据。

一般来说,产生投资偏差的原因有以下几种,见图8-8。

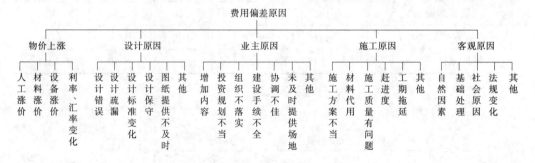

图 8-8　费用偏差原因

2.纠偏措施

通常要压缩已经超支的费用,而不损害其他目标是十分困难的,一般只有当给出的措施比原计划已选定的措施更为有利,或使工程范围减少,或生产效率提高,成本才能降低。

表8-4为赢得值法参数分析与对应措施表。

五、施工成本核算

施工成本核算包括两个基本环节:一是按照规定的成本开支范围对施工费用进行归集和分配,计算出施工费用的实际发生额;二是根据成本核算对象,采用适当的方法,计算出该施工项目的总成本和单位成本。施工成本管理需要正确及时地核算施工过程中发生的各项费用,计算施工项目的实际成本。施工项目成本核算所提供的各种成本信息是成本预测、成本计划、成本控制、成本分析和成本考核等各个环节的依据。

　　施工成本一般以单位工程为成本核算对象,但也可以按照承包工程项目的规模、工期、结构类型、施工组织和施工现场等情况,结合成本管理要求,灵活划分成本核算对象。施工成本核算的基本内容包括人工费核算、材料费核算、周转材料费核算、结构件费核算、机械使用费核算、其他直接费核算、分包工程成本核算、间接费核算,以及项目月度施工成本报告编制。

表 8-4　赢得值法参数分析与对应措施表

序号	图型	三参数关系	分析	措施
1		$ACWP>BCWS>BCWP$ $SV<0$ $CV<0$	效率低 进度较慢 投入超前	用工作效率高的人员更换一批工作效率低的人员
2		$BCWP>BCWS>ACWP$ $SV>0$ $CV>0$	效率高 进度较快 投入延后	若偏差不大,维持现状
3		$BCWP>ACWP>BCWS$ $SV>0$ $CV>0$	效率较高 进度快 投入超前	抽出部分人员,放慢进度
4		$ACWP>BCWP>BCWS$ $SV>0$ $CV<0$	效率较低 进度较快 投入超前	抽出部分人员,增加少量骨干人员
5		$BCWS>ACWP>BCWP$ $SV<0$ $CV<0$	效率较低 进度慢 投入延后	增加高效人员投入
6		$BCWS>BCWP>ACWP$ $SV<0$ $CV>0$	效率较高 进度较慢 投入延后	迅速增加人员投入

　　施工成本核算制是明确施工成本核算的原则、范围、程序、方法、内容、责任及要求的制度。项目管理必须实行施工成本核算制,它与项目经理责任制等共同构成了项目管理的运行机制。组织管理层与项目管理层的经济关系、管理责任关系、管理权限关系,以及项目管理组织所承担的责任成本核算的范围、核算业务流程和要求等,都应以制度的形式做出明确的规定。

　　项目经理部要建立一系列项目业务核算台账和施工成本会计账户,实施全过程的成本核算,具体可分为定期的成本核算和竣工工程成本核算,如每天、每周、每月的成本核算。定期的成本核算是竣工工程全面成本核算的基础。形象进度、产值统计、实际成本归集三同步,即三者的取值范围应是一致的。形象进度表达的工程量、统计施工产值的工程量和实际成本归集所依据的工程量均应是相同的数值。对竣工工程的成本核算,应区分为竣工工程现场成本和竣工工程完全成本,分别由项目经理部和企业财务部门进行核算分析,其目的在于分别考核项目管理绩效和企业经营效益。

六、施工成本分析

　　施工成本分析是在施工成本核算的基础上,对成本的形成过程和影响成本升降的因素进行分析,以寻求进一步降低成本的途径,包括有利偏差的挖掘和不利偏差的纠正。施工成本分析贯穿于施工成本管理的全过程,其实质是在成本的形成过程中,主要利用施工项目的成本核算资料(成本信息),与目标成本、预算成本以及类似施工项目的实际成本等进行比较,了解成本的变动情况,同时也要分析主要技术经济指标对成本的影响,系统地研究成本变动的因素,检查成本计划的合理性,并通过成本分析,深入揭示成本变动的规律,寻找降低施工项目成本的途径,以便有效地进行成本控制。成本偏差的控制,分析是关键,纠偏是核心,要针对分析得出的偏差发生原因,采取切实措施,加以纠正。

　　成本偏差分为局部成本偏差和累计成本偏差。局部成本偏差包括项目的月度(或周、天等)核算成本偏差、专业核算成本偏差以及分部分项作业成本偏差等;累计成本偏差是指已完工程在某一时间点上实际总成本与相应的计划总成本的差异。分析成本偏差的原因,应采取定性和定量相结合的方法。

(一)施工成本分析的基本方法

　　成本分析的基本方法包括比较法、因素分析法、差额计算法和比率法。

　　1. 比较法

　　比较法又称指标对比分析法,就是通过技术经济指标的对比,检查目标的完成情况,分析产生差异的原因,进而挖掘内部潜力的方法。这种方法具有通俗易懂、简单易行、便于掌握的特点,因而得到了广泛的应用,但在应用时必须注意各技术经济指标的可比性。比较法的应用,通常有下列形式:

　　(1)将实际指标与目标指标对比。

　　(2)将本期实际指标与上期实际指标对比。

　　(3)与本行业平均水平、先进水平对比。

　　2. 因素分析法

　　因素分析法又称连环置换法。这种方法可用来分析各种因素对成本的影响程度。在进行分析时,首先要假定众多因素中的一个因素发生了变化,而其他因素则不变,然后逐个替换,分别比较其计算结果,以确定各个因素的变化对成本的影响程度。因素分析法的计算步骤如下:

(1)确定分析对象,并计算出实际与目标数的差异。

(2)确定该指标是由哪几个因素组成的,并按其相互关系进行排序(排序规则是:先实物量,后价值量;先绝对值,后相对值)。

(3)以目标数为基础,将各因素的目标数相乘,作为分析替代的基数。

(4)将各个因素的实际数按照上面的排列顺序进行替换计算,并将替换后的实际数保留下来。

(5)将每次替换计算所得的结果与前一次的计算结果相比较,两者的差异即为该因素对成本的影响程度。

(6)各个因素的影响程度之和应与分析对象的总差异相等。

3. 差额计算法

差额计算法是因素分析法的一种简化形式,它利用各个因素的目标值与实际值的差额来计算其对成本的影响程度。

4. 比率法

比率法是指用两个以上指标的比例进行分析的方法。它的基本特点是:先把对比分析的数值变成相对数,再观察其相互之间的关系。常用的比率法有以下几种。

1)相关比率法

由于项目经济活动的各个方面是相互联系、相互依存、相互影响的,因而可以将两个性质不同而又相关的指标加以对比,求出比率,并以此来考察经营成果的好坏。例如:产值和工资是两个不同的概念,但它们的关系又是投入与产出的关系。在一般情况下,都希望以最少的工资支出完成最大的产值。因此,用产值工资率指标来考核人工费的支出水平,就很能说明问题。

2)构成比率法

构成比率法又称比重分析法或结构对比分析法。通过构成比率,可以考察成本总量的构成情况及各成本项目占成本总量的比重,同时也可看出量、本、利的比例关系(预算成本、实际成本和降低成本的比例关系),从而为寻求降低成本的途径指明方向。

3)动态比率法

动态比率法就是将同类指标不同时期的数值进行对比,求出比率,以分析该项指标的发展方向和发展速度。动态比率的计算,通常采用基期指数和环比指数两种方法。

(二)综合成本的分析方法

所谓综合成本,是指涉及多种生产要素,并受多种因素影响的成本费用,如分部分项工程成本、月(季)度成本、年度成本等。由于这些成本都是随着项目施工的进展而逐步形成的,与生产经营有着密切的关系。因此,做好上述成本的分析工作,无疑将促进项目的生产经营管理,提高项目的经济效益。

综合成本分析方法一般包括分部分项工程成本分析、月(季)度成本分析、年度成本分析和竣工成本综合分析。

七、施工成本考核

施工成本考核是指在施工项目完成后,对施工项目成本形成中的各责任者,按施工项目成本目标责任制的有关规定,将成本的实际指标与计划、定额、预算进行对比和考核,评定施工项目成本计划的完成情况和各责任者的业绩,并以此给予相应的奖励和处罚。通过成本考核,做到有奖有惩,赏罚分明,才能有效地调动每一位员工在各自施工岗位上努力完成目标成本的积极性,为降低施工项目成本和增加企业的积累,做出自己的贡献。

施工成本考核是衡量成本降低的实际成果,也是对成本指标完成情况的总结和评价。成本考核制度包括考核的目的、时间、范围、对象、方式、依据、指标、组织领导、评价与奖惩原则等内容。

施工成本管理的每一个环节都是相互联系和相互作用的。成本预测是成本决策的前提,成本计划是成本决策所确定目标的具体化。成本计划控制则是对成本计划的实施进行控制和监督,保证决策的成本目标的实现。成本核算是对成本计划是否实现的最后检验,它所提供的成本信息又对下一个施工项目成本预测和决策提供基础资料。成本考核是实现成本目标责任制的保证和实现决策目标的重要手段。

第三节　水利工程项目融资与资金管理

一、项目融资

(一)项目融资的概念

工程项目融资(Project Finance),作为一个金融术语,目前认识上没有统一,比较典型的定义是:项目融资是以项目的资产、预期收益或权益作抵押取得的一种无追索权或有限追索权的融资或贷款。是否采用工程项目融资方式融资取决于项目公司的能力,通常为一个项目单独成立的项目公司采用项目融资方式筹资。

1.追索

追索指贷款人所拥有的在借款人未按期偿还债务时要求借款人用除抵押资产之外的其他资产偿还债务的权利。

2.无追索权项目融资

无追索权项目融资指贷款人对项目发起人无任何追索权,只能依靠项目所产生的收益作为还本付息的唯一来源。要构成无追索权项目融资,需要对项目进行严格的论证,使项目借款人理解并接受项目运行中的各种风险。因此,从某种程度上说,无追索权项目融资是一种低效、昂贵的融资方式。所以,在现代项目融资实务中较少使用。

3.有限追索权项目融资

有限追索权项目融资指项目发起人只承担有限的债务责任和义务。这种有限追索性表现在时间上的有限性、金额上的有限性和对象上的有限性。

一般在项目的建设开发阶段,贷款人有权对项目发起人进行追索,而通过完工标准后,项目进入正常运营阶段时,贷款可能就变成无追索的了;或者如果项目在经营阶段,不能产生足额的现金流量,其差额部分就向项目发起人追索,也就是说,在金额上是有限追索的。如果是通过单一的项目公司进行的融资,则贷款人只能追索到项目公司,而不能对项目发起人追索,除发起人为项目公司提供的担保外,在大多数项目融资中都是有限追索的。

至于贷款人在多大程度上对项目发起人进行追索,取决于项目的特定风险和市场对该风险的态度。例如,当项目贷款人认为在项目建设阶段存在较大风险时,他们会要求项目发起人保证当项目风险具体化时,由其注入额外的股本;否则,贷款人将会追索到项目发起人的资产直至风险消失或项目完工。以后,贷款才有可能成为无追索的。

(二)项目融资的基本特点

与传统的融资方式相比,项目融资的基本特点可以归纳为以下几个方面。

1. 以项目本身为主体安排的融资项目

融资是以项目为主体安排的融资,贷款人关注的是项目在贷款期间能产生多少现金流量用于偿还贷款,而不以发起人自身的资信作为是否贷款的首要条件。贷款银行在项目融资中的注意力主要放在项目在贷款期间能够产生多少现金流量用于还款,贷款的数量、融资成本的高低、投融资结构的设计以及对担保的要求等都是与项目预期现金流量的资产价值直接联系在一起的。

2. 实现项目融资的无追索或有限追索

在传统的无追索项目融资中,当项目现金流量不足时,项目发起人不直接承担任何债务清偿的责任。在有限追索项目融资中,贷款人的追索权也很少持续到项目的整个经济寿命期,如仅在有限的项目开发阶段对发起人进行追索。因此,如果项目的技术评估和经济评估满足贷款人要求,项目风险的承担者就可以从项目发起人本身的资产转移到项目资产,使项目发起人有更大的空间去从事其他项目。即项目资产的建设和经营的成败是贷款方能否回收贷款的决定因素;对于项目发起方来说,除向项目公司注入一定股本外,并不以自身的资产来保证贷款的清偿。

3. 风险分担

成功融资方式的标志是它在各参与方之间实现了令人满意和有效的项目风险分担。在项目融资中,以项目本身为导向对借款人有限追索,对于与项目有关的各种风险要素,需要以某种形式在项目发起人、与项目开发有直接或间接利益关系的其他参与者和贷款人之间进行分担。一般来说,各方愿意接受风险的程度由预期的回报所决定。合理的风险分担机制对项目发起人来说能起到良好的保护作用,不至于因为项目的失败而破产;对于其他各参与方来说,承担的风险所带来的高额回报会促使各参与方更多地关注项目,整体上增大了项目成功的可能性。然而,项目融资风险的分担又是一个非常复杂的过程,其中涉及出于不同目的的众多参与者,还涉及许多的法律合同,如果处理不好,会导致谈判延期和成本增加。

4. 信用结构多样化

在项目融资中,用于支持贷款的信用结构的安排是灵活多样的,一个成功的项目融资,可以将贷款的信用支持分配到与项目相关的各个关键方面。典型的做法包括以下几点:

(1)在市场方面,可以要求项目产品购买者提供长期购买合同。

(2)在工程建设方面,可以要求承包商提供固定价格、固定工期合同,或"交钥匙"工程合同,还可以要求项目设计者提供工程技术保证等。

（3）在原材料和能源供应方面，可以要求供应方在保证供应的同时，在定价上根据项目产品的价格变化设计一定的浮动价格公式，保证项目的最低收益。

这些做法都可能成为项目融资强有力的信用支持，提高项目的债务承受能力，减少融资对发起人资信和其他资产的依赖程度。

5. 融资成本相对较高

正是因为项目融资的基础是以项目的资产、预期收益或权益作抵押，与传统的融资方式相比较，银行的融资风险相对加大，所以银行融资成本将加大。另外，投资者和项目公司需承担其他额外的成本费用，如融资顾问费用、律师费用、保险顾问费用等。

6. 可实现项目发起人非公司负债型融资的要求

非公司负债型融资，是指项目的债务不表现在项目发起人公司的资产负债表中的一种融资形式。通过对项目融资的投资结构和融资结构的设计，有时能够达到非公司负债型融资，有利于使发起人公司的资产负债比例维持在银行能接受的范围之内，以便筹措新的资金。

（三）项目融资的结构

项目融资成功的关键是在各参与方之间实现令人满意和有效的项目利润分配与风险分担。为此必须合理安排好项目融资的每一个环节，其中最重要的是安排好项目融资的四个主要结构：项目的投资结构、项目的融资结构、项目的资金结构、项目的信用保证结构。图 8-9 是这四个模块相互之间关系的一个抽象说明。

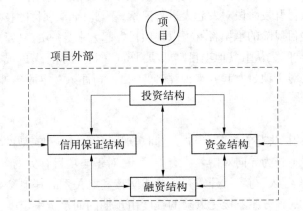

图 8-9　项目融资的结构框架

1. 项目的投资结构

项目的投资结构，即项目的资产所有权结构，是指项目的投资者对项目资产权益的法律拥有形式和项目投资者之间的法律合作关系。不同的项目投资结构中，投资者对其资产的拥有形式，对项目产品、项目现金流量的控制程度以及项目投资者在项目中所承担的债务责任和所涉及的税务结构会有很大的差异。这些差异对其他三个结构的设计也会产生影响。因此，为了做好整个项目融资的结构安排，首先就是在法律、法规许可范围内设计符合投资者投融资需要的项目投资结构。

国际上,较为普遍采用的项目投资结构有四种基本的法律形式:公司型合资结构、合伙制结构、非公司型合资结构和信托基金结构。

2.项目的融资结构

项目的融资结构是项目融资的核心部分。通常项目的投资者确定了项目实体的投资结构后,接下来的重要工作就是设计和选择合适的融资结构以实现投资者在融资方面的目标和要求。任何一个具体的融资方案,由于时间、地理位置、项目性质、项目发起人及其目标要求等多方面的差别,都会带有各自的特点,在贷款形式、信用保证和时间上表现出不同的结构特征。

3.项目的资金结构

项目的资金结构是指项目中股本资金、准股本资金和债务资金的形式、相互之间比例关系以及相应的来源。资金结构是由项目的投资结构和融资结构决定的,但反过来又会影响到整体项目融资结构的设计。

经常为项目融资所采用的资金结构有股本金和准股本金、商业银行贷款和国际银行贷款、国际债券、租赁融资、发展中国家的债务资产转换等。

4.项目的信用保证结构

对于银行和其他债权人而言,项目融资的安全性来自两个方面:一方面来自于项目本身的经济强度;另一方面来自于项目之外的各种直接或间接担保。这些担保可以是项目的投资者提供的,也可以是与项目有直接或间接利益关系的其他方面提供的。这些担保可以是直接的财务保证,如完工担保、成本超支担保、不可预见费用担保,也可以是间接的或非财务性的担保,如项目产品长期购买协议、技术服务协议、长期供货协议等。所有这些担保形式的组合,构成了项目的信用保证结构。项目本身的经济强度与信用保证结构相辅相成,项目的经济强度高,信用保证结构就相对简单,条件就相对宽松;反之,信用保证结构就要相对复杂和相对严格。

(四)项目融资的主要方式

项目融资模式是对项目融资各要素的综合,是考虑项目特点和项目具体需要的基础上对项目融资要素的具体组合和构造。任何一个项目在项目性质、产品特点、风险程度、投资者状况及资金来源等方面都会与其他项目存在很大差别,所以各个项目在融资上都会有自己的特点,适用不同的融资模式,不可能千篇一律。但是,从各国的项目融资实践中可以看出,无论一个项目融资模式如何复杂,结构如何变化,其还是具有一些共性的。

1.以政府为主导的融资模式

这类融资模式主要适用于涉及公共利益和公共安全以及保护、改善生态环境等的水利工程项目。

在该类融资模式中,项目资金可能全部由国家政府投入,或全部由地方政府投入,或国家政府和地方政府分别按一定比例投入,或政府和国际融资相结合等多种形式。政府投资资金包括政府财政预算内资金、各种专项建设基金、土地批租收入以及其他预算外资金。

2.以产品支付为基础的项目融资模式

它完全以产品和这部分产品销售收益的所有权作为担保品而不是采用转让或抵押方式进行融资。这种形式是针对项目贷款的还款方式而言的。借款方在项目投产后不以项目产品的销售收入来偿还债务,而是直接以项目产品来还本付息。在贷款得到偿还前,贷款方拥有项目部分或全部产品的所有权。在绝大多数情况下,产品支付只是产权的转移而已,而非产品本身的转移。通常贷款方要求项目公司重新购回属于贷款人的产品或充当它们的代理人来销售这些产品。因此,销售的方式可以是市场出售,也可以是由项目公司签署购买合同一次性统购统销。无论哪种情况,贷款方都用不着接受实际的项目产品。因此,产品支付融资适用于资源储量已经探明并且项目生产的现金流量能够比较准确地计算出来的项目。

3. 以"杠杆租赁"为基础的项目融资模式

根据出租人对购置一项租赁设备的出资比例,可将金融租赁(Financial Lease)划分为直接租赁和杠杆租赁两种类型。在一项租赁交易中,凡设备购置成本100%由出租人独自承担的即为直接租赁,而在项目融资中,得到普遍应用的是杠杆租赁。

杠杆租赁(Leveraged Lease)是指在融资租赁中,设备购置成本的小部分由出租人承担、大部分由银行等金融机构提供贷款补足的租赁业务。出租人一般只需投资购置设备所需款项的20%~40%即可在经济上拥有设备所有权,享受如同对设备100%投资的同等税收待遇。

购置成本的借贷部分(Debt Portion)称之为杠杆。一般而言,杠杆效果是指凭借他人资本来提高自有资本利润的方式,例如,原有自有资本的利润率为5%,经过贷款并归还利息以后,自有资本的利润率上升为10%,这种情况就是杠杆效果。在杠杆租赁中,通过这一财务杠杆作用,充分利用政府提供的税收好处,使交易各方,特别是使出租方、承租方和贷款方获得一般租赁所不能获得的更多的经济效益。租赁的对象可以是机械设备及其他资本品,甚至可以是整个项目。在这种情况下,一般是项目公司将整个项目及资产出售给金融租赁公司,再与之签订租赁协议将其承租回来开发、建设。

4. PPP 项目融资模式

PPP(Public-Private-Partnership)是公私伙伴关系或公私合作模式,指政府与私人组织之间,为了合作建设基础设施项目或为了提供某种公共物品和服务,以特许权协议为基础,彼此之间形成一种伙伴式的合作关系,并通过签署合同来明确双方的权利和义务,以确保合作的顺利完成,最终使合作各方达到比预期单独行动更为有利的结果(见图8-10)。从各国和国际组织对PPP的理解来看,PPP有广义和狭义之分。广义的PPP泛指公共部门与私人部门为提供公共产品或服务而建立的各种合作关系,而狭义的PPP可以理解为一系列项目融资模式的总称。

PPP项目融资模式合作的程序如下:资源控制权的转移,社会资本建设项目,政府定义项目运营特征,社会资本在一定时期内提供公共品服务,所有权最终归于政府。政府的动机是减少负债,转移风险;社会资本的动机是追逐利润,承担社会责任。PPP模式运行的阶段可以简单分为:①项目设计及定义;②项目融资;③项目建设;④项目运营。

PPP项目融资模式特点包括:PPP模式能够在初始阶段更好地解决项目整个生命周期中的风险分配,合作各方参与某个项目时,政府并不是把项目的责任全部转移给私营企业,而是由参与合作的各方共同承担责任和融资风险;PPP模式可以让私人企业在项目的初始阶段就能够参与进来,这样能够更好地利用私人企业先进的技术和管理经验以及资源整合优势;PPP模式整合了各方不同的需求,从而形成战略联盟,更加有利于项目的实施,从而减

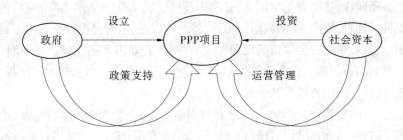

图 8-10　PPP 模式典型结构

少项目本身的成本;在 PPP 模式下,有意向参与公共基础设施项目的私人企业可以尽早和项目所在国政府或有关机构接触,可以节约投标费用,节省准备时间,从而减少最后的投标价格。PPP 融资模式包含 BOT、PFI、TOT、DBFO 等多种模式,其中的 BOT(Build-Operate-Transfer)模式除 BOT、BOOT、BOO 三种基本形式外,由于项目具体情况不同,还有 BT、BTO、DBOT、ROT、ROO 等多种演变形式。

北京地铁 4 号线项目、江西峡江水利枢纽工程项目、深圳大运中心项目、渭南市天然气利用项目、张家界杨家溪污水处理厂项目等均是通过 PPP 模式融资。具有代表性和示范性的 PPP 融资实践,在社会资本选择、交易结构设计、回报机制确定等方面具有参考价值和借鉴价值。

5. ABS 项目融资模式

ABS 是英文 Asset-Backed-Securitization 的缩写,即资产证券化。具体来说,它是指以目标项目所拥有的资产为基础,以该项目资产的未来收益为保证,通过在国际资本市场上发行高档债券来筹集资金的一种项目证券融资方式。

ABS 方式的本质在于,通过其特有的提高信用等级方式,使原本信用等级较低的项目照样可以进入国际高档证券市场,利用该市场信用等级高、债券安全性和流动性高、债券利率低的特点,大幅度降低发行债券筹集资金的成本。即使加入了一些前期分析、业务构造和信用增级成本,它仍然为融资业务提供了新的、成本更低的资本来源。而且当公司或项目靠其他形式的信用进行融资的机会很有限时,证券化就成为该公司的一个至关重要的融资来源。这是因为资产支持证券的评级仅取决于作为证券支持的资产的信用质量,而与发行这些证券的公司的财务状况或金融信用无关。

二、资金管理

主要讨论施工方项目资金管理和水利基本建设资金管理两个方面。

(一)施工方项目资金管理

1. 施工方项目资金运动过程

项目资金是随着不同施工阶段施工活动的进行而不断地运动。从资金的货币形态开始,在经过施工准备、施工生产、竣工验收三个阶段后,依次由货币转化为储备资金、生产资金、成品资金,最后又回到货币资金的形态上来。这个运动过程称为资金的一次循环。

在施工准备阶段,主要是筹集资金,并购买各种建筑材料、构配件、部分所需的固定资产及机械零配件、低值易耗品、征购或租用土地、建筑物拆迁、临时设施以及支付工资等其他项目开办费用。目前,项目资金筹措的渠道主要有三条:企业本部的直接拨给、项目业主单位的工程预付款和银行贷款。在实际工作中,有的企业为了促使项目管理水平的提高,加强项目的独立核算,将无偿的直接拨款也改为资金的有偿使用。

在施工生产阶段,资源(劳动力、资金和材料等)储备通过物化劳动和活劳动不断消耗于项目的施工之中,从而逐渐形成项目实体,储备资金随着施工活动的进行而逐渐转化为生产资金,固定资金也以折旧的形式进入工程成本。当施工阶段结束时,资金形态则由生产资金转化为成品资金。

在验收交付阶段,项目已部分或全部满足设计和合同的要求。这时就要及时和业主办理验收交付手续,收回工程款,资金形态也由成品资金转化为货币资金。如果收入量大于消耗量,项目就能盈利,否则就会出现亏损。随即就要对资金进行分配,正确处理国家、企业、施工项目、职工个人之间的经济关系。

从上述分析中可以看出,项目资金运动包含以下三方面的内容:

(1)资金的筹集和使用,它以价值形式反映施工项目对劳动手段和劳动对象的取得与使用。

(2)资金的消耗,它以价值形式反映施工项目物化劳动和活劳动的消耗。

(3)资金的收入和分配,它以价值形式反映项目施工生产成果的实现和分配。

2. 施工项目资金运动规律

施工项目资金运动规律,就是其内在的、本质的、必然的联系。在项目施工活动中,表示资金运动的各种经济现象之间存在着互相依存、互相转化和互相制约的关系。这些关系是客观存在的,是不以人们的意志为转移的。因此,要做好施工项目成本管理工作,就必须认识它、使用它。概括起来,施工项目资金运动的规律可以归纳为以下几方面。

1)空间并存和时间继起

为了保证项目施工活动的正常进行,项目的资金不仅要在空间上同时并存于货币资金、固定资金、储备资金、生产资金、成品资金等资金形态上,而且在时间上要求各种资金形态相互通过各自的循环。每一种资金都有其特定的职能,不能"一身二任",如执行流通职能的资金就不可能同时去执行生产职能。只有把项目的资金按一定比例分割成若干部分,使其呈现不同的资金形态,而每一形态的资金又需依次通过循环的各个阶段。这样,资金的运动才能连续不断地进行。保证各种资金形态的合理配置和资金周转的畅通无阻,是项目施工活动顺利进行的必要条件。

项目资金形态的并存和继起,是辩证统一的关系。没有并存,继起转化就不能存在;没有继起,并存势必遭到破坏。可见,资金形态的并存和继起是互为条件、互相制约的。

2)收支的协调平衡

施工项目资金的收支要求在数量上和时间上协调平衡。在项目施工中,每取得一次工程价款的收入,就表明一次资金循环的终结;而发生的施工生产支出,则意味着另一次资金循环的开始,所以,资金收支是资金周转的桥梁和纽带。要保证资金运动的顺利进行,就要求资金收支不仅在数量上而且在时间上协调平衡。收不抵支会导致资金运动的中断或迟缓。收支在时间上差异太大(如施工前期支出太大,而收入却主要来自施工后期),也会阻碍资金运动的正常进行,从而影响施工的顺利进行。

3)一致与背离的关系

施工项目的资金运动和物质运动存在着既相一致又相背离的辩证关系。资金运动和物质运动是项目施工过程中同时存在的经济现象。然而,资金运动作为物质运动的价值形态运动,具有一定的独立性。在项目施工过程中,主要表现在下列三方面:

(1)由于结算的原因而造成两者在时间上的背离。如已完工程未及时验收移交,或验收后未收到工程价款,材料购进而未支付货款。此外,工程预付款、预付报刊杂志费等,这些都表明了两者的背离。

(2)由于损耗的原因而造成两者在价值上的背离。如固定资产磨损、无形损耗、仓储物资的自然损耗等。

(3)由于组织管理的原因而形成两者在数量上的背离。如施工中,不合理消耗的减少;工程质量的提高,返工现象减少;改善劳动组织,工人劳动积极性的提高,使得劳动效率的提高等。这些都能促使价值量的增加超过实物量的增加;反之,就可能出现价值量的增加少于实物量的增加。

以上各项项目资金运动的规律,是对施工项目总体考察而言的。作为项目管理人员,必须深刻地认识和研究这些资金运动的规律,自觉利用它们来为施工项目管理服务。

(二)水利基本建设资金管理

根据《水利基本建设资金管理办法》,水利基本建设资金是指纳入国家基本建设投资计划,用于水利基本建设项目的资金。

1. 资金管理的基本原则及基本任务

1)基本原则

(1)分级管理、分级负责原则。水利基本建设资金按资金渠道和管理阶段,实行分级管理,分级负责。

(2)专款专用原则。水利基本建设资金必须按规定用于经批准的水利基本建设项目,不得截留、挤占和挪用。财政预算内水利基本建设资金按规定实行专户存储。

(3)效益原则。水利基本建设资金的筹集、使用和管理,必须厉行节约,降低工程成本,防止损失浪费,提高资金使用效益。

2)基本任务

水利基本建设资金管理的基本任务是:贯彻执行水利基本建设的各项规章制度;依法筹集、拨付、使用水利基本建设资金,保证工程项目建设的顺利进行;做好水利基本建设资金的预算、决算、监督和考核分析工作;加强工程概预(结)算、决算管理,努力降低工程造价,提高投资效益。

2. 资金筹集

1)水利基本建设资金来源

(1)财政预算内基本建设资金(包括国债专项资金,下同)。

(2)用于水利基本建设的水利建设基金。

(3)国内银行及非银行金融机构贷款。

(4)经国家批准由有关部门发行债券筹集的资金。

(5)经国家批准由有关部门和单位向外国政府或国际金融机构筹集的资金。

(6)其他经批准用于水利基本建设项目的资金。

2)水利基本建设资金筹集的基本要求

(1)符合国家法律、法规,严禁高息乱集资和变相高息集资。未经批准不得发行内部股票和债券。

(2)根据批准的项目概算总投资,多渠道、多元化筹集资金。

(3)根据工程建设需要,以最低成本筹集资金。

3.预算管理及预算内资金拨付

财政预算内基本建设资金是水利基本建设资金的重要组成部分。

各级财政基本建设支出预算一经审批下达,一般不得调整。确需调整的,必须按原审批程序报批。

水利主管部门申请领用预算内基本建设资金,应根据下达的年度基本建设支出预算、年度投资计划及下一级水利主管部门或建设单位资金需求,向同级财政部门或上一级水利主管部门提出申请。

建设单位申请领用预算内基本建设资金,应根据年度基本建设支出预算、年度投资计划以及工程建设的实际需要,向水利主管部门或同级财政部门提出申请。

水利主管部门和建设单位申请领用资金应报送季度(分月)用款计划。

财政部门根据水利主管部门申请,按照基本建设程序、基本建设支出预算、年度投资计划和工程建设进度拨款。对地方配套资金来源不能落实或明显超过地方财政承受能力的,要相应调减项目。

在年度基本建设支出预算正式下达前,为确保汛期重点水利工程建设,财政部门可根据水利部门提出的申请,预拨一定金额的资金。

4.资金使用

水利基本建设资金按照基本建设程序支付。在项目尚未批准开工以前,经上级主管部门批准,可以支付前期工作费用;计划任务书已经批准,初步设计和概算尚未批准的,可以支付项目建设必需的施工准备费用;已列入年度基本建设支出预算和年度基建投资计划的施工预备项目和规划设计项目,可以按规定内容支付所需费用。在未经批准开工之前,不得支付工程款。

建设单位的财会部门支付水利基本建设资金时,必须符合下列程序:

(1)经办人审查。经办人对支付凭证的合法性、手续的完备性和金额的真实性进行审查。实行工程监理制的项目须监理工程师签字。

(2)有关业务部门审核。经办人审查无误后,应送建设单位有关业务部门和财务部门负责人审核。

(3)单位领导核准签字。

案例

PPP 项目融资案例——江西峡江水利枢纽工程项目

一、项目概况

(一)项目背景

江西峡江水利枢纽工程位于赣江中游峡江县,控制流域面积约 62 710 km²,是赣江干流上一座以防洪、发电、航运为主,兼有灌溉等综合利用的水利枢纽工程。水库正常蓄水位 46.0 m,防洪高水位 49.0 m,总库容 11.87 亿 m³,防洪库容 6.0 亿 m³,电站装机 36 万 kW,船闸设计为 1 000 吨级。工程建成后,南昌市的防洪标准可由 100 年一遇提高到 200 年一遇,赣东大堤防洪标准可由 50 年一遇提高到 100 年一遇,每年可增加 11.4 亿 kW·h 清洁电能,改善枢纽上游 77 km 航运条件,并为下游 33 万亩农田提供可靠的灌溉水源。

(二)项目进展

江西峡江水利枢纽工程概算总投资 992 216 万元,其中,中央预算内投资定额补助 288 000 万元,江西省省级财政负责安排 113 700 万元,其他渠道资金 590 516 万元。该工程于 2009 年开始施工准备,2010 年枢纽主体工程开工。2013 年,顺利通过了一期下闸蓄水阶段验收,首台(9#机)水轮发电机组具备发电条件,如期实现了工程控制性节点目标。2014 年,三期围堰完成拆除施工,18 孔泄水闸全部投入度汛过流。目前,9 台发电机组全部并网发电,累计发电量超过 4.8 亿 kW·h,发挥了防洪、发电、航运等综合效益。

二、项目运作模式

(一)建设管理体制

2003 年,江西省人民政府委托江西省水利厅负责组建峡江水利枢纽工程项目法人。2008 年,江西省人民政府成立了江西省峡江水利枢纽工程领导小组。2009 年,江西省水利厅在江西省峡江水利枢纽工程管理局的基础上组建江西省峡江水利枢纽工程建设总指挥部,作为项目法人,负责工程建设管理。

(二)合作机制

为了解决资金缺口问题,经江西省人民政府同意,将水电站从枢纽工程中剥离出来,通过出让水电站经营权为整个工程项目筹措建设资金。2009 年,江西省水利厅制订了《江西省峡江水利枢纽工程水电站出让方案》,出让水电站经营权 50 年。

江西省峡江水利枢纽工程水电站出让采用邀请招标方式。江西省水利厅同时向江西省投资集团公司、中国电力投资集团公司、中国华能集团公司、中国葛洲坝集团股份有限公司、大唐国际发电有限责任公司、新华水利水电投资有限公司、华润电力控股有限公司、中国国电集团公司等 8 家有投资意向的发电企业发出了《江西省峡江水利枢纽工程水电站出让洽谈邀请函》,邀请上述投资商与江西省水利厅就峡江水利枢纽水电站出让进行投资洽谈。中国电力投资集团公司以最高报价 39.16 亿元获得水电站经营权。

2010 年,经江西省政府授权,江西省水利厅与中国电力投资集团公司江西分公司、江西省水利投资集团公司签署《江西省峡江水利枢纽工程水电站出受让合同》，出让水电站经营权 50 年，受让方出资 39.16 亿元，在工程建设期内支付。受让方依法成立项目公司——江西中电投峡江发电有限公司，其股东单位包括：①中国电力投资集团公司江西分公司，持有项目公司 80% 的股权；②江西省水利投资集团公司，持有项目公司 20% 的股权。项目法人与项目公司按照机组投产时间逐台签署《机组交接书》，负责收取水电站出让款和水电站资产移交事宜；项目公司与江西电力公司签署《购售电合同》，负责结算售电收入。

三、借鉴意义

(一)以工程经营性功能和设施积极吸引社会资本

水利工程往往兼具公益性和经营性，为促进社会资本获得合理投资回报，可充分利用工程的经营性功能和设施，积极吸引社会资本投入，弥补整个工程建设的资金缺口。该工程通过将经营性较强的电站经营权部分剥离出来，科学确定了社会资本的参与范围，有助于更好地吸引社会资本参与工程建设运营。

(二)采用特许经营方式筹集项目建设资金

出让水电站经营权的方式对社会资本具有较强的吸引力，与政府作为项目法人贷款融资方式相比，这一融资模式不仅能够较好地解决峡江水利枢纽工程建设资金不足的问题，同时也大大减轻了政府在偿还建设期贷款利息、财政贴息等方面的支出压力。

(三)通过邀请招标择优选择社会投资主体

选择好项目投资主体是建立政府与社会资本合作(PPP)机制的关键。江西省水利厅在招标过程中，向多家有投资意向的发电企业发出邀请函，通过投资洽谈、竞争性报价等方式选择中标企业，体现了高效、经济、公平的特点。

(四)签订多项合同文本明确权、责、利关系

规范、严谨的合同文本是规范双方权利义务、建立激励约束机制的有效形式。该项目在推进过程中，有关利益主体之间签订了水电站出受让合同、发电机组交接书、购售电合同书等多项合同，明确了利益主体间的权、责、利关系，有助于项目的顺利实施和运营。

复习思考题

1. 试结合水利工程建设程序，阐释不同阶段水利工程项目造价管理的重点内容。

2. 赢得值法作为一项常用的项目费用、进度综合分析技术，如何应用和发挥项目管理功能？

3. 举例说明水利工程建设资金管理的具体措施，如：南水北调工程(或三峡工程)建设资金来源、资金管理办法以及具体管控措施。

4. 试结合本章案例，分析水利工程项目 PPP 融资模式应用的优势与短板。

第九章　水利工程项目质量管理

第一节　工程项目质量概述

　　随着经济的发展和施工技术的进步,我国工程建设质量正在不断提高。工程质量的优劣,直接关系到工程项目能否正常运行和发挥功能,关系到工程的使用寿命,关系到用户的利益、人民群众的生命与财产安全,甚至涉及区域经济和社会的稳定与发展。在工程项目质量形成过程中,对所有参建单位的建设活动进行全面的、科学的规范化管理,有效地保证工程质量,具有十分重要的意义。为了更好地实施质量保证,建立国际贸易所需要的质量共同规则,国际标准化组织(ISO)于 1976 年成立了质量管理和质量保证技术委员会(TC176),努力研究制定质量管理和质量保证标准。我国于 1994 年 12 月发布了 GB/T 19000 系列标准,等同采用 ISO9000 族标准。2000 年 12 月,国际标准化组织发布了修订后的 ISO9000、ISO9001 和 ISO9004 国际标准。2000 年 12 月,我国国家质量技术监督局正式发布 GB/T 19000—2000,等同采用国际标准化组织颁布的 9000(2000 年版)系列标准。1987 版 ISO9001 标准更多关注的是企业内部的质量管理和质量保证。1994 版 ISO9001 标准通过 20 个质量管理体系要素,在标准的范围中纳入用户要求、法规要求及质量保证要求。2000 版 ISO9001 标准在标准构思和标准目的等方面出现了变化,过程方法的概念、顾客需求的考虑、持续改进的思想贯穿于整个标准,在标准的要求中体现了组织对质量管理体系满足顾客要求的能力和程度。目前 ISO9001:2015 和 ISO9004:2018 已经被广泛应用于各个领域。

一、工程项目质量概述

(一)质量与工程质量

1. 质量

　　质量是实体满足明确或隐含需要的特性总和。"实体"是质量的主体,可以指活动或过程、产品、组织、体系或个人,也可以是上述各项的组合;"需要"指用户的需要,也可以指社会及第三方的需要;"明确需要"指甲乙双方在合同环境或法律环境中明确提出以合同、标准、规范、图纸、技术文件等方式做出规定,由生产企业实现的各种要求;"隐含需要"指没有任何形式给予明确规定,但却是人们普遍认同的、无须事先声明的需要;"特性"是社会需求是否得到满足,可用一系列定性或定量的特性指标来描述和评价,主要内容包括适用性、经济性、安全性、可靠性、美观性及与环境的协调性等方面的质量属性。

2. 工程质量

　　工程质量是工程结果或工程产品满足人们的认同程度,通过规范标准、合同等一系列措施、方法和手段进行评价表示,工程质量包括施工质量、工序质量和工作质量。

工程施工质量是指保证承建工程的使用价值和施工工程的适用性。施工质量是指符合国家施工项目有关法规、技术标准规定或合同规定的要求，满足用户在安全、使用功能、耐久性能、环境保护等方面所有明显和隐含需要能力的功能总和。在确定质量标准时，应在满足使用功能的前提下考虑技术的可能性、经济的合理性、安全的可靠性和与环境的协调性等因素。

工序质量也称生产过程质量。工程质量的形成是通过一个个工序来完成的，每一道工序质量都应满足下一道工序的质量标准，只有抓好每一道工序的质量，才能有效地保证工程的整体质量。

工作质量是指参与工程项目的建设者，为了保证工程项目实体质量所从事技术、组织工作水平和完善程度。工作质量包括社会调查、管理工作质量、技术工作质量、后勤工作质量、质量回访等。工程实体质量是按照建设项目建设程序，经过工程项目各个阶段逐步形成的，是各方面、各环节工作质量的综合反映，工作质量直接决定了实体质量。

(二)工程项目质量

工程项目质量是指能够满足业主(用户或社会)在适用性、可靠性、经济性、外观质量与环境协调等方面的需要，符合国家现行的法律、法规、技术规范和标准、设计文件及工程项目合同中对项目的安全、使用、经济等特性的综合要求。

工程项目质量的衡量标准根据具体工程项目和业主需要的不同而不同，通常包括：在前期工作阶段设定建设标准，明确工程质量要求；保证工程设计和施工的安全性、可靠性；对材料、设备、工艺、结构质量提出要求；工程投产或投入使用后达到预期质量水平，工程适用性、安全性、稳定性、效益良好。

(三)工程项目质量管理

工程项目质量管理是指导、控制组织保证提高项目质量而进行的相互协调的活动，以及对质量的工作成效进行评估和改进的一系列管理工作。目的是按既定的工期以尽可能低的成本达到质量标准。任务在于建立和健全质量管理体系，用工作质量来保证和提高工程项目实物质量。

我国工程建设领域推行全面质量管理。全面质量管理是以质量为中心，以全员参与为基础，对工作质量和工程质量进行全面控制。通过让顾客满意和本组织所有成员及社会受益，而达到长期成功的管理途径。工程项目质量管理是对工程项目质量形成全面、全员、全过程的管理。

质量管理是质量目标及质量职责的制定与实施。通过质量体系中的质量方针、质量策划、质量控制、质量保证和质量改进实现全部管理职能的所有活动。

质量目标是经具体化、系统化和现实化后的质量方针；质量职责是企业或单位各级职能部门在质量管理活动中所担负的职责范围。质量方针是由实施质量管理的企业最高管理者根据企业具体情况，制定正式发布的该企业的质量宗旨和方向。质量方针是企业内各职能部门全体人员质量活动的根本准则，是在较长时期中经营和质量活动的指导原则和行动指南。在组织内，质量方针具有严肃性和相对稳定性，与投资、技术改造、人力资源等其他方针相协调。为了实施质量方针，在企业内实行质量方针目标管理，需使质量方针具体化，成为可操作的质量目标。

质量策划是指为保证质量所采用质量体系要素的目标和要求的活动。质量策划的主要内容包括：提出企业质量方针和质量目标的建议；分析工程质量的要求，制定一系列保证工程质量的措施；对工程的质量、工期和成本三方面进行综合评审；策划施工过程的先后顺序、企业组织运作的工作流程；研究工程质量控制与检验的方法、手段，实施对供应商所供的材料、设备等的质量控制；对质量管理工作进行质量评审。质量控制是对质量形成的各个阶段进行及时的检验、评定，及时发现问题，找出影响质量的原因，采取纠正措施，防止质量问题的发生。

质量改进是为了满足供需双方的共同收益而采取的提高过程效益和效率的各项活动措施，提高质量管理的功能效果，达到对可能产生的质量问题进行预防的作用，使质量体系更趋完善，质量管理各个环节的运转更为畅通。质量保证是指为了表明工程项目能够满足质量要求，提供足够的信任，在质量体系中根据要求提供保证的有计划的、系统的全部活动。质量保证强调对用户负责的基本思想，企业在生产过程中需提供足够的证据。质量保证分为内部质量保证和外部质量保证，内部质量保证能使企业或单位对自身的产品或服务质量形成信任，外部质量保证在合同或其他环境中能使用户或社会对产品或服务质量形成信任。

二、工程项目质量的特点

由于工程项目产品具有位置固定、单件性、生产流动、生产周期长、体积大、整体性强、涉及面广、受自然气候条件影响大、工序多、协作关系复杂等特点，工程项目建设是一个综合性过程。工程项目质量的特点是由工程项目本身的特点决定的。

(一)影响质量的因素多

由于工程项目建设周期长，项目的决策、设计、材料、机械设备、施工操作方法、施工工艺、技术措施、管理制度、施工人员素质、施工方案、地形、地质、水文、气象等多种因素均直接或间接地影响工程项目质量。

(二)质量波动大

工程项目具有综合性，不像一般工业产品的生产那样，有固定的生产流水线，有规范化的生产工艺和完善的检测技术，有成套的生产设备和稳定的生产环境，影响工程项目质量的因素较多，任一因素出现变动，均会引起工程项目中的系统性质量变化，使工程质量产生波动。

(三)质量具有隐蔽性

在工程项目施工过程中，由于工序交接多、中间产品多和隐蔽工程多，若不及时进行质量检查，发现存在的质量问题，事后只能检查表面质量，只有严格控制每道工序和中间产品质量，才能保证质量。

(四)终检具有局限性

工程项目建成后，不可能像工业产品那样，根据终检来判断产品质量，将产品拆卸来检查内在的质量，工程项目最终检查，只能局限于表面，难以发现工程内在的、隐蔽的质量缺陷，工程项目的检查与评定应贯穿工程项目全过程。

三、工程项目质量管理的原则

认真贯彻保证质量的方针,做到好中求快、好中求省。工程项目质量形成的过程中,事先采取各种措施,控制影响质量的因素,使工程处于相对稳定的状态中。真正好的质量是用户满意的质量,把一切为了用户作为工作的出发点,贯穿到工程项目质量形成的各项工作中,要求每道工序立足于质量管理,保证工程项目质量使用户满意。质量管理原则是质量管理成功经验的科学总结,能促进企业管理水平提高、顾客对产品或服务的满意程度提高,使企业达到持续成功的目的。

(一)以顾客为关注焦点

企业依存于顾客,应理解顾客当前的和未来的需求,满足顾客的需求并争取超越顾客的期望。

(二)领导作用

领导在企业的质量管理中起决定的作用,只有领导重视,各项质量活动才能有效开展。领导者确立组织统一的宗旨与方向,创造和保持使员工积极参与实现组织目标的内部环境。

(三)全员参与

各级人员都是企业之本,只有全员充分参与,才能为组织带来收益。企业领导应对员工的质量意识等方面进行教育,发挥员工的积极性、责任感和创造精神,鼓励持续改进,给予一定的精神和物质奖励,为员工的能力、知识、经验的提高创造条件,为实现顾客满意的目标而奋斗。产品质量是产品形成过程中全体人员共同努力的结果。

(四)过程方法

将有关的资源和活动作为过程进行管理,可更高效地得到期望的结果。任何使用资源生产活动和将输入转化为输出相关联的活动都作为过程。对控制点实行测量、检测和管理,有效实施过程控制。

(五)管理的系统方法

将相关联的过程作为系统加以识别、理解和管理,有助于企业提高目标的有效性和效率。企业按照自己的特点,建立资源管理、过程实现、测量分析改进等方面的关系,加以控制。通过过程网络的方法建立质量管理体系,实施系统管理。建立实施质量管理体系包括:确定顾客期望;建立质量目标和方针;确定实现目标的过程和职责;确定必须提供的资源;制定测量过程有效性的方法;实施测量过程确定有效性;确定防止不合格的产生,清除产生原因的措施;制定和应用持续改进质量管理体系的过程。

(六)持续改进

持续改进总体业绩是企业的一个永恒目标,作用在于增强企业满足质量要求的能力,包括产品质量、过程与体系的有效性和效率的提高。持续改进是增强和满足质量要求能力的永久活动,使企业的质量管理走上良性运行的轨道。

(七)基于事实的决策方法

有效的决策建立在数据和信息分析的基础上,企业领导应重视数据信息的收集、汇总和分析,为决策提供依据。

(八)与供方互利的关系

企业与供方是互相依存的,双方的互利关系可增强双方创造价值的能力。供方提供的产品是企业产品的组成部分。处理好与供方的关系,是涉及企业持续稳定提供顾客满意产品的重要问题。与供方应建立互利关系,使企业与供方双赢。

四、工程项目质量管理体系

(一)建立质量管理体系

以顾客为关注焦点,按照质量管理原则,在明确市场和顾客需求的前提下,制定质量方针、质量目标、质量手册、程序文件、质量记录等体系文件,建立完善的质量管理体系。

建立质量管理体系有助于实现以下目标:按用户指定的设计方案施工,使工程产品达到规定的使用要求;工程产品在适用性、可靠性、耐久性、经济性和美观性方面同时达到用户的预期标准;使施工项目质量符合技术规范的要求和相关标准的规定;使施工活动符合有关安全与环境保护方面的法令或条例的要求;使工程产品费用低、质量优,获得良好的经济效益。

建立质量管理体系的程序,通常包括质量管理体系文件的编制、质量管理体系的运行等阶段。

1. 质量管理体系文件的编制

质量管理体系文件由质量手册、质量管理程序文件、质量计划、质量记录等部分组成。

1) 质量手册

质量手册是组织重要的法规性文件,具有强制性、系统性、协调性、先进性、可行性。质量手册应反映组织的质量方针,概述质量管理体系的方向、目标,起到总体规划和加强各部门间协调的作用。质量手册起着确立各项质量活动的指导方针和原则的重要作用,质量活动应遵循质量手册。质量手册有助于质量管理体系的建立,能向顾客或认证机构清楚地描述质量管理体系。质量手册是良好管理工具和培训教材,便于克服员工流动对工作连续性的影响。质量手册也是许多招标项目所要求的投标必备文件。

质量手册的内容一般包括:①质量方针和质量目标;②组织机构与质量职责;③基本控制程序;④质量手册的管理和控制办法。各组织可以根据实际需要确定各部分的内容。

2) 质量管理程序文件

质量管理程序文件是质量手册的支持性文件,质量管理程序可以是质量手册的一部分或质量手册的具体展开。它不同于一般程序文件,是对质量管理的过程方法所需的质量活动的描述。

质量管理程序的内容一般包括下列 6 个方面:①文件控制程序;②质量记录管理程序;③内部审核程序;④不合格控制程序;⑤纠正措施控制程序;⑥预防措施控制程序。

3) 质量计划

质量手册和质量管理程序所规定的是各种产品都适用的要求和方法。但对于特定产品的特殊性,质量计划作为一种管理方法,将某产品、项目或合同的特定要求与现行通用的质量管理程序相连接,使产品的特殊质量要求能通过有效的措施得以实现,大大提高了质量管理体系适应各种环境的能力。

4) 质量记录

质量记录是产品质量水平和质量管理体系中各项质量活动进行结果的客观反映,应完整反映质量活动的实施,以规定的形式记录程序过程参数,用以证明达到了合同要求的产品质量。

2. 质量管理体系的运行

质量管理体系的运行是在生产的全过程中执行质量管理体系文件、质量管理体系要求,为保证质量管理体系持续有效实施的动态过程。

企业只有认识到位、质量管理部门积极负责,全体员工共同努力,使各单位的工作在目标、分工和时间安排与空间布置等各方面协调一致,才能实现质量管理体系的有效运转,使其真正发挥作用。通过动态控制方法,建立质量信息系统,使企业的各项质量工作与工程实体质量始终处于受控状态,对维护质量管理体系的正常运行具有重要的保证作用。管理考核到位,开展纠正与预防活动,有组织、有计划地开展内审活动,由经过培训取得内审资格的人员对质量管理体系的符合性、有效性、执行情况进行验证,发现问题,及时制定纠正与预防措施,进行质量的持续改进,保证质量管理体系的有效运行。

(二) 质量管理体系的认证

1. 质量认证的意义

近年来,随着工业的发展和国际贸易的增长,各国普遍重视质量认证制度。通过公正的第三方认证机构对产品或质量管理体系进行评定与注册活动,做出正确、可信的评价。在我国,由国家技术监督局质量体系认证委员会认可的质量体系认证专门机构对施工承包企业的质量体系进行认证。

企业获取第三方认证机构的质量管理体系认证,按产品认证制度实施的产品认证,需要对质量管理体系进行检查和完善,保证认证的有效性,对质量管理体系实施检查和评定,发现问题,及时加以纠正,有利于促进企业建立与完善质量管理体系,切实提高质量管理工作水平,使人们对产品质量建立信心。企业通过质量管理体系认证机构的认证,获取合格证书和标志,证明具有生产满足顾客要求产品的能力,大大提高企业的信誉,增强市场竞争能力。

通过产品质量认证或质量管理体系认证,企业准予使用认证标志,予以注册公布,使顾客了解企业的产品质量,保护消费者的利益。实施第三方质量认证,为缺少测试设备、缺少有经验的人员或远离供方的用户带来了许多方便,降低了进行重复检查的费用。建立完善的质量管理体系,可以较好地解决质量争议,有利于保护供需双方的利益。各国的质量认证机构都在努力签订双边或多边认证合作协议,取得认可。企业一经获得国际上有权威的认证机构的产品质量认证或质量管理体系注册,便可得到各国的认可,可享有一定的优惠待遇,如免检、减免税等,有利于开拓国际市场,增强竞争能力。

2. 质量管理体系认证

1) 申报

申请单位填写申请书及附件,向认证机构提出书面申请。附件通常包括质量手册的副本、申请认证质量管理体系所覆盖的产品简介、申请方的基本信息等。

认证机构对申请方的申请材料进行审查。通过审查符合申请要求规定,则由认证机构给申请单位发出"接受申请通知书",通知申请方与认证有关的工作,预交认证费用。如通过审查不符合要求的规定,认证机构需及时要求申请单位做必要的修改或补充,符合规定要求后发出"接受申请通知书"。

2)认证机构审核

认证机构对申请的质量管理体系进行检查和评定,基本工作程序包括:

(1)文件审核。文件审核主要是申请书的附件(申请单位的质量手册与说明申请单位质量管理体系的其他材料)。

(2)现场审核。现场审核的目的是通过查证质量手册的执行情况,检查和评价申请单位质量管理体系运行的有效性,说明满足认证标准的能力。

(3)提出审核报告。审核报告是现场检查和评定的证实材料,通过审核组全体成员签字后报送审核机构,在现场审核完成后编写审核报告。

3. 审批与注册发证

认证机构对审核组提出的审核报告进行全面的审查,经审查符合标准,批准通过认证予以注册,颁发认证证书。若经审查,需要改进,则认证机构书面通知申请单位需要修正的问题与完成修正的期限,到期证明确实达到了规定的条件后,可批准认证注册发证。若经审查,不予批准认证,则由认证机构说明不予批准的理由,书面通知申请单位。

第二节　水利工程项目质量责任体系和监督管理

根据水利工程质量管理规定,为了加强对水利工程的质量管理,保证水利工程质量,凡在中华人民共和国境内从事水利工程建设活动的单位(包括项目法人、监理、设计、施工等单位)或个人,必须遵守水利工程质量管理规定。水利工程质量是指在国家和水利行业现行的有关法律、法规、技术标准和批准的设计文件及工程合同中,对兴建的水利工程的安全、适用、经济、美观等特性的综合要求。

一、水利工程项目质量责任体系

水利工程项目的参建各方,应根据国家颁布的《建设工程质量管理条例》《水利工程质量管理规定》以及有关的合同、协议、有关文件的规定承担相应的质量责任。

水利部负责全国水利工程质量管理工作。各流域机构负责本流域由流域机构管辖的水利工程的质量管理工作,指导地方水行政主管部门的质量管理工作。各省、自治区、直辖市水行政主管部门负责本行政区域内水利工程的质量管理工作。

水利工程质量实行项目法人(建设单位)负责、监理单位控制、施工单位保证和政府监督相结合的质量管理体制。水利工程质量由项目法人(建设单位)负全面责任。监理、施工、设计单位按照合同及有关规定对各自承担的工作负责。质量监督机构履行政府部门监督职能,不代替项目法人(建设单位)、监理、设计、施工单位的质量管理工作。水利工程建设各方均有责任和权利向有关部门和质量监督机构反映工程质量问题。

(一)项目法人(建设单位)的质量责任

项目法人(建设单位)应根据国家和水利部有关规定依法设立,主动接受水利工程质量监督机构对其质量体系的监督检查。项目法人(建设单位)应根据工程规模和工程特点,按照水利部有关规定,通过资质审查招标选择勘测设计、施工、监理单位,实行合同管理。在合同文件中,必须有工程质量条款,明确图纸、资料、工程、材料、设备等的质量标准及合同双方的质量责任。项目法人(建设单位)要加强工程质量管理,建立健全施工质量检查体系,根据工程特点建立质量管理机构和质量管理制度。

项目法人(建设单位)在工程开工前,应按照规定向水利工程质量监督机构办理工程质量监督手续。在工程施工过程中,应主动接受质量监督机构对工程质量的监督检查。项目法人(建设单位)应组织设计和施工单位进行设计交底;施工中应对工程质量进行检查,工程完工后,应及时组织有关单位进行工程质量验收、签证。

(二)勘察设计单位的质量责任

勘察设计单位必须按照其资质等级及业务范围承担勘测设计任务,主动接受水利工程质量监督机构对其资质等级及质量体系的监督检查。设计单位必须建立健全设计质量保证体系,加强设计过程的质量控制,健全设计文件的审核、会签批准制度,做好设计文件的技术交底工作。

设计文件必须符合下列基本要求:

(1)设计文件应当符合国家、水利行业有关工程建设法规、工程勘测设计技术规程、标准和合同的要求。

(2)设计依据的基本资料应完整、准确、可靠,设计论证充分,计算成果可靠。

(3)设计文件的深度应满足相应设计阶段有关规定要求,设计质量必须满足工程质量、安全需要,符合设计规范的要求。

设计单位应按照合同规定及时提供设计文件及施工图纸,在施工过程中要随时掌握施工现场情况,优化设计,解决有关设计问题。对大中型工程,设计单位应按照合同规定在施工现场设立设计代表机构或派驻设计代表。设计单位应按照水利部有关规定在阶段验收、单位工程验收和竣工验收中,对施工质量是否满足设计要求提出评价意见。

(三)施工单位质量责任

施工单位必须按其资质等级和业务范围承揽工程施工任务,接受水利工程质量监督机构对其资质和质量保证体系的监督检查。

施工单位必须依据国家、水利行业有关工程建设法规、技术规程、技术标准的规定以及设计文件和施工合同的要求进行施工,并对其施工的工程质量负责。施工单位必须按照工程设计图纸和施工技术标准施工,不得擅自修改工程设计。施工单位在施工过程中发现设计文件和图纸有差错的,应当及时提出意见和建议。

施工单位不得将其承接的水利建设项目的主体工程进行转包。对工程的分包,分包单位必须具备相应资质等级,并对其分包工程的施工质量向总包单位负责,总包单位与分包单位对分包工程的质量承担连带责任。总包单位对全部工程质量向项目法人(建设单位)负责。工程分包必须经过项目法人(建设单位)的认可。

施工单位要推行全面质量管理,建立健全质量保证体系,制定和完善岗位质量规范、质量责任及考核办法,落实质量责任制。在施工过程中要加强质量检验工作,认真执行"三检制",切实做好工程质量的全过程控制。施工单位应当建立、健全教育培训制度,加强对职工的教育培训;未经教育培训或者考核不合格的人员,不得上岗作业。

若工程发生质量事故,施工单位必须按照有关规定向监理单位、项目法人(建设单位)及有关部门报告,并保护好现场,接受工程质量事故调查,认真进行事故处理。

竣工工程质量必须符合国家和水利行业现行的工程标准及设计文件要求,并应向项目法人(建设单位)提交完整的技术档案、试验成果及有关资料。

(四)监理单位的质量责任

监理单位必须持有水利部颁发的监理单位资格等级证书,依照核定的监理范围承担相应水利工程的监理任务。工程监理单位与被监理工程的施工承包单位以及建筑材料、建筑构配件和设备供应单位有隶属关系或者其他利害关系的,不得承担该项建设工程的监理业务。

监理单位必须接受水利工程质量监督机构对其监理资格质量检查体系及质量监理工作的监督检查。监理单位必须严格执行国家法律、水利行业法规、技术标准,严格履行监理合同。

监理单位根据所承担的监理任务向水利工程施工现场派出相应的监理机构,人员配备必须满足项目要求。监理工程师上岗必须持有水利部颁发的监理工程师岗位证书,一般监理人员上岗要经过岗前培训。

监理单位应根据监理合同参与招标工作,从保证工程质量全面履行工程承建合同出发,签发施工图纸;审查施工单位的施工组织设计和技术措施;指导监督合同中有关质量标准、要求的实施;参加工程质量检查、工程质量事故调查处理和工程验收工作。

(五)建筑材料、设备采购的质量责任

建筑材料和工程设备的质量由采购单位承担相应责任。凡进入施工现场的建筑材料和工程设备均应按有关规定进行检验。经检验不合格的产品不得用于工程。

建筑材料和工程设备的采购单位具有按合同规定自主采购的权利,其他单位或个人不得干预。

建筑材料或工程设备应当符合下列要求:

(1)有产品质量检验合格证明。

(2)有中文标明的产品名称、生产厂名和厂址。

(3)产品包装和商标式样符合国家有关规定和标准要求。

(4)工程设备应有产品详细的使用说明书,电气设备还应附有线路图。

(5)实施生产许可证或实行质量认证的产品,应当具有相应的许可证或认证证书。

按照上述工程质量责任的划分,为了保证工程质量,需要各责任方要建立质量管理体系,包括项目业主的质量管理体系、监理单位的质量控制体系、施工方的质量保证体系、政府的质量监督体系等。

二、水利工程质量监督

依据《建设工程质量管理条例》《水利工程质量管理规定》《水利工程质量监督管理规定》,国家实行建设工程质量监督管理制度。政府对水利工程质量实行监督制度。水利工程质量实行项目法人(建设单位)负责、监理单位控制、施工单位保证和政府监督相结

合的质量管理体制。水利工程质量监督机构是水行政主管部门对水利工程进行监督管理的专职机构,对水利工程质量进行强制性的监督管理。

水利工程按照分级管理的原则由相应水行政主管部门授权的质量监督机构实施质量监督。水利工程质量监督机构,必须按照水利部有关规定设立,经省级以上水行政主管部门资质审查合格,方可承担水利工程的质量监督工作。各级水利工程质量监督机构,必须建立健全质量监督工作机制,完善监督手段,增强质量监督的权威性和有效性。各级水利工程质量监督机构,要加强对贯彻执行国家和水利部有关质量法规、规范情况的检查,坚决查处有法不依、执法不严、违法不究以及滥用职权的行为。

(一) 水利工程质量监督机构的设置及其职责

1. 水利工程质量监督机构的设置

水行政主管部门主管水利工程质量监督工作。水利工程质量监督机构按总站、中心站、站三级设置。

(1)水利部设置水利工程建设质量与安全监督总站,办事机构设在水利部建设管理与质量安全中心。

(2)各省、自治区、直辖市水利(水务)厅(局)和新疆生产建设兵团水利局设置水利工程建设质量与安全监督中心站。

(3)各地(市)水利(水务)局设置水利工程建设质量与安全监督站。

各级质量监督机构隶属于同级水行政主管部门,业务上接受上一级质量监督机构的指导。水利工程建设质量与安全监督站是相应质量监督机构的派出单位。

2. 水利工程质量监督机构的主要职责

水利工程建设质量与安全监督总站负责全国水利工程的监督和管理,其主要职责包括:贯彻执行国家和水利部有关工程建设质量管理的方针、政策;制定水利工程质量监督、检测的有关规定和办法,并监督实施;归口管理全国水利工程的质量监督工作,指导各中心站的质量监督工作;对部直属重点工程组织实施质量监督;参加工程的阶段验收和竣工验收;监督有争议的重大工程质量事故的处理;掌握全国水利工程质量动态;组织交流全国水利工程质量监督工作经验,组织培训质量监督人员;开展全国水利工程质量检查活动。

各流域水利工程质量监督部门对本流域内下列工程项目实施质量监督:总站委托监督的部属水利工程;中央与地方合资项目,监督方式由分站和中心站协商确定;省(自治区、直辖市)界及国际边界河流上的水利工程。

各地(市)水利工程建设质量与安全监督站的职责,由各中心站进行制定。项目站(组)职责应根据相关规定及项目实际情况进行制定。

(二) 水利工程质量监督机构监督程序及主要工作内容

项目法人(建设单位)应在工程开工前到相应的水利工程质量监督机构办理监督手续,签订《水利工程质量监督书》。

水利工程建设项目质量监督方式以抽查为主。大型水利工程应建立质量监督项目站,中、小型水利工程可根据需要建立质量监督项目站(组),或进行巡回监督。

监督的主要内容如下:

(1)对监理、设计、施工和有关产品制作单位的资质进行复核。

(2)对建设、监理单位的质量检查体系和施工单位的质量保证体系以及设计单位现场服务等实施监督检查。

(3)对工程项目的单位工程、分部工程、单元工程的划分进行监督检查。

(4)监督检查技术规程、规范和质量标准的执行情况。

(5)检查施工单位和建设、监理单位对工程质量检验和质量评定情况。

(6)在工程竣工验收前,对工程质量进行等级核定,编制工程质量评定报告,并向工程竣工验收委员会提出工程质量等级的建议。

水利工程质量监督机构,按照国家和水利行业有关工程建设法规、技术标准和设计文件实施工程质量监督,对施工现场影响工程质量的行为进行监督检查。工程建设、监理、设计和施工等单位在工程建设阶段,必须接受质量监督机构的监督。工程竣工验收前,必须经质量监督机构对工程质量进行等级核验。未经工程质量等级核验或者核验不合格的工程,施工单位不得交验,工程主管部门不能验收,工程不得投入使用。

(三)水利工程质量检测

在监督过程中,质量检测是进行质量监督和质量检查的重要手段。根据需要,质量监督机构可委托经计量认证合格的检测单位,对水利工程有关部位以及所采用的建筑材料和工程设备进行抽样检测。水利工程质量检测单位,必须取得省级以上计量认证合格证书,并经水利工程质量监督机构授权,方可从事水利工程质量检测工作,检测人员必须持证上岗。

质量监督机构根据工作需要,可委托水利工程质量检测单位承担以下主要任务:

(1)核查受监督工程参建单位的试验室装备、人员资质、试验方法及成果等。

(2)根据需要对工程质量进行抽样检测,提出检测报告。

(3)参与工程质量事故分析和研究处理方案。

(4)质量监督机构委托的其他任务。

水利部水利工程质量监督机构认定的水利工程质量检测机构出具的数据是全国水利系统的最终检测。各省级水利工程质量监督机构认定的水利工程质量检测机构所出具的检测数据是本行政区域内水利系统的最高检测。

第三节　水利工程项目质量控制

工程项目质量控制是指为达到工程项目质量要求所采取的作业技术和活动。作业技术指的是施工技术与施工管理技术,是质量控制的重要手段和方法。活动是指具有相关技术和技能的人运用作业技术开展的有组织、有计划、系统的质量活动。作业技术是直接产生产品质量或服务质量的条件,但并不是具备相关作业技术能力的人都能产生合格的质量,还必须通过科学管理组织协调好作业技术活动过程,以充分发挥质量形成能力,达到预期的质量目标。

质量控制的目的在于排除过程中导致质量不满意的原因。质量控制分事前质量控制、事中质量控制和事后质量控制,应使每一道工序的作业技术和活动都处在有效的受控状态,防止质量事故的发生。

一、施工生产要素质量控制

影响工程项目施工质量的因素主要有五个方面,即人(Man)、材料(Material)、机械(Machine)、方法(Method)、环境(Environment),通常称为 4M1E。施工过程中对这五个因素加以严格控制,是确保工程项目施工质量的关键。

(一)人的控制

人是指直接参与项目建设的决策者、组织者、管理者和参与施工作业活动的具体操作人员。人是生产过程的活动主体,也是质量控制对象,要做到合理用人,发挥团队精神,充分调动人的积极性、主动性和创造性。人的控制包括人的技术水平、专业能力、生理条件、心理行为、劳动组织纪律、职业道德等。

为了保证和提高工程项目质量,应加强全体人员的质量教育,主要内容如下:

(1)使工人熟练掌握应知应会的技术和操作规程等。技术和管理人员应熟悉施工验收规范,质量评定标准,原材料、构配件和设备的技术要求与质量标准,以及质量管理方法等。专职检验人员要能正确掌握检验、测量和试验方法,熟练使用仪器、仪表和设备。

(2)使企业全体人员知道质量管理知识的基本思想、基本内容,掌握常用的统计方法和质量标准,明确质量管理的性质、任务和工作方法等。

(3)树立"质量第一"和"为用户服务"的思想,让全体人员认识到保证和提高质量对国家、企业和个人的重要意义。

(二)材料的控制

材料(包括原材料、成品、半成品、构配件等)是工程项目施工的物质保证条件,材料质量是保证施工项目质量极为重要的因素。材料质量控制主要从以下工作环节来落实。

1. 材料的采购

施工需要采购的材料应根据工程特点、施工合同、材料种类范围、材料性能要求和价格因素等条件进行综合考虑。应要求材料供应商呈送材料样品或对材料生产厂家进行实地考查,优选供应厂家,建立常用材料的供应商信息库,及时追踪材料市场信息,建立收货检验的质量认定和质量跟踪档案制度;保证适时、适地、按质、按量、全套齐备地供应施工生产所需要的各种材料。

2. 材料的质量检验

一般情况下,未经检验合格的材料不允许用于工程实体。如确因生产急需,来不及对材料进行检验和试验,则必须经过相应授权人员的批准,做好明确的标识和记录之后,才可投入使用,以保证发现不符合规定要求时,已投入使用的材料能被立即追回或作更换处理。

材料质量检验是通过一系列的检测手段,将所取得的材料数据与材料质量标准和工艺规范进行比较,借以判断材料质量的可靠性和能否用于工程实体。

材料质量检验方法有书面检验、外观检验、理化检验和无损检验四种,根据材料来源和材料质量保证资料的具体情况,材料质量的检验包括免检、抽检和全部检验方式。

3.材料的存储保管与使用

施工承包企业应在施工现场切实加强存储保管与使用方面的管理,避免因现场材料大量积压变质或误用而造成质量问题,如因保管不当造成水泥受潮结块、钢筋锈蚀等。还应切实做好材料使用管理工作,坚持对各种材料严格按不同规格品种分类堆放、挂牌标志的做法,避免混料或将不合格的原材料使用到工程上。

(三)机械设备的控制

施工机械设备是实现施工机械化的重要物质基础。按照具体工程项目的施工工艺特点与技术要求,合理选用施工机械设备,优选设备供应厂家和专业供方,设备进场后,应对设备的名称、型号、规格、数量的清单逐一查收,保证工程项目设备的质量达到设计要求;设备安装依据有关设备的技术要求和质量标准,安装过程中控制好土建和设备安装的交叉流水作业;设备调试依据设计要求和程序进行,分析调试结果;配套投产,达到项目的设计生产规定。

施工机械设备质量控制的目标是实现机械设备类型、性能参数、使用条件与施工现场实际生产需要、施工工艺、技术规定等因素相匹配,始终保持设备的良好使用状态,达到施工生产规定。因此,施工承包企业应按照技术先进、经济合理、生产适用、性能可靠、使用安全的原则,选配施工生产机械设备,合理组织施工;应正确使用、管理、保养和检修好施工机械设备,严格实行人机固定、岗位责任和安全使用制度,使用过程中遵守机械设备的技术规定,做好机械设备的保养工作,包括清洁、润滑、调整、紧固和防腐工作,使机械设备处于最佳的使用状态,确保施工生产质量。

(四)方法的控制

施工方法控制是对为完成项目施工过程而采取的施工技术方案、施工工艺、施工组织设计、施工技术措施、质量检测手段所进行的控制。全面正确地分析工程特征、技术关键和环境条件等,明确质量目标、验收标准控制的重点、难点;制订合理有效的施工技术方案和组织措施;合理地选用施工机械设备,合理布置施工总平面图和各阶段施工平面图;制订工程所采用的新技术、新工艺、新材料的技术方案和质量管理方案;根据工程具体情况,制定环境不利因素对施工影响的应对措施。

(五)环境的控制

影响工程项目质量的环境因素较多,有工程技术环境,如工程地质、水文、气象等;工程项目管理环境,如质量保证体系、质量管理工作制度等;劳动环境,如劳动组合、劳动工具、工作面等。环境因素对工程项目质量的影响具有复杂而多变的特点。

对水文地质等方面影响因素的控制,应根据施工现场水文地质和气象条件,分析资料,预测不利因素,编制施工方案,采取相应的措施,加强环境保护和治理。建立施工现场组织系统运行机制和施工项目质量管理体系;正确处理好施工过程安排与施工质量形成的关系,使两者能够相互协调、相互促进;做好和施工项目外部环境的协调,包括与有关各方面的沟通、协调,以保证施工顺利进行,提高施工项目质量,创造良好的外部环境和氛围。在施工现场,应建立起文明施工和文明生产的环境,规范材料、构件堆放管理工作,保证道路畅通,工作场所清洁整齐,加强施工秩序,为确保工程质量和施工安全创造良好条件。

二、施工质量控制

施工质量控制的目标是执行国家在工程质量管理方面相关的法律法规和强制性标准的规定要求,正确配置施工生产质量要素,运用科学的管理方法达到工程预期的使用功能和质量标准。

(一)施工准备质量控制(事前质量控制)

工程项目施工准备阶段的质量控制是指项目正式开工前进行的施工准备工作和项目开工后经常进行的施工准备工作实施的各种质量控制活动。认真做好施工准备工作,积极为工程项目创造施工条件,是工程项目施工的顺利进行的基础,不但可使工程质量得到保证,而且还可促使工程成本有效降低、缩短工程项目施工周期;施工准备工作是施工承包企业生产经营管理工作的重要组成部分,基本任务是为工程项目施工建立必要的技术和物质条件,统筹安排施工资源和施工现场,保证项目施工和设备安装活动的顺利进行。因此,施工准备工作的质量控制对形成工程项目施工质量具有重要的意义。具体的工作内容包括以下几个方面。

1. 技术准备

技术准备工作是施工准备工作的核心内容。技术准备工作的质量控制主要包括施工图纸的熟悉和会审,编制项目施工组织设计,组织技术交底,编制施工图预算和施工预算,对施工项目建筑地点的自然条件、技术经济条件的调查分析等各项工作的控制。

设计文件和施工图纸的学习是进行质量控制和规划的重要而有效的方法。施工人员应熟悉、了解工程项目特点、设计意图和掌握关键部位的工程质量要求,做到按图施工。通过图纸审查,可以及时发现存在的问题,提出修改意见,帮助设计单位提高设计质量,避免产生技术事故或产生工程质量问题。图纸会审由建设单位或监理单位主持,设计单位、施工单位参加,并写出会审纪要。图纸审查应抓住关键,特别注意构造和结构的审查。

施工组织设计是对工程项目施工的各项活动做出全面的构思和规划,指导准备和全过程的技术经济文件,基本任务是使工程项目施工建立在科学合理的基础上,确保工程项目取得良好的经济效益和社会效益。施工组织设计按照设计阶段和编制对象的不同,一般分为施工组织总设计,单位工程施工组织设计,难度大、技术复杂或新技术项目的分部分项工程施工设计三大类。施工组织设计通常包括工程概况、工程实施方案、工程准备工作计划、工程进度计划、技术质量措施、安全文明施工措施、各项资源需要量计划、工程项目施工平面图、技术经济指标等内容。施工组织设计质量控制起主要作用的是施工方案,主要包括施工程序、流水段的划分、主要项目的施工技术、施工机械的采用,保证质量、安全施工、冬季和雨季施工、污染防止等方面的预控方法和具体的技术组织措施。

技术交底是经常性的技术工作,可分级分阶段进行。技术交底以工程项目设计图纸、施工组织设计、工程质量验收标准、施工验收规范、操作规程等为依据,编制交底文件,必要时可用现场示范操作等形式进行,应做好书面交底记录。目的是使参与工程项目施工人员对施工对象的设计情况、建筑结构特点、技术规定、施工工艺、质量标准和技术安全措施等方面进行较详细的认识,做到心中有数,能够科学地组织施工与合理地安排工序,避免发生技术错误或操作错误。

2.物资准备

物资准备的质量控制包括施工需要原材料的准备、构配件和制品的加工准备、施工机具准备、生产工艺设备的准备等。材料、构配件、制品、机具和设备是确保施工过程正常、顺利、连续进行的物资基础。采购前,应按先评价后选择的原则,由明确物资技术标准和管理要求的人员,对选择供方的技术、管理、质量检测、工序质量控制与售后服务等质量保证能力进行调查,对信誉与产品质量的实际检验进行评价,综合比较各供方,做出综合评价,选择合格的供方建立供求关系。

3.组织准备

组织准备是指为工程项目施工过程的顺利展开而进行的人员组织与安排工作。组织准备工作的质量控制包括建立项目组织机构、编制评审施工项目管理方案、集结施工队伍、对施工队伍进行培训教育、建立精干的施工作业班组、建立健全有关管理制度等控制活动。

4.施工现场准备

施工现场准备工作是为工程项目的施工创造良好的施工环境和施工条件。施工现场准备工作的质量控制包括控制网、水准点、标桩的测量工作,"四通一平",生产、生活临时设施的准备,组织施工机具、材料进场,拟定试验、技术开发和技术进步项目计划,编制季节性施工措施,制定施工现场管理制度等。

5.现场外施工准备

除在施工现场内进行的准备工作外,还包括在施工现场外进行的准备工作。场外施工准备工作的质量对工程项目施工质量同样重要,内容包括签订建筑材料、构配件、建筑制品、工艺设备的加工订货等合同,与相关配合协作单位签署协作议定书;工程总承包商或主承包商将总包的工程项目,按照专业性质或工程范围分包给若干个分包商来完成,为了保证分包工程的质量、工期和现场管理能达到总合同的要求,总承包商应由主管部门和人员对选择的分包商,包括建设单位指定的分包商,进行资格文件审查,考察已完工程施工质量等方法,对分包商的技术及管理实务、特殊及主体工程人员资格、机械设备能力及施工经验,严格进行综合评价,决定是否可作为合作伙伴,并依法订立工程分包合同。

(二)施工过程质量控制(事中质量控制)

1.过程控制

对进入现场的物料及施工过程中的半成品,如水泥、钢材、钢筋连接接头、砂浆、混凝土、预制构件等,应按规范、标准和设计的要求,按照对质量的影响程度和使用部位重要程度的不同,在使用前运用抽样检测或全数检测等形式进行检测,对涉及结构安全的,应由建设单位或监理单位现场见证取样,送有资格的单位检测,确定质量的可靠性。严禁将未经检测或检测不合格的材料、半成品、构配件、设备等投入使用。

施工过程控制要求自始至终对产品生产过程中影响质量的人、材料、机械、方法、环境各因素严格控制;根据产品生产的实际需要编制、实施质量体系文件;按照产品特性及过程参数实施质量监控;对生产过程中出现的不合格品严格依据规定程序处理;认真填写质量记录,保证产品质量;严格各项规章制度及质量责任制。

2. 实施工序质量控制

工程项目的施工过程是由一系列相互关联、相互制约的工序所构成的。工程项目质量是在施工工序中形成的，而不是最后检验出来的。工序质量是工程实体质量的基础，直接影响工程项目的整体质量。工序质量控制的内容，一是工序活动条件的质量控制，即每道工序投入的人、材料、机械设备、方法和环境质量符合规定要求；二是工序活动效果的质量控制，即每道施工工序完成的工程产品达到有关质量标准。

1) 工序质量控制点

质量控制点是为了保证工序质量而将施工质量难度大、对质量影响大或是发生质量问题时危害大的对象设置为质量控制工作的重点，便于在一定时期内、一定条件下进行重点与强化管理，有效地消除易于发生的质量隐患，使施工工序质量处于良好的被控制状态。对于具体工程项目，质量控制点的设置对象应根据重要性、复杂性，准确、合理地选择质量控制点。对技术要求高、施工难度大的关键性工程部位，重点控制操作人员、材料、机械设备、施工工艺等；针对质量通病或容易产生不合格产品的薄弱环节，应提前制定有效措施，实施重点控制；采用新工艺、新技术、新材料的部位或环节需要特别重视。凡是影响质量控制点的因素都可作为质量控制点的对象。所以，人、材料的质量和性能、设备、施工方法、关键性操作、施工工序、施工顺序、技术参数、施工环境等均可设置为质量控制点，但对不同的质量控制点，影响是不同的，应区别对待，重要因素重点控制。

在设置质量控制点后，要列出质量控制点明细表，设计质量控制点流程图，找出影响质量的主要因素，制定出主要影响因素的控制范围和要求，编制保证项目质量的作业指导书。严格要求操作人员依据作业指导书进行操作，确保各环节的施工质量；质量检查及监控人员在施工现场进行重点指导、检查和验收；按照规定做好质量检查和验收，认真记录检查结果；运用数理统计方法对检查结果进行分析，不断进行质量改进。

2) 严格遵守工艺规程

任何人都必须严格执行施工操作的要求和法规，保证工序质量。

3) 控制工序活动条件的质量

保证每道工序的质量始终处于正常、稳定状态，控制影响质量的人、材料、机械设备、施工方法、施工环境等。

4) 及时检查工序活动效果的质量

加强质量检查，做好统计分析工作，及时进行处理，使工序活动效果的质量能够满足有关规范的要求。

3. 施工过程质量检查

施工过程质量检查指工序施工中或上道工序完工转入下道工序时所进行的质量检查，有效地保证工程项目的施工质量。包括以下各项检查内容。

1) 质量自检和互检

自检是由操作人员对施工工序或已完成的分项工程进行自我检查，实施自我控制，防止不合格品进入下道工序。互检是操作人员之间对所完成的工序或分项工程进行相互检查，是对自检的一种复核和确认。

2）工序质量监督与检查

监督、检查所有工序投入品质量是否处于良好状态，重点监督、检查施工难度大、易于产生质量通病的施工对象，通过进行巡视检查、专业检查和最终检查，严格控制施工操作质量。

3）工序交接检查

在自检、互检的基础上组织专职质检人员进行工序的交接检查。

4）隐蔽工程检查

隐蔽工程是指施工完毕后将被隐蔽，无法或很难进行检查的分部、单元工程，如地基、基础、基础与主体结构各部位钢筋、现场结构焊接、防水工程等。

通过隐蔽工程的检查，可确保工程质量符合规定要求，有利于发现问题及时处理。属隐蔽工程的，须经过检查认证后方可覆盖。

5）单元、分部工程的质量检查

施工过程中，单元、分部工程施工完毕后，质检人员均应按照合同规定、施工质量验收统一标准和专业施工质量验收规范的要求对已完工的分部、单元工程进行检查。质量检查应在自检的基础上，由专职质量检查员或技术质量部门进行核定。

6）工程预检

工程预检是指工程在未施工前所进行的预先检查，保证技术基准的正确性。对于涉及定位轴线、标高、尺寸，配合比，预埋件的材质、型号、规格等，都应按照设计文件和技术标准的规定进行复核检查，做好记录和标识。

4. 设计变更

施工过程中，由于建设单位对工程使用目的、功能或质量要求发生变化，以及施工现场实际条件发生变化，导致设计变更。应严格按照规定程序处理设计变更的相关问题，避免影响工程质量和使用。

5. 成品保护

在施工过程中，有些分项、分部工程已经完成，而其他部位或工程正在施工。这种情况下，施工单位应负责对已完成的成品采取妥善措施加以保护，成品保护工作主要是要合理安排施工顺序，采用有效的保护措施和加强成品保护的检查工作。

（三）施工验收质量控制（事后质量控制）

1. 准备竣工验收资料

承包单位应将完整的工程技术资料进行整理分类、编目、建档后，移交给建设单位。工程项目竣工验收资料是工程使用、维修、扩建和改建的重要依据和指导文件。

2. 组织竣工验收

按规定的质量验收标准和办法，对完成的检验单元、分部工程和单位工程进行验收。根据工程项目重要程度和性质，按竣工验收标准，分层次进行竣工检查。先由项目部组织自检，对缺漏或不符合要求的部位和项目，制定整改措施，确定专人负责整改。达不到竣工标准的工程不能竣工，也不能报请竣工质量核定和竣工验收。经过整改复查完毕后，报请上级单位进行复检，通过复检，解决全部问题，由设计、施工、监理等单位分别签署质量合格文件，向建设单位发送竣工验收报告，出具工程保修证书。

第四节　水利工程项目质量管理方法

统计分析方法是利用数理统计的原理和方法对工程或产品质量进行控制的科学方法。质量管理中常用的统计方法有以下七种:排列图法、因果分析图法、频数分布直方图法(直方图法)、控制图法、相关图法、分层法和统计调查表法。通常又称为质量管理的七种工具。

一、排列图法

排列图又称帕累托图或主次因素分析图,是利用排列图寻找影响质量主次因素的一种有效方法,用于寻找主要质量问题或影响质量的主要原因,以便抓住提高质量的关键,取得好的效果。

排列图由两个纵坐标、一个横坐标、几个直方形和一条曲线所组成,如图9-1所示。左侧的纵坐标表示频数,右侧纵坐标表示累计频率,横坐标表示影响质量的各个因素或项目,按影响程度大小从左至右排列,直方形的高度表示某个因素的影响大小,实际应用中,通常按累计频率划分为0%~80%、80%~90%、90%~100%三部分,与其对应的影响因素分别为A、B、C三类。A类为主要因素,B类为次要因素,C类为一般因素。

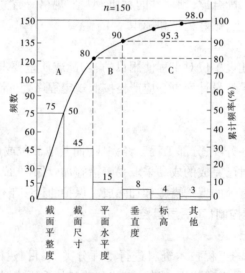

图9-1　排列图

观察直方形,大致可看出各项目的影响程度。排列图中的每个直方形都表示一个质量问题或影响因素,影响程度与各直方形的高度成正比。

二、因果分析图法

因果分析图因其形状又常被称为树枝图或鱼刺图,也称特性要因图。特性是施工中出现的质量问题,要因是对质量问题有影响的因素或原因。因果分析图用于逐步深入地研究和讨论质量问题,寻找影响因素,以便从重要因素着手解决,有针对性地制定相应的对策加以改进。

　　因果分析图法是利用因果分析图来整理分析某个质量问题(结果)与其产生原因之间关系的有效工具。因果分析图的基本形式如图9-2所示。因果分析图由质量特性(质量结果或某个质量问题)、要因(产生质量问题的主要原因)、枝干(指一系列箭线表示不同层次的原因)、主干(指较粗的直接指向质量结果的水平箭线)等所组成。

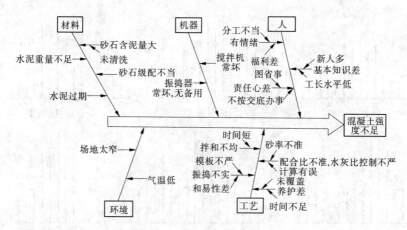

图9-2　因果分析图的基本形式

　　要求绘制者熟悉专业施工方法,调查、了解施工现场实际条件和操作的具体情况。以各种形式,广泛收集现场工人、班组长、质量检查员、工程技术人员的意见,相互启发、相互补充,使因果分析更符合实际。绘制因果分析图不是目的,而要根据图中所反映的主要原因,制定改进的措施和对策,限期解决问题,保证产品质量不断提高。具体实施时,一般应编制一个对策计划表。

三、直方图法

　　直方图法即频数分布直方图法,频数是在试验中随机事件重复出现的次数,或一组数据中某个数据重复出现的次数。通过对数据的加工、整理、绘图,掌握数据的分布状态,判断加工能力、加工质量,估计产品的不合格品率。

　　直方图法是将收集到的质量数据进行分组整理,绘制成频数分布直方图,用以描述质量分布状态的一种分析方法,所以又称为质量分布图法。通过对直方图的观察与分析,了解产品质量的波动情况,掌握质量特性的分布规律,以便对质量状况进行分析判断。

　　观察直方图的形状、判断质量分布状态。做完直方图后,首先要认真观察直方图的整体形状,看其是否属于正常型直方图。正常型直方图是中间高、两侧低、左右接近对称的图形。出现非正常型直方图时,表明生产过程或收集数据作图有问题。这就要求进一步分析判断,找出原因,从而采取措施加以纠正。凡属非正常型直方图,其图形分布有各种不同缺陷,归纳起来有五种类型,如图9-3所示。

　　(1)折齿型[见图9-3(b)],是由于分组不当或者组距确定不当出现的直方图。

　　(2)左(或右)缓坡型[见图9-3(c)],主要是由于操作中对上限(或下限)控制太严造成的。

（3）孤岛型［见图 9-3(d)］，是原材料发生变化，或临时他人顶班作业造成的。

（4）双峰型［见图 9-3(e)］，是由于用两种不同方法或两台设备或两组工人进行生产，然后把两方面数据混在一起整理产生的。

（5）绝壁型［见图 9-3(f)］，是由于数据收集不正常，可能有意识地去掉下限附近的数据，或是在检测过程中存在某种人为因素所造成的。

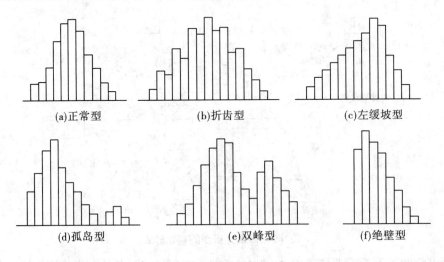

(a)正常型　　　　(b)折齿型　　　　(c)左缓坡型

(d)孤岛型　　　　(e)双峰型　　　　(f)绝壁型

图 9-3　常见的直方图

四、控制图法

控制图又称管理图。它是在直角坐标系内画有控制界限，描述生产过程中产品质量波动状态的图形。利用控制图区分质量波动原因，判明生产过程是否处于稳定状态，提醒人们采取措施，使质量始终处于受控状态。

（一）控制图的基本形式及用途

1. 控制图的基本形式

控制图的基本形式如图 9-4 所示。横坐标为样本(子样)序号或抽样时间，纵坐标为被控制对象，即被控制的质量特性值。控制图上一般有三条线：在上面的一条虚线称为上控制界限，用符号 UCL 表示；在下面的一条虚线称为下控制界限，用符号 LCL 表示；中间的一条实线称为中心线，用符号 CL 表示。中心线标志着质量特性值分布的中心位置，上、下控制界限标志着质量特性值允许波动范围。

在生产过程中通过抽样取得数据，把样本统计数据描在图上来分析生产过程状态。如果点子随机地落在上、下控制界限内，则表明生产过程正常，处于稳定状态，不会产生不合格品；如果点子超出控制界限，或点子排列有缺陷，则表明生产条件发生了异常变化，生产过程处于失控状态。

2. 控制图的用途

控制图是用样本数据来分析判断生产过程是否处于稳定状态的有效工具。它的主要

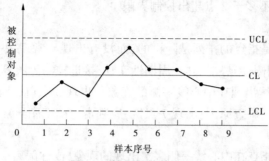

图9-4　控制图的基本形式

用途有以下两个。

（1）过程分析，即分析生产过程是否稳定。为此，应随机连续收集数据，绘出控制图，观察数据点分布情况并判定生产过程状态。

（2）过程控制，即控制生产过程质量状态。为此，要定时抽样取得数据，将其变为点描在图上，发现并及时消除生产过程中的失调现象，预防不合格品的产生。

（二）控制图的分类

1. 按用途分类

（1）分析用控制图。主要是用来调查分析生产过程是否处于控制状态。绘制分析用控制图时，通常需连续抽取20~25组样本数据，计算控制界限。

（2）管理用控制图。主要用来控制生产过程，使之经常保持在稳定状态下。当根据分析用控制图判明生产过程处于稳定状态时，通常把分析用控制图的控制界限延长作为管理用控制图的控制界限，并按一定的时间间隔取样、计算、描点，根据点子分布情况，判断生产过程是否有异常因素影响。

2. 按质量数据特点分类

（1）计量值控制图。主要适用于质量特性值属于计量值的控制，如时间、长度、质量、强度、成分等连续型变量。质量特性值服从正态分布规律。

（2）计数值控制图。通常用于控制质量数据中的计数值，如不合格品数、疵点数、不合格品率等离散型变量。根据计数值的不同可分为计件值控制图和计点值控制图。

（三）控制图的观察与分析

绘制控制图的目的是分析判断生产过程是否处于稳定状态。主要是通过控制图上对点的分布情况的观察与分析进行，因为控制图上的点作为随机抽样的样本，可以反映出生产过程（总体）的质量分布状态。

当控制图同时满足以下两个条件：一是点几乎全部落在控制界限之内；二是控制界限内的点排列没有缺陷。就可以认为生产过程基本上处于稳定状态。如果点的分布不满足其中任何一条，都应判断生产过程为异常。

1. 点全部落在控制界线内

点全部落在控制界线内是指应符合下述三个要求。

（1）连续25点处于控制界限内。

（2）连续35点，仅有1点超出控制界限。

（3）连续100点,不多于2点超出控制界限。

2. 点排列没有缺陷

点排列没有缺陷是指点的排列是随机的,而没有出现异常现象。这里的异常现象是指点排列出现了链、同侧、趋势或倾向、周期性变动、接近控制界限等情况。

（1）链,是指点连续出现在中心线一侧的现象。出现5点链,应注意生产过程发展状况;出现6点链,应开始调查原因;出现7点链,应判定生产工序异常,需采取处理措施,如图9-5(a)所示。

（2）多次同侧,是指点在中心线一侧多次出现的现象,或称偏离。下列情况说明生产过程已出现异常:在连续11点中有10点在同侧,如图9-5(b)所示;在连续14点中有12点在同侧,在连续17点中有14点在同侧,在连续20点中有16点在同侧,如图9-5(b)所示。

（3）趋势或倾向,是指点连续上升或连续下降的现象。连续7点或7点以上呈上升或下降排列,就应判定生产过程有异常因素影响,要立即采取措施,如图9-5(c)所示。

（4）周期性变动,即点的排列显示周期性变化的现象。这样即使所有点都在控制界限内,也应认为生产过程为异常,如图9-5(d)所示。

（5）点排列接近控制界限,如属下列情况的则判定为异常:连续3点至少有2点接近控制界限,连续7点至少有3点接近控制界限,连续10点至少有4点接近控制界限,如图9-5(e)所示。

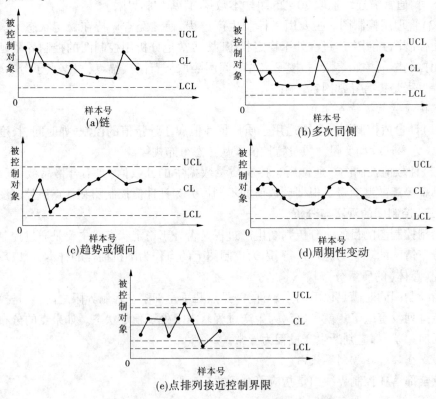

图9-5 有异常现象的点子排列

五、相关图法

(一)相关图的用途

相关图又称散布图。在质量管理中,它是用来显示两种质量数据之间关系的一种图形。质量数据之间的关系多属相关关系。通常有三种类型:一是质量特性和影响因素之间的关系;二是质量特性和质量特性之间的关系;三是影响因素和影响因素之间的关系。

通常用 y 和 x 表示质量特性值和影响因素,通过绘制散布图、计算相关系数等,分析研究两个变量之间是否存在相关关系,以及这种关系密切程度如何,进而研究相关程度密切的两个变量,通过对其中一个变量的观察控制,去估计控制另一个变量的数值,以达到保证产品质量的目的。

(二)相关图的观察与分析

相关图中数据点的集合,反映了两种数据之间的散布状况,根据散布状况可以分析研究两个变量之间的关系。归纳起来有以下六种类型,如图 9-6 所示。

(1)正相关[见图 9-6(a)],散布点基本形成由左至右,向上变化的一条直线带,即随 x 增加,y 值也相应增加,说明 x 与 y 有较强的制约关系,可通过对 x 控制而有效控制 y 的变化。

(2)弱正相关[见图 9-6(b)],散布点形成向上较分散的直线带。随 x 值的增加,y 值也有增加趋势,但 x、y 的关系不像正相关那么明显。说明 y 除受 x 影响外,还受其他更重要的因素影响,需进一步利用因果分析图法分析其他的影响因素。

(3)不相关[见图 9-6(c)],散布点形成一团或平行于 x 轴的直线带,说明 x 变化不会引起 y 的变化或其变化无规律,分析质量原因时可排除 x 因素。

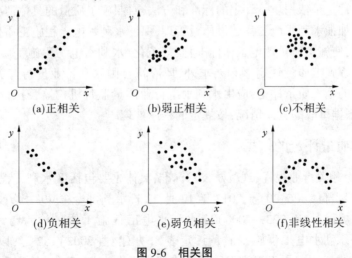

图 9-6　相关图

(4)负相关[见图 9-6(d)],散布点形成由左向右至下的一条直线带,说明 x 对 y 的影响与正相关恰相反。

(5)弱负相关[见图 9-6(e)],散布点形成由左至右向下分布的较分散的直线带,说明 x 与 y 的相关关系较弱,且变化趋势相反,应考虑寻找影响 y 的其他更重要的因素。

(6)非线性相关[见图 9-6(f)],散布点呈一曲线带,即在一定范围内 x 增加,y 也增加,超过这个范围 x 增加,y 则有下降趋势,或呈曲线形式。

六、分层法

分层法也叫分类法,是将调查收集的质量数据,按照不同的目的和要求,按某一性质进行分组、整理的分析方法。分层的结果使数据各层间的差异突出地显示出来,层内的数据差异减少。在此基础上再进行层间、层内的比较分析研究,可以更深刻地发现和认识质量问题的本质与规律。由于产品质量是多方面因素共同作用的结果,所以对同一批数据,可以按不同性质分层,从不同角度来考虑、分析产品存在的质量问题和影响因素。

常用的分层方法有:按操作班组或操作者分层,按机械设备不同型号、功能分层,按技术、操作方法分层,按原材料不同产地或等级分层,按时间顺序分层,按不同检测手段分层。

七、统计调查表法

统计调查表法是利用专门设计的统计调查表,进行数据收集、整理和分析研究质量状况的一种方法。

在质量管理活动中,利用统计调查表收集数据,简便灵活,便于整理。统计调查表没有固定的格式,通常可按照调查的项目,设计不同的格式。

第五节　水利工程项目质量评定和质量事故处理

工程质量评定是依据质量评定的标准和方法,对照施工质量的具体情况,确定质量等级的过程。为加强水利水电工程建设质量管理,保证水利水电工程施工质量,统一质量检验及评定方法,使施工质量评定工作标准化、规范化,水利水电工程施工质量评定除应符合水利水电工程施工质量评定规程要求外,还应符合国家和行业现行有关标准的规定。水利水电工程的施工质量评定,应由水利水电行业质量监督机构监督执行。对于出现的质量事故,要根据事故的具体情况,按规定的程序处理。

一、工程质量评定的依据

(1)国家及相关行业规程、规范及技术标准,具体主要包括:《水利工程建设项目验收管理规定》(水利部〔2006〕30 号,2017 年 12 月 22 日水利部令第 49 号修改),《水利水电建设工程验收规程》(SL 223—2008),《水利水电工程施工质量检验与评定规程》(SL 176—2007),《水利水电工程施工质量评定表》(办建管〔2002〕182 号,以下简称《评定表》),《水利水电工程单元工程施工质量验收评定标准》(SL 631～SL 637—2012,以下简称《评定标准》)(包括土石方工程、混凝土工程、地基处理与基础工程、堤防工程、水工金属结构安装工程、水轮发电机组安装工程、水力机械辅助设备系统安装工程等)。

(2)经批准的设计文件、施工图纸、金属结构设计图样与技术条件、设计修改通知书、厂家提供的设备安装说明书及有关技术文件。

（3）工程承发包合同中采用的技术标准。

（4）工程施工期及试运行期的试验和观测分析成果。

二、项目划分

为了实现对工程全方位、全过程的质量控制和检验评定，将工程项目依次划分为单位工程、分部工程和单元（工序）工程三级。项目划分应结合工程结构特点、施工部署及施工合同要求，并且项目划分结果应有利于保证施工质量以及施工质量管理。

项目划分由项目法人组织监理、设计及施工等单位进行，并确定主要单位工程、主要分部工程、重要隐蔽单元工程和关键部位单元工程，在主体工程开工前书面报质量监督机构确认后实施。工程实施过程中，需对单位工程、主要分部工程、重要隐蔽单元工程和关键部位单元工程的项目划分进行调整时，项目法人应重新报送质量监督机构进行确认。

（一）单位工程划分

单位工程指具有独立发挥作用或独立施工条件的建筑物。其中属于主要建筑物的单位工程称为主要单位工程，主要建筑物指失事后将造成下游灾害或严重影响工程效益的建筑物，如堤坝、泄洪建筑物、输水建筑物、电站厂房及泵站等。单位工程通常可以是一项独立的工程，也可以是独立工程的一部分，一般按设计及施工部署划分，通常应遵循如下原则：

（1）枢纽工程，一般以每座独立的建筑物为一个单位工程。当工程规模大时，可将一个建筑物中具有独立施工条件的一部分划分为一个单位工程。

（2）堤防工程，按招标标段或工程结构划分单位工程。规模较大的交叉联结建筑物及管理设施以每座独立的建筑物为一个单位工程。

（3）引水（渠道）工程，按招标标段或工程结构划分单位工程。大、中型引水（渠道）建筑物以每座独立的建筑物为一个单位工程。

（4）除险加固工程，按招标标段或加固内容，并结合工程量划分单位工程。

（二）分部工程划分

分部工程指在一个建筑物内能组合发挥一种功能的建筑安装工程，是组成单位工程的部分。对单位工程安全、功能或效益起决定性作用的分部工程称为主要分部工程。分部工程的划分主要是依据建筑物的组成特点及施工质量检验评定的需要来进行划分，一般应遵循如下原则：

（1）枢纽工程，土建部分按设计的主要组成部分划分，金属结构及启闭机安装工程和机电设备安装工程按组合功能划分。

（2）堤防工程，按长度或功能划分。

（3）引水（渠道）工程中的河（渠）道按施工部署或长度划分，大、中型建筑物按设计主要组成部分划分。

（4）除险加固工程，按加固内容或部位划分。

（5）同一单位工程中，各个分部工程的工程量（或投资）不宜相差太大，每个单位工程中的分部工程数目不宜少于 5 个。

(三) 单元工程划分

单元工程是在分部工程中由几个工序(或工种)施工完成的最小综合体,是日常质量考核的基本单位。单元工程的划分原则如下:

(1)按《评定标准》规定进行划分。

(2)河(渠)道开挖、填筑及衬砌单元工程划分界限宜设在变形缝或结构缝处,长度一般不大于 100 m。同一分部工程中各单元工程的工程量(或投资)不宜相差太大。

(3)《评定标准》中未涉及的单元工程,可依据设计结构、施工部署或质量考核要求划分的层、块、段进行划分。

三、工程质量检验

施工质量检验是通过检查、量测、试验等方法,对工程质量特性进行的符合性评价。

(一) 基本规定

(1)承担工程检测业务的检测单位应具有水行政主管部门颁发的资质证书,其设备和人员的配备应与所承担的任务相适应,有健全的管理制度。

(2)工程施工质量检验中使用的计量器具、试验仪器仪表及设备应定期进行检定,并具备有效的检定证书。国家规定需强制检定的计量器具应经县级以上人民政府计量行政部门认定的计量检定机构或其授权设置的计量检定机构进行检定。

(3)检测人员应熟悉检测业务,了解被检测对象性质和所用仪器设备性能,经考核合格后,持证上岗。参与中间产品及混凝土(砂浆)试件质量资料复核的人员应具有工程师以上工程系列技术职称,并从事过相关试验工作。

(4)工程质量检验项目和数量应符合《评定标准》规定。

(5)工程质量检验方法,应符合《评定标准》和国家及行业现行技术标准的有关规定。

(6)工程质量检验数据应真实可靠,检验记录及签证应完整齐全。

(7)工程中如有《评定标准》尚未涉及的质量评定标准,其质量标准及评定表格由项目法人组织监理、设计及施工单位按水利部有关规定进行编制及报批。

(8)工程中永久性房屋、专用公路、专用铁路等项目的施工质量检验与评定按相应行业标准执行。

(9)项目法人、监理、设计、施工和工程质量监督等单位根据工程建设需要,可委托具有相应资质等级的水利工程质量检测单位进行工程质量检测。施工单位自检性质的委托检测项目及数量,按《评定标准》及施工合同约定执行。对已建工程质量有重大分歧时,应由项目法人委托第三方具有相应资质等级单位进行检测,检测数量视需要确定,检测费用由责任方承担。

(10)堤防工程竣工验收前,项目法人应委托具有相应资质等级的单位进行抽样检测,工程质量抽检项目和数量由工程质量监督机构确定。

(11)对涉及工程结构安全的试块、试件及有关材料,应实行见证取样。见证取样资料由施工单位制备,记录应真实齐全,参与见证取样人员应在相关文件上签字。

(12)工程中出现检验不合格的项目时,按以下规定进行处理:原材料、中间产品一次抽样检验不合格时,应及时对同一取样批次另取 2 倍数量进行检验,如仍不合格,则该批次原材料或中间产品不合格,不得使用;单元(工序)工程质量不合格时,应按合同要求进行处理或返工重做,并经重新检验且合格后方可进行后续工程施工;混凝土(砂浆)试件抽样检验不合格时,应委托具有相应资质等级的工程质量检测机构对相应工程部位进行检验,如仍不合格,由项目法人组织有关单位进行研究,并提出处理意见;工程完工后的质量抽检不合格,或其他检验不合格的工程,应按有关规定进行处理,合格后才能进行验收或后续工程施工。

(二)质量检验职责范围

(1)永久性工程(包括主体工程及附属工程)施工质量检验应符合下列规定:施工单位应依据工程设计要求、施工技术标准和合同约定,结合《评定标准》规定的检验项目及数量全面进行自检,自检过程应有书面记录,同时结合自检情况如实填写"评定表";监理单位应根据《评定标准》和抽样检测结果复核工程质量,并按有关规定进行平行检测和跟踪检测;项目法人应对施工单位自检和监理单位抽检过程进行督促检查,对报工程质量监督机构核备、核定的工程质量等级进行认定;工程质量监督机构应对项目法人、监理、勘测、设计、施工单位以及工程其他参建单位的质量行为和工程实物质量进行监督检查。检查结果应按有关规定及时公布,并书面通知有关单位。

(2)临时工程质量检验及评定标准,由项目法人组织监理、设计及施工等单位根据工程特点,参照《评定标准》和其他相关标准确定,并报相应的质量监督机构核备。

(三)质量检验内容

(1)质量检验包括施工准备检查,原材料与中间产品质量检验,水工金属结构、启闭机及机电产品质量检查,单元(工序)工程质量检验,质量事故检查和质量缺陷备案,工程外观质量检验等。

(2)主体工程开工前,施工单位应组织人员进行施工准备检查,并经项目法人或监理单位确认合格且履行相关手续后,才能进行主体工程施工。

(3)施工单位应按《评定标准》及有关技术标准对水泥、钢材等原材料与中间产品质量进行全面检验,并报监理机构复核。不合格产品不得使用。

(4)水工金属结构、启闭机及机电产品进场后,应按有关合同条款进行交货检验和验收。安装前,施工单位应检查产品是否有出厂合格证、设备安装说明书及有关技术文件,对在运输和存放过程中发生的变形、受潮、损坏等问题应做好记录,并进行妥善处理。无出厂合格证或不符合质量标准的产品不得用于工程中。

(5)施工单位应按《评定标准》检验工序及单元工程质量,做好施工记录,在自检合格后填写《评定表》报监理机构复核。监理机构根据抽检资料核定单元(工序)工程质量等级。发现不合格单元(工序)工程,应按规程规范和设计要求及时进行处理,合格后才能进行后续工程施工。对施工中的质量缺陷应记录备案,进行统计分析,并在相应单元(工序)工程质量评定表"评定意见"栏内注明。

(6)施工单位应及时将原材料、中间产品及单元(工序)工程质量检验结果送监理单位复核。并按月将施工质量情况送监理单位,由监理单位汇总分析后报项目法人和工程质量监督机构。

(7)单位工程完工后,项目法人应组织监理、设计、施工及运行管理等单位组成工程外观质量评定组,现场进行工程外观质量检验评定,并将评定结论报工程质量监督机构核定。参加外观质量评定组的人员应具有工程师以上技术职称或相应执业资格。评定组人数不应少于 5 人,大型工程不宜少于 7 人。

(四)质量事故检查和质量缺陷备案

质量事故的定义见本节第五部分,质量缺陷指对工程质量有影响,但小于一般质量事故的质量问题。

(1)质量事故发生后,应按"三不放过"原则,调查事故原因,研究处理措施,查明事故责任者,并根据《水利工程质量事故处理暂行规定》做好事故处理工作。

(2)在施工过程中,工程个别部位或局部发生达不到技术标准和设计要求(但不影响使用),且未能及时进行处理的工程质量缺陷问题(质量评定仍为合格),应以工程质量缺陷备案形式进行记录备案。

(3)质量缺陷备案表由监理机构组织填写,内容应真实、准确、完整。各参建单位代表应在质量缺陷备案表上签字,有不同意见应明确记载。质量缺陷备案表应及时报工程质量监督机构备案。质量缺陷备案资料按竣工验收的标准制备。工程竣工验收时,项目法人应向竣工验收委员会提交历次质量缺陷备案资料。

(4)工程质量事故处理后,应由项目法人委托具有相应资质等级的工程质量检测单位检测后,按照处理方案的质量标准,重新进行工程质量评定。

(五)数据处理

(1)测量误差的判断和处理,应符合 JJG 1027—1991 和 GB/T 27418—2017 的规定。

(2)数据保留位数,应符合国家及水利行业有关试验规程及施工规范的规定。计算合格率时,小数点后保留一位。

(3)数值修约应符合 GB/T 8170—2008 的规定。

(4)检验和分析数据可靠性时,应符合下列要求:检查取样应具有代表性,检验方法及仪器设备应符合国家及水利行业规定,操作应准确无误。

(5)实测数据是评定质量的基础资料,严禁伪造或随意舍弃检测数据。对可疑数据,应检查分析原因,并做出书面记录。

(6)单元(工序)工程检测成果按《评定标准》规定进行计算。

(7)水泥、钢材、外加剂、混合材及其他原材料的检测数量与数据统计方法应按现行国家和水利行业有关标准执行。

(8)砂石骨料、石料及混凝土预制件等中间产品检测数据统计方法应符合《评定标准》的规定。

(9)混凝土强度的检验评定,包括普通混凝土、碾压混凝土、喷射混凝土、砂浆和砌筑用混凝土等的检验评定应按照有关规定进行,且其评定标准应符合设计和相关技术标准的要求。

四、施工质量评定

施工质量评定是将质量检验结果与国家和行业技术标准以及合同约定质量标准所进行的比较活动。质量评定时,应从低层到高层的顺序依次进行,这样可以从微观上按照施工工序和有关规定,在施工过程中把好质量关,由低层到高层逐级进行工程质量控制和质量检验。其评定的顺序是:单元工程、分部工程、单位工程、工程项目。

(一)单元工程质量评定标准

单元(工序)工程质量等级标准是进行工程质量等级评定的基本尺度。由于工程类别不一样,单元(工序)工程质量评定标准的内容、项目的名称和合格率标准等也不一样。单元(工序)工程施工质量合格和优良标准应按照《评定标准》或合同约定的标准执行。

工序施工质量验收评定分为合格、优良两个等级,其标准为:

(1)合格等级标准:主控项目,检验结果应全部符合评定标准的要求;一般项目,逐项应有70%及以上的检验点合格,且不合格点不应集中;各项报验资料应符合标准的要求。

(2)优良等级标准:主控项目,检验结果应全部符合评定标准的要求;一般项目,逐项应有90%及以上的检验点合格,且不合格点不应集中;各项报验资料应符合评定标准的要求。

划分工序单元工程施工质量评定分为合格、优良两个等级,其标准为:

(1)合格等级标准:各工序施工质量验收评定应全部合格,各项报验资料应符合评定标准的要求。

(2)优良等级标准:各工序施工质量验收评定应全部合格,其中优良工序应达到50%及以上,且主要工序应达到优良等级;各项报验资料应符合评定标准的要求。

另外,质量当达不到合格标准时,应及时处理。处理后的质量等级按下列规定确定:

(1)全部返工重做的,可重新评定质量等级。

(2)经加固补强并经设计和监理单位鉴定能达到设计要求时,其质量评为合格。

(3)处理后部分质量指标仍达不到设计要求时,经设计复核,项目法人及监理单位确认能满足安全和使用功能要求,可不再进行处理;或经加固补强后,改变外形尺寸或造成永久性缺陷的,经项目法人、监理及设计确认能基本满足设计要求,其质量可定为合格,但应按规定进行质量缺陷备案。

(二)分部工程质量评定等级标准

合格标准:所含单元工程的质量全部合格;质量事故及质量缺陷已按要求处理,并经检验合格;原材料、中间产品及混凝土(砂浆)试件质量全部合格,金属结构及启闭机制造质量合格,机电产品质量合格。

优良标准:所含单元工程质量全部合格,其中70%以上达到优良,重要隐蔽单元工程以及关键部位单元工程质量优良率达90%以上,且未发生过质量事故;中间产品质量全部合格,混凝土(砂浆)试件质量达到优良(当试件组数小于30时,试件质量合格);原材料质量、金属结构及启闭机制造质量合格,机电产品质量合格。

关键部位单元工程是对工程安全、效益或使用功能有显著影响的单元工程。重要隐蔽单元工程是主要建筑物的地基开挖、地下洞室开挖、地基防渗、加固处理和排水等隐蔽工程中,对工程安全或使用功能有严重影响的单元工程。中间产品是工程施工中使用的砂石骨料、石料、混凝土拌和物、砂浆拌和物、混凝土预制构件等土建类工程的成品及半成品。

(三) 单位工程质量评定标准

合格标准:所含分部工程质量全部合格;质量事故已按要求进行处理;工程外观质量得分率达到70%以上;单位工程施工质量检验与评定资料基本齐全;工程施工期及试运行期,单位工程观测资料分析结果符合国家和行业技术标准以及合同约定的标准要求。

优良标准:所含分部工程质量全部合格,其中70%以上达到优良等级,主要分部工程质量全部优良,且施工中未发生过较大质量事故;质量事故已按要求进行处理;外观质量得分率达到85%以上;单位工程施工质量检验与评定资料齐全;工程施工期及试运行期,单位工程观测资料分析结果符合国家和行业技术标准以及合同约定的标准要求。

(四) 工程项目质量评定标准

合格标准:单位工程质量全部合格;工程施工期及试运行期,各单位工程观测资料分析结果均符合国家和行业技术标准以及合同约定的标准要求。

优良标准:单位工程质量全部合格,其中70%以上单位工程质量达到优良等级,且主要单位工程质量全部优良;工程施工期及试运行期,各单位工程观测资料分析结果符合国家和行业技术标准以及合同约定的标准要求。

(五) 质量评定工作的组织与管理

单元(工序)工程质量在施工单位自评合格后,由监理单位复核,监理工程师核定质量等级并签证认可;重要隐蔽单元工程及关键部位单元工程质量经施工单位自评合格,监理机构抽检后,由项目法人(或委托监理)、监理、设计、施工、工程运行管理(施工阶段已经有时)等单位组成联合小组,共同检查核定其质量等级并填写签证表,报质量监督机构核备;分部工程质量,在施工单位自评合格后,由监理单位复核,项目法人认定。分部工程验收的质量结论由项目法人报质量监督机构核备。大型枢纽工程主要建筑物的分部工程验收的质量结论由项目法人报工程质量监督机构核定;单位工程质量,在施工单位自评合格后,由监理单位复核,项目法人认定。单位工程验收的质量结论由项目法人报质量监督机构核定;工程项目质量,在单位工程质量评定合格后,由监理单位进行统计并评定工程项目质量等级,经项目法人认定后,报质量监督机构核定;阶段验收前,质量监督机构应按有关规定提出施工质量评价意见;工程质量监督机构应按有关规定在工程竣工验收前提交工程施工质量监督报告,向工程竣工验收委员会提出工程施工质量是否合格的结论。

五、工程质量事故处理

(一) 工程质量事故含义

根据《水利工程质量事故处理暂行规定》,工程质量事故是指在水利工程建设过程中,由于建设管理、监理、勘测、设计、咨询、施工、材料、设备等原因造成工程质量不符合规程规范和合同规定的质量标准,影响使用寿命和对工程安全运行造成隐患和危害的事件。

(二) 工程质量事故的分类

工程质量事故按直接经济损失的大小,检查、处理事故对工期的影响时间长短和对工程正常使用的影响,分为一般质量事故、较大质量事故、重大质量事故、特大质量事故。

一般质量事故指对工程造成一定经济损失,经处理后不影响正常使用并不影响使用寿命的事故。

较大质量事故是指对工程造成较大经济损失或延误较短工期,经处理后不影响正常使用但对工程寿命有一定影响的事故。

重大质量事故是指对工程造成重大经济损失或较长时间延误工期,经处理后不影响正常使用但对工程寿命有较大影响的事故。

特大质量事故是指对工程造成特大经济损失或较长时间延误工期,经处理后仍对正常使用和工程寿命造成较大影响的事故。

水利工程质量事故分类标准见表9-1。

表 9-1　水利工程质量事故分类标准

损失情况		事故类别			
		特大质量事故	重大质量事故	较大质量事故	一般质量事故
事故处理所需的物质、器材和设备、人工等直接损失费用(人民币:万元)	大体积混凝土、金属结构制作和机电安装工程	>3 000	>500,≤3 000	>100,≤500	>20,≤100
	土石方工程、混凝土薄壁工程	>1 000	>100,≤1 000	>30,≤100	>10,≤30
事故处理所需合理工期(月)		>6	>3,≤6	>1,≤3	≤1
事故处理后对工程功能和寿命影响		影响工程正常使用,需限制运行	不影响正常使用,但对工程寿命有较大影响	不影响正常使用,但对工程寿命有一定影响	不影响正常使用和工程寿命

其中,直接经济损失费用为必需条件,其余两项主要适用于大中型工程;小于一般质量事故的质量问题称为质量缺陷。

(三)质量事故处理程序

依据《水利工程质量事故处理暂行规定》,工程质量事故分析处理程序如图9-7所示。

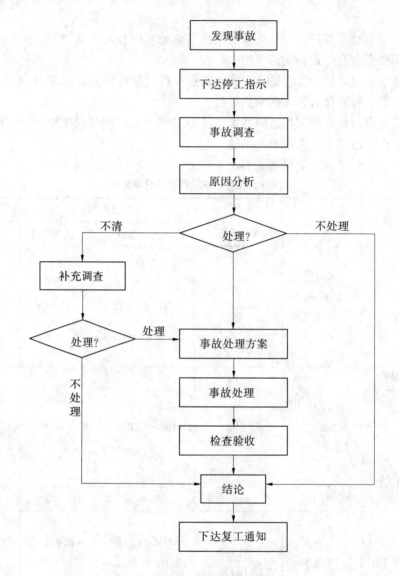

图 9-7 工程质量事故分析处理程序

复习思考题

1. 简述水利工程项目质量责任体系的内容。

2. 简述影响工程施工质量的主要因素及工程质量事前、事中、事后控制的主要内容。

3. 简述水利工程质量管理常用的统计方法有哪些,并任选其中的一种方法,结合工程实例说明。

第十章　水利工程项目风险管理

第一节　水利工程项目风险概述

一、风险的含义

(一)风险

项目是在复杂的环境条件下进行的,受众多因素的影响。对于这些因素,从事项目活动的主体往往认识不足或者没有足够的力量加以控制。项目的过程和结果常常出乎人们的意料,有时不但未达到项目主体预期的目的,反而使其蒙受各种各样的损失;而有时又给他们带来不错的机会。要避免和减少损失,化威胁为机会,项目主体就必须了解和掌握风险的来源、性质及发生规律,进而有效地管理风险。

对风险的含义可以从多个角度来思考。首先,风险同人们有目的的活动有关,如果人们对于所从事活动预期的结果没有十分的把握,人们就会认为该活动有风险。其次,风险同将来的活动和事件有关系。对于将来的活动、事件或项目,总是有多种行动方案可供选择,但是没有哪一种行动方案能确保达到预期的结果,这就需要分析采取何种办法和行动才能不受或少受损失。再次,如果活动或项目的后果不理想,甚至是失败,大脑的反应必然是:能否改变以往的行为方式或路线,把后续的活动或项目做好。最后,当客观环境或人们的方针、路线或行为发生变化时,活动或项目的结果也会发生变化。显然,当事件、活动或项目,有损失或收益与之相联系,涉及某种不确定性,涉及某种选择时,才称为风险。以上四条,每一个都是风险定义的必要条件,而不是充分条件。具有不确定性的事件不一定存在风险。

综上所述,风险就是活动或事件消极的、人们不希望的后果发生的潜在的可能性。可以把风险定义为"可能发生的危险",或"遭受危险,蒙受损失或伤害的可能或机会"。首先,收益总是有损失的可能性相伴随,若损失的可能性和数额越大,人们希望为弥补损失而得到的收益也越大;反之,收益越大,人们愿意承担的风险也就越大。其次,一般人希望活动获得成功的概率随着投入的增加呈曲线规律增加,当投入较少时,人们可以接受较大的风险,即使获得成功的概率不高也能接受;当投入逐渐增加时,人们就开始变得谨慎起来,希望活动获得成功的概率提高了,最好达到百分之百。另外,管理人员中级别高的同级别低的相比,能够承担较大的风险。同一风险,不同的个人或组织承受能力也不同,个人或组织拥有的资源越多,其风险承受能力也越大。同时,风险也是相对于某个主体的。某些不确定因素对某个主体来说是风险,但对于另一个主体就不是风险,甚至可能是收益。

(二) 与风险相关的概念

1. 风险因素

风险因素是指能产生或增加损失概率和损失程度的条件或因素,是风险发生的潜在原因,是造成损失的内在原因或间接原因。第一是客观风险因素,它是指有形的并能直接导致某种风险的事物,如工人疲劳作业、施工设备该维修而没有维修继续使用等。第二是道德风险因素,如人的品质缺陷或欺诈行为,它是无形的,与人的品德修养有关。第三是心理风险因素,它与人的心理状态有关,如操作者的无知轻率、麻痹侥幸等。事故致因理论中的 4M1E 理论认为风险发生原因一般有五个:人的不安全行为、物的不安全状态、环境的不安全因素、管理缺陷和材料因素。

2. 风险事件

风险事件是指造成损失的偶发事件,是造成损失的外在原因或直接原因,如地震、台风、火灾等。

3. 损失与损失机会

损失是指非故意的、非计划的和非预期的经济价值的减少,通常用货币量来衡量。

损失机会是指损失出现的概率(可能性)。概率分为客观概率和主观概率两种。对于工程风险的概率,在统计资料不够充分的情况下,以专家做出的主观概率代替客观概率是可行的。

风险因素、事件、损失与风险之间的关系:风险因素引发风险事件,风险事件导致损失,而损失所形成的结果就是风险。一旦风险因素这张"骨牌"倾倒,"多米诺"效应就会发生,即其他"骨牌"都将相继倾倒。

(三) 风险的特点

1. 风险的客观性

作为损失发生的不确定性,风险是不以人的意志为转移并超越人们主观意识的客观存在,在项目的全寿命周期内,风险是无处不在、无时不有的。这些说明了为什么虽然人类一直希望认识和控制风险,但直到现在也只能在有限的空间和时间内改变风险存在和发生的条件,降低其发生的频率,减少损失程度,而不能也不可能完全消除风险。

2. 风险的随机性

风险事件的发生及其后果都具有偶然性。风险事件是否发生,何时发生,发生之后会造成什么样的后果? 通过对大量风险事故资料的观察分析,发现其发生都遵循一定的统计规律,这是风险事件的随机性。

3. 风险的可变性

当活动涉及的风险因素发生变化时,必然会引起风险的变化。在项目实施的整个过程中,各种风险在质和量上是可以变化的。随着项目的进行,有些风险得到控制并消除,有些风险会发生并得到处理,同时在项目的每一个阶段都可能产生新的风险。

4. 风险的相对性

风险总是相对项目活动主体而言的。同样的风险对于不同的主体有不同的影响。人们对于风险事件都有一定的承受能力,但是这种能力因活动、人和时间而异。对于项目风险,人们承受风险的能力主要受项目收益的大小、投入的大小、项目活动主体的地位和拥有的资源等因素的影响。

二、水利工程项目风险

(一)水利工程项目风险的概念和分类

水利工程项目风险是指水利工程项目在设计、施工和竣工验收等各个阶段可能遭到的风险。其含义是在工程项目目标规定的条件下,该目标不能实现的可能性。

从工程项目风险管理需要出发,可将水利工程项目风险分为工程项目外风险和工程项目内风险。

1.工程项目外风险

工程项目外风险是由工程建设环境(或条件)的不确定性而引起的风险,包括政治风险、法律风险、经济风险、自然条件风险、社会风险等。

2.工程项目内风险

按照技术因素影响与否,工程项目内风险可分为技术风险和非技术风险。

技术风险是指技术条件的不确定而引起可能的损失或水利工程项目目标不能实现的可能性。该类风险主要出现在工程方案选择、工程设计、工程施工等过程中,在技术标准的选择、分析计算模型的采用、安全系数的确定等问题上出现偏差而形成的风险。表10-1给出了常见的技术风险事件。

表 10-1　常见的技术风险事件

风险因素	典型风险事件
可行性研究	基础数据不全、不可靠,分析模型不合理,预测结果不准确
设计	设计内容不全,设计存在缺陷、错误和遗漏,规范、标准选择不当,安全系数选择不合理,有关地质的数据不足或不可靠,未考虑施工的可能性
施工	施工工艺落后;不合理的施工技术和方案,施工安全措施不当;应用新技术、新方法失败;未考虑施工现场的实际情况
其他	工艺设计未达到先进指标,工艺流程不合理,工程质量检验和工程验收未达到规定要求等

非技术风险是指在计划、组织、管理、协调等非技术条件不确定的情况下而引起水利工程项目目标不能实现的可能性。表10-2给出了常见的非技术风险事件。

(二)水利工程项目风险的基本性质

1.水利工程项目风险主要来自自然灾害

洪水、暴风、暴雨、泥石流、塌方、滑坡、有害气体、雷击和高温、严寒等都可能对工程造成重大损害。比如洪水灾害,洪水不仅会对已建成部分的工程、施工机具等造成损害,还会导致重大的第三者财产损失和人身伤害。

表 10-2　常见的非技术风险事件

风险因素	典型风险事件
项目组织管理	缺乏项目管理能力;组织不适当,关键岗位人员经常更换;项目目标不适当且控制力不足;不适当的项目规划或安排;缺乏项目管理协调
进度计划	管理不力造成工期滞后;进度调整规划不适当;劳动力缺乏或劳动生产率低下,材料供应跟不上;设计图纸供应滞后;不可预见的现场条件;施工场地太小或交通路线不满足要求
成本控制	工期的延误,不适当的工程变更,不适当的工程支付,承包人的索赔,预算偏低;管理缺乏经验,不适当的采购策略,项目外部条件发生变化
其他	施工受干扰,资金短缺,无偿债能力

2. 水利工程项目风险具有周期性

水利工程建设周期一般长达数年,每年的汛期,工程都要经受或大或小的洪水考验,因而水利工程的建设过程一般都要经历好几个汛期。

3. 灾害具有季节性

绝大部分的自然灾害都具有季节性,例如在南方,洪水一般集中在 6~9 月,雷击一般集中在 5~10 月。再比如台风灾害等。在一年的不同时期,这些灾害对施工安全和工程安全的影响是不一样的。

三、水利工程项目风险管理

水利工程项目风险管理就是项目管理人员通过风险识别、风险评估,并以此为基础合理地利用各种管理方法、技术和手段对项目活动涉及的风险实行有效的控制,采取主动行动,创造条件,在主观上尽可能有备无患或在无法避免时也能寻求切实可行的补偿措施,从而减少意外损失。

水利工程项目风险管理的基础是调查研究,调查和收集资料,必要时还要进行检验或试验。只有认真地研究项目本身和环境以及两者之间的关系、相互影响和相互作用,才能识别面临的风险。

水利工程项目的风险来源、风险的形成过程、风险潜在的破坏机制、风险的破坏力以及影响范围错综复杂,单一的管理技术或单一的工程、技术、财务、组织、教育等措施都有局限性,都不能完全奏效。必须综合运用多种方法、手段和措施,才能以最小的成本将各种不利后果减少到最低程度。因此,项目风险管理的理论和实践涉及自然科学、社会科学、系统科学、管理科学等多种学科,比如项目风险管理在风险估计和风险评价中使用概率论、数理统计甚至随机过程的理论和方法。

管理项目风险的主体是项目管理人员,特别是项目经理。风险管理要求项目管理人员采取主动行动,而不应仅仅在风险事件发生之后被动应付。管理人员在认识和处理错综复杂、性质各异的多种风险时,要统观全局,抓主要矛盾,创造条件,因势利导,将不利转化为有利,将威胁转化为机会。

风险识别、风险评估与风险控制是一个连续不断的过程,可以在项目全寿命周期的任何一个阶段进行。但是,风险管理越早越好,在项目早期阶段就开始,效果最好。对于水利工程项目,在下述阶段进行项目风险管理可以获得较好的效果:

(1)可行性研究阶段。这一阶段,项目变动的灵活性最大。这时如果做出减少风险的变更,代价小,且有助于选择项目的最优方案。

(2)审批立项阶段。此时业主可以通过风险识别了解项目可能会遇到的风险,并检查是否采取了所有可能的措施来减少和管理这些风险。在定量评估风险之后,业主能够知道有多大的可能性实现项目的费用、时间、功能等各种目标。

(3)招标投标阶段。承包商可以通过风险识别和评估知道承包中的所有风险,有助于确定应付风险的预备费数额,或者核查自己受到风险威胁的程度。

(4)实施阶段。定期做风险的识别和评估、切实地进行风险控制,可增加项目按照预算和进度计划完成的可能性。

第二节　水利工程项目风险识别

水利工程风险识别是确认在水利工程项目实施中哪些风险因素有可能会影响项目的进展,并记录每个风险因素的特点。风险识别是风险管理的第一步,是风险管理的基础,风险识别是一个连续的过程,不是一次就可以完成的,在项目的实施过程中应自始至终定期进行。

风险识别有三个目的:识别出可能对项目进展有影响的风险因素、性质以及风险产生的条件,并据此衡量风险的大小;记录具体风险的各方面特征,并提供最适当的风险管理对策;识别风险可能引起的后果。

通过风险识别应建立以下几个方面的信息:①存在的或潜在的风险因素;②风险发生的后果、影响的大小和严重性;③风险发生的可能性、概率;④风险发生的可能时间;⑤风险与本项目或其他项目以及环境之间的相互影响。

一、水利工程项目风险识别的原则

风险识别的方法虽然很多,但远未达到完善的程度,许多新的方法仍在研究与探讨的过程中。已有的识别方法适用范围不同,各有优缺点。水利工程具有单件性、复杂性的特点,要想全面地识别出各种风险因素,首先可将整个水利工程项目在多个维度进行分解;然后综合运用风险识别方法。水利工程风险管理实践中,风险识别应遵循以下原则:

(1)对于任何一个水利工程项目,可能遇到各种不同性质的风险。因此,在风险识别的过程中,必须将几种方法结合起来使用,以达到相互补充的目的。

(2)对于特定的活动和事件,可采用某种具有针对性的风险识别方法。例如,对于坝体混凝土开裂问题,应采用因果分析法进行风险识别。

(3)项目管理人员应尽量向有关业务部门的专业人士征求意见以求得对项目风险的

全面了解。

（4）风险因素随项目的实施不断变化，一次大规模的风险识别工作完成后，经过一段时间会产生新的风险。因此，必须制订连续的风险识别计划。

（5）风险识别的方法必须要考虑其相应的成本，讲求经济上的合理性。即对影响项目系统目标比较明显的风险，须花费较大的精力，用多种方法进行风险的识别，以期最大程度地掌握；对于影响小的风险因素，如果花费很大的费用进行识别，就失去了经济上的意义。

（6）风险识别的同时要注意进行准确地记录。风险识别记录资料是风险管理的主要资料之一，是进行风险管理的重要基础。

二、水利工程项目风险识别的步骤

风险识别过程包括以下几个阶段的工作：收集资料、分析不确定性、确定风险事件、编制工程项目风险识别报告。

（一）收集资料

只有得到广泛的资料才能有效辨识风险。资料能否到手、是否完整都会影响水利工程项目损失大小的估计。一般应注重以下几方面资料的收集。

1. 水利工程项目环境方面的资料

水利工程项目的实施和建成后的运行离不开与其相关的自然和社会环境。自然环境方面的气象、水文、地质条件等对工程项目的实施有较大影响；社会环境方面如政治、经济、文化等对工程建设也有重要影响。

2. 类似水利工程项目的有关资料

以前经历的水利工程项目的资料，以及类似工程项目的资料均是风险识别时必须要收集的。对于亲身实践经历过的水利工程项目，会积累许多经验和教训，这些体会对于采用新的施工方法和施工技术的水利水电工程项目进行风险识别更为有用；对于类似的工程项目，可以是类似的建设环境，也可以是类似的工程结构，或两方面均类似更好。它们的建设经验教训对当前的水利工程项目的风险分析是很有帮助的。因此，应做好这些资料的收集。

3. 水利工程项目的设计、施工文件

水利工程项目设计文件规定了工程的结构布局、形式、尺寸，以及采用的建筑材料、规程规范和质量标准等，这些内容的改变均可能带来风险；施工文件明确规定了工程施工的方案、质量控制要求和工程验收的标准等。工程施工中经常会碰到施工方案的优化或选择问题，需要对工程项目的进度、成本、质量和安全目标的实现进行风险分析，进而确定合理的方案。

（二）分析不确定性

在基本资料收集的基础上，应从以下几个方面对水利工程项目的不确定性进行分析：

（1）不同建设阶段的不确定性分析。水利工程项目建设有明显的阶段性，在不同建设阶段，不确定性事件的种类和不确定程度均有很大差别，应从不同建设阶段分析工程项目实施的不确定性。

（2）不同目标的不确定性分析。水利工程建设有进度、质量和费用等多个目标,影响这些目标的因素有相同之处也有不同之处,要从实际出发,对不同目标的不确定性做出客观的分析。

（3）水利工程结构的不确定性分析。不同的工程结构,其特点不同,影响不同工程结构的因素不相同,即使相同其程度可能也有差别。

（4）水利工程建设环境的不确定性分析。工程建设环境是引起各种风险的重要因素,应对所处环境进行较为详尽的不确定性分析,进而分析由其引发的工程项目风险。

（三）确定风险事件并将风险归纳分类

在水利工程项目不确定分析的基础上,进一步分析这些不确定因素引发工程项目风险的大小,然后对这些风险进行归纳、分类。首先可按照工程项目内、外部进行分类;其次按照技术和非技术进行分类,或按照工程项目目标分类。

（四）编制工程项目风险识别报告

在工程项目风险分类的基础上,应编制风险识别报告,该报告是风险识别的成果,其核心内容是工程风险清单。风险清单是记录和控制风险管理过程的一种方法,在做出决策时具有不可替代的作用。表 10-3 给出风险清单的一种典型格式。

表 10-3　风险清单格式

风险清单			编号:	日期:
项目名称:			审核:	批准:
序号	风险因素	可能造成的结果	发生的可能概率	可能采取的措施

三、水利工程项目的多维度分解

水利工程项目风险识别是一个庞大的系统工程,风险识别方法的运用是这一系统工程中的重要环节,如果识别方法运用不当,可能会导致重要风险因素的遗漏,从而给项目的顺利实施留下隐患。为了尽可能避免重大风险因素的遗漏,风险识别的第一步,是将整个水利工程项目从多个维度进行分解,形成一个多维立体结构,使整个水利工程项目能多角度、多层次地呈现在风险管理者面前。

水利工程项目分解的维度通常包括:

（1）目标维。按照项目目标进行分解,考虑影响项目费用、进度、质量和安全目标实现的风险的可能性进行划分。

（2）时间维。按照项目建设的阶段分解,即考虑工程项目进度不同阶段的不同风险。

（3）结构维。按照项目结构组成分解,同时相关技术群也能按照其并列或支撑的关系进行分解。

（4）环境维。按照项目与其所在环境的关系分解。环境是指自然环境、社会环境、政治环境、军事环境等。

（5）因素维。按照项目风险因素的分类进行分解。

对水利工程项目风险进行识别时,首先从时间维、目标维和因素维等多个维度进行分解。可按照图 10-1 所示的项目风险识别维度图所示方法进行风险的识别。然后结合项目的分解结构逐一找出工作包、分部工程、单位工程、单项工程、整个工程项目在各个维度上的风险因素。

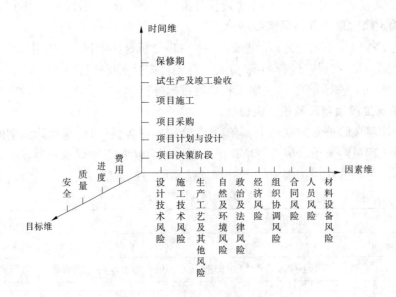

图 10-1　项目风险识别维度图

四、水利工程项目风险识别的方法

通过对水利工程项目风险从多个维度进行分解从而确定了识别风险的大致方向,具体风险的识别过程中就要综合应用风险识别的方法与工具,按照所掌握或搜集的数据（包括类似工程项目的经验数据）进行风险的识别。

（一）核查表的使用

核查表是项目实施者将实施项目过程中遇到的各类风险收集起来,在新项目的实施过程中将实际情况与核查表中的风险逐一比较找出风险因素。核查表中所列的风险都是已实施的类似项目曾发生过的风险,对于项目管理人员具有开阔思路、启发联想的作用。利用核查表进行风险识别的优点是快而简单,缺点是受项目可比性的限制。核查表在水利工程项目进度风险、质量风险、费用风险识别过程中得到普遍应用。某水利工程项目总体风险核查表如表 10-4 所示。

表 10-4　某水利工程项目总体风险核查表

风险因素	识别标准	风险评估		
		低	中	高
1. 项目的环境 (1)项目的组织结构 (2)组织变更的可能 (3)项目对环境的影响 (4)政府的干涉程度 (5)政策的透明程度 …	稳定/胜任 较小 较低 较少 透明			
2. 项目管理 (1)业主对同类项目的经验 (2)项目经理的能力 (3)项目管理技术 (4)切实进行了可行性研究 (5)承包商富有经验、诚实可靠 …	有经验 经验丰富 可靠 详细 有经验			
3. 项目性质 (1)工程的范围 (2)复杂程度 (3)使用的技术 (4)计划工期 (5)潜在的变更 …	通常情况 相对简单 成熟可靠 可合理顺延 较确定			
4. 项目人员 (1)基本素质 (2)参与程度 (3)项目监督人员 (4)管理人员的经验 …	达到要求 积极参与 达到要求 经验丰富			
5. 费用估算 (1)合同计价标准 (2)项目估算 (3)合同条件 …	固定价格 有详细估算 标准条件			

(二) 流程图的使用

对具体施工过程或子项工程施工质量进行风险识别时,除使用核查表外,还可用流程图进行识别。图 10-2 给出了混凝土施工过程质量风险识别流程图。

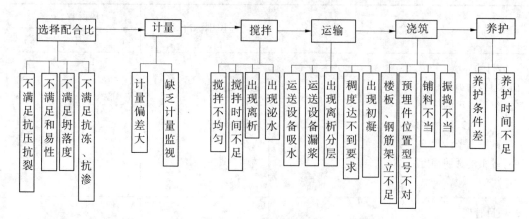

图 10-2　混凝土施工过程质量风险识别流程图

(三) 专家调查法

对于一些缺乏资料和经验的水利工程项目,进行项目风险识别要采用专家调查的方法(德尔菲法、头脑风暴法、专家会议法等),通过广泛调查,集思广益找出项目中可能存在的风险。

德尔菲法实质是一种反馈匿名函询法,主要依靠专家的直观能力对风险进行识别,即通过调查意见逐步集中,直至在某种程度上达到一致,其基本步骤是:①由项目风险管理人员提出风险问题调查方案,制定专家调查表;②请若干专家阅读有关背景资料和项目方案设计资料,并回答有关问题,填写调查表;③风险管理人员收集整理专家意见,并把汇总结果反馈给各位专家;④请专家进行下一轮咨询填表,直至专家意见趋于集中。

头脑风暴法是鼓励团队的全体成员自发地提出主张和想法,其规则是不进行讨论,没有判断性评论,每人每次只需要说出一个主意,不要讨论、评判,更不要试图宣扬,其他参加人员不允许做出任何支持或判断的评论,不得向提出主意的人进行提问。头脑风暴法对帮助团队获得解决问题的最佳方案非常有效。

(四) 情景分析法

情景分析法是通过有关数字、图表和曲线等,对项目未来的某个状态或某种情况进行详细地描绘和分析,从而识别出引起项目风险的关键因素及其影响程度的一种风险识别方法。情景分析法注重说明某些事件出现风险的条件和因素,并且还要说明当某些因素发生变化时,会出现什么样的风险,产生何种后果等。

情景分析法可以通过筛选、监测和诊断,给出某些关键因素对于项目风险的影响。

(1)筛选。筛选即按照一定的程序将具有潜在风险的产生过程、事件、现象和人员进行分类选择的风险识别过程。筛选的工作过程:仔细检查→征兆鉴别→疑因鉴别。

(2)监测。监测是在风险出现后对事件、过程、现象、后果进行观测、记录和分析的过程。监测的工作过程:疑因估计→仔细检查→征兆鉴别。

(3)诊断。诊断是对项目风险及损失的前兆、风险后果与各种起因进行评价与判断,找出主要原因并进行仔细检查。诊断的工作过程:征兆鉴别→疑因估计→仔细检查。

(五)基于 BIM 技术的风险识别

BIM 技术能够反映出整个工程周期内各项建筑信息,或者对各项建筑信息进行详细描述。利用 BIM 技术能够提取各工程对象本身的属性信息,基于 BIM 可视化技术提取一定范围内与其存在关联关系的其他工程对象,然后识别工程对象自身在施工过程中的安全风险和在特定场景中施工可能会存在的安全风险,而施工安全风险知识库中包含大量的安全信息,如工程对象的施工步骤及在施工每一步骤时可能带来的安全风险,进而对水利工程做出有效的风险识别并采取风险预控措施。

水利工程项目的风险识别是一个相当复杂且具有独特性的过程,风险管理者必须要结合具体项目的实际情况,灵活采用多种风险识别方法,同时在风险管理实践中不断积累经验,才能更好地识别出工程项目中的风险因素。

第三节　水利工程项目风险评估

风险识别是从定性的角度去了解和认识风险因素,要把握风险,就必须在识别风险因素的基础上对其进行进一步的评估。水利工程项目风险估计包括两个方面的内容:风险估计和风险评价,就是对风险的规律性进行研究和量化分析。风险估计和风险评价既相互联系又相互区别,风险估计是风险评价的基础。风险估计主要是指对单一风险进行衡量,估计风险发生的概率、影响范围以及可能造成损失的大小等;风险评价主要是分析多种因素对项目整体的综合影响情况。这两个方面的分析没有严格的界限,所使用的某些方法也是相同的。

一、水利工程项目风险估计

(一)水利工程项目风险估计概述

水利工程项目风险估计主要是对水利工程项目各阶段的单一风险事件发生的概率(可能性)和发生的后果(损失大小)、可能发生的时间和影响范围的大小等的估计。

水利工程项目风险估计的过程如图 10-3 所示。

以收集识别出来的有关风险事件的数据资料为基础,对风险事件发生的可能性和可能的结果给出明显的量化描述,即建立风险模型。风险模型分为风险概率模型和风险损失模型,分别用来描述不确定因素与风险事件发生的关系,以及不确定因素与可能损失的关系。风险事件发生的可能性用概率表示,风险发生的后果则用费用的损失或工期的拖延来表示。

(二)风险事件发生概率(P)的估计

风险事件发生概率(亦称损失概率)的估计方法有三种:客观概率分布、理论概率分布和主观概率分布。一般来讲,风险事件的概率分布应当根据历史资料来确定。当项目管理人员没有足够的历史资料来确定风险事件的概率分布时,可以利用理论概率分布。

1. 客观概率

如何根据大量的试验数据或历史资料和数据来确定风险事件发生的概率?当工程项目某些风险事件或其影响因素积累有较多的数据资料时,就可通过对这些数据资料的分

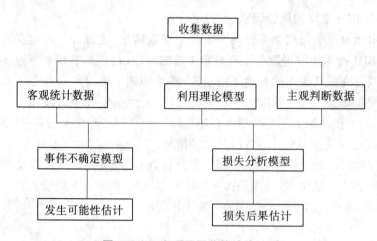

图 10-3　工程项目风险估计的过程

析(客观概率分布),找出风险事件的概率分布。

【例 10-1】　某建设公司在过去的几年中完成了 72 项水利工程项目,由于种种原因,其中一部分工程拖延了工期。将工程拖延工期的情况加以整理得到表 10-5 的统计数据,拖延时间单位为月。图 10-4 为利用表 10-5 数据绘制的直方图,从而估计出新工程工期拖延的概率(客观概率)。

表 10-5　工期拖延数据统计

数据分组区间(%)	组中值(%)	频数	频率(%)	累计频率(%)
−34～−30	−32.5	0	0	0
−29～−25	−27.5	2	2.78	2.78
−24～−20	−22.5	1	1.39	4.17
−19～−15	−17.5	3	4.17	8.34
−14～−10	−12.5	7	9.72	18.06
−9～−5	−7.5	10	13.89	31.95
−4～0	−2.5	15	20.83	52.78
1～5	2.5	12	16.67	69.45
6～10	7.5	9	12.50	81.95
11～15	12.5	8	11.11	93.06
16～20	17.5	4	5.56	98.62
21～25	22.5	0		98.62
26～30	27.5	1	1.39	100
31～35	32.5	0		100

　　根据表 10-5 或图 10-4 就可知道工期拖延事件发生的概率。总之,可用随机变量来表示风险所致损失的结果,该随机变量的概率分布就是风险的概率分布。从风险的概率分布中可得到诸如期望值、标准差(方差)、差异系数等信息,这些信息对风险估计是非常有

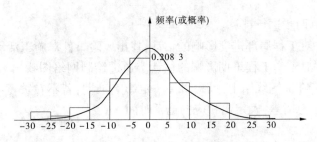

图 10-4　工期拖延概率分布

用的。

如该公司拟新承包一个工程项目,计划工期 16 个月,项目管理人员要知道工期拖延 3 个月的概率为:首先计算工期拖延的相对值 3/16×100% = 18.8%,然后查表 10-5 或图 10-4 就可得到工期拖延 3 个月的概率约为 5.56%。

2. 理论概率

在建立风险的概率分布时,如果统计资料的数据不足,则需要应用理论概率分布进行模拟,常用的理论概率分布包括阶梯长方形分布、梯形分布、三角形分布、离散分布等。有关分布的概率密度函数 $p(x)$、概率分布函数、均值、方差等参见数理统计与概率论教材。

3. 主观概率

主观概率是对风险事件发生可能性大小的一种主观相信程度的度量。它无法用试验或统计的方法来检验其正确性。主观概率的大小常常根据人们长期积累的经验、对项目活动及其有关风险事件的了解来估计。

(三)风险的影响和损失(q)估计

1. 风险的影响范围

风险的影响和损失估计是风险估计的一个重要方面,其估计的精度直接影响到风险管理决策活动。风险损失是项目风险一旦发生对工程项目目标实现带来的不利影响,这些影响包括以下四个方面:

(1)进度(工期)拖延。反映在各阶段工作的延误或工期的滞后。

(2)费用超计划。反映在项目费用的各组成部分的超支。如价格上涨引起材料费超支,处理质量事故使费用增加等。

(3)质量事故或技术性能指标严重达不到要求。由于达不到要求的指标会导致返工,从而造成经济损失或工期的延误。

(4)安全事故。在工程建设活动中,由于操作者的失误、操作对象的缺陷以及环境因素等,或它们相互作用所导致的人身伤亡、财产损失和第三者责任等。

2. 风险损失估计

进度拖延用时间表示;费用超计划用货币衡量;质量事故和安全事故既涉及经济,又会导致工期的延误。在风险管理中,质量事故和安全事故的影响可归结为进度和费用问题,在某些场合中,还可把工程项目的进度问题归结为费用问题加以分析。所以,风险损失的估计可以从这两个方面进行。

1）进度损失

进度损失应分两步进行计算：

（1）风险事件对工程局部进度影响的估计，找出风险事件对施工活动时间的影响。

（2）风险事件对整个工程工期影响的估计。通过绘制网络图找出风险事件对整个工程工期的影响。若在关键线路上，风险事件一定影响工期；若不在关键线路上，则要看拖延时间是否超过了总时差，确定出相应的拖延时间。

2）费用损失

一次性最大损失的估计是风险事件发生后在最坏情况下可能发生的最大可能损失额。这一数据非常重要，因为当损失数额很大时，若一次损失落在某一个工程项目上，项目很可能因流动资金不足而终止；若损失分几次发生，则项目班子容易设法弥补，使项目能够坚持下去。应注意风险事件对项目整体造成损失的估计。工程项目风险发生后，若对项目后续阶段的工作存在影响，则还需计算此部分损失。

若工程项目风险未对后续阶段工作造成影响，则只需计算一次性最大损失的估计。若工程项目风险既对本阶段工作造成影响，又对后续阶段工作造成影响，则要把一次性最大损失的估计与对项目整体造成损失的估计两者总和作为风险事件的费用损失。

风险损失的产生遵循"风险因素—风险事件—风险损失"的一般范式，即风险因素及项目实施环境等各种影响因素之间的交互作用，使得风险事件的发生呈现不确定性，进而导致风险损失的不确定性。现代数学方法、信息技术和计算机网络技术的快速发展，为风险损失度量提供了强大的方法支持。定量意义下的风险损失度量方法包括概率度量法、不确定性度量法、随机模拟法、信息熵法、多维度量法、人工智能方法和动态系统技术等。

（四）风险量（R）

随机型风险估计使用概率分析方法衡量风险的大小，但怎样综合考虑风险事件发生的概率和后果的大小？例如，修建核电站和火电站，哪一种环境风险大呢？核电站事故的后果虽然严重，但发生严重事故的概率甚小；火电站排放烟尘和污水虽然短时间不会成灾，但是每天都要排放，污染环境的概率却是 100%。因此，常用风险事件发生概率和后果大小的乘积衡量风险的大小，此乘积也叫风险事件状态（$R=Pq$）。

风险的 R 值越大，风险程度越高；R 值越小，风险程度越低。根据 R 的大小可将风险分为 A、B、C 三类，A 类风险属高风险，B 类风险属中等风险，C 类风险属低风险。风险程度与风险量的关系如图 10-5 所示。

二、风险评价

（一）风险评价的含义

风险评价就是对工程项目整体风险，或某一部分、某一阶段风险进行评价，即评价各风险事件的共同作用，风险事件的发生概率（可能性）和引起损失的综合后果对工程项目实施带来的影响。

项目风险评价时，要确定项目风险评价标准（工程项目主体针对不同的项目风险确定的可以接受的风险率），确定工程项目的风险水平，然后进行比较。将工程项目单个风险水平与单个评价标准、整体风险水平与整体评价标准进行比较，进而确定它们是否在可

接受的范围之内,或者考虑采取什么样的
风险应对措施。

（二）风险评价的目的

（1）通过风险评价可以确定单个风险
的概率、影响程度和风险量的大小。

（2）通过风险评价可以确定风险大小
的先后顺序。对工程项目中各类风险进行
评价,根据它们对项目目标的影响程度进
行排序,为制定风险控制措施提供依据。

（3）通过风险评价确定各风险事件间
的内在联系。工程项目中存在很多风险事
件,通过分析可以找出不同风险事件间的
相互联系。

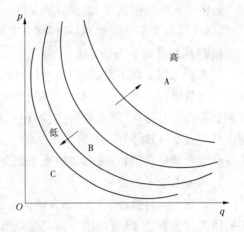

图 10-5　风险程度与风险量的关系

（4）通过风险评价将工程项目中的风险转化为机会。

（三）风险水平与风险标准的对比

1. 水利工程项目风险评价标准的特点

（1）不同项目主体有不同项目风险评价标准。比如就同一个水利工程项目而言,对
不同的项目主体,其管理的目标是不同的。对于同一个工程项目,业主和承包商的管理目
标是不同的。

（2）项目风险评价标准和项目目标的相关性。水利工程项目风险评价标准总是和项
目的目标相关,显然,不同的项目目标当然也应具有不同的风险评价标准。

（3）水利工程项目风险评价标准的两个层次:①计划风险水平,就在项目实施前分析
估计得到的或根据以往的管理经验得到的,并认为是合理的水平;②可接受风险水平,即
项目主体可接受的,经过一定的努力,采取适当的控制措施,项目目标能够实现的风险水
平。

（4）水利工程项目风险评价标准的形式是多样的,如风险率、风险损失和风险量等。

2. 风险水平与风险标准的对比

（1）单个风险水平和标准的比较。这种比较通常较为简单,只要单个风险参数落在
标准之内,说明该风险可以接受。

（2）整体风险水平和标准比较。要注意两者的可比性,即整体风险水平的评价原则、
方法和整体标准所依据的原则、方法口径基本一致,否则就无法比较。比较时会出现两种
情况:当项目整体风险小于整体评价标准时,总体而言,风险是可以接受的;若整体风险大
于整体评价标准,甚至大得较多,则风险是不能接受的,要考虑是否放弃该项目或方案。

（3）同时考虑单个风险比较结果和整体风险比较结果。

若整体风险不能接受,而且主要的一些单个风险也不能接受,则项目或方案不可行。

若整体风险能接受,而且主要的一些单个风险也能接受,则项目或方案可行。

若整体风险能被接受,并且不是主要的单个风险不能被接受,此时对项目或方案做适
当调整就可实施。

若整体风险能被接受,而主要的某些单个风险不能被接受,应从全局出发做进一步的分析,确认机会大于风险时,对项目或方案可做适当调整,然后实施。

(四)风险评价的方法

在水利工程实践中,风险识别、风险估计和风险评价绝非互不相关,常常互相重叠,需要反复交替进行。因此,使用的某些具体方法也是互通的。工程项目风险评价常用方法有调查与专家打分法、层次分析法(AHP)、模糊数学法、统计和概率法、敏感性分析法、蒙特卡罗模拟法、CIM 模拟法、影响图法等。其中前两种方法侧重于定性分析,中间三种方法侧重于定量分析,后三种方法侧重于综合分析。

1. 调查与专家打分法

调查与专家打分法又称为综合评价法或主观评分法,是一种最常用、最简单且易于应用的风险评价方法,既可应用于确定性风险,也可应用于不确定性风险。

2. 层次分析法

层次分析法是一种定性分析与定量分析相结合的评价方法。其基本思路是:评价者将复杂的风险问题分解为若干层次和若干要素,并在同一层次的各要素之间简单进行比较、判断和计算,得到不同方案风险的水平,从而为方案的选择提供决策依据。

该方法既可用于评价工程项目标段划分、工程投标风险、报价风险等单项风险水平,也可用于评价工程项目不同方案等综合风险水平。

3. 模糊数学法

模糊数学法是利用模糊集理论评价工程项目风险的一种方法。工程项目风险很大一部分难以用完全定量的精确数据加以描述(这种不能定量的或精确的特征就是模糊性),但都可以利用历史经验或专家知识,用语言生动地描述出它们的性质及其可能的结果。现有的绝大多数风险分析模型都是基于需要数字的定量技术,而与风险分析相关的大部分信息却是很难用数字表示的,但易于用文字或句子来描述,这种性质最适合于采用模糊数学模型来解决问题。

模糊数学处理非数字化、模糊的变量有独到之处,并能提供合理的数学规则去解决变量问题,相应得出的数学结果又能通过一定的方法转化为语言描述。这一特性极适于解决工程项目中普遍存在的潜在风险,因为潜在风险大都是模糊的、难以准确定义且不易用语言描述的。

4. 蒙特卡罗模拟法

蒙特卡罗模拟法,是一种依据统计理论,利用计算机来研究风险发生概率或风险损失数值的计算方法。这是一种高层次的风险分析方法,其实质是一种统计试验方法,主要用于评估多个非确定性的风险因素对项目总体目标所造成的影响。

蒙特卡罗模拟法的基本原理是将被试验的目标变量用一数学模型模拟表示,该数学模型可被称为模拟模型。模拟模型中的每个风险变量的分析结果及其相对应多方概率值用一具体的概率分布来描述,然后利用随机数发生器来产生随机数,再根据这一随机数在各风险变量的概率分布中取一值;当各风险变量的取值确定后,风险总体效果就可根据所建立的模拟模型计算得出。这样重复多次,通过产生随机数得出风险总体效果具体值。

第四节　水利工程项目风险处理

一、风险应对计划

(一)风险应对计划的内容

通过对水利工程项目风险的识别、估计和评价,风险管理者应对其存在的各种风险和潜在的损失等方面有一定的把握。在此基础上,要编制一个切实可行的风险应对计划,选择行之有效的具体措施,使风险转化为机会或使风险造成的负面效应降到最低。风险应对计划包括的内容如下:

(1)根据风险评价的结果提出应对风险的建议方案。

(2)风险处理过程中所需资源的分配。

(3)残留风险的跟踪以及反馈的时间。

(二)水利工程项目风险的主要应对措施

应对风险,可从改变风险后果的性质、风险发生的概率或风险后果大小三个方面提出多种措施。对某一水利工程项目风险,可能有多种应对策略和措施;同一种类的风险问题,对于不同的工程项目主体采用的风险应对策略和措施是不一样的。因此,需要根据工程项目风险的具体情况、项目承受能力以及抗风险的能力去确定工程项目风险应对策略和措施。应对风险的主要措施有风险减轻、风险分散、风险转移、风险回避、风险自留与利用、风险后备措施等。

1. 风险减轻

风险减轻是从降低风险发生的概率或控制风险的损失两个方面应对风险,它是一种主动、积极的风险应对策略。

1) 预防风险

预防风险是指采取各种预防措施以减少或消除损失发生的可能。例如,生产管理人员通过安全教育和强化安全措施,以减少事故发生的机会;承包商通过提高质量控制标准和加强质量控制,以防止工序质量不合格以及由质量事故而引起的返工或罚款等。在工程承发包过程中,业主要求承包商出具各种保函就是为了防止承包商不履约或履约不力;而承包商要求在合同条款中给予其索赔权利,也是为了防止业主违约或发生种种不测。

2) 控制风险

减少损失是指在风险损失已经不可避免的情况下,通过种种措施遏制损失恶化或遏制其扩展范围使其不再蔓延或扩展,也就是使损失局部化。例如,承包商在业主支付误期超过合同规定期限的情况下,采取放慢施工、停工或撤出队伍并提出索赔要求;安全事故发生后的紧急救护措施等。控制损失应争取主动,以预防为主,防控结合。

2. 风险分散

风险分散是通过增加风险承担者,将风险各部分分配给不同的参与方,以达到减轻总体风险的目的。风险分配时一定要注意将风险分配给最有能力控制风险并有最好控制动机的一方;否则,分散风险只能增大风险。在大型项目中,投标人采用联合投标方式中标,在项目实施过程中风险事项由多方参与,都是利用了分散风险的策略。

3. 风险转移

风险转移不是降低风险发生的概率和不利后果的大小,而是借助合同或协议,在风险事故一旦发生时,将损失的一部分转移给项目以外的第三方。

1)工程保险转移

工程保险是对建筑工程、安装工程和各种机器设备等因自然灾害和意外事故所造成的物质财产损失和第三者责任进行赔偿的保险。进行工程保险时,投保人需要向保险公司缴纳一定的费用来转移风险,通过保险来实现的风险转移是一种补偿性的,当风险事件发生造成损失后,由保险人对被保险人提供一种经济上的补偿。如果风险事件没有发生或发生后所造成的损失很小,则投保人所缴纳的保险费就成为保险人的收益。值得注意的是,不是工程项目中的所有风险都可通过保险来进行转移,只有可保风险才能投保,一般情况下可保风险是偶然的、意外的,其损失往往是巨大但可较为准确计量的。

2)非保险转移

非保险转移可分为三种方式:保证担保、合同条件和工程分包。

(1)保证担保。保证担保实质是将风险转移给了担保公司或银行,在风险转移过程中,风险的风险量并没有发生变化,只是风险承担的主体发生了变化。在施工合同中,一般都是由信誉较好的第三方以出具保函的方式担保施工合同当事人履行合同。保函实际是一份保证担保。这种担保是以第三方的信誉为基础的,对于担保义务人而言,可以免于向对方交纳一笔资金或者提供抵押、质押财产。

(2)合同条件。合理的合同条件和合理的合同计价方式可以达到转移风险的目的。不同类型的合同,业主和承包商承担的风险是不同的,签订合同时双方应注意考虑风险的合理分担,使得任何一方承担不合理范围的风险对于项目的实施都是不利的。

(3)工程分包。工程分包是工程实施过程中普遍采用的一种方式,承包商往往将专业性很强,或自己没有经验,或不具备优势的部分工程(如桩基工程、钢网架工程等)分包出去,从而达到转移风险的目的。对于分包商而言,其在该领域有专业优势,所以分包商接受风险的同时也取得了获得利益的机会。

4. 风险回避

风险回避是指当项目风险潜在威胁发生的可能性太大,不利后果也太严重,或又无其他策略可用时,主动放弃项目或改变项目目标与行动方案,从而规避风险的一种策略。它是一种最彻底消除风险影响的方法。但为了避免风险损失而放弃项目就丢掉了发展和其他各种机会,也窒息了项目班子的创造力,使项目管理班子的主观能动性、积极性没有机会展现。

在采取回避策略之前,必须对风险有充分的认识,对威胁出现的可能性和后果的严重性有足够的把握。采取回避策略,最好在项目活动尚未实施时。放弃或改变正在进行的项目,一般都要付出高昂的代价。

5. 风险自留与利用

1)风险自留

项目参与者自己承担风险带来的损失,并做好相应的准备工作。风险自留是基于两个方面考虑的：一是工程实践中存在风险但风险发生的概率很小，并且造成的损失也很小，采取风险回避、降低、分散或转移的手段都难以发挥效果，参与者不得不自己承担风险；二是从项目参与者的角度出发，有时必须承担一定的风险才能获得较好的收益。

风险自留是建立在风险评估基础上的财务技术措施，主要依靠项目参与主体自身的财务能力弥补可能的风险损失。因此，必须对项目的风险有充分的认识，对风险造成的损失有比较精确的评估。采用风险自留对策时，一般事先对风险不加控制，但通常制订一个应对计划，以备风险发生时使用。风险发生时，这笔费用用于损失补偿，损失不发生则可结余。

2）风险利用

利用风险是风险管理的较高层次，对风险管理人员的管理水平要求较高，须谨慎对待。风险利用是在识别风险的基础上，对风险的可利用性和利用价值进行分析，根据自身的能力进行决策是否可以利用风险。如果不顾自身情况采用风险利用策略，可能会适得其反。

6.风险后备措施

有些风险要求事先指定后备措施。一旦项目实际情况与计划不同，就动用后备措施。主要有预算应急费、进度后备措施和技术后备措施。

1）预算应急费

预算应急费是一笔事先准备好的资金，用于补偿差错、疏漏及其他不确定性对项目费用估计精确性的影响。预算应急费在项目进行过程中一定会花出去，但用在何处、何时用以及用多少，在编制项目预算时并不知道。

预算应急费一般分为实施应急费和经济应急费两类。实施应急费用于补偿估价和实施过程中的不确定性，经济应急费用于对付通货膨胀和价格波动。

2）进度后备措施

对于项目进度方面的不确定因素，项目各有关方一般不希望以延长工期的方式解决。因此，项目管理班子就要设法制订出一个较紧凑的进度计划，争取项目在各有关方要求完成的日期前完成。从网络计划的观点来看，进度后备措施就是在关键路线上设置一段时差或浮动时间。

压缩关键路线各工序时间有两大类办法：①减少工序（活动）时间；②改变工序间逻辑关系。一般来说，这两种办法都要增加资源的投入，甚至带来新的风险。

3）技术后备措施

技术后备措施专门应付项目的技术风险，它是一段预先准备好了的时间或一笔资金。当预想的情况未出现，并需要采取补救行动时才动用这笔资金或这段时间。预算和进度后备措施很可能用上，而技术后备措施很可能用不上。只有当不大可能发生的事件发生，需要采取补救行动时，才动用技术后备措施。需要注意的是，技术后备措施有相应的技术方案（如工程质量保障措施）或行动来支持。

二、风险监控

对于工程风险，无论采取何种措施控制风险，都很难将风险完全消除，并且原有风险消除后,还可能产生新的风险。因此,在项目实施过程中,要定期对风险进行监控。风险监控的目的是考察各种风险控制措施产生的实际效果,确定风险减少的程度,监视残留风险的变化情况,进而考虑是否需要调整风险应对计划,是否需要采取后备措施。

风险监控的主要内容包括:评价风险控制行为产生的效果;及时发现和度量新的风险因素;跟踪、评价残余风险的变化和程度;监控潜在风险的发展,监测项目风险发生的征兆;提供启动风险应变计划的时机和依据。

跟踪风险控制措施的效果是风险监控的主要内容,实时记录跟踪结果,及时编制风险跟踪报告,以便对风险做出及时反应。

风险监控过程中,如果有新的风险因素,应对其进行重新估算。即使项目实施过程中没有新风险出现,也要在项目的关键阶段进行风险的重新估计。

第五节　水利工程项目保险

一、工程保险

工程保险(Engineering Insurance)是对工程项目建设过程中可能出现的因自然灾害和意外事故而造成的物质财产损失和依法应对第三者人身伤亡所应承担经济赔偿责任提供保障的一种综合性保险。

工程保险是适应现代工程技术和工程建设行业的发展,由火灾保险、意外伤害保险以及责任保险等演变而成的一类综合性财产保险险种。工程保险的最初形成是由于第二次世界大战后欧洲重建过程中承包人为转嫁工程建设期间的各种风险的需要,随着各种大规模工程建设的展开和国际工程项目的增多,为完善承包合同条款,在承包合同中引进了承包人投保工程保险的义务,国际标准合同条款对工程保险的相关规定对工程保险的发展起到积极的推动作用。1945 年,英国土木建筑业者联盟、工程技术协会及土木建筑者协会共同研究并制定了《承包合同标准化条款》,将承包人投保工程保险的义务引入了合同。1950 年,国际土木工程师和承包建筑工程师组织制定了《土木建筑工程合同条款》,要求承包人办理保险,对建筑、安装工程各关系方的权利和义务做了明确规定,为建筑、安装工程保险成为世界性的财产保险险种奠定了基础。国际咨询工程师协会编写的 FIDIC合同条件对工程项目不同参与主体的责任和保险做出了较为恰当的安排,在大型工程项目中得到广泛应用,极大地促进了工程保险的迅速发展。西方国家水利工程建设历史较长,现阶段发达国家水利工程建设项目数目较少,水利工程保险的问题并不突出,所以国际保险界通常只把水利工程保险列入工程保险的范畴进行研究。水利工程项目一般投资规模大,建设周期长,技术要求复杂,涉及面广,因此潜伏的风险因素更多,工程保险已成为水利工程项目转移风险的重要途径。

二、工程保险的特点

工程保险是着眼于可能发生的不利情况和意外,从若干方面消除或补偿遭遇风险造成损失的一种特殊措施。尽管这种对于风险后果的补偿只能弥补整个工程项目损失的一部分,但在特定情况下却能保证承包商不致破产而获得生机。工程保险具有与其他财产或人身保险不同的特点。

(一)工程保险有特定的保险内容

工程保险对于承包商而言,有特定的投保险别和要求承担的相应责任;对于保险受理机构而言,对于承担保险项目的责任和补偿办法则通过保险条例和保险单做出明确而具体的规定。

(二)分段保险

在承包商实施工程项目合同期间,分阶段进行保险,各种险别可以衔接起来,构成工程建设的完整过程。承包商既可全部投保,也可根据需要选择投保其中一种或几种险。这是因为大多数承包工程项目从开工准备到竣工验收的施工周期较长,保险受理机构根据各个阶段具体情况考虑制定各种工程险别的投保办法,一方面有利于分散风险,另一方面也便于保险费的分段计算。

(三)保险费率现开

保险公司对于工程保险的收费基础、计算程序和办法一般都是既定的,但没有规定一成不变的、对任何工程项目都适用的费率,而是根据工程项目所处地区和环境特点、工程风险因素做出的分析,以及要求承保的年限,结合当地保险条例并按照国际通行做法现开。一般而言,承保的风险责任大、时间长,保险费率就相应增高。

三、国外水利工程保险发展状况

英、美、日、德等国家的保险业较发达,体系较完备,其现代水利工程保险具有以下特征:

(1)强制性。法律规定,凡公共工程必须投保工程险,金融机构融资的项目也必须投保有关工程险。水利工程也是一种公共工程,相当一部分水利工程的建设资金也是通过金融机构融资的,因而属于被强制保险的范围。

(2)广泛性。从工程设计到工程建成的所有阶段,参与工程建设的所有单位,都必须投保工程保险。法国《建筑职责与保险》规定,凡涉及工程保险的特定建设活动的所有单位,包括业主、建筑师、总承包商、设计或施工等专业承包商、建筑产品制造商、质量检查公司等,均须向保险公司投保工程保险。

(3)全面性。英国的水利工程保险制度的显著特点是险种齐全,几乎涵盖了所有工程保险的险种,投保率则超过了90%,对保障工程质量和安全生产起到了积极作用。在英国工程保险市场上,除建筑工程一切险(附带第三者责任)和安装工程一切险(附带第三者责任)外,与工程建设相关的其他常规保险险种有雇主责任险、货物运输险、施工机具险、履约保障险、雇员忠诚险、职业责任险、工程交付延误及预期利润损失险、工程质量保证险等,这些险种都被合理地运用到水利工程保险上。由于成功地推行了责任保险制度,使这些发达国家和地区的工程建设质量不断提高,重大工程质量事故的发生概率明显下降。

(4)普遍性。发达国家工程建设中参建各方都有很强的风险及风险转移意识,特别是英国,工程建设大都是私人出资或商业银行担保融资,即使是水利工程这种政府项目,也多是通过私人融资建设的。如果工程建设没有全面的风险保障,一旦遇到事故,造成的损失是相当严重的,因此对保险的需求也非常迫切。这种需求在工程项目的融资阶段就能体现出来,贷款人通常都要求业主提供关于项目保险投保的细则来确保他们的利益得到保障,未提供这些保险的将不予融资支持。

(5)规范性。英国的水利工程保险,被保险人通常有两种对象:一种是业主,另一种是承包商。一个工程项目是由业主投保还是由承包商投保,其保险保障是不一样的。由业主投保工程险,可以保障工程全过程,投保终止期可至工程全部竣工时,不用考虑每一个承包商完成时的截止时间,并有能力安排交工延期和利润损失保障。因为许多大工程都是银行融资,投资方都希望投保交工延期和利润损失保险。业主可以控制风险的保障范围和合适的免赔额;选择有信誉的保险公司,使贷款人对项目更为放心;确保无不足额保险,减少核保的保单数量,这样可以减少管理费用。承包商都习惯自主安排保险,自主地控制保险条件、免赔额、赔款进程,选择自己信任的保险公司。主承包商都会选择分包商,通过这种方式将风险、保险分解。

四、国内水利工程保险发展状况

我国的水利工程项目投资来源呈多样化趋势。20 世纪 90 年代以前,只有少数水利工程投保工程险,且主要依据 1979 年中国人民保险公司拟定的建筑工程一切险和安装工程一切险的条款及保单进行保险。1993 年,中国长江三峡工程开发总公司与中国人民财产保险股份有限公司签订了第一份水利水电工程保险合同,工程保险作为一种风险转移手段被水利水电工程建设单位逐步认识并采用。1995 年,中国人民银行颁布了《建筑工程一切险条款》和《安装工程一切险条款》,其保险责任相当广泛,包括意外事故与所有的自然灾害,与国际通行条款比较一致,也与 FIDIC 施工合同条件对保险的要求一致,但由于多种原因,在相当长的一段时间里未能普遍推开。到 20 世纪 90 年代后期,我国水利工程保险覆盖范围仍然较窄,涉外水利工程投保率能达到 90% 以上,但国内投资的水利工程投保率却偏低,致使项目建设中面临的各种风险无法有效化解。2015 年,国家发展和改革委员会、中国保险监督管理委员会联合发文"大力发展工程保险"(发改投资〔2015〕2179 号),鼓励保险公司为重大工程建设相关的建筑工程、安装工程及各种机器设备提供风险保障,防范自然灾害和意外事故造成物质财产损失和第三者责任风险;支持保险公司发挥专业优势,为重大工程建设提供专业化风险管理建议,采取有效的防灾减灾措施,降低风险事故发生率。

水利部的《水利工程设计概(估)算编制规定》(水总〔2014〕429 号)中,在第五部分"独立费用"的"六、其他"中列了工程保险费,并规定按工程一至四部分投资合计的 4.5‰~5.0‰ 计取工程保险费,田间工程原则上不计工程保险费;《水利水电工程标准施工招标文件》(2009 版)中的通用合同条件第二十条专门对保险做了约定,发包人和承包人应投保的险种包括:①建筑工程一切险;②安装工程一切险;③人员工伤事故保险;④人身意外伤害险;⑤第三者责任险;⑥其他保险(施工设备、材料和工程设备等);《水利水电土建工程施工合同条件(示范文本)》(GF-2016-0208)第四十八条第一款规定:"承包人应以承包人和发包人的共同名义向发包人同意的保险公司投保工程险(包括材料和工程设备），投保的工程项目及其保险金额在签订协议书时由双方协商确定。"这些险种的投保需要按照保险行业的有关法律法规的规定办理。

第六节　国际工程项目风险管理

国际工程项目作为一项跨国进行的综合性商业活动，必然涉及两个或两个以上的国家。一方面，国际工程项目涉及面广且实施时间长，其风险因素比较多，如国际关系、政治经济环境、宗教文化信仰、自然环境制约、地理气候条件、社会状况和劳动力素质等；另一方面，国际工程项目在实施过程中，项目参建各方不仅要发挥自身的技术能力和管理水平，还需要协调好各方关系以完成国际间合作，因此对项目管理水平的要求更高。在国际工程项目管理中，要正确对待风险，认真做好调查研究、市场评估和风险预测，采取积极有效的针对性措施减小风险损失。

一、国际工程项目的风险种类

(一) 政治风险

政治风险是指项目所在国政局不稳定给项目带来的风险，如因种族、宗教和利益问题产生的战争、动乱或内战，因政策、制度变革或政权交迭造成拒付债务，因政府办事效率低、权力机构贪腐或劳工组织抵触造成项目成本增加。常见的政治风险包括征收风险、汇兑限制风险、政府违约风险和延迟支付风险等。

(二) 经济风险

经济风险主要表现在延时付款、通货膨胀、汇率波动和担保风险等方面。国际工程项目遭遇税收歧视或地方保护主义，业主资金不足，承包商大量带资、垫资施工，造成工程承包商资金紧张，加上部分项目发生的工程款拒付，会造成承包商的经济效益急剧下降、损失严重。

(三) 环境风险

自然环境风险是指地理地质条件、水文气候条件以及不可抗拒的自然灾害或突发事故，如台风、地震、海啸、洪水、泥石流和火灾等，这些都会对工程项目产生较大的影响。社会环境风险是指社会治安、法律法规、市场稳定性、基本外部设施和材料设备供应等对项目实施的影响。

(四) 管理风险

由于承包商缺乏国际项目管理经验，自身资金技术力量不足，合同财务管理制度不完善，加上当地合作伙伴的信誉较低等，容易产生项目投标决策失误、变更索赔水平欠缺、参建各方沟通协调困难等问题，因项目管理失误导致损失严重。

二、国际工程项目的风险应对措施

与常规的工程项目风险处理类似，国际工程项目的风险应对措施主要包括风险回避、风险分担、损失控制、风险转移和风险共存等。

(一)风险回避

对国际工程项目中承包商无法控制和转移,可能会导致严重损失的致命风险,就需要采取一定的措施中断风险源,使其不发生或不再发展,从而避免可能产生的潜在损失。采用风险回避需要做出一些牺牲,但较之承担风险,这些牺牲比风险真正发生时可能造成的损失要小得多。但是,要清醒地认识到,国际工程项目中回避一种风险可能产生另一种新的风险,回避风险的同时也失去了从风险中获益的可能性,例如由于缺乏有关外汇市场的知识和信息,为避免由此产生的经济风险,决策者决定选择本国的货币作为决算货币,从而也就失去了从汇率变化中获益的可能;同时,回避风险可能不实际或不可能,从国际工程项目的角度来看,投标总是有风险的,但绝不会为了回避风险而不参加任何国际工程的投标。

(二)风险分担

国际工程项目通常是由许多参与者共同实施的,所以风险应当由这些参与者共同分担,包括业主、咨询工程师、项目管理组、供应商和分包商等。承包商作为风险承担的主要参与者,要在合同订立过程中深入研究合同条款,合理分配风险承担,要求业主提供付款保函,根据业主支付工程款的金额计算工程量完成的数量,尽量不垫付资金,不超额完成工程量,项目投入成本要与业主支付的工程款一致,力争和业主共同分担风险。

(三)损失控制

损失控制是一种主动的、积极的风险应对措施。损失控制必须以一定量的风险评价结果和风险清单为依据,确保损失控制措施具有针对性,损失控制措施的选择也应该进行多方案的技术经济分析和比较,形成一个周密、完整的计划系统。国际工程项目要通过组织措施、管理措施、合同措施和技术措施,建立各类风险预警工作制度和会议制度,实施风险分隔和风险分散;要预先编制应急预案,做到如遇灾难事故或突发事件能够积极应对、妥善处置,减少人员伤亡和财产经济损失。

(四)风险转移

国际工程项目的风险转移是指通过合同或协议的方式将风险部分或全部转移给第三方,实现合伙共担风险。风险转移分为非保险转移和保险转移。非保险转移即为合同转移,是通过合同方式将工程风险转移给非保人的对方当事人,如承包商可以将通货膨胀、利率浮动、资金不到位、不可预见的地质环境等风险转移给业主,将设计问题、标准说明等风险转移给咨询工程师,将部分专业性较强的工程分包给其他分包商,并要求分包商提供履约保函,就可以把合同中的部分风险转移给其他分包商。保险转移是通过承包商或业主购买保险将本应由自己承担的工程风险转移给保险公司,从而使自己免受损失。国际工程在发生重大损失后可以从保险公司及时获赔,保险公司可向业主和承包商提供较为全面的风险管理服务,从而提高整个国际工程风险管理的水平。

(五)风险共存

国际工程项目的风险共存是指事先已经认识到风险,通过综合考虑还是决定参与项目,并在项目管理过程中边施工边防止风险,因为项目风险是必然存在的,但风险和利润是共存的。

复习思考题

1. 水利工程项目的技术风险和非技术风险分别包括哪些风险因素,区别是什么?
2. 水利工程项目风险管理过程包括哪些环节?
3. 水利工程项目风险识别方法有哪些? 风险评价方法有哪些?
4. 水利工程项目风险处理措施有哪些?
5. 试述水利工程项目保险的作用。
6. 国际工程项目的风险应对措施有哪些?

第十一章　水利工程项目安全、环境、职业健康和移民管理

第一节　水利工程项目安全管理

安全生产,事关人民群众生命财产安全、国民经济持续快速健康发展和社会稳定大局。所以,加强水利工程建设安全生产管理,明确安全生产责任,对防止和减少安全生产事故,保障人民群众生命和财产安全,具有十分重要的意义。

一、安全管理概述

(一)安全管理

从生产管理的角度,安全管理可以概括为:在进行生产管理的同时,通过采用计划、组织、技术等手段,针对人们生产过程中的安全问题,运用有效的资源,发挥人们的智慧,通过人们的努力,进行有关决策、计划、组织和控制等活动,实现生产过程中人与机器设备、物料、环境的和谐,达到安全生产的目标,控制事故不致发生的一切管理活动。安全管理的目标是,减少和控制危害,减少和控制事故,尽量避免生产过程中由于事故所造成的人身伤害、财产损失、环境污染以及其他损失。

安全生产是工程项目重要的控制目标之一,也是衡量工程项目管理水平的重要标志。因此,工程项目必须把实现安全生产当作组织生产活动时的重要任务。我国自 1980 年至 1984 年开展全国“安全月”活动,1991 年至 2001 年开展“安全生产周”活动,并于 2002 年确定每年的 6 月举行“安全生产月”主题活动。通过对典型事故和身边事故案例进行剖析等活动,开展好安全生产事故警示教育,增强企业自我防范意识和自主保安能力,采取切实有效措施防止同类事故发生,坚决遏制重特大事故。

(二)安全生产法律、法规和规定

《中华人民共和国安全生产法》(简称《安全生产法》)规定了各级政府机构和有关生产经营单位的安全生产责任,要求国务院和地方各级人民政府应当加强对安全生产工作的领导,支持、督促各有关部门依法履行安全生产监督管理职责。生产经营单位必须遵守安全生产法和其他有关安全生产的法律、法规,加强安全生产管理,建立、健全全员安全生产责任制和安全生产规章制度,加大对安全生产资金、物质、技术、人员的投入保障力度,改善安全生产条件,加强安全生产标准化、信息化建设,构建安全风险分级管控和隐患排查治理双重预防机制,健全风险防范化解机制,提高安全生产水平,确保安全生产。生产经营单位的主要负责人是本单位安全生产第一责任人,对本单位的安全生产工作全面负责,其他负责人对职责范围内的安全生产工作负责,国家实行生产安全事故责任追究制度,依照《安全生产法》和有关法律法规的规定,追究生产安全事故责任人员的法律责任。

《建设工程安全生产管理条例》(国务院令第 393 号)明确建设工程安全生产管理坚持"安全第一、预防为主"综合治理的方针,要求国务院和地方各级人民政府对建设工程安全生产工作实施监督管理,并依据权限对生产安全事故进行应急救援和调查处理。建设单位不得对勘察、设计、施工、监理等单位提出不符合建设工程安全生产法律、法规和强制性标准规定的要求,不得压缩合同约定的工期。施工单位对列入建设工程概算的安全作业环境及安全施工措施所需费用,应当用于施工安全防护用具及设施的采购和更新、安全施工措施的落实、安全生产条件的改善,不得挪作他用。

《水利工程建设安全生产管理规定》(水利部令第 26 号)明确水利工程建设安全生产管理坚持"安全第一、预防为主"的方针,要求发生生产安全事故后必须查清事故原因、查明事故责任、落实整改措施、做好事故处理工作,并依法追究有关人员的责任。特别地,施工单位应当在施工组织设计中编制安全技术措施和施工现场临时用电方案,对下列达到一定规模的危险性较大的工程应当编制专项施工方案,并附具安全验算结果,经施工单位技术负责人签字以及总监理工程师核签后实施,由专职安全生产管理人员进行现场监督:①基坑支护与降水工程;②土方和石方开挖工程;③模板工程;④起重吊装工程;⑤脚手架工程;⑥拆除、爆破工程;⑦围堰工程;⑧其他危险性较大的工程。对涉及高边坡、深基坑、地下暗挖工程、高大模板工程的专项施工方案,施工单位还应当组织专家进行论证、审查。

(三)注册安全工程师

按照《注册安全工程师管理规定》的规定,国家实行注册安全工程师执业资格制度,对生产经营单位中安全生产管理、安全工程技术工作和为安全生产提供技术服务的中介机构的专业技术人员实行资格准入。

注册安全工程师是指取得中华人民共和国注册安全工程师执业资格证书,在生产经营单位从事安全生产管理、安全技术工作或者在安全生产中介机构从事安全生产专业服务工作,并按照规定注册取得中华人民共和国注册安全工程师执业证和执业印章的人员。

我国规定从业人员 300 人以上的煤矿、非煤矿山、建筑施工单位和危险物品生产、经营单位,应当按照不少于安全生产管理人员 15% 的比例配备注册安全工程师;安全生产管理人员在 7 人以下的,至少配备 1 名。

生产经营单位的下列安全生产工作,应有注册安全工程师参与并签署意见:

(1)制定安全生产规章制度、安全技术操作规程和作业规程。

(2)排查事故隐患,制订整改方案和安全措施。

(3)制订从业人员安全培训计划。

(4)选用和发放劳动防护用品。

(5)生产安全事故调查。

(6)制定重大危险源检测、评估、监控措施和应急救援预案。

(7)其他安全生产工作事项。

二、安全管理基本原则

安全管理是生产管理的重要组成部分,是一门综合性的系统科学。安全管理是一种动态管理,其对象是生产中一切人、物、环境的状态管理与控制。为有效将生产因素的状态控制好,实施安全管理过程中,必须坚持以下几项基本管理原则。

(一)领导负责原则

国务院在《关于加强企业生产中安全工作的几项规定》中明确指出:各级领导人员在管理生产的同时,必须负责管理安全工作。企业中有关专职机构,都应该在各自业务范围内,对实现安全生产的要求负责。管生产同时管安全,不仅是对各级领导人员明确安全管理责任,同时,也向一切与生产有关的机构、人员明确了业务范围内的安全管理责任。

(二)预防为主原则

安全生产的方针是"安全第一、预防为主、综合治理"。安全第一是从保护生产力的角度和高度,表明在生产范围内安全与生产的关系,肯定安全在生产活动中的位置和重要性。进行安全管理不是处理事故,而是在生产活动中,针对生产的特点,对生产因素采取管理措施,有效地控制不安全因素的发展与扩大,把可能发生的事故消灭在萌芽状态,以保证生产活动中人的安全与健康。

(三)全程管理原则

安全管理涉及生产活动的方方面面,涉及从开工到竣工交付的全部生产过程,涉及全部的生产时间,涉及一切变化着的生产因素。因此,生产活动中必须坚持全员、全过程、全方位、全天候的动态安全管理。

三、安全管理措施

安全管理措施是安全管理的方法与手段,管理的重点是对生产各因素状态的约束与控制。

(一)建立全员安全生产责任制

安全生产是关系企业全员、全层次、全过程的大事。生产经营单位必须加强安全生产管理,建立、健全全员安全生产责任制。全员安全生产责任制是安全生产规章制度的核心,是行政岗位责任制和经济责任制度的重要组成部分。它能增强各级管理人员的责任心,使安全管理纵向到底、横向到边,责任明确、协调配合,共同努力把安全工作真正落到实处。

(二)安全生产组织保障

设置安全生产管理机构和配备安全生产管理人员。安全生产管理机构指的是企业中专门负责安全生产监督管理的内设机构,其工作人员都是专职安全生产管理人员。安全生产管理机构的作用是落实国家有关安全生产的法律法规,组织本单位内部各种安全检查活动,负责日常安全检查,及时整改各种事故隐患,监督安全生产责任制的落实等,它是企业安全生产的重要组织保证。

(三)安全生产投入和安全技术措施

企业必须安排适当的资金,生产经营单位必须加大对安全生产资金、物资、技术、人员的投入保障力度,改善安全生产设施,更新安全技术装备、器材、仪器、仪表及其他安全生产投入,以保证本单位达到法律、法规、标准规定的安全生产条件。同时生产经营单位应编制安全技术措施、制度。安全技术主要是运用工程技术手段消除物的不安全因素,实现生产工艺、机械设备等生产条件的本质安全。预防发生事故的安全技术主要有消除危险源、限制能量或危险物质、隔离、削弱薄弱环节、个体防护。

（四）安全生产检查

安全生产检查是指对生产过程及安全管理中可能存在的隐患、危险有害因素、缺陷等进行查证，以确定隐患或危险有害因素、缺陷的存在状态，以及它们转化为事故的条件，以便制定整改措施，消除隐患和危险有害因素，确保生产的安全。安全检查是发现不安全行为和不安全状态的重要途径。

1. 安全生产检查的形式

（1）定期安全生产检查。一般是通过有计划、有组织、有目的的形式来实现的。

（2）经常性安全生产检查。一般是采取个别的、日常的巡视方式来实现的。

（3）季节性及节假日前安全生产检查。根据季节变化，按事故发生的规律，对易发的潜在危险进行季节检查，如冬季防冻保温、防火、防煤气中毒，夏季防暑降温、防汛、防雷电等检查。对于节假日，如元旦、春节、劳动节、国庆节前后，应进行有针对性的安全检查。

（4）专业（项）安全生产检查。

（5）综合性安全生产检查。

（6）不定期的职工代表巡视安全生产检查。

2. 安全生产检查的内容

安全生产检查的内容包括软件系统和硬件系统，主要是查思想、查管理、查制度、查现场、查隐患、查事故处理。安全检查对象的确定应本着突出重点的原则，对于危险性大、易发事故、事故危害大的生产系统、部位、装置、设备等应加强检查。一般应重点检查交通设备、勘察现场、渡口及渡船、炸药库、井洞探、危险化学物品、起重设备、电气设备、高处作业等设备、工种、场所及其作业人员。

3. 隐患处理及危险因素的消除

安全生产检查的目的是发现、处理、消除危险因素，避免事故伤害，实现安全生产。生产经营单位应当建立安全风险分级管控制度，按照安全风险分级采取相应的管控措施；建立、健全并落实生产安全事故隐患排查治理制度，采取技术、管理措施，及时发现并消除事故隐患。消除危险因素的关键环节，在于认真地整改，真正地、确确实实地把危险因素消除。对于一些由于种种原因而一时不能消除的危险因素，应逐项分析，寻求解决办法，安排整改计划，尽快予以消除。

（1）检查中发现的隐患应进行登记，不仅作为整改的备查依据，而且是提供安全动态分析的重要信息渠道。如多数单位安全检查都发现同类型隐患，说明是"通病"，若某单位在安全生产检查中重复出现隐患，说明整改不彻底，形成"顽症"。根据检查隐患记录分析，制定指导安全管理的预防措施。

（2）对安全生产检查中查出的隐患，还应发出隐患整改通知单。对凡存在即发性事故危险的隐患，检查人员应责令停工，被查单位必须立即进行整改。

（3）对于违章指挥、违章作业行为，检查人员可以当场指出，立即纠正。

（4）检查单位领导对查出的隐患，应立即研究制订整改方案。按照"三定"（定人、定期限、定措施），限期完成整改。

（5）整改完成后，要及时通知有关部门派员进行复查验证。

(五) 安全评价

安全评价是指运用定量或定性的方法,对建设项目或生产经营单位存在的职业危险因素和有害因素进行识别、分析和评估。安全评价包括安全预评价、安全验收评价、安全现状综合评价和专项安全评价。

安全预评价内容主要包括危险及有害因素识别、危险度评价和安全对策措施及建议。它是以拟建建设项目作为研究对象,根据建设项目可行性研究报告提供的生产工艺过程、使用和产出的物质、主要设备和操作条件等,研究系统固有的危险及有害因素,应用系统安全工程的方法,对系统的危险性和危害性进行定性、定量分析,确定系统的危险、有害因素及其危险、危害程度;针对主要危险、有害因素及其可能产生的危险、危害后果提出消除、预防和降低的对策措施;评价采取措施后的系统是否能满足规定的安全要求,从而得出建设项目应如何设计、管理才能达到安全指标要求的结论。

安全验收评价是在建设项目竣工、试生产运行正常后,通过对建设项目的设施、设备、装置实际运行状况的检测、考察,查找该建设项目投产后可能存在的危险、有害因素,提出合理可行的安全对策措施和建议。最终形成的安全验收评价报告将作为建设单位向政府安全生产监督管理机构申请建设项目安全验收审批的依据。

安全现状综合评价是针对某一个生产经营单位总体或局部生产经营活动的安全现状进行的评价。评价形成的现状综合评价报告的内容应纳入生产经营单位安全隐患整改和安全管理计划,并按计划加以实施和检查。

专项安全评价是针对某一项活动或场所,如一个特定的行业、产品、生产方式、生产工艺或生产装置等存在的危险、有害因素进行安全评价,目的是查找其存在的危险、有害因素,确定其程度,提出合理可行的安全对策措施及建议。

安全评价程序主要包括:准备阶段,危险、有害因素辨识与分析,定性定量评价,提出安全对策措施,形成安全评价结论及建议,编制安全评价报告。

(六) 安全生产教育培训

安全生产教育培训能增强人的安全生产意识,丰富安全生产知识,有效防止人的不安全行为,减少人为失误。

生产经营单位主要负责人和安全生产管理人员必须具备与本单位所从事的生产经营活动相应的安全生产知识和管理能力。生产经营单位应当对从业人员进行安全生产教育和培训,保证从业人员具备必要的安全生产知识,熟悉有关的安全生产规章制度和安全操作规程,掌握本岗位的安全操作技能。生产经营单位应当教育和督促从业人员严格执行安全生产规章制度和安全操作规程,并向从业人员如实告知作业场所和工作岗位存在的危险因素、防范措施及事故应急措施。从业人员应当接受安全生产教育和培训,掌握本职工作所需的安全生产知识,提高安全生产技能,增强事故预防和应急处理能力。

特种作业人员上岗前,必须进行专门的安全技术和操作技能的教育培训,增强其安全生产意识,获得证书后方可上岗。

施工单位对新进场的作业人员,须进行公司、项目、班组三级安全教育培训,经考核合格后方允许上岗。三级安全教育培训应包括下列主要内容:

(1)公司安全教育培训。国家和地方有关安全生产法律、法规、规章、制度、标准,企业安全管理制度和劳动纪律,从业人员安全生产权利和义务等。

(2)项目安全教育培训。工地安全生产管理制度、安全职责和劳动纪律、个人防护用品的使用和维护、现场作业环境特点、不安全因素的识别和处理、事故防范等。

(3)班组安全教育培训。本工种的安全操作规程和技能、劳动纪律、安全作业与职业卫生要求、作业质量与安全标准、岗位之间衔接配合注意事项、危险点识别、事故防范和紧急避险方法等。

四、安全责任和重点

项目法人(或建设单位)、勘察单位、设计单位、施工单位、监理单位及其他与水利工程建设安全生产有关的单位,必须遵守安全生产法律、法规,自觉承担安全生产责任,扎实做好安全管理工作,保证水利工程建设安全生产。

(一)安全责任

1.项目法人的安全责任

项目法人在对施工投标单位进行资格审查时,应当对投标单位的主要负责人、项目负责人以及专职安全生产管理人员是否经水行政主管部门安全生产考核合格进行审查。有关人员未经考核合格的,不得认定投标单位的投标资格。

项目法人应当组织编制保证安全生产的措施方案,并自开工报告批准之日起15日内报有管辖权的水行政主管部门、流域管理机构或者其委托的水利工程建设安全生产监督机构备案。建设过程中安全生产的情况发生变化时,应当及时对保证安全生产的措施方案进行调整,并报原备案机关。

在水利工程开工前,项目法人应当就落实保证安全生产的措施进行全面系统的布置,明确施工单位的安全生产责任。

2.勘察(测)、设计单位的安全责任

勘察(测)单位和有关勘察(测)人员应当对其勘察(测)成果负责。设计单位和有关设计人员应当对其设计成果负责。设计成果应当考虑施工安全操作和防护的需要,对涉及施工安全的重点部位和环节在设计文件中注明,并对防范生产安全事故提出指导意见。

采用新结构、新材料、新工艺以及特殊结构的水利工程,设计单位应当在设计中提出保障施工作业人员安全和预防生产安全事故的措施建议。

3.施工单位的安全责任

施工单位主要负责人依法对本单位的安全生产工作全面负责。施工单位依法取得相应等级的资质证书,并在其资质等级许可的范围内承揽工程,在依法取得安全生产许可证后,方可从事水利工程施工活动。

施工单位应当建立健全安全生产责任制度和安全生产教育培训制度,制定安全生产规章制度和操作规程,保证本单位建立和完善安全生产条件所需资金的投入,对所承担的水利工程进行定期和专项安全检查,并做好安全检查记录。对管理人员和作业人员每年至少进行一次安全生产教育培训,其教育培训情况记入个人工作档案。在采用新技术、新工艺、新设备、新材料时,应当对作业人员进行相应的安全生产教育培训。

（二）安全重点

在水利工程项目中,应重点注意以下几个方面:交通安全、爆破器材管理、危险化学品管理、水上作业、高空作业、爆破作业、地下作业、起重设备、电气设备、涉电作业、高边坡、大开挖、防汛、防雷电、防暑、防冻、防火等所涉及的设备、工种、场所和作业人员,每个方面均应采取相应的安全措施,比如对于爆破作业,一般应采取以下安全措施:

（1）炮工必须经过专门的培训,取得合格证书后方可上岗作业。

（2）起爆管和信号管设专门地方加工,严禁在爆破器材存放处、住宅和爆破作业地点加工。

（3）起爆药包加工应在光线良好且无其他人的安全地点进行,加工数量不应超过当班作业需用量。

（4）装药安全操作规定。装药前,仔细检查炮孔情况,清除孔内积水、杂物。装药时,将药卷置于孔口,用木制炮棍轻轻推入预定位置,采用电雷管时,应先将脚线展开适当长度。

（5）装药后必须保持填塞质量,禁止无填塞进行爆破。

（6）连续点燃多根导火线,露天爆破必须先点燃信号管,井下爆破必须先点燃计时导火线。信号管响后或计时导火线燃烧完毕,无论起爆导火线点完与否,人员必须立即撤离。

（7）露天草地或林区在放炮前,必须清除放炮点导火线燃烧范围内的地面杂草、树枝叶等,以防导火线燃烧时引起的山林火灾。

（8）爆破工作前必须确定危险区的边界,并设置明显的标志。边界设置岗哨,使所有通道处于监视之内,相邻岗哨之间距离也应保持在视线范围之内。

（9）爆破后的安全检查和处理。炮响完后,露天爆破不少于 5 min,地下爆破不少于 15 min（经过通风吹散炮烟后）,才准许爆破人员进入爆破作业地点。检查有无冒顶、危石、支护破坏和盲炮等现象。

五、安全生产标准化

安全生产标准化是指企业通过落实安全生产主体责任,全员全过程参与,建立并保持安全生产管理体系,全面管控生产经营活动各环节的安全生产与职业卫生工作,实现安全健康管理系统化、岗位操作行为规范化、设备设施本质安全化、作业环境器具定置化,并持续改进。安全生产标准化作为一种对企业的硬性要求和规范化标准,要求企业的安全标准化管理体系中所有规章制度和操作规程都必须遵循《安全生产标准化基本规范》和其他国家标准以及行业标准,结合水利行业标准制定企业自身的达标等级和要求达标的期限,强制要求相关部门在相应的期限内完成相应的达标工作。

（一）安全生产标准化的一般要求

1. 原则

企业开展安全生产标准化工作,应遵循"安全第一、预防为主、综合治理"的方针,落实企业主体责任。以安全风险管理、隐患排查治理、职业病危害防治为基础,以安全生产责任制为核心,建立安全生产标准化管理体系,实现全员参与,全面提升安全生产管理水平,持续改进安全生产工作,不断提升安全生产绩效,预防和减少事故的发生,保障人身安全健康,保证生产经营活动的有序进行。

2. 建立和保持

企业应采用"策划、实施、检查、改进"的 PDCA(Plan—Do—Check—Action)动态循环模式,按照《安全生产标准化基本规范》的规定,结合企业自身特点,自主建立并保持安全生产标准化管理体系,通过自我检查、自我纠正和自我完善,构建安全生产长效机制,持续提升安全生产绩效。

3. 自评和评审

企业安全生产标准化管理体系的运行情况,采用企业自评和评审单位评审的方式进行评估。

(二)安全生产标准化的核心要求

1. 目标职责

(1)企业应根据自身安全生产实际,制定文件化的总体目标和年度安全生产与职业卫生目标,并纳入企业总体生产经营目标。

(2)企业应落实安全生产组织领导机构,成立安全生产委员会,并应按照有关规定设置安全生产和职业卫生管理机构,或配备相应的专职或兼职安全生产和职业卫生管理人员,按照有关规定配备注册安全工程师,建立健全从管理机构到基层班组的管理网络。企业主要负责人全面负责安全生产和职业卫生工作,并履行相应责任和义务。

(3)企业应建立健全安全生产和职业卫生责任制,明确各级部门及从业人员的安全生产和职业卫生职责,并对职责的适宜性、履职情况进行定期评估和监督考核。

(4)企业应建立安全生产投入保障制度,按照有关规定提取和使用安全生产费用,并建立使用台账。

(5)企业应开展安全文化建设,确立本企业的安全生产和职业病危害防治理念及行为准则,并教育、引导全体从业人员贯彻执行。

(6)企业应根据自身实际情况,利用信息化手段加强安全生产管理工作,开展安全生产电子台账管理、重大危险源监控、职业病危害防治、应急管理、安全风险管控和隐患自查自报、安全生产预测预警等信息系统的建设。

2. 制度化管理

(1)企业应建立安全生产和职业卫生法律法规、标准规范的管理制度,应将适用的安全生产和职业卫生法律法规、标准规范的相关要求及时转化为本单位的规章制度、操作规程,并及时传达给相关从业人员,确保相关要求落实到位。

(2)企业应建立健全安全生产和职业卫生规章制度,并征求工会及从业人员意见和建议,规范安全生产和职业卫生管理工作;确保从业人员及时获取制度文本。企业安全生产和职业卫生规章制度包括但不限于下列内容:目标管理,安全生产和职业卫生责任制,安全生产承诺,安全生产投入,安全生产信息化,四新(新技术、新材料、新工艺、新设备设施)管理,文件、记录和档案管理,安全风险管理、隐患排查治理,职业病危害防治,教育培训,班组安全活动,特种作业人员管理,建设项目安全设施、职业病防护设施"三同时"建设项目主体工程同时设计、同时施工、同时投入生产和使用管理,设备设施管理,施工和检修安全管理、危险物品管理、危险作业安全管理、安全警示标志管理、安全预测预警、安全生产奖惩管理、相关方安全管理、变更管理、个体防护用品管理、应急管理、事故管理、安全生产报告和绩效评定管理。

（3）企业应按照有关规定，结合本企业生产工艺、作业任务特点以及岗位作业安全风险与职业病防护要求，编制齐全适用的岗位安全生产和职业卫生操作规程，发放到相关岗位员工，并严格执行。企业应确保从业人员参与岗位安全生产和职业卫生操作规程的编制与修订工作。

（4）企业应建立文件和记录管理制度，明确安全生产和职业卫生规章制度、操作规程的编制、评审、发布、使用、修订、作废以及文件和记录管理的职责、程序和要求。企业应每年至少评估一次安全生产和职业卫生法律法规、标准规范、规章制度、操作规程的适宜性、有效性和执行情况。企业应根据评估结果、安全检查情况、自评结果、评审情况、事故情况等，及时修订安全生产和职业卫生规章制度、操作规程。

3. 教育培训

（1）企业应建立健全安全教育培训制度，按照有关规定进行培训，培训大纲、内容、时间应满足有关标准的规定。企业安全教育培训应包括安全生产和职业卫生的内容。

（2）企业的主要负责人和安全生产管理人员应具备与本企业所从事的生产经营活动相适应的安全生产和职业卫生知识与能力。企业应对从业人员进行安全生产和职业卫生教育培训。

4. 现场管理

（1）建设项目的安全设施和职业病防护设施应坚持"三同时"制度；企业应执行设备设施采购、到货验收制度，购置、使用设计符合要求、质量合格的设备设施；应对设备设施进行规范化管理，建立设备设施管理台账；建立设备设施检维修管理制度，制订综合检维修计划，加强日常检维修和定期检维修管理，落实"五定"原则，即定检维修方案、定检维修人员、定安全措施、定检维修质量、定检修维修进度，并做好记录。

（2）企业应事先分析和控制生产过程及工艺、物料、设备设施、器材、通道、作业环境等存在的安全风险。生产现场应实行定置管理，保持作业环境整洁。企业应依法合理进行生产作业组织和管理，加强对从业人员作业行为的安全管理，对设备设施、工艺技术以及从业人员作业行为等进行安全风险辨识，采取相应的措施，控制作业行为安全风险。

（3）企业应为从业人员提供符合职业卫生要求的工作环境和条件，为接触职业病危害的从业人员提供个人使用的职业病防护用品，建立、健全职业卫生档案和健康监护档案。

（4）企业应按照有关规定和工作场所的安全风险特点，在有重大危险源、较大危险因素和严重职业病危害因素的工作场所，设置明显的、符合有关规定要求的安全警示标志和职业病危害警示标识。

5. 安全风险管控及隐患排查治理

（1）企业应建立安全风险辨识管理制度，组织全员对本单位安全风险进行全面、系统的辨识；建立安全风险评估管理制度，明确安全风险评估的目的、范围、频次、准则和工作程序等；选择工程技术措施、管理控制措施、个体防护措施等，对安全风险进行控制；制定变更管理制度,变更前应对变更过程及变更后可能产生的安全风险进行分析,制定控制措施,履行审批及验收程序,并告知和培训相关从业人员。

(2)企业应建立重大危险源管理制度,全面辨识重大危险源,对确认的重大危险源制定安全管理技术措施和应急预案。

(3)企业应建立隐患排查治理制度,逐级建立并落实从主要负责人到每位从业人员的隐患排查治理和防控责任制。并按照有关规定组织开展隐患排查治理工作,及时发现并消除隐患,实行隐患闭环管理;根据隐患排查的结果,制订隐患治理方案,对隐患及时进行治理;隐患治理完成后,企业应按照有关规定对治理情况进行评估、验收。

(4)企业应根据生产经营状况、安全风险管理及隐患排查治理、事故等情况,运用定量或定性的安全生产预测预警技术,建立体现企业安全生产状况及发展趋势的安全生产预测预警体系。

6. 应急管理

(1)企业应按照有关规定建立应急管理组织机构或指定专人负责应急管理工作,建立与本企业安全生产特点相适应的专(兼)职应急救援队伍;在开展安全风险评估和应急资源调查的基础上,建立生产安全事故应急预案体系,制定符合现行《生产经营单位生产安全事故应急预案编制导则》(GB/T 29639)规定的生产安全事故应急预案,针对安全风险较大的重点场所(设施)制订现场处置方案,并编制重点岗位、人员应急处置卡。

(2)发生事故后,企业应根据预案要求,立即启动应急响应程序,按照有关规定报告事故情况,并开展先期处置。

(3)企业应对应急准备、应急处置工作进行评估。完成险情或事故应急处置后,企业应主动配合有关组织开展应急处置评估。

7. 事故管理

(1)企业应建立事故报告程序,明确事故内外部报告的责任人、时限、内容等,并教育、指导从业人员严格按照有关规定的程序报告发生的生产安全事故。

(2)企业应建立内部事故调查和处理制度,按照有关规定、行业标准和国际通行做法,将造成人员伤亡(轻伤、重伤、死亡等人身伤害和急性中毒)和财产损失的事故纳入事故调查和处理范畴。

(3)企业应建立事故档案和管理台账,将承包商、供应商等相关方在企业内部发生的事故纳入本企业事故管理。

8. 持续改进

(1)企业每年至少应对安全生产标准化管理体系的运行情况进行一次自评,验证各项安全生产制度措施的适宜性、充分性和有效性,检查安全生产和职业卫生管理目标、指标的完成情况。

(2)企业应根据安全生产标准化管理体系的自评结果和安全生产预测预警系统所反映的趋势,以及绩效评定情况,客观分析企业安全生产标准化管理体系的运行质量,及时调整完善相关制度文件和过程管控,持续改进,不断提高安全生产绩效。

六、生产安全事故处理

(一)生产安全事故的概念

生产安全事故是指生产经营单位在生产经营活动(包括与生产经营有关的活动)中突然发生的,伤害人身安全和健康,或者损坏设备设施,或者造成经济损失的,导致原生产经营活动(包括与生产经营活动有关的活动)暂时中止或永远终止的意外事件。

生产安全事故按事故发生的原因可分为责任事故和非责任事故,按事故造成的后果可分为人身伤亡事故和非人身伤亡事故。

(二)生产安全事故应急救援

《安全生产法》对生产安全事故的应急救援做了明确规定,主要包括生产安全事故应急救援预案的制定、生产安全事故的应急救援体系的建立、生产安全事故的应急救援组织、应急救援人员和装备以及组织事故抢救等内容。

1. 生产安全事故应急救援的必要性

通过生产安全事故应急救援预案的制定,能总结以往安全生产工作的经验和教训,明确安全生产工作的重大问题和工作重点,提出预防事故的思路和办法,是全面贯彻"安全第一、预防为主、综合治理"的需要;在生产安全事故发生后,事故应急救援体系能保证事故应急救援组织的及时出动,并有针对性地采取救援措施,对防止事故的进一步扩大,减少人员伤亡和财产损失意义重大;专业化的应急救援组织是保证事故及时进行专业救援的前提条件,会有效避免事故施救过程中的盲目性,减少事故救援过程中的伤亡和损失,降低生产安全事故的救援成本。

2. 生产安全事故应急救援的基本任务和特点

事故应急救援的总目标是通过有效的应急救援行动,尽可能地降低事故的后果,包括人员伤亡、财产损失和环境破坏等。事故应急救援的基本任务包括下述几个方面:

(1)立即组织营救受害人员,组织撤离或者采取其他措施保护危害区域内的其他人员。

(2)迅速控制事态,并对事故造成的危害进行检测、监测,测定事故的危害区域、危害性质及危害程度。及时控制住造成事故的危险源是应急救援工作的重要任务。

(3)消除危害后果,做好现场恢复。

(4)查清事故原因,评估危害程度。

3. 生产安全事故的应急救援内容

(1)应急救援预案。县级以上地方各级人民政府应当组织有关部门制定本行政区域内特大生产安全事故的应急救援预案。应急救援预案主要包括:预案制定机构;协调和指挥机构及相关部门的职责和分工;危险目标的确定和潜在危险性评估;应急救援装备情况;救援组织的训练和演习;特大生产安全事故的紧急处置措施、人员疏散措施、工程抢险措施、现场医疗急救措施、社会支持和援助、经费保障等。

(2)应急救援体系。是保证生产安全事故应急救援工作顺利实施的组织保障,主要包括应急救援指挥系统、应急救援日常值班系统、应急救援信息系统、应急救援技术支持系统、应急救援组织及经费保障。

(3)应急救援组织。危险物品的生产、经营、储存单位以及矿山、建筑施工单位应当建立应急救援组织或指定兼职的应急救援人员,此处的兼职可以是内部人员兼职作应急救援人员,也可以是其他专业应急救援组织的兼职,并应当配备与生产经营活动相适应的必要的应急救援器材和设备,保证应急救援器材和设备的正常运转。

(4)生产安全事故的抢救。要坚持及时、得当、有效的原则。因生产安全事故属突发事件,《安全生产法》要求在事故发生后,任何单位和个人都应当支持、配合事故的抢救工作,为事故抢救提供一切便利条件。重大生产安全事故的抢救应当成立抢救指挥部,由指挥部统一指挥。

(三)生产安全事故的调查处理

1. 生产安全事故的报告

1)生产经营单位内部的事故报告

生产经营单位发生生产安全事故后,事故现场有关人员应当立即报告本单位负责人。生产经营单位发生死亡事故报告后,应当立即如实向负有安全生产监督管理职责的部门报告事故情况,不得隐瞒不报、谎报或者拖延不报。发生重大、特大伤亡事故时,生产经营单位应报告以下内容:事故发生的单位、时间、地点、类别;事故的伤亡情况;事故的简要经过,直接原因的初步判断;事故后组织抢救、采取的安全措施、事故灾区的控制情况;事故的报告单位。

2)安全生产监督管理部门的事故报告

负有安全生产监督管理职责的部门接到死亡、重大伤亡事故、特大伤亡事故报告后,应当立即报告当地政府,并按系统逐级上报。负有安全生产监督管理职责的部门和有关地方人民政府对事故情况不得隐瞒不报、谎报或者拖延不报。

2. 生产安全事故的调查

生产安全事故的调查处理工作是一个极其严肃的问题,必须认真对待,真正查明事故原因,才能明确责任、吸取教训,进而避免事故的重复发生。事故的具体调查工作必须坚持"四不放过"的原则:事故原因不查清不放过,防范措施不落实不放过,职工群众未受到教育不放过,事故责任者未受到处理不放过。

3. 生产安全事故的结案

事故调查组根据事故调查的实际情况写出事故调查报告后,应当将事故调查报告报送组织事故地调查的部门,由组织事故调查的部门批复结案。其中防范措施建议和对事故责任者的处理意见由发生事故的单位和有关部门具体落实,发生事故的单位和有关部门要将具体落实情况向事故批复结案机关报告。

4. 生产安全事故的统计和公布

县级以上地方各级人民政府负责安全生产监督管理的部门应当做好以下工作:

(1)生产安全事故的统计工作并定期公布。

(2)定期分析本行政区域内发生的生产安全事故情况。

(3)公布伤亡事故的处理结果。

第二节　水利工程项目环境管理

水利工程建设项目的兴建和运行,对周围的自然环境和社会环境必然产生各种影响,比如对生物、水文、水温、水质、泥沙、景观、文物、地质灾害等的影响很大。大型水利工程建设项目对生态与环境的影响更加巨大和深远。所以,加强水利工程的环境管理,使工程建设项目与经济发展、资源、生态环境相互协调,是非常必要的。

一、环境管理概述

(一)环境问题

环境问题是指在人类活动或自然因素的干扰下引起环境质量下降或环境系统的结构损毁,从而对人类及其他生物的生存与发展造成影响和破坏的问题。

环境问题按照产生的原因分为原生环境问题和次生环境问题两类。原生环境问题是由自然因素引起的,次生环境问题分为环境污染和生态破坏两类。

生态破坏是人类在各类自然资源的开发利用过程中不能合理、持续地开发利用资源而引起的生态环境质量恶化或自然资源枯竭的一类环境问题。环境污染是指由于人类在工农业生产和生活消费过程中向自然环境排放的、超过其自然环境消化能力的有毒有害物质或能量,产生对人类不利的影响。环境污染的治理需要一定的时间,即使停止排放污染物,环境的恢复也需要一段时间。

(二)环境管理的概念

通常意义上,环境管理是指依据国家的环境法律、法规、政策和标准,根据生态学和环境容量许可的范围,运用法律、经济、行政、技术和教育等手段,调控人类的各种行为,协调经济发展同环境保护之间的关系,限制人类损害环境质量的活动以维护区域正常的环境秩序和环境安全,实现区域社会可持续发展的行为总体。其目的在于以尽可能快的速度逐步恢复被损害了的环境,并减少甚至消除新的发展活动对环境的结构、状态、功能造成新的损害,保证人类与环境能够持久地、和谐地协同发展下去。

水利工程环境管理是指围绕着水利工程涉及环境内容的综合管理。其内容和管理方法随目标工程、社会条件、技术条件等有所差别。一般来说,水利工程环境管理在空间上应包括水利工程本身及工程周围的环境问题、积水区域的环境问题、供水区域或者效益区域的环境问题等。从时间上看,水利工程环境管理存在于水利工程生命周期中规划设计、建设施工、运行管理和报废各个阶段。

(三)环境管理的对象

人是各种行为的主体,是产生各种环境问题的根源。因此,环境管理的实质是改变人的观念和影响人的行为,只有从人的自然、经济、社会三种基本行为入手开展环境管理,环境问题才能得到有效解决。人类社会经济活动的主体大体可以分为三个方面:个人行为、企业行为和政府行为。

(四)环境管理的内容

(1)从环境管理的范围来划分,包括资源(生态系统)管理、区域环境管理和专业环境管理。

生态环境管理是指人类对自身的自然资源开发、保护、利用、恢复行为的管理。其重点是对自然环境要素的管理,包括可再生资源的恢复和扩大再生产,以及不可再生资源的合理利用。环境问题呈现明显的区域性特征,根据区域自然资源、社会、经济的具体情况,选择有利于环境的发展模式,建立新的经济、社会、生态环境系统,是区域环境管理的主要任务。环境问题由于行业性质和污染因子的差异存在着明显的专业性特征。针对行业特点,调整经济结构和生产布局,推广有利于环境的实用技术,提高污染防治和生态恢复工程及设施的技术水平,加强和改善专业管理,是环境管理的重要任务。

(2)从环境管理的性质来划分,包括环境规划管理、环境质量管理、环境技术管理。

环境规划管理主要包括两项基本活动:①确立目标;②实施方案。环境质量管理是为保证人类生存和健康所必需的环境质量而进行的各项管理工作,是环境管理的核心内容。环境技术管理是指通过制定环境技术政策、技术标准和技术规程,以调整产业结构,规范企业的生产行为,促进企业的技术改革与创新等内容,以协调技术经济发展与环境保护关系为目的,它包括环境法规标准的不断完善、环境监测与信息管理系统的建立、环境科技支撑能力的建设、环境教育的深化与普及等。

二、环境政策与环境管理制度

(一)环境政策

环境政策是国家为保护和改善人类环境而对一切影响环境质量的人为活动所规定的行为准则。环境政策是国家总结了国内外社会发展历史和环境状况,为有效保护和改善环境而制定和实施的环保工作方针、路线、原则、制度及其他各种政策的总称。

有关环境保护的法规和政策包括以下几类:

(1)基本法律法规。如《环境保护法》《环境影响评价法》《水法》《水土保持法》《建设项目环境保护管理条例》。

(2)污染防治法律。如《水污染防治法》《大气污染防治法》《环境噪声污染防治法》《固体废物污染环境防治法》《海洋环境保护法》。

(3)资源保护。如《水法》《电力法》《森林法》《土地管理法》《水土保持法》《矿产资源法》《草原法》《渔业法》《农业法》《野生动物保护法》《文物保护法》。

(4)技术标准。水、气、声、固体废物等有关的国家、地方和行业的技术标准、规程规范。

(二)环境管理的三大基本政策

经过长期的探索与实践,我国制定了"预防为主,防治结合""谁污染谁治理""强化环境管理"的三大环境保护的基本政策。这三大政策以"强化环境管理"为核心,依靠规划、法规、监督和适当的投入去控制污染,保护环境,以经济、社会与环境的协调发展为目的,走具有中国特色的环境保护道路。

1.预防为主,防治结合

世界上几乎所有的发达国家,在发展经济的同时,都曾因忽视环境保护,而出现了严重的环境问题。我国虽然是一个资源大国,但人均资源占有量却很低,环境与资源基础脆弱,如果放任环境问题恶化下去,不要说会制约经济的长远发展,就是在当前经济发展也难以顺利进行下去。所以,应立足于把消除污染、保护生态环境的措施实施在经济开发和建设过程之前或之中,从根本上消除环境问题得以产生的根源,从而减轻事后治理所要付出的代价。

2. 谁污染谁治理

环境经济学家认为,当一个人或企业的经济活动依赖或影响其他人或企业的经济活动时,就产生了外部性。外部性可能是好的,称为正效益;也可能是坏的,称为负效益,又称为"外部不经济性"。保护环境,防治污染和生态破坏牵涉面很广,所需资金又很多,不可能由国家或某个部门把治理所有的环境污染和生态破坏的费用都包下来。治理污染、保护环境是给环境造成污染和其他公害的单位或个人不可推卸的责任和义务,由污染产生的损害以及治理污染所需要的费用,都必须由污染者负担和补偿。

3. 强化环境管理

我国是个发展中国家,基于我国的国情,我国政策的基点只能放在强化环境管理上,充分发挥各种管理手段和措施的作用,并且使有限的资金发挥更大的环境效益。主要着重加强区域环境管理、建设项目环境管理和污染源管理。

(三) 环境管理制度

1. 环境影响评价制度

环境影响评价是指在环境的开发利用之前,对规划或建设项目的选址、设计、施工和建成后将对周围环境产生的影响,拟采用的防范措施和最终不可避免的影响所进行的系统分析和评估,并提出减缓这些影响的对策措施。

《环境保护法》中规定:"一切企业、事业单位的选址、设计、建设和生产,都必须注意防止对环境的污染和破坏。在进行新建、改建和扩建工程中,必须提出环境影响报告书,经环境保护主管部门和其他有关部门审查批准后才能进行设计。"我国依法正式建立了环境影响评价制度。

从时间上看,水利水电工程本身对环境的影响,在施工时期是直接的、短期的;而在运用期则是间接的、长期的。施工期对环境产生的各种污染,主要是施工废水、废渣、粉尘、噪声、震动等;施工清场也会破坏一些文物古迹,殃及施工区的生态平衡。工程建成后对水资源调配引起的环境变化,库周环境变化对陆生生态与水生生态关系的影响,对环境地质的影响(诱发地震、滑坡、坍岸、地下水位变化等);对河流演变的影响、介水传播疾病对人群健康影响等则是长期的、深远的。

从空间上看,水利建设工程环境影响的显著特点是:其环境影响通常不是一个点(建设工程附近),而是一条线、一条带(从工程所在河流上游到下游的带状区域)或者是一个面(灌区)。水电工程的影响往往长达几千米,甚至影响河口。例如,南水北调总干渠众多的穿越河道工程不仅影响交叉工程处河道,而且沿河上下游几千米至十几千米范围都受影响。灌溉工程的影响则不仅是点、线、带(输水渠),而且是整个灌溉区域。

国家根据建设项目对环境的影响性质和程度,按以下规定对建设项目的环境保护实行分类管理:

(1)建设项目对环境可能造成重大影响的,应当编制环境影响报告书,对建设项目产生的污染和对环境的影响进行全面、详细的评价。

（2）建设项目对环境可能造成轻度影响的，应当编制环境影响报告表，对建设项目产生的污染和对环境的影响进行分析或专题评价。

（3）建设项目对环境影响很小，不需要进行环境影响评价的，应当填报环境影响登记表。

2. "三同时"制度

《环境保护法》规定："建设项目中防治污染的设施，必须与主体工程同时设计、同时施工、同时投产使用。""防治污染的设施必须经原审批环境影响报告书的环境保护行政主管部门验收合格后，该建设项目方可投入生产或者使用。"

《建设项目环境保护管理办法》中明确指出："凡从事对环境有影响的建设项目都必须执行环境影响报告书的审批制度；执行防治污染及其他公害的设施与主体工程同时设计、同时施工、同时投产使用的三同时制度。"

"三同时"制度是我国环境管理的基本制度之一，也是我国所独创的一项环境法律制度，同时是控制新污染源的产生、实现预防为主原则的一条重要途径。

3. 环保目标责任制

对环境产生污染和其他公害的单位及其主管部门，必须按照"谁污染、谁治理，谁破坏、谁恢复"的原则，将环境保护纳入工作计划，建立环境保护目标负责制。

4. 限期治理制度

限期治理制度指对现已存在的危害环境的污染源，由法定机关做出决定，令其在一定期限内治理并达到规定要求的一整套措施。限期治理具有四大要素：限定时间、治理内容、限期对象和治理效果，四者缺一不可。

三、环境管理内容及要求

（一）工程规划决策阶段

1. 环境影响报告书

根据《环境影响评价法》，水利水电规划阶段应开展相应深度的环境影响评价工作，其环境影响报告书报规划审批部门审批。《江河流域规划环境影响评价规范》（SL 45—2006）对评价的范围、标准、内容、评价方法和深度等进行了规定。关于环境影响报告书编报的程序和要求，国家环境保护总局已经颁布了一系列的技术规范、标准和规定，《环境影响评价技术导则——水利水电工程》（HJ/T 88—2003）对环境影响报告书的编写提出了具体的要求。

2. 环境影响评价

《水利水电工程项目建议书编制规程》（SL 617—2021）要求项目建议书中必须包括环境影响评价内容，具体内容包括：概述，环境现状调查与评价，环境影响分析，环境保护对策措施，评价结论与建议，图表及附件。《水利水电工程可行性研究报告编制规程》（SL 618—2021）要求可行性研究报告中必须包括环境影响评价内容，具体内容包括：概述，环境现状调查与评价，环境影响预测评价，环境保护措施，环境管理与监测，综合评价结论，图表及附件。

3. 环境保护设计

《水利水电工程初步设计报告编制规程》(SL 619—2021)要求项目初步设计报告中必须包括环境保护设计内容,具体内容包括:概述,生态流量保障,水环境保护,生态保护,土壤环境保护,人群健康保护,大气及声环境保护,其他环境保护,环境管理与监测,图表及附件。

(二)工程建设实施阶段

在水利工程建设实施工程中,工程参建各方都应按照法律法规和合同约定履行自己的环境保护义务。比如《水利水电工程标准施工招标文件》(2009版)中的通用合同条件第九条专门对环境保护做了约定,要求:

(1)承包人在施工过程中,应遵守有关环境保护的法律,履行合同约定的环境保护义务,并对违反法律和合同约定义务所造成的环境破坏、人身伤害和财产损失负责。

(2)承包人应按合同约定的环保工作内容,编制施工环保措施计划,报送监理人审批。

(3)承包人应按照批准的施工环保措施计划有序地堆放和处理施工废弃物,避免对环境造成破坏。因承包人任意堆放或弃置施工废弃物造成妨碍公共交通、影响城镇居民生活、降低河流行洪能力、危及居民安全、破坏周边环境,或者影响其他承包人施工等后果的,承包人应承担责任。

(4)承包人应按合同约定采取有效措施,对施工开挖的边坡及时进行支护,维护排水设施,并进行水土保护,避免因施工造成的地质灾害。

(5)承包人应按国家饮用水管理标准定期对饮用水水源进行监测,防止施工活动污染饮用水水源。

(6)承包人应按合同约定,加强对噪声、粉尘、废气、废水和废油的控制,努力降低噪声,控制粉尘和废气浓度,做好废水和废油的治理和排放。

另外,《水利工程建设项目验收管理规定》也要求在工程验收过程中,要进行环境保护专项验收。《建设项目竣工环境保护验收管理办法》也要求进行环境保护竣工验收工作。建设单位委托有环境影响评价资质证书的单位编制环境保护验收调查报告,在试生产的3个月内,向审批本项目环境影响报告书的环境保护主管部门提出环境保护设施竣工验收申请。

(三)工程生产运行阶段

在项目投产运行阶段,运行管理单位要依据法律法规落实环境保护工作,包括环境管理和监测等具体工作,必要时,开展环境影响回顾评价。

(四)移民安置的环境保护工作

移民安置的环境保护工作主要包括土地资源开发利用、城镇和工矿企业迁建、第二和第三产业污染防治、人群健康保护、生态建设、安置区生态环境监测及环境管理等。

四、生态文明建设管理

生态环境是人类生存最为基础的条件,是人类社会持续发展最为重要的基础。面对资源约束趋紧、环境污染严重、生态系统退化的严峻形势,必须树立尊重自然、顺应自然、保护自然的生态文明理念,走可持续发展道路。生态文明建设,是把可持续发展提升到绿色发展高度,为后人"乘凉"而"种树",不给后人留下遗憾,而是留下更多的生态资产。

生态文明建设的基本原则包括:①坚持把节约优先、保护优先、自然恢复为主作为基本方针;②坚持把绿色发展、循环发展、低碳发展作为基本途径;③坚持把深化改革和创新驱动作为基本动力;④坚持把培育生态文化作为重要支撑;⑤坚持把重点突破和整体推进作为工作方式。

生态文明建设要加大自然生态系统和环境保护力度,切实改善生态环境质量。

(1)保护和修复自然生态系统,加快生态安全屏障建设,实施重大生态修复工程,严格落实禁牧休牧和草畜平衡制度,启动湿地生态效益补偿和退耕还湿,加强水生生物保护,开展沙化土地封禁保护试点,加强水土保持,实施地下水保护和超采漏斗区综合治理,强化农田生态保护,实施生物多样性保护重大工程,加强自然保护区建设与管理,建立江河湖泊生态水量保障机制,加快灾害调查评价、监测预警、防治和应急等防灾减灾体系建设。

(2)全面推进污染防治,建立以保障人体健康为核心、以改善环境质量为目标、以防控环境风险为基线的环境管理体系,健全跨区域污染防治协调机制,严格实施大气污染防治行动、水污染防治行动、土壤污染防治行动、农业面源污染防治、城乡环境综合整治、重金属污染治理、矿山地质环境恢复和综合治理,建立健全化学品、持久性有机污染物、危险废物等环境风险防范与应急管理工作机制,加强核设施运行监管。

(3)积极应对气候变化,通过节约能源和提高能效,优化能源结构,增加森林、草原、湿地、海洋碳汇等手段,有效控制温室气体排放,努力实现"碳达峰"和"碳中和"目标,提高适应气候变化特别是应对极端天气和气候事件能力。所谓"碳达峰",是指二氧化碳年总量的排放在某一个时期达到历史最高值,达到峰值之后逐步降低。当在一定时期内,通过植树、节能减排、碳捕集、碳封存等方式抵消人为产生的二氧化碳,实现二氧化碳净排放为零,也就实现了"碳中和"。

生态文明建设要坚持绿水青山就是金山银山的理念,坚定不移走生态优先、绿色发展之路。要继续打好污染防治攻坚战,加强大气、水、土壤污染综合治理。要强化源头治理,推动资源高效利用,发展清洁生产,加快实现绿色低碳发展。要统筹山水林田湖草沙系统治理,加大生态系统保护力度,提升生态系统的稳定性和可持续性。生态文明建设为水利工程项目环境管理提出了更高的要求。

第三节　水利工程项目职业健康安全管理

职业健康安全管理是企业通过建立科学的安全管理体系,执行职业安全健康的相关法律、法规、规范和规章制度,进行危险源辨识并采取相应的预防措施,防止发生职业病、人身伤害和其他事故,保证员工在职业活动中的安全与健康,保障企业建立良好的生产活动秩序,促进企业安全、和谐发展。采用职业健康安全管理体系旨在使企业能够提供安全健康的工作场所,预防与工作有关的伤害和健康损害,并持续改进职业健康安全绩效。

一、职业健康安全管理体系概述

职业健康安全管理体系(OHSAS 18001)是20世纪80年代后期在国际上兴起的现代安全生产管理模式,与质量管理体系和环境管理体系等一样被称为后工业化时代的管理方法。该体系是由一系列标准来构筑的一套系统,表达了一种对组织的职业安全健康进行控制的思想。职业健康安全管理体系强调的是对员工的健康和安全的保障,其基本内容包括制定组织的职业健康安全方针、目标、职责与权限、程序、所需过程和评审等。

20世纪50年代,职业健康安全管理的主要内容是控制有关人身意外伤害,防止意外事故的发生,不考虑其他问题,是一种相对消极的控制。到了21世纪,职业健康安全管理发展为通过控制风险,将损失控制与全面管理方案配合,实现体系化的管理。这一管理体系不仅需要考虑人、设备、材料、环境,还要考虑人力资源、产品质量、工程和设计、采购货物、承包制、法律责任、制造方案等。

职业健康安全管理体系的宗旨与我国安全工作中的"安全第一,预防为主,综合治理"的工作方针相一致。作为国际标准化组织的正式成员国,我国非常重视职业健康安全管理体系的研究。根据OHSAS 1800:2001《职业安全健康管理体系》,国家质量监督检验检疫总局于2001年11月12日发布了《职业安全健康管理体系规范》(GB/T 28001—2001),该标准首次提出了我国对职业健康安全管理体系的要求,旨在使企业能够控制职业健康安全风险并改进其绩效。随着OHSAS 18001:2007《职业健康安全管理体系》的更新,国家质量监督检验检疫总局、国家标准化管理委员会联合发布了《职业健康安全管理体系要求》(GB/T 28001—2011)、《职业健康安全管理体系指南》(GB/T 28002—2011)。2020年3月6日,国家市场监管总局、国家标准化管理委员会发布了《职业健康安全管理体系要求及使用指南》(GB/T 45001—2020)。

二、职业健康安全管理体系的原理、特点及作用

(一)职业健康安全管理体系的原理

职业健康安全管理体系的目的是为管理职业健康安全风险和机遇提供框架,基本思想是"以人为本、预防为主、持续改进、动态管理",预期结果是防止发生与工作有关的工作人员伤害和健康损害,并提供安全健康的工作场所,核心是通过采取有效的预防和保护措施(如危险源辨识、风险评价和风险控制)来消除危险源和降低职业健康安全风险。

职业健康安全管理体系的运行模式和质量管理体系、环境管理体系一样,采用PDCA(Plan—Do—Check—Action)模式,其宗旨是促进企业建立一个循环改进的过程,即制定职业健康安全管理方针—策划—运行—管理评审等。

职业健康安全管理体系作为一种系统的管理方法,强调结构化:要求组织从基层岗位到最高管理层之间有一套运作系统,所有职业健康安全的活动都必须在程序框架内运行;

程序化:要求组织实行程序化管理,从而实现对管理过程全面的系统控制;文件化:组织不仅要制定和执行职业健康安全方针,还要有一系列的管理程序,以使该方针在管理活动中得到落实,使得相关活动符合强制性规定和规则。

(二)职业健康安全管理体系的特点

(1)系统性。职业健康安全管理体系的内容由组织环境、领导作用与工作人员参与、策划、支持、运行、绩效评价和持续改进七大要素组成。每一模块又由若干要素构成,这些要素之间不是孤立的,而是相互联系的,要素间的相互依存、相互作用使所建立的体系完成特定的功能。

(2)先进性。职业健康安全管理体系是改善组织职业健康安全管理的一种先进、有效的标准化管理手段。该体系把组织的职业安全健康工作当作一个系统来研究,确定影响职业安全健康所包含的要素,将管理过程和控制措施建立在科学的危害辨识、风险评价基础上;对每个体系要素规定了具体要求,并建立和保持一套以文件支持的程序,严格按程序文件的规定执行。

(3)持续改进。职业健康安全管理体系标准明确要求,组织的最高管理者在所制定的职业安全健康方针中,应包含对持续改进的承诺。同时,在管理评审要素中规定,组织的最高管理者应定期对职业健康安全管理体系进行评审,以确保体系的持续适用性、充分性和有效性。

(4)预防性。职业健康安全管理体系的精髓是危害辨识、风险评价与控制,它充分体现了"安全第一,预防为主"的安全生产方针。实施有效的风险辨识、评价与控制,可实现对事故的预防控制。

(5)全员参与、全过程控制。职业健康安全管理体系标准要求实施全过程控制。该体系的建立,引进系统和过程的概念,把职业健康安全管理作为一项系统工程,以系统分析的理论和方法来解决职业安全健康问题,强调采取先进的技术、工艺、设备及全员参与,对生产的全过程进行控制,才能有效地控制整个生产活动过程中的危险因素,确保组织的职业安全健康状况得到改善。

(三)职业健康安全管理体系的作用

职业健康安全管理体系标准的实施对职业安全健康工作将产生积极的推动作用。主要体现在以下几个方面:

(1)全面规范。改进企业职业健康安全管理,保障企业员工的职业健康与生命安全,保障企业的财产安全,提高工作效率。

(2)改善与政府、员工、社区的公共关系,提高自己的声誉。

(3)防止安全管理失误、漏洞的发生,消除第三类危险源。

(4)有利于职业健康安全管理标准与国际接轨,克服产品及服务在国内外贸活动中的非关税贸易壁垒,取得进入市场的通行证。

(5)有利于提高企业安全与卫生等级,降低企业职业安全和健康的保险成本。

(6)有利于提供持续满足法律要求的机制,降低企业风险,预防事故发生。

（7）有利于提高企业的综合竞争力和全民安全意识。

三、职业健康安全管理体系要素

（一）职业健康安全管理体系的基本要素

职业健康安全管理体系由 7 个一级要素组成,即组织环境、领导作用和工作人员参与、策划、支持、运行、绩效评价和持续改进,下分 40 项具体条款。

1. 组织环境

组织环境包括理解组织及其所处的环境,理解工作人员和其他相关方的需求和期望,确定职业健康安全管理体系的范围和职业健康安全管理体系。

2. 领导作用与工作人员参与

领导作用与工作人员参与包括领导作用和承诺,职业健康安全方针,组织的角色、职责和权限,工作人员的协商和参与。

3. 策划

策划包括应对风险和机遇的措施(总则、危险源辨识及风险和机遇的评价、法律法规和其他要求的确定、措施的策划),职业健康安全目标及其实现的策划。

4. 支持

支持包括资源,能力,意识,沟通,文件化信息等。

5. 运行

运行主要包括运行策划和控制,应急准备和响应两大方面。

6. 绩效评价

绩效评价包括监视、测量、分析和评价绩效,内部审核以及管理评审。

7. 持续改进

持续改进包括总则,事件,不符合和纠正措施,持续改进。

（二）职业健康安全管理体系要素间的联系

职业健康安全管理体系包含着实现不同管理功能的要素,每个要素都有其独立的管理作用,要素间的逻辑关系如图 11-1 所示。职业健康安全管理体系的风险控制主要通过两个步骤实现:①对于组织不可接受的风险,通过目标、管理方案的实施来降低其风险;②所有需要采取控制措施的风险都通过体系运行使其得到控制。职业健康安全风险能否得到有效控制,需要通过不断的绩效测量与监测来衡量。因此,职业健康安全管理体系标准中的危险源辨识、风险评价和风险控制的策划、目标、职业健康安全管理方案、运行控制、绩效测量与监测等要素是体系的一条主线,其他要素围绕这条主线展开,起到支撑、指导、控制的作用。

从图 11-1 可以看出,危险源辨识、风险评价和风险控制是职业健康安全管理体系的管理核心;职业健康安全管理体系具有实现遵守法律法规要求的承诺的功能;职业健康安全管理体系的监控系统对体系的运行具有保障作用;明确组织机构与职责后对风险评价和风险控制进行策划是实施职业健康安全管理体系的必要前提;其他职业健康安全管理

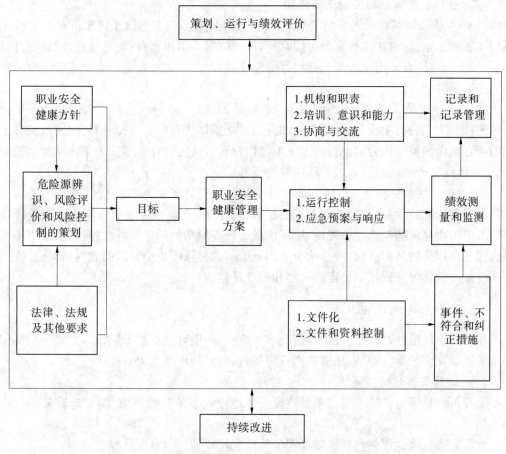

图 11-1　职业健康安全管理体系标准要素间的联系

体系要素也具备不同的管理作用,各有其功能。

第四节　水利工程项目征地拆迁管理

一、征地拆迁管理概述

(一)征地拆迁管理的概念

征地管理是对建设项目征地活动的管理,即对征地搬迁、实物指标调查、征地补偿以及土地登记等活动进行管理。也就是依据有关的法规和技术标准,以及依法签订的有关合同,综合运用法律、经济、行政和技术手段,对征地拆迁活动参与者的行为及其责、权、利进行必要的协调和约束,制止随意性和盲目性,确保征地拆迁工作达到预期目标。

征地拆迁问题十分复杂,涉及政治、经济、社会、环境等多方面的问题。尤其是水利工程建设征地拆迁,它是水利工程建设不可分割的一部分,征地拆迁问题解决的好坏,直接关系到水利水电工程建设和运行管理能否顺利进行,能否正常发挥经济效益和社会的安定团结,必须予以妥善解决。

(二)征地拆迁管理相关的法律法规

(1)《中华人民共和国宪法》(简称《宪法》)规定:城市的土地属于国家所有。农村和城市郊区的土地,除由法律规定属于国家所有的外,属于集体所有;宅基地和自留地、自留山,也属于集体所有。国家为了公共利益的需要,可以依照法律规定对土地实行征收或者征用并给予补偿。

(2)《中华人民共和国土地管理法》(简称《土地管理法》)规定:中华人民共和国实行土地的社会主义公有制,即全民所有制和劳动群众集体所有制。全民所有,即国家所有土地的所有权由国务院代表国家行使。土地使用权可以依法转让。国家为了公共利益的需要,可以依法对土地实行征收或者征用并给予补偿。

(3)《大中型水利水电工程建设征地补偿和移民安置条例》规定:征收其他土地的土地补偿费和安置补助费标准,按照工程所在省、自治区、直辖市规定的标准执行。被征收土地上的附着建筑物按照其原规模、原标准或者恢复原功能的原则补偿;对补偿费用不足以修建基本用房的贫困移民,应当给予适当补助。农村移民集中安置的农村居民点,应当按照经批准的移民安置规划确定的规模和标准迁建。

二、征用土地的前期工作

在征用土地前,应根据建设项目情况和本地实际,做好前期准备工作。主要包括征用土地的地质灾害危险性评估、压覆矿产资源储量调查、使用林地可行性研究等。

(一)地质灾害危险性评估

工程可行性研究阶段应进行项目建设用地地质灾害危险性评估,编制地质灾害危险性评估报告。

地质灾害危险性评估包括地质灾害危险性现状评估、预测评估、综合评估。

(1)地质灾害危险性现状评估,是对已发生的地质灾害发生影响因素和稳定性做出评价,在此基础上对其危险性和对工程危害的范围与程度做出评估。

(2)地质灾害危险性预测评估,是对工程建设场地及可能危及工程建设安全的邻近地区可能引发或加剧的和工程本身可能遭受的崩塌、滑坡、泥石流、地面沉降、地裂缝、岩溶塌陷等地质灾害的危险性做出评估。

(3)地质灾害危险性综合评估,是依据地质灾害危险性现状评估和预测评估结果,考虑评估区的地质环境条件的差异和潜在的地质灾害隐患危害程度确定量化指标,采用定性、半定量分析法进行地质灾害危险性等级分区评估,对建设场地的适宜性做出评估,并提出地质灾害防治措施和建议。

评估单位应当对评估结果负责,对评估报告先要进行认真审查,并自行组织具有资格的地质灾害防治专家对拟提交的地质灾害危险性评估报告进行技术审查,并由专家组提出书面审查意见。然后到自然资源行政主管部门备案,自然资源行政主管部门出具备案证明,交付建设单位,作为办理建设用地手续材料之一。

(二)压覆矿产资源储量调查

压覆矿产资源是指因建设项目实施后导致矿产资源不能开发利用。但建设项目与矿区范围重叠而不影响矿产资源正常开采的,不做压覆处理。

需要压覆重要矿产资源的建设项目,在建设项目可行性研究阶段,建设单位提出压覆重要矿产资源申请,由省级自然资源主管部门审查,出具是否压覆重要矿床证明材料或压覆重要矿床的评估报告,报自然资源部批准。需要压覆非重要矿产资源的建设项目,在建设项目可行性研究阶段,建设单位应提出压覆非重要矿产资源申请,由矿产所在地行政区的县级以上自然资源主管部门审查,出具是否压覆非重要矿床证明材料或压覆非重要矿床的评估报告,报省级自然资源主管部门批准。

(三)使用林地可行性研究

根据《占用征用林地审核审批管理办法》等相关规定,申请占用征用林地时,应提供由具备国务院林业主管部门或省级林业主管部门认证的林业调查规划设计资质的单位做出的项目使用林地可行性研究报告。

三、征地勘测定界

(一)勘测定界的概念

勘测定界是结合工程规模、枢纽建筑物选址、施工组织设计,根据规划、地质、水工、施工、移民安置等规划成果,界定建设征地处理范围,并绘制建设征地移民界线图的过程。

勘测定界工作通过实地界定土地使用范围、测定界址位置、调绘土地利用现状、计算用地面积,为国土资源管理部门用地审批和地籍管理提供科学、准确的基础资料而进行的技术服务性工作。其对加强各类用地审查,严格控制非农业建设占用耕地,保证依法、科学、集约、规范用地起到了很大的作用,使用地审批工作更加科学化、制度化、规范化,同时也健全了用地的准入制度。

(二)勘测定界的主要原则

勘测定界工作是一项综合性、法律性、及时性、特殊性的工作,应遵循以下原则:

(1)符合国家土地、房地产和城市规划等有关法律的原则。

(2)满足工程建设和运行需要,合理布局,做好工程建设用地规划,提高土地利用率。

(3)节约用地,少占耕地,尽量少占基本农田。

(4)用地安全,尽可能减小工程对周边区域的影响,避让有地质灾害的区域。

(5)符合有效检验的原则。

(三)勘测定界的一般工作程序

勘测定界工作是项目实施工作中的重要环节,勘测定界工作须由取得土地勘测资质的单位承担,勘测定界成果须经县(市、区)自然资源部门审核确认。按照勘测定界工作的特点和规律,一般可以分为四个阶段进行。

(1)准备工作阶段。前期准备工作主要包括组织协调工作、资料收集工作、实地查勘、技术方案制订、工作底图的选择与整饰。

(2)外业工作阶段。外业工作包括外业调查与外业测量两个方面的工作。外业调查包括对权属界线及各种地物要素进行绘注和修补测等工作。外业测量是实地划定用地范围的过程,根据项目用地的技施设计图纸进行实地放样界址点,放样后对界址点进行解析测量,并埋设界址桩及实地放线。外业测量的一般工作程序是:平面控制测量—界址点放样—界址点测量—实施放线。

（3）内业工作阶段。内业工作包括土地勘测定界面积量算和汇总、编制土地定界图、撰写土地勘测定界技术报告。土地勘测定界的成果资料主要包括勘界报告、勘界图、勘界面积、界址点成果表、点之记等。

（4）检查验收阶段。检查验收是土地勘测定界工作的重要环节。土地勘测定界工作完成后，应由有权批准用地的土地行政主管部门指派已取得"土地勘测许可证"的勘测单位，按《城镇地籍调查规程》和《建设用地勘测定界规程（试行）》的要求进行检查验收，并提交检查验收报告。检查验收的主要内容有平面控制检查、土地勘测定界图检查和细部点检查。

四、征地补偿管理

根据国家有关规定，在取得用地预审手续和工程初设批复后，应办理征地和林地使用手续，征地和林地使用手续批复后，工程建设才能进行。通常情况下，为提高工作效率，节省时间，部分工作可以交叉进行。征地拆迁工作可按如图 11-2 所示程序进行。

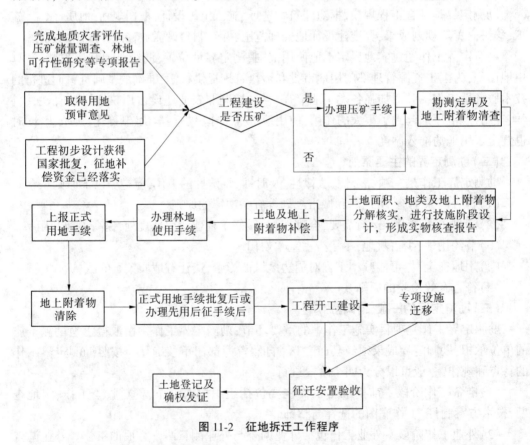

图 11-2　征地拆迁工作程序

五、水利工程建设征地规划与实施

工程规划阶段，《水利水电工程项目建议书编制规程》要求项目建议书中必须包括建设征地内容，具体内容包括：概述，征地范围，征地实物，图表及附件。《水利水电工程可行性研究报告编制规程》和《水利水电工程初步设计报告编制规程》都要求进行建设征地规划和设计,具体内容包括:概述,征地范围,征地实物,企(事)业单位专项设施处理,防护工程,库底清理,图表及附件。

在工程建设实施阶段,项目业主应做好建设征地工作,包括永久工程占地和临时工程用地。其他参建方应做好征地工作的配合和协助。

工程生产运行阶段,运行管理单位应做好征用土地的使用和保护工作。

第五节　水利工程项目移民管理

移民是指那些从某一居住地搬迁到另一地区或国家去居住生活的人。按移民的性质不同,移民可以分为两种:一种是自愿移民,如躲避自然灾害或战乱的,或因经济原因由落后地区向发达地区或由资源贫乏的地区向资源丰富地区的移民。另一种是非自愿性移民,如因水库工程的兴建,淹没大量的农田、村庄和城镇以及工业企业,居民离开原有的生产生活环境,到异地重建家园,这些工作由政府组织动员,负责安置。

水利移民既涉及水、土地、能源等自然资源的合理开发利用,又将对区域经济和社会人文特别是库区移民的生存环境产生重要影响,是一项集自然、社会、经济、环境等学科的系统工程,具有自然科学和社会科学的双重属性。移民搬迁对社会、经济与环境影响深远、涉及面广、问题复杂,是水利水电建设最主要的制约因素之一。

一、水利移民的特点

水利移民(或水库移民)是指因兴建水库而引起的较大数量的、有组织的人口迁移及社区重建活动。由于兴建水库往往涉及整村、整乡、整县人口的大规模迁移与社会经济系统重建,所以具有区别于其他非自愿性移民的独特的复杂性。水库项目区多处于偏僻农村,征地、拆迁涉及的移民数量都比较大,往往还伴随着大量的城(集)镇、居民点、工矿企业、专项设施的迁(改)建,移民生产就业安置难度大,因而独具复杂性、艰巨性。水库移民的特点表现在以下几个方面。

(一)破坏性

当移民被迫迁移、耕种的土地被征用时,其原有的生产系统将遭破坏,社会关系网解体。他们往往得重新适应新的生产和生活方式,并努力适应新的人文环境。这种破坏,将影响区域内的社会经济发展,影响移民的生产生活水平的提高。

(二)赔偿性

水利移民安置工作存在着十分复杂的赔偿问题。在移民安置前期对移民的损失进行补偿,水库移民工作的补偿主要包括青苗补偿费、土地补偿费、房屋补偿费、安置补助费、搬迁补助费等,补偿工作的好坏很大程度上决定了移民对安置工作的配合程度。这些补偿对于恢复移民生产生活水平有着重要的作用,因此补偿标准的制定一定要合理,落实一定要到位。

(三)强制性

水利移民是一种由于外在强力作用而产生的非自愿性移民,工程性移民又被人们称为强制性移民。为了确保移民工作进度,按期或提前完成移民安置工作,政府或者工程业主单位(一般获政府授权)按照有关规定制定安置补偿标准,确定安置目标,制定和落实各种优惠政策来保证移民安置工作顺利实施,必要时采用行政手段进行强制干预。

(四)风险性

水利移民是一项存在较大风险的工作。总的来看,其风险来源有二:一是水利工程建设本身存在风险。如果工程建设本身失败,移民的安置也很难成功。二是移民安置工作本身可能失败,遗留下一系列后遗症。由于水库建设多在经济文化比较落后的偏远山区,居民文化知识和技能水平普遍偏低,综合素质不高,与外界的联系和交往有限,对新的生存环境、生产生活方式和未来的人际关系网的重建心存疑虑,对前途缺乏信心和勇气,心理压力很大。在安置过程中,自力更生、自我发展的思想不够强。

(五)综合性

非自愿性移民基本上采取的是以整个社区和家庭为单位进行搬迁的形式,既要求政府或业主单位解决他们的生活问题,又要求为他们长期的生存和发展提供必要的条件,既要为他们物质生活的恢复和提高提供一定的条件,又要为其精神文化生活创造一定的环境。它是一种充满不确定性和风险的复杂的社会经济活动,涉及社会、经济、政治、文化等诸多方面,需要规划者和组织者运用自然科学和社会科学知识,从技术、经济、人口、资源、环境、社会、文化、心理、政策和管理等多个层面进行系统性研究,对工程建设的设计、移民安置的规划、具体实施的步骤、相关政策与配套措施等进行全盘综合考虑。

(六)可持续性

水库淹没给移民带来巨大灾难,涉及人口多,搬迁规模大,往往涉及整县、整乡、整村的搬迁。移民完全放弃原来的生活环境和无法带走的生产生活资料,一旦迁出库区,决不可能或不允许返回原居住地;水库建设也孕育着开发资源、发展经济、建设新居住地的大好机遇。开发性移民实现了移民系统的重建和恢复,有利于安置区人口、资源、环境、社会、经济可持续地协调发展。同时加强对移民的后期扶持,避免移民在搬迁后因对安置工作不满而返回原居住地,造成二次移民,带来不必要的经济损失。

二、水利移民政策

我国水库移民政策总的目标是:根据中国的国情,在水利水电建设中尽可能避免或减少移民。在不可能避免搬迁移民时,本着对移民负责的精神,以科学的态度按经济规律办事,切实保护移民的合法权益。正确处理工程建设和移民安置的关系,正确处理国家、集体和移民三者的利益关系,依法搬迁安置移民;坚持开发性移民方针,扶持移民发展生产,使移民生产生活达到或超过原有水平。通过有效安置移民,实现水资源的可持续开发利用与人口、资源、环境的协调发展。

国家实行开发性移民方针,采取前期补偿、补助与后期扶持相结合的办法,使移民生活达到或者超过原有水平。我国的水库移民政策主要分为搬迁安置政策和后期扶持政策两大部分。

(一)搬迁安置政策

1.移民安置规划大纲的编制

移民安置规划大纲应当根据工程占地和淹没区实物调查结果以及移民区、移民安置区经济社会情况和资源环境承载能力编制,主要包括移民安置的任务、去向、标准和农村移民生产安置方式以及移民生活水平评价和搬迁后生活水平预测、水库移民后期扶持政策、淹没线以上受影响范围的划定原则、移民安置规划编制原则等内容。编制移民安置规划大纲应当广泛听取移民和移民安置区居民的意见;必要时,应当采取听证的方式。经批准的移民安置规划大纲是编制移民安置规划的基本依据,应当严格执行,不得随意调整或者修改;确需调整或者修改的,应当报原批准机关批准。

2.移民安置规划的编制

移民安置规划应根据经批准的移民安置规划大纲编制,并按照审批权限经省、自治区、直辖市人民政府移民管理机构或者国务院移民管理机构审核后,由项目法人或者项目主管部门报项目审批或者核准部门,与可行性研究报告或者项目申请报告一并审批或者核准。

编制移民安置规划应当以资源环境承载能力为基础,遵循本地安置与异地安置、集中安置与分散安置、政府安置与移民自找门路安置相结合的原则。编制移民安置规划应当尊重少数民族的生产生活方式和风俗习惯。移民安置规划应当与国民经济和社会发展规划以及土地利用总体规划、城市总体规划、村庄和集镇规划相衔接。

移民安置规划应当对农村移民安置、城(集)镇迁建、工矿企业迁建、专项设施迁建或者复建、防护工程建设、水库水域开发利用、水库移民后期扶持措施、征地补偿和移民安置资金概(估)算等做出安排。对淹没线以上受影响范围内因水库蓄水造成的居民生产生活困难问题,应当纳入移民安置规划,按照经济合理的原则,妥善处理。

对农村移民安置进行规划,应当坚持以农业生产安置为主,遵循因地制宜、有利生产、方便生活、保护生态的原则,合理规划农村移民安置点;有条件的地方,可以结合小城镇建设进行。农村移民安置后,应当使移民拥有与移民安置区居民基本相当的土地等农业生产资料。

对城(集)镇移民安置进行规划,应当以城(集)镇现状为基础,节约用地,合理布局。工矿企业的迁建,应当符合国家的产业政策,结合技术改造和结构调整进行;对技术落后、浪费资源、产品质量低劣、污染严重、不具备安全生产条件的企业,应当依法关闭。

编制移民安置规划应当广泛听取移民和移民安置区居民的意见;必要时,应当采取听证的方式。经批准的移民安置规划是组织实施移民安置工作的基本依据,应当严格执行,不得随意调整或者修改;确需调整或者修改的,应当报原批准机关批准。

(二)后期扶持政策

国家在对水库移民实施搬迁安置后,再实行后期扶持政策,这项政策既体现了中国政府对移民负责到底的精神,也体现了移民分享工程效益的原则,为提高移民生产生活水平和维护社会稳定起到了重要的作用。

国家实行开发性移民方针,采取前期补偿、补助与后期扶持相结合的办法,使移民生活达到或者超过原有水平。后期扶持指对水电工程中农村移民搬迁安置后生产生活恢复给予的经济支持,包括发放给移民个人的生产生活补助,以及为改善移民生产生活条件、拓宽就业渠道、发展生产等开展的项目扶持。

1. 后期扶持的目标

近期目标是:解决水库移民的温饱问题以及库区和移民安置区基础设施薄弱的突出问题;中长期目标是:加强库区和移民安置区基础设施和生态环境建设,改善移民生产生活条件,促进经济发展,增加移民收入,使移民生活水平不断提高,逐步达到当地农村平均水平。

2. 后期扶持的原则

(1)坚持统筹兼顾水电和水利移民、新水库和老水库移民、中央水库和地方水库移民。

(2)坚持前期补偿补助与后期扶持相结合。

(3)坚持解决温饱问题与解决长远发展问题相结合。

(4)坚持国家帮扶与移民自力更生相结合。

(5)坚持中央统一制定政策,省级人民政府负总责。

3. 移民后期扶持规划的编制

移民安置区县级以上地方人民政府应当编制水库移民后期扶持规划,主要内容包括后期扶持的范围、期限、具体措施和预期达到的目标等,报上一级人民政府或者其移民管理机构批准后实施。编制水库移民后期扶持规划应当广泛听取移民的意见;必要时,应当采取听证的方式。经批准的水库移民后期扶持规划是水库移民后期扶持工作的基本依据,应当严格执行,不得随意调整或者修改;确需调整或者修改的,应当报原批准机关批准。

三、移民安置的管理体系

(一)管理体制

移民安置工作实行政府领导、分级负责、县为基础、项目法人参与的管理体制。

1. 政府领导

移民工作是典型的社会管理,属于政府职能,而且水利水电工程移民是强制性移民,影响面广,关系到国计民生和社会稳定,难以完全按照市场化的模式进行运作。因此,移民安置工作必须实行政府领导,由地方政府负责组织实施。

2. 分级负责

分级负责即各级政府负责制。水利水电工程项目的移民工作往往跨越县级以上行政区域,进行分级负责可以使移民工作顺利开展。

省级人民政府对移民工作负有领导、监督责任,全面贯彻落实国家移民政策。

市级人民政府对移民工作负有组织协调责任,全面贯彻国家、省移民政策,协调市级相关部门、县级人民政府做好移民有关工作,组织、督促县级人民政府搞好移民实施方案的落实工作。

县级人民政府是实施征地移民工作的责任主体,对征地移民工作负有组织、落实责任,领导县级相关部门、乡镇政府全面落实征地移民方案,制定实物核查报告,组织地上附着物清查,搞好环境协调,维护施工秩序。

3. 县为基础

县级人民政府是移民工作的责任主体、实施主体和工作主体,移民工作以县为基础切合移民工作的实际。地上附着物核查、兑付补偿、办理永久征地、临时用地、使用林地手续、征地移民统计等工作以县为单位来开展工作。县级人民政府是征地移民质量评价体系中的基础单位,也是征地移民工作验收的组织单位。

4. 项目法人参与

项目法人作为投资主体和工程建设的责任单位,参与征地移民前期工作、方案制订、地上附着物核查、征地手续的办理、工程招标、验收等工作,协调征地移民相关工作,及时拨付征地移民资金。

(二)移民管理的组织机构

目前中国水库移民管理的组织机构主要是政府机构,经过多年的移民实践,现已形成了中央管理和地方管理相结合、地方管理为主、实行分级负责的比较完善的组织体系。在中央和国务院的统一领导下,国务院水利水电工程移民行政管理机构(以下简称国务院移民管理机构)负责制定水库移民管理的方针、政策和法律法规,审定移民安置规划,并负责全国范围内大中型水利水电工程移民安置实施过程中的管理、监督、检查和验收。县级以上地方人民政府负责本行政区域内大中型水利水电工程移民安置工作的组织和领导;省、自治区、直辖市人民政府规定的移民管理机构,负责本行政区域内大中型水利水电工程移民安置工作的实施、管理、监督、检查和验收。移民组织机构的基本职能主要包括技术职能、财务职能、安全职能和管理职能。

四、水利移民的安置方式

(一)水利移民安置原则

(1)以人为本,保障移民的合法权益,满足移民生存与发展的需求。

(2)顾全大局,服从国家整体安排,兼顾国家、集体、个人利益。

(3)节约利用土地,合理规划工程占地,控制移民规模。

(4)可持续发展,与资源综合开发利用、生态环境保护相协调。

(5)因地制宜,统筹规划。

(二)水利移民安置方式

水利移民的安置方式多种多样。从赔偿方式的角度看,有包办式安置、一次赔偿式安置和开发式安置;从安置地域的角度看,有近距离的就近安置和远距离的异地安置;从对移民劳动力安置方式的角度看,有农业安置和非农业安置;从移民家庭与原有社区的关系来看,有分散安置和整建制安置。工程建设所在地区移民安置量的大小,可能会对安置的方式起决定性的作用。

归纳我国水库移民的安置模式,主要有以下几种:

(1)坚持以土为本、以农为主,实行集中安置与分散安置相结合,通称大农业模式。这种安置模式适合社会经济发展水平不高、商品经济欠发达、人口密度不大、以农业生产为主的中西部及中国北方地区。这种大农业安置模式,主要是通过调剂土地、开发荒地和滩涂等手段,为移民提供一份能够满足生存与发展的耕地。

（2）以小城镇安置为主,加速乡村城镇化。这种方式适合于社会经济发展水平较高、商品经济较发达、区域人均耕地较少的东南沿海地区。通过开发、建设小城镇,实行集中安置移民,并大力发展二、三产业,辅以优质、高产、高效农业的生产方式,解决城镇移民的就业问题。

（3）成建制外迁到具备生存与发展条件的地区。这种模式适合于生存环境恶劣、生产发展条件极差的地区。

（4）混合型安置。这种安置方式主要考虑水库移民自身条件和安置区的实际情况,分别采取农业、非农业、自谋出路和其他安置方式。

五、移民安置管理

水利水电工程开工前,项目法人应当根据经批准的移民安置规划,与移民区和移民安置区所在的省、自治区、直辖市人民政府或者市、县人民政府签订移民安置协议。

移民区和移民安置区县级以上地方人民政府负责移民安置规划的组织实施。移民搬迁费以及移民个人房屋和附属建筑物,个人所有的零星树木、青苗、农副业设施等个人财产补偿费,由移民区县级人民政府直接全额兑付给移民。

农村移民集中安置的农村居民点应当按照经批准的移民安置规划确定的规模和标准迁建。农村移民安置用地应当依照《中华人民共和国土地管理法》和《中华人民共和国农村土地承包法》办理有关手续。农村移民住房,应当由移民自主建造。有关地方人民政府或者村民委员会应当统一规划宅基地,但不得强行规定建房标准。农村移民集中安置的农村居民点的道路、供水、供电等基础设施,由乡（镇）、村统一组织建设。

移民安置达到阶段性目标和移民安置工作完毕后,省、自治区、直辖市人民政府或者国务院移民管理机构应当组织有关单位进行验收;移民安置未经验收或者验收不合格的,不得对水利水电工程进行阶段性验收和竣工验收。

六、后期扶持管理

移民后期扶持管理要坚持以人为本,做到工程建设、移民安置与生态保护并重,继续按照开发性移民的方针,完善扶持方式,加大扶持力度,改善移民生产生活条件,逐步建立促进库区经济发展、水库移民增收、生态环境改善、农村社会稳定的长效机制,使水库移民共享改革发展成果,实现库区和移民安置区经济社会可持续发展。

（一）移民后期扶持资金

水库移民后期扶持资金应当按照水库移民后期扶持规划,主要作为生产生活补助发放给移民个人;必要时可以实行项目扶持,用于解决移民村生产生活中存在的突出问题,或者采取生产生活补助和项目扶持相结合的方式。具体扶持标准、期限和资金的筹集、使用管理依照国务院有关规定执行。目前,国家对大中型水库农村移民每人每年补助600元,扶持期限为20年。

（二）移民后期扶持措施

各级人民政府应当加强移民安置区的交通、能源、水利、环保、通信、文化、教育、卫生、广播电视等基础设施建设,扶持移民安置区发展。移民安置区地方人民政府应当将水库移民后期扶持纳入本级人民政府国民经济和社会发展规划。国家在移民安置区和大中型水利水电工程受益地区兴办的生产建设项目,应当优先吸收符合条件的移民就业。大中型水利水电工程建成后形成的水面和水库消落区土地属于国家所有,由该工程管理单位负责管理,并可以在服从水库统一调度和保证工程安全、符合水土保持和水质保护要求的前提下,通过当地县级人民政府优先安排给当地农村移民使用。国家在安排基本农田和水利建设资金时,应当对移民安置区所在县优先予以扶持。各级人民政府及其有关部门应当加强对移民的科学文化知识和实用技术的培训,加强法制宣传教育,提高移民素质,增强移民就业能力。大中型水利水电工程受益地区的各级地方人民政府及其有关部门应当按照优势互补、互惠互利、长期合作、共同发展的原则,采取多种形式对移民安置区给予支持。

七、移民安置的监督评估

(一)移民安置监督评估的内容

移民安置监督评估内容应包括移民安置进度、移民安置质量、移民资金的拨付和使用,以及移民生活水平的恢复情况等。

1. 移民搬迁前的生活情况基底调查

了解与掌握移民搬迁前的生活水平、生活方式、就业方式等情况,专项设施等基本情况。

2. 移民安置实施进度监督与评估

总进度计划与年度计划,移民机构及人员配备进度,项目区永久征地、临时占地的实施进度,安置区土地(包括生产用地、宅基地、公共设施用地等各类安置用地)调整、征用(或划拨)及将其分配给移民的实施进度,房屋拆迁进度,安置房重建进度,移民搬迁进度,生产开发项目实施进度,公共设施建设进度,专项设施复建、迁建、改建进度,劳动力安置就业进度,其他移民活动进度。

监督评估人监督各主要移民活动进度,包括移民机构、项目区永久征地、临时占地、安置区土地(包括生产用地、宅基地、公共设施用地等各类安置用地)调整、征用(或划拨)及将其分配给移民、房屋拆迁、安置房重建、移民搬迁、生产开发项目实施、公共设施建设、专项设施复(迁、改)建、劳动力安置就业的实施进度,并与移民安置行动计划中的进度计划进行比较,分析和评估其适宜性。

3. 移民安置质量监督与评估

1)移民生产安置

移民的主要安置方式(土地调整安置、新土地开发安置、企事业单位安置、自谋职业安置等),人数,店铺与企业拆迁移民就业安置,脆弱群体(少数民族、妇女家庭、老人家庭、残疾人等)的安置,临时占地的土地复垦,安置的效果;主要技术经济评价指标搬迁前后的对比;评价达到规划目标的程度。

监督评估人对移民生产安置,通过典型抽样调查和跟踪典型移民户监督,对移民生产就业安置与收入恢复计划实施情况进行评估。包括农村移民生产用地的调整、征用、开发与分配,农村移民的农转非及非农业就业安置,被拆迁店铺移民就业安置,被拆迁企业移民就业安置,受临时用地影响的企业、店铺的人员就业安置,少数民族、残疾人、妇女及老人家庭等脆弱群体的生产安置。与批准的移民安置规划进行比较,评估其适宜性。

2)专项设施恢复重建

各类专项设施(水利、电力、邮电、通信、交通、管线等)的恢复重建。监督评估人应通过文献资料查阅和实地调查,掌握城(集)镇迁建与恢复实施状况;与批准的移民安置规划进行比较,评估其适宜性。

4. 资金的拨付和使用情况监督与评估

移民资金逐级支付到位与时间情况,各级移民实施机构的移民资金使用与管理,补偿费支付给受影响的财产(房屋等)产权人、土地所有权者(村、组等)及使用者的数量与时间,村集体土地补偿资金的使用与管理,资金使用的监督、审计,资金的投向和使用情况;计划与实际落实的差异;投入资金的社会经济效果评价。

监督评估人对移民补偿资金与预算,抽样监督各级移民机构资金支付到位情况,抽样监督征地影响村、拆迁店铺与企业的征地拆迁补偿资金使用情况,与移民安置行动计划比较,分析评估移民预算的适宜性,并提出建议,评估移民资金使用管理的状况。

5. 移民生活水平恢复情况监督与评估

移民生活水平恢复情况是移民安置规划目标能否真正实现的重要衡量标准,独立、公正、公平、诚信、科学地开展移民生活水平恢复情况监督评估工作是至关重要的。一是准确掌握移民搬迁前生产生活状况,建立移民搬迁前生活水平本底;二是定期跟踪监测移民搬迁后生活水平恢复情况;三是对比分析移民搬迁前后生活水平;四是评估移民搬迁后生活水平恢复情况和移民安置规划目标的实现情况;五是深入移民搬迁后的生产生活实际,对移民生活水平恢复中存在的问题提出处理建议。

6. 做好移民协调工作

受委托单位委托召开移民问题协调会议,及时、公正、合理地做好有关方面的协调工作;参加有关解决移民安置实施问题的例会,如移民安置进度计划拟订、资金拨付计划拟订、规划设计方案审查、工程招标、工程检查及验收等活动;参加委托单位召集的其他会议及活动。

7. 建立信息管理制度

对移民安置以及专业项目和移民安置工程建设信息进行收集、整理,定期编制移民监督评估工作报告,及时上报重大问题。特别是对移民安置规划实施进度、征地移民资金使用情况中出现的重大问题,超前预警并提出解决问题的相应措施。

监督评估人应在委托人要求的时间内向委托人提交移民监督评估规划、监督评估实施细则和合同条款中规定的文件资料。

(二)移民安置监督评估的实施

移民安置监督评估单位应独立、公正、公平、诚信、科学地开展移民安置监督评估工作,依照监督评估合同约定,组建监督评估机构,配置满足工作需要的监督评估人员,并在监督评估合同约定的时间内,将总监督评估师及其他主要监督评估人员派往监督评估现场。移民安置监督评估工作内容应包括编制监督评估工作大纲和实施细则、开展移民安置实施情况和移民生活水平恢复情况监督评估、编写移民安置监督评估报告、完成监督评估合同约定的其他工作。

移民安置监督评估工作应根据移民安置工作内容和特点,制订监督评估工作方案,编制监督评估工作大纲和监督评估实施细则,并在移民安置监督评估工作过程中根据实际情况的变化进行调整和完善。

监督评估机构应依据移民安置规划,按照监督评估工作大纲和实施细则的要求,监督移民安置进度、质量、资金计划执行情况,核查移民搬迁户数、人数,督促检查移民搬迁安置方案的组织及落实情况,对农村移民安置、城(集)镇迁建、工业企业处理、专业项目处理和库底清理等实施情况进行监督评估。采取定点与巡回相结合的方式,采用走访座谈、检查核查、抽样调查、统计分析、查阅资料、实际测量等方法,对移民安置实施情况进行监督、检查和评价。

监督评估机构应按照监督评估工作大纲和实施细则的要求,对农村移民和城(集)镇移民的生活水平恢复情况进行监督评估。移民生活水平恢复情况监督评估宜采用资料收集、座谈访谈、问卷调查、抽样调查、现场查勘等方法进行跟踪监测,采取对比分析、定量分析、定性分析、综合评价等方法进行评估。

复习思考题

1. 工程项目的安全管理措施有哪些?
2. 施工单位新进场作业人员的三级安全生产教育培训包括哪些内容?
3. 工程项目安全生产事故的应急救援内容包括哪些? 调查处理程序是什么?
4. 目前我国环境管理的基本政策和管理制度是什么?
5. 职业健康安全管理体系包括哪几方面的要素? 简单分析各要素间的联系。
6. 水利工程项目征地拆迁管理的工作内容和基本程序是什么?
7. 我国水利工程项目移民安置的基本政策包括哪些?
8. 试述我国水利工程项目移民安置的管理体系。
9. 谈谈对我国水利工程项目的移民安置方式和后期扶持管理的认识与理解。

第十二章　水利工程项目采购与合同管理

第一节　水利工程项目采购

一、工程项目采购概述

工程项目采购是项目实施过程中的一个重要环节,采购工作的结果将直接表现为选择哪些单位参与项目的实施,以及对设计、施工和采购等具体实施任务的分工与落实,即合同的订立与履行。因此,采购管理是工程项目管理工作的一个重要内容,也是项目合同管理成败的重要前提。

工程项目采购的含义有广义和狭义之分。狭义的采购是指购买工程实施所需要的材料、设备等物资。而广义的采购则包括委托设计单位、委托咨询服务单位、工程施工任务的发包等。本章所要讲的是广义的工程项目采购,是指采购人通过购买、租赁、委托或雇用等方式获取工程、货物或服务的行为。

首先,工程项目采购的对象可能是工程、货物或咨询服务。工程是指各类房屋和土木工程建造、设备安装、管道线路敷设、装饰装修等建设以及附带的服务。货物是指各种各样的物品,包括原材料、产品、设备和固态、液态或气态物体和电力,以及货物供应的附带服务。咨询服务是指除工程和货物外的任何采购对象,如勘察、设计、工程咨询、工程监理等服务。其次,采购的方式可以是购买、租赁、委托或雇用等。

二、采购的基本原则

采购的目的是通过适当的采购程序和采购方法,经济、高效地获取满足要求的采购对象。为了实现这一目的,需要在采购过程中引入适当的竞争性程序,并且保证采购过程的公开、公平和公正。

《中华人民共和国招标投标法》(简称《招标投标法》)和《中华人民共和国政府采购法》(简称《政府采购法》)都规定,采购活动应当遵循公开、公平、公正和诚实信用的原则。

三、采购方式

项目采购的方式有多种,主要是招标采购和非招标采购两大类,可以根据项目采购的对象、项目的特点和要求等选择确定。其中招标采购方式已在本书第二章中介绍,在此主要介绍非招标采购方式。

(一)国内非招标采购方式

《政府采购法》中规定,公开招标应作为政府采购的主要采购方式。但除招标采购方式外,还可以采用竞争性谈判、单一来源采购和询价等其他采购方式。

（1）竞争性谈判是指谈判小组与符合资格条件的供应商就采购货物、工程和服务事宜进行谈判，供应商按照谈判文件的要求提交响应文件和最后报价，采购人从谈判小组提出的成交候选人中确定成交供应商的采购方式。

（2）单一来源采购是采购人从某一特定供应商处采购货物、工程和服务的采购方式。

（3）询价是询价小组向符合资格条件的供应商发出采购货物询价通知书，要求供应商一次报出不得更改的价格，采购人从询价小组提出的成交候选人中确定成交供应商的采购方式。

（4）竞争性磋商是指采购人通过组建竞争性磋商小组，与符合条件的供应商就采购货物、工程和服务事宜进行磋商，供应商按照磋商文件的要求提交响应文件和报价，采购人从磋商小组评审后提出的候选供应商名单中确定成交供应商的采购方式。

(二) 国际常用采购方式

世界银行贷款项目中的工程和货物的采购，按照其采购指南的要求，可以采用国际竞争性招标、有限国际招标、国内竞争性招标、询价采购、直接签订合同和自营工程等采购方式。其中，国际竞争性招标和国内竞争性招标都属于公开招标，而有限国际招标则相当于邀请招标，直接签订合同则是针对单一来源的采购。

世界银行、亚洲开发银行将咨询服务招标称为征询建议书（Request for Proposal，RFP），咨询服务投标称为提交建议书，咨询服务评标称为评审建议书。

四、采购工作内容

工程实践中，采购工作及其过程是相当复杂的，且与项目管理的其他工作相互作用。对于复杂项目，项目采购工作可以划分为规划采购、实施采购与控制采购等具体环节。

(一) 规划采购

规划采购管理是记录项目采购决策、明确采购方法及识别潜在供应商的过程。该过程的主要作用是确定是否从项目外部获取货物或服务，确定将在什么时间、以什么方式获取什么货物和服务等。

采购规划的主要依据包括有关法律法规、项目管理战略、项目范围、项目资源需求、市场条件、其他约束条件以及假设前提等。规划采购工作的主要内容包括准备采购工作说明书或工作大纲、制定成本估算/预算、确定授予合同的评价标准等。在准备采购工作说明书或工作大纲中，应具体说明采购原则、采购范围、采购方式、采购时间、采购顺序、供应商要求、采购特殊要求等内容。当采用招标采购方式时，采购规划阶段的工作内容更多。

这一工作过程中，影响采购规划的因素很多，包括项目工程具体情况、市场条件、潜在供应商资信水平、工程本身的特殊要求等。例如，当工程项目需要大量当地材料时，要确定是否需要甲方供应材料，或甲方指定供应范围。若确定甲供材，应在规划采购阶段提出具体方案，包括材料性能参数、材料需求计划、市场价格调查、质量和成本分析等。

(二) 实施采购

实施采购是获取卖方应答、选择卖方并授予合同的过程。工程项目中，常见的即为签署关于工程、货物或服务的合同协议。合同协议书视采购内容而有所不同，主要包括以下内容：①主要交付成果或服务水平；②进度计划、里程碑，或进度计划中规定的日期；③支付条款;④检查、质量和验收标准;⑤担保、保险和履约保函;⑥奖惩措施;⑦变更及其处理办法;⑧争议的解决。

实施采购阶段,在以往采购经验、制约采购过程的外部环境分析等的基础上,采购人要尽可能地确保所有潜在供应商对采购要求都有清楚且一致的理解,必要时,可以通过召开标前会议、供应商会议等形式说明,以便实现采购结果最优。

(三)控制采购

控制采购是管理采购关系、监督合同绩效、实施必要的变更和纠偏,以及完成合同履行的过程。

采购合同双方都出于相似的目的来管理采购合同,每方都必须确保双方履行合同义务,确保各自的合法权利得到保护。对于有多个供应商的较大项目,合同管理的一个重要方向就是管理各个供应商之间的沟通。因此,在控制采购过程中,需要把适当的项目管理过程应用于合同管理,涉及多个供应商以及多种产品、服务或成果时,往往需要在多个层级上进行整合和整体管理。

控制采购阶段,主要的合同管理活动包括:

(1)收集数据和管理项目记录,包括工程实体记录和财务数据。

(2)动态调整和完善采购计划和进度计划。

(3)建立与采购相关的项目数据的收集、分析和报告机制,必要时,编制定期报告。

(4)监督采购环境,以便引导或调整现场实施状况。

(5)合同支付。

在控制采购过程中,需要加强财务管理,确保合同中的支付条款得到遵循,确保付款额与供应商实际完成工作量之间的关联性和对应性。必要时,可以开展独立、可信的采购审计,防止出现采购腐败现象。

采购规划、实施和控制过程即合同订立、履行和终止过程,合同管理是其主要工作,所以本章后续内容主要讲述工程项目合同管理。

第二节　水利工程项目合同概述

一、合同的概念

合同,也常称为契约,是平等主体的自然人、法人、非法人组织之间设立、变更、终止民事法律关系的协议。2021 年 1 月 1 日起施行的《中华人民共和国民法典》(简称《民法典》)合同编调整因合同产生的民事关系,原《中华人民共和国合同法》同时废止。

合同的概念包括以下三层含义:一是《民法典》合同编只调整平等主体之间的关系。政府依法维护经济秩序的管理活动,属于行政管理关系,不是民事关系,适用有关行政管理的法律,不适用合同法;法人、非法人组织内部的管理关系,适用有关公司、企业法律,也不适用《民法典》合同编。二是《民法典》合同编所调整的关系限于平等主体之间的合同关系,主要调整法人、非法人组织之间的经济贸易关系,同时还包括自然人之间的买卖、租赁、借贷、赠与等产生的合同法律关系。《民法典》合同编所调整的合同关系为财产性的合同关系,有关婚姻、收养、监护等身份关系,适用《民法典》婚姻家庭编等。三是《民法典》合同编调整合同协议的设立、变更和终止全过程。

因此,合同所表述的是一种民事关系,在本质上是一种协议,是对于人与人、人与组织、组织与组织在民事交往与合作中所形成的特定关系的约定:约定主体、客体以及内容。主体是应当具有相应的民事权利能力和民事行为能力的当事人(当事人依法可以委托代理人订立合同),客体是可以成为合同当事人相关合同活动的指向对象,内容则是合同主体相对于合同客体的某种特定的民事关系。

《民法典》合同编所规定的 19 门类列名合同分别为:买卖合同,供用电、水、气、热力合同,赠与合同,借款合同,保证合同,租赁合同,融资租赁合同,保理合同,承揽合同,建设工程合同,运输合同,技术合同,保管合同,仓储合同,委托合同,物业服务合同,行纪合同,中介合同,合伙合同。

二、《民法典》的基本原则

《民法典》的基本原则,是指《民法典》保护民事主体合法权益和调整民事关系总的指导思想,是贯穿于整个合同编法律制度和规范之中的基本准则,是制定、解释、执行和研究合同关系的出发点。《民法典》的基本原则如下:

(1)平等原则,是指民事主体在民事活动中的法律地位一律平等,具体到合同关系,是指合同当事人的法律地位平等,一方当事人不得将自己的意志强加给另一方。合同当事人法律地位平等是指当事人之间在合同关系中不存在管理与被管理、服从与被服从的关系;履行合同时当事人法律地位平等;承担合同违约责任时当事人法律地位也是平等的。

(2)自愿原则,是指民事主体按照自己的意思设立、变更、终止民事法律关系,具体到合同关系,当事人依法享有自愿订立合同的权利,任何单位和个人不得非法干预。当事人依法享有在缔结合同、选择合同相对人、确定合同内容以及变更和解除合同方面的自由。因此,合同自愿原则又称为合同自由原则。

(3)公平原则,是指民事主体应当遵循公平原则,合理确定各方的权利和义务。合同当事人应本着社会公认的公平观念确定相互之间的权利、义务。

(4)诚信原则,是指民事主体行使权利、履行义务应当遵循诚信原则,秉持诚实,恪守承诺。

(5)合法原则,是指民事主体的人身权利、财产权利以及其他合法权益受法律保护,任何组织或者个人不得侵犯。

(6)民事主体从事民事活动,不得违反法律,不得违背公序良俗。具体到合同关系,当事人订立、履行合同,应当遵守法律、行政法规,尊重社会公德,不得扰乱社会经济秩序,损害社会公共利益。它是为了保护正常交易,协调各方面的利益冲突而确立的一项原则。

(7)民事主体从事民事活动,应当有利于节约资源、保护生态环境。

三、合同的订立与效力

(一)合同的订立

当事人订立合同,采取要约承诺方式或其他方式。工程项目有关合同都采用要约承诺方式订立。在工程招标投标中,招标公告或投标邀请是要约邀请,投标是要约,发出中标通知是承诺。

订立合同的过程是合同当事人就合同的权利、义务及合同的主要条款达成一致的过程,订立合同时必须遵循上述的基本原则。

(二)合同的成立和效力

承诺生效时合同成立。也就是说,受要约人的承诺到达要约人时,承诺生效,合同也就成立。当事人采用合同书形式订立合同的,自当事人均签名、盖章或者按指印时合同成立。在签名、盖章或者按指印之前,当事人一方已经履行主要义务,对方接受的,该合同成立。当事人采用信件、数据电文等形式订立合同的,合同要求签订确认书的,签订确认书时合同成立。

法律、行政法规规定或者当事人约定合同采用书面形式订立,当事人未采用书面形式,但是一方已经履行主要义务,对方接受时,该合同成立。

当事人一方通过互联网等信息网络发布的商品或者服务信息符合要约条件的,对方选择该商品或者服务并提交订单成功时合同成立,但是当事人另有约定的除外。

《民法典》合同编对合同成立的地点做出了以下规定:

(1)承诺生效的地点为合同成立的地点。

(2)采用数据电文形式订立合同的,收件人的主营业地为合同成立的地点;没有主营业地的,其经常居住地为合同成立的地点。

(3)采用合同书形式订立合同的,最后签名、盖章或者按指印的地点为合同成立的地点。

(4)当事人另有约定的,按照其约定。

合同成立的地点涉及合同的履行及产生纠纷之后的案件管辖地问题。因此,合同当事人有必要在合同中明确合同成立的地点。

合同生效是指业已成立的合同具有法律约束力。合同是否成立取决于当事人是否就合同的必要条款达成合意,而其是否生效取决于是否符合法律规定的生效条件。依法成立的合同,自成立时生效;法律、行政法规规定应当办理批准、登记等手续的,依照其规定。未办理批准手续影响合同生效的,不影响合同中履行报批等义务条款以及相关条款的效力。应当办理申请批准等手续的当事人未履行义务的,对方可以请求其承担违反该义务的责任。

(三)无效合同

无效合同是指欠缺合同生效要件,虽已成立却不能依当事人意思发生法律效力的合同。根据法律规定,无效合同的范围主要包括以下几种:

(1)无民事行为能力人订立的。

(2)恶意串通,损害他人合法权益的。

(3)以虚假的意思表示订立的。

(4)违背公序良俗。

（5）违反法律、行政法规的强制性规定。

（四）可撤销合同

合同的撤销是指因意思表示不真实,通过撤销权人行使撤销权,使已经生效的合同归于消灭。可撤销合同,又称为可撤销、可变更的合同。在以下情况下,当事人一方可请求人民法院或者仲裁机构变更或者撤销合同:

（1）合同是因重大误解而订立的。

（2）合同的订立显失公平(一方利用对方处于危困状态、缺乏判断能力等情形)。

（3）一方或第三方以欺诈、胁迫的手段,使对方在违背真实意思的情况下订立合同。

四、合同的主要内容与形式

（一）合同的基本条款

合同内容是指当事人之间就设立、变更或者终止权利义务关系表示一致的意思。合同的内容表现为合同的条款,合同条款确定了当事人各方的权利义务。《民法典》合同编规定,合同一般包括下列条款:当事人的姓名或者名称和住所,标的,数量,质量,价款或报酬,履行期限、地点和方式,违约责任,解决争议的方法。

（二）合同的形式

所谓合同的形式,又称合同的方式,是当事人意愿一致的外在表现形式,是合同内容的外部表现,是合同内容的载体。当事人订立合同,有书面形式、口头形式和其他形式。

法律、行政法规规定采用书面形式的,应当采用书面形式。当事人约定采用书面形式的,应当采用书面形式。书面形式是指合同书、信件和数据电文(包括电报、电传、传真、电子数据交换和电子邮件)等可以有形地表现所载内容的形式。

《民法典》合同编要求在如下情况下应当采用书面形式:法律、行政法规规定应当采用书面形式;当事人约定采用书面形式;借款合同(但自然人之间借款有约定的除外),保证合同,融资租赁合同,建设工程合同,技术开发合同,技术转让合同,技术许可合同,租赁期6个月以上的租赁合同,物业服务合同。

五、水利工程项目合同的分类

（1）按照工程建设阶段可分为勘察合同、设计合同、施工合同。

（2）按照承发包方式分类,包括勘察、设计或施工总承包合同,单位工程施工承包合同,工程项目总承包合同,工程项目总承包管理合同,BOT承包合同(又称特许权协议书)等。

（3）按照承包工程计价方式分类,包括总价合同、单价合同、成本加酬金合同。

（4）与建设工程有关的其他合同。与建设工程有关的其他合同并不属于建设工程合同范畴。但是这些合同所规定的权利和义务等内容,与建设工程活动密切相关,可以说,建设工程合同从订立到履行的全过程离开了这些合同,是不可能顺利进行的。这些合同主要有:①建设工程委托监理合同;②土地征用和房屋拆迁合同;③建设工程保险合同和担保合同等。

六、水利工程项目合同的特点与作用

(一)水利工程项目合同的特点

水利工程项目合同具有以下特点：

(1)水利工程项目合同是一个合同群体。水利工程项目合同的履行涉及面广,工程项目投资大、工期长、参与单位多,一般由多项合同组成一个合同群;这些合同之间分工明确、层次清楚,自然形成一个合同体系;需要合同主体双方较长期的通力协作,具有严密的协作性,确保整个合同义务得以全面完成。

(2)合同的标的物仅限于工程项目涉及的内容。与一般的产品合同不同,水利工程项目合同涉及的主要是大坝建设、导流明渠开挖等,而且都是一次性过程。

(3)合同内容庞杂。与产品合同比较,工程项目合同庞大复杂。大型项目要涉及几十种专业、上百个工种、几万人作业,合同内容自然庞大复杂。如三峡水利水电工程,共签订78个大合同、5 000多个小合同,合同内容极其复杂。

(4)工程项目合同主体只能是具有一定资质的法人。根据我国现行法律规定,建设工程合同的主体——建设工程勘察、设计、建筑、安装等单位必须是经国家主管部门审查、批准,在工商行政管理部门进行核准登记并领有营业执照的基本建设专业组织,必须具备必要的人力、技术力量、机械设备等条件。建设单位必须具备一定的投资条件和投资能力,才能签订建设工程合同。

(5)工程项目具有较强的国家管理性。工程项目标的物属于不动产,工程项目对国家、社会和人民生活影响较大,国家对建设工程合同的管理十分严格,规定了严格的法定程序,必须遵守。

(二)水利工程项目合同的作用

合同在工程项目管理过程中正在发挥越来越重要的作用,具体来讲,合同在工程项目管理过程中的地位与作用主要体现在如下四个方面：

(1)合同确定了工程建设和管理的目标。

(2)合同是各方在工程中开展各种活动的依据。

(3)合同是协调并统一各参加建设者行动的重要手段。

(4)合同是处理工程项目实施过程中各种争议和纠纷的法律依据。

七、水利工程项目合同管理的概念及特点

(一)水利工程项目合同管理的概念

水利工程项目合同管理,是关于某项水利工程项目运作过程中各类合同的依法订立过程和履行过程的管理,包括各类合同的策划,合同文本的选择,合同条件的协商、谈判,合同书的签署,合同履行、检查、变更、索赔以及争端解决的管理。它是工程项目管理的重要组成部分。

水利工程项目合同,包括勘察设计合同、施工合同、建设物资采购合同、建设监理合同以及建设项目实施过程中所必需的其他合同,都是业主和参与项目实施的各主体之间明确责任、权利关系的具有法律效力的协议文件,也是运用市场经济体制、组织项目实施的

基本手段。

工程合同管理是为项目总目标和企业总目标服务的,保证项目总目标和企业总目标的实现。在工程结束时使双方都感到满意,业主按计划获得一个合格的工程,达到投资目的;承包人不但获得合理的利润,还赢得了信誉,建立了双方友好合作关系。

(二)水利工程项目合同管理的特点

由于水利工程产品及其生产的技术经济特点的影响,水利工程项目的合同管理通常呈现以下特点。

1.合同数量多

水利工程项目规模庞大、环节多、持续时间长,相关的合同数量多。从可行性论证、勘察设计、委托监理、工程施工到工程保修,都需要签订合同,且其合同的生命期一般至少几年或更长时间,因此合同管理必须在较长时间内不间断地持续进行。

2.合同金额大

水利工程项目价值量大,合同价格高,合同管理的好坏直接影响着工程项目经济效益。在市场竞争日趋激烈的环境下,若合同管理中稍有失误,可能会导致工程项目的利润减少,甚至亏本。

3.变更频繁

在工程实施中,受各种干扰因素的影响,合同变更较频繁。合同管理工作是动态的,在履行中必须根据变化了的各种条件,及时地进行调整,加强合同的变更管理和合同控制工作。

4.合同风险高

合同涉及面广、实施时间长,易受到外界环境各种因素的影响,如法律、经济、社会、自然条件等的影响大、风险高。合同管理中要予以高度重视,充分预测合同将面临的问题、风险,并采取积极的对策,以避免和化解各种风险。

5.需要综合协调与管理

水利工程项目管理工作复杂而烦琐,是一项高度准确、精细而严密的管理工作。现代工程项目规模大、技术和质量标准高;投资渠道多元化,且有许多特殊的融资和承包方式,工程合同条件越来越复杂,不仅合同的条款多,而且所属的合同文件多,与主合同相关的其他合同也多;工程的参与和协作单位多,合同管理必须在每个环节上取得、处理、使用、保存各种有关的合同文件、工程资料等。因此,在整个实施过程中,必须加强合同的综合协调与管理。

第三节　水利工程项目合同策划

一、合同策划概述

策划,是围绕某个预期的目标,根据现实的情况与信息,判断事物变化的趋势,对所采取的方法、途径、程序等进行周密而系统的全面构思、设计,选择合理可行的行动方式,从而形成正确决策和高效工作的活动过程。它是针对未来和未来发展及其发展结果进行决策的重要保证,也是实现预期目标、提高工作效率的重要保证。

(一)合同策划的意义

水利工程合同的总体策划对整个工程项目的实施有着重大的影响。关键、重要的合同问题,是确定合同的战略问题,它对整个工程项目的计划、组织及控制起着决定性的指导作用。在水利工程项目的开始阶段,必须对工程相关的合同进行总体策划,首先确定带根本性和方向性的对整个工程、整个合同的实施有重大影响的问题。在我国,有很多建设工程项目在实施过程中,由于工程合同模式、类型选择不恰当,经常出现诸如资源浪费、资金不到位、投资失控、合同纠纷、工期拖延及双方产生纠纷等现象,这就直接导致了工程项目不能按时完工,甚至出现工程项目的目标不能实现,给业主和承包人都带来了巨大的经济损失。项目前期合同类型选择不当是引发上述这些问题的主要原因,而业主在合同类型的选择中通常起决定性的作用,这就要求业主在工程项目建设初期,在签订合同时就要根据工程项目的具体情况,考虑各种不同因素的作用,选择一个适当的合同类型模式,从而避免日后由于合同缺陷等造成双方纠纷和索赔的发生,这是业主进行项目控制中应重点考虑的方面。所以,在什么样的工程条件下选择什么样的合同类型对建设工程项目最有利,如何根据项目的特点和业主的要求进行策划选择,是需要研究和探讨的问题。因此,水利工程合同总体策划在建设工程项目中发挥着极其重要的作用。它的重要意义体现在以下几个方面:

(1)合同的策划决定着项目总体组织结构及管理体制,决定合同各方面责任、权利和工作的划分,所以对整个项目管理产生根本性的影响。业主通过合同委托项目任务,并通过合同实现对项目的目标控制。

(2)合同是实施工程项目的手段,通过策划确定各方面的重大关系,无论对业主还是对承包商,完善的合同策划可以保证合同圆满地履行,克服关系的不协调,减少矛盾和争议,顺利地实现工程项目总目标。

(二)合同策划的主要内容

合同策划的目标是通过合同保证项目目标的实现。它必须反映水利工程项目战略和企业战略,反映企业的经营指导方针。要注意合同的弹性和韧性。它主要确定如下一些重大问题:

(1)如何将项目分解成几个独立的合同,每个合同有多大的工程范围。

(2)采用什么样的委托方式和承包方式,采用什么样的合同形式及条件。

(3)合同中一些重要条款的确定。

(4)合同签订和实施过程中一些重大问题的决策。

(5)各个相关合同在内容上、时间上、组织上、技术上的协调等。

正确的合同总体策划能够保证圆满地履行各个合同,促使各合同达到完善的协调,顺利地实现工程项目的整体目标。

(三)合同总体策划的依据

合同双方有不同的立场和角度,但他们有相同或相似的策划研究内容。合同策划的依据主要有以下几个方面。

(1)业主方面:业主的资信、资金供应能力、管理水平和能力,业主的目标和动机,期望对工程管理的介入深度,业主对承包商的信任程度,业主对工程的质量和工期要求等。

(2)承包商方面:承包商的能力、资信、企业规模、管理风格和水平、目标与动机、目前经营状况、过去同类工程经验、企业经营战略、承受和抗御风险的能力等。

(3)工程方面:工程的类型、规模、特点、技术复杂程度,工程技术设计准确程度,计划深度,招标时间和工期的限制,项目的盈利性,工程风险程度,工程资源(如资金等)供应及限制条件等。

(4)环境方面:建筑市场竞争激烈程度,物价的稳定性,地质、气候、自然、现场条件的确定性等。

(四)合同策划的程序

(1)研究企业战略和项目战略,确定企业及项目对合同的要求。

(2)确定合同的总体原则和目标。

(3)分层次、分对象对合同的一些重大问题进行研究,列出各种可能的选择,按照上述策划的依据,综合分析各种选择的利弊得失。

(4)对合同的各个重大问题做出决策和安排,提出履行合同的措施。

在合同策划中,有时要采用各种预测、决策方法,风险分析方法,技术经济分析方法。在开始准备每一个合同招标和准备签订每一份合同时,都应对合同策划再做一次评价。

二、业主的合同策划

由于业主的主导地位,使得业主的合同策划对于整个项目产生很大影响,承包商的合同策划也直接受其影响。业主策划合同时,必须确定以下若干问题。

(一)项目总体组织结构设计

项目总体组织结构是由项目业主来决定的,不同的项目总体组织结构各有其特点,所以项目业主要选择采用。关于项目总体组织结构类型及特点的介绍,参见本书第五章内容。该部分工作应在业主招标前完成。

(二)采购方式的选择

按照我国有关法规,采购方式包括招标方式和非招标方式两大类,具体方式有多种,需根据工程项目具体情况选择确定采购方式。

(三)合同类型的选择

不同的合同类型具有不同的使用范围和特点,因此工程项目选择哪种合同类型是非常重要的。合同类型的选择与许多因素有关,如设计深度、工程项目的规模和复杂程度、工期进度要求、工程施工现场、场地周围环境、施工经验、技术水平、项目管理、风险管理等。合同的类型按其计价方式主要有单价合同、总价合同和成本加酬金合同等。各种类型合同各有其应用条件、不同的权利和责任分配、不同的付款方式,同时合同双方的风险分配也不同。工程实践中,应根据具体情况选择合同类型,有时一个项目的不同分项目可采用不同计价方式的合同。

1. 单价合同

单价合同适用范围广泛,在水利水电工程中最为常见。FIDIC 条款和我国部颁条款都推荐土建工程的主体工程采用单价合同。在这种合同中,承包商仅按合同规定承担报价的风险,即对报价(主要为单价)的正确性和适宜性承担责任;而工程量变化的风险由业主承担。由于风险分配比较合理,能够适应大多数工程,能调动承包商和业主双方的管理积极性。单价合同的优点在于:招标前,发包人无须对工程做出完整、详尽的设计,因而可以缩短招标时间;能鼓励承包商提高工作效率,节约工程成本,增加承包商利润;支付时,只需按已定的单价乘以支付工程量即可求得支付费用,计算程序较简便。

由此可见,单价合同适用于招标时尚无详细图纸或设计内容尚不十分明确、工程量尚不够准确的工程。水利水电工程的主体工程项目宜采用单价合同。

2. 总价合同

这种合同以一次包死的总价委托,价格不因环境的变化和工程量增减而变化,所以在这类合同中,承包商承担了全部的工作量和价格风险。除了设计有重大变更,一般不允许调整合同价格。其特点在于:承包商要承担单价和工程量的双重风险,业主较为省事,风险较小,合同双方结算也较简单。但是由于承包商的风险较大,所以报价一般都较高。

这种合同适用于设计深度满足精确计算工程量的要求,图纸和规定、规范中对工程做出了详尽的描述,工程范围明确,施工条件稳定,结构不甚复杂,规模不大,工期较短,且对最终产品要求很明确,而业主也愿意以较大富裕度的价格发包的工程项目。

3. 成本加酬金合同

这是与固定总价合同截然相反的合同类型,它是以实际成本加上双方商定的酬金来确定合同总价。在合同签订时不能确定一个具体的合同价格,只能确定酬金的比率。由于合同价格按承包商的实际成本结算,所以在这类合同中,业主承担着全部工程量和价格的风险;而承包商不承担风险,一般来说获利较小,但能确保获利。所以,承包商在工程中没有成本控制的积极性,常常不仅不愿意压缩成本,相反期望提高成本以提高他自己的工程经济效益。这样会损害工程的整体效益。所以,这类合同的使用应受到严格限制,通常应用于如下情况:

(1)工程的范围无法界定,工程内容不十分确定。

(2)工程特别复杂,工程技术、结构方案不能预先确定。

(3)时间特别紧急,要求尽快开工。如抢救、抢险工程。

为了克服该种合同的缺点,调动承包商成本控制的积极性,业主应加强对工程的控制,合同中应规定成本开支范围,规定业主有权对成本开支进行决策、监督和审查。

通过以上分析可以看出,当业主对项目的要求比较高时,包括对风险的要求、投资概算的要求、工程技术要求,而工程项目本身情况又比较复杂的情况下,为规避风险,业主通常最佳地选用总价合同,若承包人的实力比较强,运用了先进的项目管理方式,控制好工程项目的造价,还可以取得较高的利润。如果项目的规模不大,对各方面的要求都不高,可选择的合同类型就较多。但业主在考虑自己利益选择合同类型时,也应当综合考虑工程项目的各种因素以及承包人的承包能力,确定双方都能认可的合同类型。

(四)确定重要合同条款

合同条款与合同协议书是合同文件中最重要的部分。业主应正确地对待合同,对合同的要求合理,不应苛求。业主处于合同的主导地位,由其起草招标文件,可以选用标准的合同条款,也可根据需要对标准的文本做出修改、限定或补充。主要有以下内容:

（1）适用于合同关系的法律，以及合同争执仲裁的地点、程序等。

（2）质量和技术要求。

（3）计量原则和方法。

（4）付款方式。

（5）合同价格的调整条件、范围和方法，特别是由于物价、汇率、法律、关税的变化对合同价格调整的规定。

（6）合同双方风险的分担。

（7）对承包商的激励措施。

（8）保证业主对工程的控制权力，包括工程变更权力、进度计划审批权力、实际进度监督权力、施工进度加速权力、质量的绝对检查权力、工程付款的控制权力、承包商不履约时业主的处置权力等。

（五）合同间的协调

一个工程的建设，业主要签订若干合同，如设计合同、施工合同、供应合同、贷款合同等。在这个合同体系中，相关的同级合同之间、主合同与分合同之间关系复杂，业主必须对此做出周密安排和协调，其中既有整体的合同策划，又有具体的合同管理问题。

1. 工作内容的完整

业主签订的所有合同所确定的工作范围应涵盖项目的全部工作，完成了各个合同也就实现了项目总目标。为防止缺陷和遗漏，应做好下述工作：

（1）招标前进行项目的系统分析，明确项目系统范围。

（2）将项目做结构分解，系统地分成若干独立的合同，并列出各合同的工程量表。

（3）进行各合同（各承包商或各项目单元）间的界面分析，划定界面上工作的责任、质量、工期和成本。

2. 技术上的协调

各合同间只有在技术上协调，才能构成符合项目总目标的技术系统。应注意下述几个方面：

（1）主要合同之间设计标准的一致性，土建、设备、材料、安装应有统一的技术、质量标准及要求，各专业工程（结构、建筑、水、电、通信、机械等）之间应有良好的协调。

（2）分包合同应按照总承包合同的条件订立，全面反映总合同的相关内容；采购合同的技术要求须符合承包合同中技术规范的要求。

（3）各合同之间应界面明确、搭接合理。如基础工程与上部结构、土建与安装、材料与运输等，它们之间都存在责任界面和搭接问题。

工程实践中，各个合同签订时间、执行时间往往不是同步的，管理部门也常常是不同的。因此，不仅在签约阶段，而且在实施阶段；不仅在合同内容上，而且在各部门管理过程中，都应统一、协调。有时，合同管理的组织协调甚至比合同内容更为重要。

三、承包商的合同策划

在水利工程市场中，业主处于主导地位。业主的合同决策，承包商常常必须执行或服从。既使承包商有自己的合同策划问题，也要服从于承包商的基本目标和企业经营战略。

承包商的合同策划主要有下面几个问题。

(一) 投标项目的选择

承包商通过市场调查获得许多工程招标信息。他必须就投标方向做出战略决策，其依据为下述几个方面：

(1) 承包市场状况及竞争的形势。

(2) 工程及业主状况。包括工程的技术难度，施工所需的工艺、技术和设备，对施工工期的要求及工程的影响程度；业主对承包方式、合同种类、招标方式、合同的主要条款等的规定和要求；业主的资信情况，业主建设资金的准备情况和企业经营状况。

(3) 承包商自身的情况。包括本公司的优势和劣势，技术水平，施工力量，资金状况，同类工程经验，现有的工程数量等。

(4) 该工程竞争对手的状况、数量、竞争力等。

承包商投标项目的确定要最大限度地发挥自身的优势，符合其经营战略，不要企图承包超过自己施工技术水平、管理能力和财务能力的工程及没有竞争力的工程。

(二) 合同风险评价

承包商的合同策划工作，应对合同风险有一个评价，以供投标决策作依据，也是中标后进行风险管理工作的基础。合同风险评价主要包括风险的辨识和评估两项工作。

通常，若工程存在下述问题，则工程风险大：

(1) 工程规模大、工期长，而业主要求采用固定总价合同形式。

(2) 业主仅给出初步设计文件让承包商投标，图纸不详细、不完备，工程量不准确、范围不清楚，或合同中的工程变更赔偿条款对承包商很不利，但业主要求采用固定总价合同。

(3) 业主将编制投标文件的时间压缩得很短，承包商没有时间详细分析招标文件，而且招标文件为外文，采用承包商不熟悉的合同条件。

(4) 工程环境不确定性因素多，且业主要求采用固定总价合同。

(三) 合作方式的选择

在承包合同(主合同)投标前，承包商必须就如何完成合同范围的工程做出决定。因为任何承包商都有可能不能自己独立完成全部工程，一方面可能没有这个能力，另一方面也可能不经济。他须与其他承包商(分包商)合作，就合作方式做出选择。无论是分包还是合伙或成立联合公司，都是为了合作，为了充分发挥各自的技术、管理、财力的优势，以共同承担风险，但不同合作形式其风险承担程度不一样，承包商要根据具体情况，权衡利弊，以选择合适的合作形式。

1. 分包

分包的原因主要有以下几点：

(1) 技术上的需要。承包商不可能也不必要具备工程所需各种专业的施工能力，他可通过分包这种形式得到弥补，承包其不能独立承担的工程，扩大经营范围。

(2) 经济上的目的。对于某些分项工程，将其分包给有能力且报价低的分包商，可获得一定的经济效益。

(3) 转嫁或减小风险。通过分包可将风险部分地转移给分包商。

（4）业主的要求。即业主指定承包商将某些分项工程分包出去。一般有两种：一种是业主对某些分项工程只信任某分包商；另一种是一些国家规定，外国承包商必须分包一定量的工程给本国的承包商。

承包商在报价前，一般就应商定分包合同主要条件，确定分包商的报价，甚至签订分包意向书。承包商要向业主承担对分包商的全部责任，所以选择分包商应十分慎重，要选择符合资质要求的、有能力的、长期合作的分包商。还应注意分包不宜过多，以免造成协调和管理的困难，以及业主对承包商能力的怀疑。

2. 联营承包

联营承包是指两家或两家以上的承包商（最常见的为设计承包商、设备供应商、工程施工承包商）联合投标，共同承接工程。其优点是：

（1）承包商可通过联营进行联合，以承接工程量大、技术复杂、风险大、难以独家承揽的工程，使经营范围扩大。

（2）在投标中发挥联营各方技术和经济的优势，珠联璧合，使报价有竞争力。

（3）在国际工程中，国外的承包商如果与当地的承包商联营投标，可以获得价格上的优惠。这样更能增加报价的竞争力。

（4）在合同实施中，联营各方互相支持，取长补短，进行技术和经济的总合作。这样可以减少工程风险，增强承包商的应变能力，取得较好的工程经济效果。

（5）通常联营仅在某一工程中进行，该工程结束，联营体解散。联营各方对履行施工承包合同承担连带责任，某成员因故不能完成合同责任时，其他成员应承担共同完成施工承包合同的责任。联合体各成员间必须相互忠诚和信任，同舟共济。所以，它比合营、合资有更大的灵活性。

（四）确定合同执行战略

合同执行战略是承包商按企业和工程具体情况确定的执行合同的基本方针，例如：

（1）企业必须考虑该工程在企业同期许多工程中的地位、重要性，确定优先等级。对重要的、有重大影响的工程必须全力保证，在人力、物力、财力上优先考虑，如对企业信誉有重大影响的创牌子工程，大型、特大型工程，企业准备发展业务的地区的工程等。

（2）承包商必须以积极合作的态度热情圆满地履行合同。在工程中，特别在遇到重大问题时，积极与业主合作，以赢得业主的信赖，赢得信誉。例如，有些合同在签订后，或在执行中遇到不可抗力事件，按规定可以解除合同，但有些承包商理解业主的困难，暂停施工，同时采取措施，保护现场，降低业主损失。待干扰事件结束后，继续履行合同。这样不仅保住了合同，取得了利润，而且赢得了信誉。

（3）对明显导致亏损的工程，特别是企业难以承受的亏损，或业主资信不好，难以继续合作，可以考虑解除合同来解决问题。有时承包商主动地中止合同，比继续执行一份合同的损失要小。特别当承包商已跌入"陷阱"中，合同不利，而且风险已经发生时。

（4）对有些合理的索赔要求，业主解决不了，承包商在合同执行上可以通过控制进度，间接表达履约热情和积极性，向业主施加压力和影响，以求得到合理的解决。

第四节　水利工程项目分包

一、建设工程的总承包

(一) 总承包

《民法典》合同编第七百九十一条规定："发包人可以与总承包人订立建设工程合同，也可以分别与勘察人、设计人、承包人订立勘察、设计、施工承包合同。"对于发包人来讲，也就是鼓励发包人将整体工程一并发包。一是鼓励采用将建设工程的勘察、设计、施工、设备采购一并发包给一个总承包人；二是将建设工程的勘察、设计、施工、设备采购四部分分开发包给几个具有相应资质条件的总承包人。采用以上两种发包方式发包工程，既节约投资，强化现场管理，提高工程质量，又可以在一旦出现事故责任时，很容易找到责任人。

(二) 禁止建设工程支解发包

支解发包，就是将应当由一个承包人完成的建设工程支解成若干部分发包给几个承包人的行为。这种行为可导致建设工程管理上的混乱，不能保证建设工程的质量和安全，容易造成建设工期延长，增加建设成本。为此，《民法典》规定："发包人不得将应当由一个承包人完成的建设工程支解成若干部分发包给几个承包人。"禁止支解发包不等于禁止分包，比如在工程施工中，总承包人有能力并有相应资质承担上下水、暖气、电气、电信、消防工程等，就应当由其自行组织施工；若总承包人需将上述某种工程分包，依据法律规定与合同约定，在征得发包人同意后，亦可分包给具有相应资质的企业，但必须由总承包人统一进行管理，切实承担总包责任。此时，发包人要加强监督检查，明确责任，保证工程质量和施工安全。

(三) 禁止建设工程转包

所谓转包，是指建设工程的承包人将其承包的建设工程倒手转让给他人，使他人实际上成为该建设工程新的承包人的行为。《民法典》规定："承包人不得将其承包的全部建设工程转包给第三人或者将其承包的全部建设工程支解以后以分包的名义分别转包给第三人。"转包行为有较大的危害性。一些单位将其承包的工程压价倒手转包给他人，从中牟取不正当利益，形成"层层转包，层层扒皮"的现象，最后实际用于工程建设的费用大为减少，导致严重偷工减料；一些建设工程转包后落入不具有相应资质条件的包工队手中，留下严重的工程质量后患，甚至造成重大质量事故。从法律的角度讲，承包人擅自将其承包的工程转包，违反了法律的规定，破坏了合同关系的稳定性和严肃性。从合同法律关系上说，转包行为属于合同主体变更的行为，转包后，建设工程承包合同的承包人由原承包人变更为接受转包的新承包人，原承包人对合同的履行不再承担责任。承包人将承包的工程转包给他人，擅自变更合同主体的行为，违背了发包人的意志，损害了发包人的利益，是法律所不允许的。

二、水利工程项目的分包

(一)分包的概念

所谓建设工程的分包,是指对建设工程实行总承包的承包人,将其总承包的工程项目的某一部分或几部分,再发包给其他的承包人,与其签订总承包项目下的分包合同,此时,总承包合同的承包人即成为分包合同的发包人。

分包的实质是为了弥补承包商某些专业方面的局限或力量上的不足,借助第三方的力量来完成合同。实践证明,适当的分包是有利于保证工程质量和进度的。但是在实际工程中,也常出现由于各种原因导致不恰当的分包,从而引起工程质量、进度上发生问题和引起合同争议的情况。因此,对分包加强管理与控制是很重要的。

(二)分包类型与分包管理

工程合同的分包有两种类型,即一般分包与指定分包。

1. 一般分包

一般分包指由承包商提出分包项目,选择分包商(称为一般分包商),并与其签订分包合同。

我国《民法典》和《水利水电工程标准施工招标文件》(2009 年版,以下简称《标准文件》)及各种条款对分包有如下规定:

(1)总承包人或者勘察、设计、施工承包人经发包人(或监理人)同意,可以将自己承包的部分工作交由第三人完成。一方面说明经发包人(或监理人)同意,承包人可以将自己承包的部分工作分包给第三人完成;另一方面也说明承包人的分包行为必须经发包人(或监理人)同意。

(2)承包商应对其分包出去的工程以及分包商的任何工作和行为负全部责任,即使是监理人同意的部分分包工作,亦不能免除承包人按合同规定应负的责任。分包商(第三人)应就其完成的工作成果与总承包人或者勘察、设计、施工承包人向发包人承担连带责任。

(3)禁止承包人将工程分包给不具备相应资质条件的单位。

(4)承包人不得将其承包的工程支解后分包出去,也不得将主体工程分包出去。

(5)分包商不得将其分包的工程再分包出去。

发包人(业主)、承包商和分包商之间的关系如图 12-1 所示。

2. 指定分包

分包工程项目和分包商均由发包人或监理人选定,但仍由承包商与其签订分包合同,称为指定分包,而此类分包商称为指定分包商。指定分包有两种情况:

(1)发包人根据工程特殊情况欲指定分包人时,应在专用合同条款中写明分包工作内容和指定分包人的资质情况。承包人可自行决定同意或拒绝发包人指定的分包人。若承包人在投标时接受了发包人指定的分包人,则该指定分包人应与承包人的其他分包人一样被视为承包人雇用的分包人,由承包人与其签订分包合同,并对其工作和行为负全部责任。其管理也与一般分包的管理相同。

(2)在工程实施过程中,发包人为了更有效地保证某项工作的质量或进度,需要指定

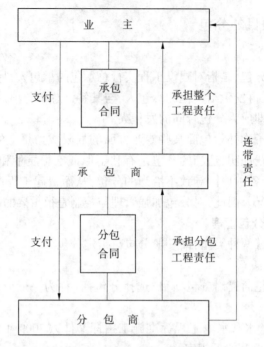

图 12-1　业主、承包商、分包商关系

分包商来完成此项工作的情况。此种指定分包,应征得承包商的同意,并由发包人协调承包商与分包商签订分包合同。发包人应保证承包人不因此项分包而增加额外费用;承包人则应负责该分包工作的管理和协调,并向指定分包人计取管理费;指定分包商应接受承包商的统一安排和监督。由于指定分包人造成的与其分包工作有关而又属承包人的安排和监督责任所无法控制的索赔、诉讼和损失赔偿均应由指定分包人直接对发包人负责,发包人也应直接向指定分包人追索,承包人不对此承担责任。

此种指定分包商,在管理工作上的特点是:

(1)指定分包商就其全部分包工作(与承包商的安排和监督责任有关的除外) 直接向发包人负责。

(2)在特殊情况下,发包人可直接向指定分包商支付,并在向承包商支付中扣回此款额。此处特殊情况是指:承包商未向监理人提交合理的证据,表明其有权扣留或拒绝向指定分包商支付且已通知指定分包商的情况下,而不向指定分包商支付。

根据合同的内容,又可将分包合同分为工程分包合同、劳务分包合同和材料、设备供应分包合同等。

第五节　水利工程项目合同履行

一、合同的履行

合同的履行是合同法规中一个极为重要的问题。合同成立并生效后,就是合同履行问题。合同履行,是指合同各方当事人按照合同的规定,全面履行各自的义务,实现各自的权利,使各方的目的得以实现的行为。当事人之所以要订立合同,完全是为了实现合同的目的。合同权利义务的实现,只有通过履行才能达到。所以,合同的订立是前提,合同的履行是关键。有效合同中当事人预期的合同利益受法律保护,履行合同是实现预期合同利益的唯一途径。然而,在合同履行过程中,当事人可能因为种种原因,不能或者不愿意履行合同。因此,相关法律明确规定合同履行的原则,保护债权人的利益,并根据不同事件和行为的性质,确定哪些情况下不履行合同应当承担违约责任,哪些情况下不履行合同可以免除责任,保证正常的市场秩序。

(一)合同的履行原则

合同的履行原则,是指合同当事人在履行合同过程中所应遵循的基本准则。它既可以弥补合同成文立法的不周延性缺陷,又可以限定法官在裁定合同纠纷时的自由量裁权。履行合同当然要遵循《民法典》的基本原则,如平等原则、公平原则、诚信原则等,但合同的履行也有其特有的基本原则,一是诚信原则,是整个合同编的基本原则。二是专属于合同履行的全面履行原则。全面履行原则又称正确履行原则和适当履行原则,是指合同生效后,当事人应当按照合同的各个条款,全面、正确地履行自己的义务。三是环保原则,当事人履行合同,应避免浪费资源、污染环境和破坏生态。

(二)合同履行中的几项特殊权利

1. 抗辩权

合同履行的抗辩是指合同当事人(债务人)对抗或否认对方当事人(债权人)要求他履行债务的请求权。债务人这种对抗或否认债权人请求权的权利叫抗辩权。抗辩权以法律规定的抗辩事由为依据,以对方当事人请求权的存在和有效为前提,这一权利的行使可以造成对方请求权的消灭或者使其效力延期发生。抗辩权包括同时履行抗辩权、后履行抗辩权、不安抗辩权。

2. 代位权

代位权是指当债务人怠于行使其对于第三人享有的权利而有害于债权人的债权时,债权人为保全自己的债权,可以向人民法院请求以自己的名义代位行使债务人的权利。代位权的行使范围以债权人的到期债权为限。债权人行使代位权的必要费用由债务人负担。

3. 撤销权

撤销权是指债权人对于债务人所为的减少其财产、危害债权人利益的行为,请求人民法院予以撤销的权利。

撤销权的行使期限是指债权人请求人民法院撤销债务人处分财产行为的时间界限,超过这一期限,债权人的撤销权消灭。撤销权自债权人知道或者应当知道撤销事由之日起一年内行使。自债务人的行为发生之日起5年内没有行使撤销权的,该撤销权消失。

4. 拒绝权

拒绝权是债权人对债务人未履行合同的拒绝接受的权力,拒绝权包括提前履行拒绝权和部分履行拒绝权。

5. 选择权

标的有多项而债务人只需履行其中一项的,债务人享有选择权,法律另有规定、当事人另有约定或者另有交易习惯的除外。当事人行使选择权应当及时通知对方,通知到达对方时,标的确定。标的确定后不得更改,但经对方同意的除外。可选择的标的发生不能履行的情形的,享有选择权的当事人不得选择不能履行的标的,但是该不能履行的情形是由对方造成的除外。享有选择权的当事人在约定期限内或者履行期限届满未作选择,经催告后在合理期限内仍未选择的,选择权转移至对方。

二、合同的变更、转让和终止

(一)合同的变更

1. 合同变更的概念

合同变更有广义和狭义之分。广义的合同变更包括合同内容的变更与合同主体的变更。狭义的合同变更仅指合同内容的变更。《民法典》合同编对合同变更做出了规定:"当事人协商一致,可以变更合同。依照法律、行政法规的规定,合同变更应当办理批准等手续的,依照其规定。"本条规定指合同内容的变更,而不包括合同主体的变更。因此,通常意义上的合同变更是指合同有效成立后、尚未履行或者尚未完全履行完毕之前,由合同双方当事人依法对原合同的内容进行的修改或补充。合同依法成立对当事人均有法律约束力,任何一方不得擅自变更。但由于合同条件发生变化,影响到合同的实施,需要对合同变更时,法律允许在一定条件下对合同内容进行补充和修改。由于水利水电建设工程合同履行的期限长、涉及范围广、影响因素多,因此一份建设工程合同签订得再好,签约时考虑得再全面,履行时也免不了因工程实施条件及环境的变化而需对合同约定的事项进行修正,即对建设工程合同的内容进行变更。应该说,建设工程合同(主要是施工合同)不断进行变更是正常的。

2. 合同变更的要件

(1)合同变更是针对有效成立的合同而言的,没有合同关系的存在,则不发生合同变更问题。当然,要变更的是原来已经生效的合同,而且是尚未履行完毕的合同。

(2)合同的变更是通过协议达成的。合同一旦签订,对双方当事人都有约束力,不得擅自变更或解除。除非具备法定的变更事由,当事人变更合同须有双方的变更协议,否则就构成违约。

(3)合同的变更是合同内容的局部变更,是对合同内容做某些修改和补充。合同变更必须能起到使合同的内容发生实质性的改变效果,否则不能认为是合同的变更。

要注意合同变更不是合同内容的全部变更。如果合同内容全部变更,实际上导致了原合同权利、义务关系的消灭,而新合同权利、义务关系的产生,就不属于合同的变更而属于合同的更新。

(4)合同的变更会变更原有权利、义务关系,产生新的权利、义务关系。

(二)合同的转让

合同转让是指合同当事人一方将合同权利、义务全部或部分地转让给第三人。合同转让包括合同权利的转让、合同义务的转移及合同权利、义务的概括转让。合同的转让实质上是合同主体的变更或增加，是合同关系的主体，即合同权利、义务的承担者的变化。

(三)合同的终止

1.合同终止的概念

合同终止，是指合同当事人双方依法使相互间的权利、义务关系终止。合同终止是合同运行的终点，意味着合同当事人双方权利、义务的消灭。合同的权利、义务终止后，当事人应当遵循诚实信用的原则，根据交易习惯履行通知、协助、保密等义务。权利、义务的终止不影响合同中结算和清理条款的效力。

2.合同终止的原因

合同终止须有法律上的原因，合同终止的原因一经发生，合同当事人之间的权利、义务关系即在法律上当然消灭。合同权利和义务关系终止的原因主要有以下几个方面。

1)债务已按照合同约定履行

债务已按照约定履行，即是债的清偿。清偿是合同的权利、义务终止的最主要和最常见的原因。清偿使合同的当事人实现合同目的后将权利、义务关系归于消灭。

2)合同解除

合同解除是指对已经发生法律效力，但尚未履行或者尚未完全履行的合同，因当事人一方的意思表示或者双方的协议而使债权债务关系提前归于消灭的行为。

合同的解除通常有协议解除、约定解除、法定解除。

协议解除是指合同成立后，在未履行或未完全履行前，通过当事人双方的协商一致，合意解除合同，使合同效力消灭的行为。

约定解除是指当事人双方在合同中明确约定一定的条件，在合同有效成立后，完全没有履行或没有完全履行之前，当事人一方或双方在该条件出现后享有解除权，并通过解除权的行使消灭合同关系。

法定解除是指在合同有效成立后，尚未履行或尚未完全履行前，当法律规定的解除条件出现时，解除权人行使解除权而使合同效力消灭的制度。

3)债务相互抵消

债务相互抵消是指两个人彼此互负债务，各以其债权充当债务的清偿，使双方的债务在等额范围内归于消灭。债务抵消可以分为合意抵消和法定抵消两类。

合意抵消是指按照双方当事人意思表示一致所进行的抵消。合意抵消是当事人意思自由的体现，因此法律对抵消的标的物种类、品质没有做出要求。当事人之间互负债务，即使标的物种类不同、品质不同，只要经双方当事人协商一致，也可以抵消。法定抵消是指由法律明确规定抵消的构成要件，当交易事实充分构成抵消的要件时，依当事人一方的意思表示而发生的抵消。

4)其他原因

债务人依法将标的物提存是指由于债权人的原因致使债务人无法向其交付标的物，债务人可以将标的物交给提存机关而消灭合同权利、义务关系的一种制度。

债权债务同归一方(混同)，是指债权债务同归于一人而导致合同权利、义务归于消灭的情况。但是，在合同标的物上设有第三人利益的，如债权上设有抵押权，则不能混同。混同是一种事实，无须任何意思表示。

债权人免除债务人的债务,即债权人以消灭债务人的债务为目的而抛弃债权的意思表示。债权人免除债务人部分或者全部债务的,合同的权利、义务部分或者全部终止。

除上述原因外,法律规定或者当事人约定合同终止的其他情形出现时,合同也告终止,如时效(取得时效)的期满、合同的撤销、作为合同主体的自然人死亡而其债务又无人承担等。

三、违约责任

(一)违约责任的概念

所谓违约责任,通常是指合同当事人违反合同义务所应有的责任,或者说,合同当事人不履行合同义务或履行合同义务不符合约定时所应当承担的民事法律后果。违约行为的表现形式包括不履行和不适当履行。不履行是指当事人不能履行或者拒绝履行合同义务。不适当履行则包括不履行以外的其他所有违约情况。对于违约行为,应该追究违约责任,否则任何合同的签约者都会为了自身利益而违约,从而导致市场诚信的混乱。

合同规定的权利、义务均以财产利益为内容,违约责任的主要目的在于补偿合同债权人所受的财产损失。因而,对违约方当事人适用的是赔偿损失、支付违约金等财产性民事责任的形式,而不适用于赔礼道歉等非财产性民事责任形式。

(二)违约责任的承担主体

通常状况下,违约责任由违约方来承担,但有时出现的一些特殊情况需要明确。

首先,出现双方违约时,各自应当承担相应的责任。

其次,如果因第三人的原因造成违约,应当向对方承担违约责任。

最后,违约行为与侵权行为同时发生时,主张其一。

违约行为和侵权行为综合发生,是指当事人一方的同一行为既构成违约行为,也构成侵权行为。因当事人一方的违约行为,侵害对方人身、财产权益的,受损害方有权选择依照《民法典》合同编要求承担违约责任或依照其他法律要求承担侵权责任。违约责任和侵权责任均以赔偿损失为内容,因此受损害方不能双重请求,只能主张其一,以防止其获得不当利益。

(三)承担违约责任的形式

承担违约责任的方式主要有以下几种。

1. 继续履行

继续履行是指当事人一方不履行合同义务或履行合同义务不符合约定时,另一方当事人可要求其在合同履行期限届满后继续按照原合同所约定的主要条件继续完成合同义务的行为。法律规定不能要求继续履行的情况除外。

2. 采取补救措施

采取补救措施,是指违约方所采取的旨在消除违约后果的除继续履行、支付赔偿金、支付违约金、支付定金方式以外的其他措施,一般包括停止侵害、排除妨碍、消除危险、返还财产、恢复原状、修理、重作、更换、退货、减少价款或报酬等。修理、更换、重作、退货、减少价款或者报酬是典型的补救措施。

3. 赔偿损失

所谓赔偿损失,是指违约方因不履行或不完全履行合同义务给对方造成损失时,依法或根据合同约定应赔偿对方当事人所受损失的行为。

承担赔偿损失责任的构成条件包括:一是有违约行为;二是有损失后果;三是违约行为与损失之间有因果关系;四是违约人有过错或虽无过错,但法律规定应当赔偿。

合同责任的确定应当体现公平合理的原则。当事人有违约行为时,其应承担相应的违约责任,但这并不当然意味违约相对方在明知对方违约时没有任何积极义务。为了维护法律的公平原则,法律要求违约相对方负有采取适当措施防止损失扩大的义务,如果违约相对方没有采取适当措施去防止损失的扩大,则其无权就扩大的损失要求赔偿。但如果当事人采取了相关措施,避免损失的扩大,因防止损失扩大支出的合理费用,应由违约方承担。

4. 支付违约金

违约金是指由当事人通过协商预先确定的在违约发生后做出的独立于履行行为之外的给付。违约金具有惩罚与赔偿双重性质。在合同中,当事人可以约定违约金是惩罚性的或是赔偿性的。当事人也可以在一个合同中,既约定惩罚性赔偿金,又约定赔偿性违约金。

5. 定金

定金是指合同当事人为了确保合同的履行,由一方预先给付另一方一定数额的金钱或其他物品。定金应当以书面形式约定。定金作为一项合同制度,既有履行担保功能,也有违约救济功能。

违约方要接受有关定金的罚则。所谓定金罚则,是指定金对违约方经济利益惩罚的规则,即给付定金的一方不履行债务的,无权要求返还定金;接受定金的一方不履行债务的,应当双倍返还定金。当事人既约定违约金,又约定定金的,一方违约时,对方可以选择适用违约金或定金条款。但是,这两种违约责任不能合并使用。定金不足以弥补一方违约造成的损失的,对方可以请求赔偿超过定金数额的损失。

(四)不可抗力

所谓不可抗力,是指不能预见、不能避免、不能克服的客观情况。不可抗力包括自然现象和社会现象两种。自然现象包括地震、台风、洪水、海啸等,社会现象包括战争、暴乱、罢工等。

不可抗力的确定往往具有严格的构成条件。

(1)不能预见性:以当事人的主观能力,是无法预见事件的发生的。

(2)不能避免性:以当事人所处的环境状况,对于发生的事件不能够避免。

(3)不能克服性:以当事人实际状况,对于已经发生的事件,没有能力克服。

(4)履行期间性:不可抗力发生在合同履行期间。

构成影响合同责任承担的不可抗力事件必须同时具备上述四个要件,缺一不可。

因不可抗力不能履行合同的,根据不可抗力的影响,部分或者全部免除责任,但法律另有规定的除外。当事人迟延履行后发生不可抗力的,不能免除责任。

第六节　水利工程项目合同纠纷与争议

一、合同纠纷的概念及特点

(一)合同纠纷的概念

合同纠纷,又称合同的争议,是指合同当事人双方对合同履行的情况和不履行后果产生争议,或对违约负责承担等问题所发生的纠纷。合同纠纷的范围广泛,涵盖了一项合同从成立到终止的整个过程。

(二)合同纠纷的特点

合同纠纷具有如下特点:

(1)主体特定。合同纠纷的主体特定,是指合同当事人,主要是发生在订立合同的双方或多方当事人之间。

(2)属于民事纠纷。签订合同的当事人是平等主体的自然人、法人或非法人组织,合同行为是民事法律行为,因此合同纠纷从本质上说是一种民事纠纷,民事纠纷应通过民事方式来解决,如协商、调解、仲裁或诉讼等。合同问题一旦需要通过刑事方式解决,就不能称之为合同纠纷,而是刑事案件。

(3)纠纷内容的多样化。合同纠纷的内容涉及合同的各个方面,纠纷内容多种多样,几乎每一个与合同有关的方面都可能引起纠纷。

(4)解决方式多样化。合同纠纷的解决方式多样,主要有和解、调解、仲裁、诉讼四种方式。

二、产生合同纠纷的原因和争议内容

(一)产生合同纠纷的原因

合同依法订立后,双方或多方当事人就必须全面履行合同中约定的各项义务。但在合同管理中,由于当事人对合同条款的不同解释或履约时的不同心态,对合同是否已经履行、履行是否符合合同约定容易产生意见分歧,发生合同纠纷是常有的事情。

水利工程项目涉及的方面广泛而且复杂,每一方面又都可能牵涉到劳务、质量、进度、安全、计量和支付等问题。所有这一切均需在有关的合同中加以明确规定,以免在合同执行中发生异议。尽管现实中合同定得十分详细,有些重要工程甚至制定了洋洋数卷十多册,仍难免有某些缺陷和疏漏、考虑不周或双方理解不一致之处;而且,几乎所有的合同条款都同成本、价格、支付和责任等发生联系,直接影响合同双方的权利、义务和损益,这些也容易使合同双方为了各自的利益各持己见,引起争议是很难避免的。加之水利工程合同一般履行的时间很长,特别是对于大型水利工程,往往需要持续几年甚至十多年的工期,在漫长的履约过程中,难免会遇到国际和国内环境条件、法律法规和管理条例以及业主意愿的变化,这些变化又都可能导致双方在履行合同上发生争议。

(二)常见的争议内容

一般的争议常集中表现在合同双方的经济利益上,对于施工合同,合同争议大体有以下几方面。

1. 关于工程质量的争议

业主对承包商严重的施工缺陷或所提供的性能不合格的设备,要求修补、更换、返工、降价、赔偿;而承包商则认为缺陷业已改正,或缺陷责任不属于承包商一方,或性能试验的方法有误等,因此双方不能达成一致意见而发生争议。

2. 关于计量与支付的争议

双方在计量原则、计量方法以及计量程序上的争议,双方对确定新单价(如工程变更项目)的争议等。

3. 关于违约赔偿的争议

业主提出要承包商进行违约赔偿,如在支付中扣除误期赔偿金,对由于承包商延误工期造成业主利益的损害进行补偿;而承包商则认为延误责任不在自己,不同意违约赔偿的做法或金额,由此而产生严重分歧。

4. 关于索赔的争议

承包商提出的索赔要求,如经济索赔或工期索赔,业主不予承认;或者业主虽予以承认,但业主同意支付的金额与承包商的要求相去甚远,双方不能达成一致意见。

5. 关于中止合同的争议

承包商因业主违约而中止合同,并要求业主对因这一中止所引起的损失给予足够的补偿,而业主既不认可承包商中止合同的理由,也不同意承包商所要求的补偿,或对其所提要求补偿的费用计算有异议等。

6. 关于解除合同的争议

解除合同发生于某种特殊条件下,为了避免更大损失而采取的一种必要的补救措施。对于解除合同的原因、责任,以及解除合同后的结算和赔偿,双方持有不同看法而引起争议。

7. 其他争议

如进度要求、质量控制、试验、施工现场条件变化等方面的争议。

三、解决争议的方式

解决争议是维护当事人正当合法权益,保证工程施工顺利进行的重要手段。按我国法律法规规定,解决争议的方式有和解、调解、仲裁和诉讼。

(一)和解与调解

《民法典》和《中华人民共和国仲裁法》(简称《仲裁法》)都对合同纠纷有可以和解或调解的规定:当事人可以通过和解或调解解决合同争议。仲裁庭在做出裁决前,可以先行调解。人民法院审理民事案件,根据当事人自愿的原则,在事实清楚的基础上,分清是非,进行调解。从上面这些法律的规定可以看出,合同纠纷是可以通过和解或调解解决的。

1. 和解

合同争议的和解,是指合同当事人在履行合同过程中,对所产生的合同争议,在没有第三方介入的情况下,由当事人双方自愿直接进行接触,在自愿互谅的基础上,友好磋商,相互做出一定让步,就已经发生的争议在彼此都认为可以接受的基础上达成和解协议,自行解决争议的一种方法。

一般来讲,和解是合同争议最好的解决办法。事实上,在世界各国,履行工程施工承包合同中的争议,绝大多数是通过和解方式解决的。但解决合同争议,也有很大的局限性。有的争议本身比较复杂;有的争议当事人之间分歧和争议很大,难以统一;还有的争议存在故意不法侵害行为等。在这些情况下,没有外界力量的参与,当事人自身很难自行和解达成协议。和解所达成的协议能否得到切实自觉的遵守,完全取决于争议当事人的诚意和信誉。如果在双方达成协议之后,一方反悔,拒绝履行应尽的义务,协议就成为一纸空文。为了有效维护自身合法权益,在双方意见难以统一或者得知对方确无诚意和解时,就应及时寻求其他解决争议的方法。

2. 调解

合同争议的调解,是指当事人双方在第三者即调解人的主持下,在查明事实、分清是非、明确责任的基础上,对争议双方进行斡旋、劝说,促使他们进行协商,相互谅解,以自愿达成协议,消除纷争的活动。调解是通过第三者进行的,这里的"第三者"可以是仲裁机构及法院,也可以是仲裁机构及法院以外的其他组织和个人。因参与调解的第三者不同,调解的性质也就不同。调解主要有以下几种:

(1)社会调解,是指根据当事人的请求,由社会组织或个人主持进行的调解。

(2)行政调解,是指根据一方或双方当事人申请,当事人双方在其上级机关或业务主管部门主持下,通过说服教育、相互协商、自愿达成协议,从而解决合同争议的一种方式。

(3)仲裁调解,是指争议双方将争议事项提交仲裁机构后,由仲裁机构依法进行的调解。仲裁活动中的调解和仲裁是整个进程的两个不同阶段,又在统一的仲裁程序中密切相连。仲裁机构在接受争议当事人的仲裁申请后,仲裁庭可以先行调解;如果双方达成调解协议,调解成功,仲裁庭即制作调解书并结束仲裁程序;如果达不成调解协议,仲裁庭应当经过听证后及时做出裁决。

(4)司法调解。司法调解又称诉讼调解,是指合同争议进入诉讼阶段后,由受案的法院主持进行的调解。人民法院审理民事案件,应当根据自愿和合法的原则进行调解;调解不成的,应当及时判决。经调解,双方当事人在自愿、合法的原则下达成协议,并由法院批准后制作调解书。这种调解书一旦由当事人签收就与法院的判决书具有同等的法律效力。它是一种诉讼活动,是解决争议、结束诉讼的一种重要途径。

无论采用何种调解方法,都应遵守自愿和合法两项原则。调解成功,需要制作调解书。社会调解和行政调解达成的调解协议或制作的调解书没有强制执行的法律效力,如果当事人一方或双方反悔,不能申请法院予以强制执行,而只能再通过其他方式解决争议;仲裁调解达成的调解协议和制作的调解书,一经作出便立即产生法律效力,一方当事人不履行,对方即可申请人民法院强制执行。法院调解所达成的协议和制作的调解书,其性质是一种司法文件,也具有与仲裁调解书相同的法律效力。

实践证明,用调解方式解决争议,程序简便,当事人易于接受,解决争议迅速及时。当然,调解也是有缺陷的,调解的基础是双方自愿,因而调解能否成功必须依赖于双方的善意和同意。当争议涉及重大经济利益或双方严重分歧时,这种前提条件一般是不存在的。同时,某些组织和个人主持的调解,双方当事人所达成的协议,对双方当事人并没有法律上的约束力,所以在执行上往往也存在较大的困难。

(二)仲裁

仲裁,又称为公断,就是当发生合同纠纷而协商不成时,仲裁机构根据当事人的申请,对其相互之间的合同争议,按照仲裁法律规范的要求进行仲裁并做出裁决,从而解决合同纠纷的法律制度。

根据我国有关法律的规定,裁决当事人民事纠纷时,实行"或裁或审制"。即当事人为维护自身的合法权益,在订立合同中,双方应当约定发生合同纠纷时,在"仲裁"或"诉讼"两种方式中,只能选择一种方式,并形成书面文字。

仲裁与调解比较,其相同之处主要在于两者都以双方当事人的自愿为基础,区别在于:

(1)仲裁由专门的仲裁机构进行,而调解可以是任何单位和个人的居中调解。

(2)申请仲裁的双方当事人均受仲裁协议的约束。即使一方事后反悔,另一方仍可根据仲裁协议提起仲裁程序,仲裁庭也可据此受理案件,进行仲裁;而调解的进行,自始至终都需要双方同意。

(3)仲裁裁决具有法律约束力;而调解的执行则一般靠双方当事人的诚意,调解不成或调解后一方反悔,还往往可以依照协议通过仲裁或诉讼解决。

(4)仲裁员和调解人的地位不同。调解人在调解中只起说服劝导作用,以促使双方互相让步,达成和解协议,但能否达成和解协议,完全取决于争议双方当事人的意愿,调解人无权居中裁断;而仲裁员则不同。他虽也负有规劝疏导责任,但在调解无效时,他可以依法进行裁决。

仲裁与诉讼比较,其相同之处在于合同争议解决的决定都是由第三者独立做出的,都对当事人具有法律约束力。不同之处在于:

(1)仲裁机构一般多为民间性质,它只能根据双方当事人的仲裁协议或仲裁条款受理案件。当事人一方在无仲裁协议或仲裁条款时,无权将争议提交仲裁解决,即使提交,仲裁机构也无权受理;而诉讼则是在国家专门的审判机关进行的,它依照法定管辖权受案,当事人一方向法院起诉,无须征得对方同意。

(2)仲裁的事项与范围通常是由双方当事人事先或事后约定的,仲裁人不得对当事人约定范围以外的事项进行仲裁;而法院受理案件的范围则由法律规定,它可以审理法定范围内的任何事项。

(3)仲裁的方式灵活。以仲裁方式解决争议,当事人有较大的选择余地。特别是涉外合同争议的双方可以协议选择彼此都能接受或满意的仲裁员、仲裁机构及地点、仲裁程序和实体法来处理争议;而采用诉讼途径解决经济争议时,一切都是法定的,当事人无权任意变更。

(4)仲裁专业性强,保密程度高。仲裁员一般都是有关方面的专家、学者,这就有利于争议案件准确、公正地处理。另外,仲裁往往是秘密进行的,不像法院审判那样一般要公平审理,也不像法院判决那样可以向社会公布。所以,采取仲裁方式解决争议,尤其是解决专有技术和知识产权方面的争议,更适合当事人保密的需要。

(5)仲裁裁决是终局的,它不像法院判决那样往往要进行二审,甚至再审,从而有利于争议的快速解决,节省时间和减少费用。

仲裁机构应由当事人双方协议选定。仲裁不实行级别管辖和地域管辖。

在国内,仲裁机构是在直辖市和省、自治区人民政府所在地的市以及根据需要在其他设区的市成立的仲裁委员会。仲裁委员会由上述市的人民政府组织有关部门和商会统一组建。仲裁委员会独立于行政机关,与行政机关没有隶属关系,各仲裁委员会之间也没有隶属关系。

(三)诉讼

民事诉讼,就是人民法院在双方当事人和其他诉讼参与人的参加下,依法审理和解决民事纠纷案件及其他案件的各种诉讼活动,以及由此所产生的各种诉讼法律关系的总和。

民事诉讼具有以下特征。

1.民事诉讼主体的多元性

民事诉讼的主体不仅包括人民法院,而且包括当事人、诉讼代理人、证人、鉴定人员、翻译人员等。其中,人民法院在整个诉讼过程中起主导作用。

2.民事诉讼过程具有阶段性和连续性

民事诉讼的全过程是由若干阶段组成的,一般包括第一审程序、第二审程序、执行程序,还可能有审判监督程序,但并非每一个案件都必须经过这些阶段才能结束。而每一阶段都有自己的任务,只有完成前一阶段的任务,才能进入后一阶段,前后不能逾越。

3.民事诉讼实行两审终审制度

所谓两审终审制度是指一个民事案件经过两级法院审判就宣告终结的制度。与仲裁不同,民事诉讼当事人对一审裁判不服,可以依法提起上诉,从而启动二审程序。

4.民事诉讼实行公开审判

公开审判是指人民法院审判民事案件,除法律规定的情况外,审判过程及结果依法向群众和社会公开,这显然不同于仲裁。

诉讼是解决合同纠纷的一种方法。合同纠纷的审理,依照法律规定的诉讼程序进行,由人民法院经济审判庭受理,但不得违反《中华人民共和国民事诉讼法》(简称《民事诉讼法》)对级别管辖和专属管辖的规定。

第七节　水利工程项目合同担保

一、合同担保概述

合同担保,指合同双方当事人为了保证合同的履行,保障债权人的债权得以实现而以第三人的信用或特定财产保障他方权利得以实现的一种法律措施。《民法典》规定:"设立担保物权,应当依照本法和其他法律的规定订立担保合同。担保合同包括抵押合同、质押合同和其他具有担保功能的合同。担保合同是主债权债务合同的从合同,主债权债务合同无效,担保合同无效,但是法律另有规定的除外。担保合同被确认无效后,债务人、债权人有过错的,应当根据其过错各自承担相应的民事责任。"

在担保法律关系中,债权人称担保权人,债务人称被担保人,第三方称担保人。当由于债务人原因导致合同不能够或不能完全履行时,由第三方履行债务或赔付债权人的损失。第三方一般为广义的第三方,可以是自然人、法人、组织或事物与权利。

担保制度是《民法典》的重要组成部分。担保是一种事前措施,国家设立担保制度的目的,在于规范担保行为和担保方法,调整担保法律关系,减少经济活动中不安全的因素,促进资金融通和商品流通,保障债权实现,从而达到维护正常的经济秩序、促进市场经济健康发展的目的。

合同担保具有三个特征:

(1)附属性。担保合同是依附于主合同的从属合同,以有效主合同的存在为前提。主合同无效,担保合同必然无效。主合同有效,担保合同可能有效,也可能无效,关键取决于其是否符合合同的有效要件。担保合同可以是单独订立的书面合同,也可以是主合同中的担保条款。

(2)预防性。设立担保的作用是预防合同当事人违约。或在对方违约后,可以不必通过司法程序而直接从担保中获得补偿。

(3)选择性。当事人可以根据合同的性质和特点自行选择是否设立担保、采取什么担保形式及担保金额,但留置权的适用和担保的最高限额通常由法律明文规定,当事人不能自行选择。

二、合同担保的几种方式

《民法典》规定了五种担保方式,即保证、抵押、质押、留置和定金。其中,保证是以人做担保,其他四种是以物做担保。

(一)保证

保证合同是为保障债权的实现,保证人和债权人约定,当债务人不履行到期债务或者发生当事人约定的情形时,保证人履行债务或者承担责任的合同。保证合同可以是单独订立的书面合同,也可以是主债权债务合同中的保证条款。

保证是以他人的信誉为履行债务的担保,其实质是将债权扩展到第三人,以增加债权的受偿机会。保证涉及债权人、保证人和债务人三方当事人,有两个主要合同关系:①债权人和债务人之间的主合同关系,规定了双方的债权债务,这是保证关系产生的基础。②债权人和保证人之间的保证合同,规定了保证人的保证内容,这是保证的核心。

保证的主要内容是,保证人在债务人不履行合同时,有义务按照保证合同的约定代为履行合同或承担赔偿责任。在各种担保形式中,只有保证有可能代为履行合同。

保证人必须是主合同当事人以外的第三人,且必须是具备独立清偿能力或代位清偿能力的法人、其他经济组织或者个人。具有代为清偿债务能力的法人、其他组织或者公民,可以作保证人,但也并非所有的组织都可以作保证人。限制行为能力和无行为能力的自然人不能成为保证人。此外,有三种组织不能作保证人:机关法人(经国务院批准为使用外国政府或者国际经济组织的贷款进行转贷的除外)、以公益为目的的非盈利法人和非法人组织。

保证的方式包括一般保证和连带责任保证,当事人在保证合同中对保证方式没有约定或者约定不明确的,按照一般保证承担保证责任。

(二)抵押

抵押是指债务人或者第三人不转移对财产的占有,将该财产作为债权的担保。债务人不履行债务时,债权人有权以该财产折价或者以拍卖、变卖该财产的价款优先受偿。在抵押关系中,债权人叫抵押权人,债务人或者第三人叫抵押人,抵押人提供的抵押财产叫抵押物。抵押人既可以是债务人,也可以是第三人。

(三)质押

质押就是债务人或者第三人将动产或权利凭证交由债权人占有,当债务人不履行债务时,债权人有权以该动产或权利折价或者以拍卖、变卖该动产或权利的价款优先受偿。质押包括动产质押和权利质押两种。

(四)留置

留置,是指债权人按照合同约定占有债务人的动产,债务人不按照合同约定的期限履行债务的,债权人有权依法扣留该财产,并且经过一定期限后,可以该财产折价或者以拍卖、变卖该财产的价款优先受偿。留置适用保管合同、运输合同、加工承揽合同以及法律规定可以留置的其他合同。其中,享有留置权的债权人称为留置权人。留置的财产为留置物,留置物的价值应当相当于债务金额。

留置担保的范围包括主债权及利息、违约金、损害赔偿金、留置物保管费用和实现留置权的费用。

(五)定金

定金就是合同的当事人一方为了证明合同的成立和担保合同的履行而预付给对方的一定数额和货币。

债务人履行债务后,定金应当抵作价款或收回。给付定金的一方不履行债务的,无权要求返还定金。收受定金的一方不履行债务的,应当双倍返还定金。

定金和预付款二者都具有先行给付的性质,但性质不同:定金的主要作用是担保,预付款主要为对方履行合同提供资金上的帮助;定金具有惩罚性,预付款无惩罚性,不发生丧失和双倍返还的情况;定金适用于各类合同,预付款只适用于须以金钱履行义务的合同;定金一般一次性交付,预付款可分期支付。

三、水利工程项目中常用的几种担保

以水利工程施工合同为例,介绍常用的几种担保形式。

(一)投标担保

建设工程施工投标担保应当在投标前提供,担保方式可以是由投标人提供一定数额的保证金;也可以提供第三人的信用担保,一般由银行向招标人出具投标保函。当采用银行保函时,其格式应符合招标文件中规定的格式要求。投标担保是保证投标人在担保有效期内不撤销其投标文件。招标人在招标文件中要求投标人提交投标保证金的,投标保证金不得超过招标项目估算价的2%,最高不得超过80万元人民币。投标担保的有效期应略长于投标文件有效期,以保证有足够时间为中标人提交履约担保和签署合同所用。

任何投标书如果不附有为发包人所接受的投标担保,则此投标书将被视为不符合要求而被拒绝。

依据法律的规定,在下列情况下发包人有权没收投标人的投标担保:

(1)投标人在投标有效期内撤回投标文件。

(2)中标的投标人在规定期限内未提交履约担保、未签署合同协议书或放弃中标。

在决标后,发包人应在规定的时间,一般为担保有效期满后 30 天内,将投标担保退还给未中标人;在中标人签署了协议书及提交了履约担保后,亦应及时退回其投标担保。

(二)履约担保

施工合同履约担保是为了保证施工合同的顺利履行而要求承包人提供的担保。招标人和中标的施工单位按招标文件要求订立书面合同时,一般均要求中标人提交履约保证金。承包单位应当按照合同规定,正确全面地履行合同。如果承包单位违约,未能履行合同规定的义务,导致发包人受到损失,发包人有权根据履约担保索取赔偿。

履约担保的形式一般有两种:一种是银行或其他金融机构出具的履约保函,另一种是企业出具履约担保书。履约担保的有效期,一般应自按招标文件要求提交之日开始起至保修责任期满为止。在保修责任期满,发包人颁发保修责任终止证书给承包人后的 14 天内,发包人应将履约保函退还给承包人。

(三)施工合同预付款担保

在签订工程施工合同后,为了帮助承包人调度人员以及购置所承包工程施工需要的设备、材料等,帮助承包人解决资金周转的困难,以便承包人尽快开展工程施工。因此,发包人一般向承包人支付预付款。按合同规定,预付款需在以后的进度款中扣还。预付款担保用于保证承包人应按合同规定偿还发包人已支付的全部预付款。如发包人不能从应支付给承包人的工程款中扣还全部预付款,则可以根据预付款担保索取未能扣还部分的预付款。

(四)保修责任担保

保修责任担保是保证承包人按合同规定在保修责任期中完成对工程缺陷的修复而提供的担保。如承包人未能或无力修复应由其负责的工程缺陷,则发包人另行雇用其他人修复,并根据保修责任担保索取为修复缺陷所支付的费用。保修责任担保一般采用保留金方式,即按照合同约定从应付的工程款中预留,直至扣留的保留金总额达到专用合同条款规定的数额。保留金预留比例上限不超过合同价的 3%。

保修责任担保的有效期与保修责任期相同。保修责任期满由发包人或授权监理人颁发了保修责任终止证书后,发包人应将保修责任担保退还承包人。若保修期满时尚需承包人完成剩余工作,则监理人有权在付款证书中扣留与剩余工作所需金额相应的保留金余额。

另外,在工程建设实践中,承包人尚需办理农民工工资支付担保。在有些国家的工程建设中,采用双向担保制度,即承包人向发包人提交履约担保的同时,发包人需向承包人提交工程款支付担保。国内的双向担保制度尚在研究探索中。

复习思考题

1. 试结合《水利水电工程标准施工招标文件》(2009 年版)，分析并说明水利工程合同签订、履行包括终止过程中是如何体现《民法典》精神的。

2. 业主合同策划的根本目的是什么？选择单价合同、总价合同或成本加酬金合同时，业主与承包商分别是如何权衡合同履行过程中的风险的？

3. 水利工程项目施工合同履行过程中，合同双方的权利、义务关系分别是什么？如何正确行使权利和履行义务？

4. 水利工程建设中常用的担保形式有哪些？

第十三章　水利工程项目人员和团队管理

第一节　水利工程项目人力资源管理

一、项目人力资源管理

(一)项目人力资源管理的概念

项目人力资源管理属于管理科学中人力资源管理范畴,只是它所管理的对象是项目所需的各种人力资源。项目人力资源管理是指根据项目的目标、进展和外部外境的变化,对项目有关人员所开展的有效规划、积极开发、合理配量、准确评估、适当激励、团队建设和人力资源能力提高等方面工作。这种管理的根本目的是充分发挥项目团队成员的主观能动性,以实现既定的项目目标和提高项目效益。

(二)项目人力资源管理的特点

由于工程项目一次性的特点,使得项目人力资源管理与一般组织运营管理中的人力资源管理具有很大的不同。这主要表现在以下三个方面。

1.突出团队建设

项目是一次性工作,项目工作是以团队的方式完成的,所以团队建设是项目人力资源管理的一个很重要的特点,项目团队不是在长期周而复始的运作中所形成的稳定结构,而是和项目一样具有一次性和临时性的特点。项目人力资源管理强调团队建设,即建设一个和谐、士气高昂的项目团队是项目人力资源管理的首要任务。项目人力资源管理中的组织规划与设计和人员配备,以及人员的开发都应该充分考虑项目的团队建设需要。这既包括在项目经理确定和项目团队成员的挑选方面要考虑项目团队建设的需要,同时包括在项目绩效的评价、员工激励和项目问题解决方式方法的选用等各方面也都要考虑项目团队建设的需要。在团队建设时,通常要考虑以下内容:①团队成员来自组织内部还是外部;②团队成员是就地办公还是远距离办公,是集中办公还是分散办公;③项目所需的各种不同技术水平的费用如何;④管理人员、技术人员和施工人员所占比利。

2.强调高效快捷

由于项目团队是一种临时性的组织,所以在项目人力资源管理中十分强调管理的高效和快捷。除了一些大型的、时间比较长的项目(如三峡工程等),一般项目团队的持续时间相对于运营组织而言是很短的,所以必须在项目团队建设和人员开发方面采取高效快捷的方式方法,否则不等开发和建设好项目团队,项目就结束了,这样就很难充分发挥项目人力资源管理的作用。因此,不管是项目人员的培训与激励,还是项目团队的建设与冲突的解决都需要高效快捷地完成,只有这样,才能降低成本,提高获取项目的竞争力。

3. 聚散合理得当

由于项目具有一次性的特点,所以项目团队在项目完成以后就会解散,一个项目从立项到实施完成,项目团队成员是不断地从项目组织内部或外部招聘或抽调来的一批人,他们组成一个项目团队并分工协作。当项目完成后,项目团队即告解散,他们会重新回到原来的工作岗位或者组成新的团队去从事新的项目。在解散项目团队时,要采用合理得当的方法,比如确定最佳的遣散方法和时间,适当支付团队成员遣散费,为团队成员的出路着想,以免除团队成员的后顾之忧。

(三)项目人力资源管理内容

1. 项目组织和人力资源规划

项目组织和人力资源规划是项目管理规划的一个部分,主要解决在什么时候和以哪种方式满足项目人力资源需求的问题。组织和人力资源规划的编制必须根据项目的实际情况进行,选择正式的或非正式的、详尽的或宽泛的规划。在项目的生命周期,还要根据团队情况不断对规划进行更新,以指导团队成员的招募和团队建设活动。

2. 项目人员的获得与配备

项目人员的获得与配备是指项目组织通过招聘或其他方式,获得项目所需的人力资源,并根据人力资源的技能、素质、经验、知识进行安排和配备,从而构建成一个项目组织或项目团队的过程。项目人员的获得主要有两种方式:其一是内部招聘的方式,这种方式采取工作调换、工作轮换或者其他的方式,在项目组织内部获得项目所需的人员;其二是外部招聘的方式,这种方式通过广告和各种媒体宣传,通过人才市场和信息网络招聘等方式,从项目组织外部获得项目组织所需的员工。

3. 项目组织成员的开发与项目团队的建设

项目人力资源管理的另一项主要任务是项目组织成员的开发与项目团队的建设。项目组织成员的开发包括项目人员的培训、工作绩效考评、激励与创造性和积极性的发挥等方面的工作,这一工作的目的是使项目人员的实在和潜在能力都能够得到充分的开发并发挥作用。

项目团队的建设主要包括项目团队精神的建设、团队效率的提高、团队工作纠纷、冲突的处理和解决,以及项目团队的沟通和协调等方面的工作。项目团队的建设是贯穿整个项目全过程的一项日常的人力资源管理工作,它所涉及的内容广、时间长,并且要求针对具体项目、具体项目团队、具体团队成员开展实际有效的管理工作。

二、项目人力资源管理计划

(一)项目人力资源需求计划编制依据

(1)目标分析:将项目总体目标分解成具体子目标。

(2)工作分解结构:根据 WBS 确定人力资源的数量、质量和要求。

(3)项目进度计划:各活动何时需要相应的人力资源及占用时间。

(4)制约因素:是否能够及时获得所需要的人力资源。

(5)历史资料:国内外同类项目的情况,借鉴以前的成功经验。

(6)组织理论:马斯洛的需求理论、麦戈里格的 X 理论与 Y 理论等。

(二)项目人力资源需求计划编制过程

1.工作分析

在进行管理人员人力资源需求计划编制时,一个重要前提是进行工作分析。工作分析是指通过观察和研究,对特定的工作职务做出明确的规定,并规定这一职务的人员应具备什么素质的过程。工作分析用来计划和协调几乎所有的人力资源管理活动。工作分析时应包括工作内容、责任者、工作岗位、工作时间、如何操作、为何要做。根据工作分析结果,编制工作说明书和工作规范。

2.项目管理人员需求的确定

在管理人员需求中应明确需求的职务名称、人员需求数量、知识技能等方面要求、招聘途径、招聘方式、选择的方法、程序、希望到岗时间等。应根据岗位编制计划,使用合理的预测方法,来进行人员需求预测。最终要形成一个有员工数量、招聘成本、技能要求、工作类别及为完成组织目标所需的管理人员数量和层次的分列表。

3.综合劳动力和主要工种劳动力需求的确定

劳动力综合需要量计划是确定建设工程规模和组织劳动力进场的依据。编制时,首先根据工种工程量汇总表中分别列出的各个建筑物专业工种的工程量,查相应定额,便可得到各个建筑物几个主要工种的劳动量,再根据总进度计划表中各单位工程工种的持续时间,即可得到某单位工程在某段时间里的平均劳动力数。采用同样方法可计算出各个建筑物的各主要工种在各个时期的平均工人数。将总进度计划表纵坐标方向上各单位工程同工种的人数叠加在一起并连成一条曲线,即为某工种的劳动力动态曲线图和计划表。

(三)人力资源配置的方法

(1)按设备计算定员,即根据机器设备的数量、工人操作设备定额和生产班次等计算生产定员人数。

(2)按劳动定额定员,根据工作量或生产任务量,按劳动定额计算生产定员人数。

(3)按岗位计算定员,根据设备操作岗位和每个岗位需要的工人数计算生产定员人数。

(4)按比例计算定员,按服务人数占职工总数或者生产人员数量的比例计算所需服务人员的数量。

(5)按劳动效率计算定员,根据生产任务和生产人员的劳动效率计算生产定员人数。

(6)按组织机构职责范围、业务分工计算管理人员的人数。

(四)项目人力资源培训计划

为适应发展的需要,要对员工进行培训,包括新员工的上岗培训和老员工的继续教育,以及各种专业培训等。

人力资源培训的意义在于:①是提高人员综合素质的重要途径;②有助于提高团队士气,减少员工流失率;③有利于迎接新技术革命的挑战;④有利于大幅度提高生产力。

培训计划涉及培训政策、培训需求分析、培训目标的建立、培训内容、选择适当的培训方式(在职、脱产)。培训内容包括规章制度、安全施工、操作技术和文明教育四个方面。具体有:人员的应知应会知识、法律法规及相关要求,操作和管理的沟通配合须知,施工合规的意识,人体工效要求等。

三、人力资源管理控制

人力资源管理控制应包括人力资源的选择、订立劳务分包合同、教育培训和考核等内容。

(一)人力资源的选择

要根据项目需求确定人力资源性质数量标准,根据组织中工作岗位的需求,提出人员补充计划;对有资格的求职人员提供均等就业机会;根据岗位要求和条件来确定合适人选。

(二)项目管理人员招聘的原则

(1)公开原则。

(2)平等原则。

(3)竞争原则。制定科学的考核程序、录用标准。

(4)全面原则(德、才、能)。

(5)量才原则。最终目的是每一岗位上都是最合适、最经济的,并能达到组织整体效益最优。

(三)劳务合同

一般分为两种形式:一是按施工预算或投标价承包;二是按施工预算中的清工承包。劳务分包合同的内容应包括:工程名称,工作内容及范围,提供劳务人员的数量,合同工期,合同价款及确定原则,合同价款的结算和支付,安全施工,重大伤亡及其他安全事故处理,工程质量、验收与保修,工期延误,文明施工,材料机具供应,文物保护,发包人、承包人的权利和义务,违约责任等。同时,还应考虑劳务人员的各种保险合同管理。

第二节　水利工程项目核心人员管理

一、项目经理的角色

项目经理在领导项目团队达成项目目标方面发挥着至关重要的作用。在整个项目期间,这个角色的作用非常明显。很多项目经理从项目启动时参与项目,直到项目结束。不过,在某些组织内,项目经理可能会在项目启动之前就参与评估和分析活动。这些活动可能包括咨询管理层和业务部门领导者的想法,以推进战略目标的实现、提高组织绩效,或满足客户需求。某些组织可能还要求项目经理管理或协助项目的商业分析、商业论证的制定以及项目组合管理事宜。项目经理还可能参与后续跟进活动,以实现项目商业效益。不同组织对项目经理角色有不同的定义,但本质上他们的裁剪方式都一样——项目管理角色需要符合组织需求,如同项目管理过程需要符合项目需求一般。

下面将大型项目的项目经理与大型管弦乐队的指挥做比较,以帮助理解项目经理角色。

(一)成员与角色

大型项目和管弦乐队都包含了很多成员,每个成员都扮演着不同的角色。一个大型管弦乐队可能包括由一位指挥带领的上百位演奏者。这些演奏者需要演奏 25 种不同的乐器,组成了多个主要乐器组,例如弦乐器、木管乐器、铜管乐器和打击乐器。类似的,一个大型项目可能包括由一位项目经理领导的上百位项目成员。这些团队成员需要承担各种不同的角色,例如设计、制造和设施管理。与乐队的主要乐器组一样,项目团队成员也组成了多个业务部门或小组,演奏者和项目成员都会形成对应的团队。

(二)在团队中的职责

项目经理和指挥都需要为团队的成果负责,分别是项目成果和交响音乐会。这两个领导者都需要从整体的角度来看待团队产品,以便进行规划、协调和完成。首先,应审查各自组织的愿景、使命和目标,确保与产品保持一致。其次,解释与成功完成产品相关的愿景、使命和目标。最后,向团队沟通自己的想法,激励团队成功完成目标。

(三)知识和技能

指挥不需要掌握每种乐器,但应具备音乐知识、理解和经验。指挥通过沟通领导乐队并进行规划和协调,采用乐谱和排练计划作为书面沟通形式,还通过指挥棒和其他肢体语言与团队进行实时沟通。

项目经理无须承担项目中的每个角色,但应具备项目管理知识、技术知识、理解和经验。项目经理通过沟通领导项目团队进行规划和协调。项目经理采用书面沟通(文档计划和进度),还通过会议和口头提示或非言语提示与团队进行实时沟通。

二、项目经理的定义

项目经理的角色不同于职能经理或运营经理。一般而言,职能经理专注于对某个职能领域或业务部门的管理监督。运营经理负责保证业务运营的高效性。项目经理是由执行组织委派,领导团队实现项目目标的个人。

(一)项目经理的影响力范围

项目经理在其影响力范围内担任多种角色。这些角色反映了项目经理的能力,体现了项目经理这一职业的价值和作用。本章将重点讲述项目经理在图 13-1 所示的各种影响力范围内的角色。

(二)项目部

项目经理领导项目团队实现项目目标和相关方的期望。项目经理利用可用资源,以平衡相互竞争的制约因素。

项目经理还充当项目发起人、团队成员与其他相关方之间的沟通者,包括提供指导和展示项目成功的愿景。项目经理使用软技能(例如人际关系技能和人员管理技能)来平衡项目相关方之间相互冲突和竞争目标,以达成共识。这种情况下的共识指即便不100%赞同,相关方还会支持项目决定和行动。

研究表明,成功的项目经理可以持续和有效地使用某些基本技能。研究表明,在由上级和团队成员指定的项目经理中,排名前2%的项目经理之所以脱颖而出,是因为他们展现出了超凡的人际关系和沟通技能以及积极的态度。

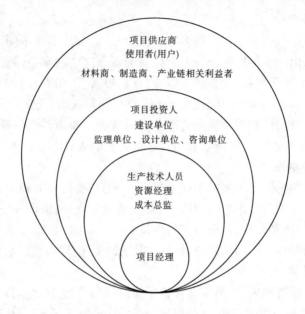

图 13-1　项目经理的影响力范围示例

与团队和发起人等相关方沟通的能力适用于项目的各个方面,包括(但不限于)以下各个方面:

(1)通过多种方法(例如口头、书面和非言语)培养完善技能。

(2)创建、维护和遵循沟通计划和进度计划。

(3)不断地以可预见的方式进行沟通。

(4)寻求了解项目相关方的沟通需求(沟通可能是某些相关方在最终产品或服务实现之前获取信息的唯一渠道)。

(5)以简练、清晰、完整、简单、相关和经过裁剪的方式进行沟通。

(6)包含重要的正面和负面消息。

(7)合并反馈渠道。

(8)人际关系技能,即通过项目经理的影响力范围拓展广泛的人际网络。这些人际网络包括正式的人际网络,例如组织架构图;但项目经理发展、维护和培养非正式人际网络更加重要。非正式人际网络包括与主题专家和具有影响力的领导者建立的个人人际关系。通过这些正式和非正式人际网络,项目经理可以让很多人参与解决问题并探询项目中遇到的官僚主义障碍。

(三)组织管理

项目经理需要积极地与其他项目经理互动。其他独立项目或同一项目集的其他项目可能会对项目造成影响,原因包括(但不限于):①对相同资源的需求;②资金分配的优先顺序;③可交付成果的接受或发布;④项目与组织的目的和目标的一致性。

与其他项目经理互动有助于产生积极的影响,以满足项目的各种需求。这些需求可能是团队为完成项目而需要的人力、技术或财力资源和可交付成果。项目经理需要寻求各种方法来培养人际关系,从而帮助团队实现项目目的和目标。此外,项目经理在组织内扮演强有力的倡导者的角色。在项目过程中,项目经理积极地与组织中的各位经理互动。此外,项目经理应与项目发起人合作处理内部的政治和战略问题,这些问题可能会影响团队或项目的可行性或质量。

项目经理可以致力于提高自己在组织内的总体项目管理能力和技能,并参与隐性和显性知识的转移或整合计划。项目经理还应致力于:①展现项目管理的价值;②提高组织对项目管理的接受度;③提高组织内现有项目部的效率。

基于组织结构,项目经理可能向职能经理报告。而在其他情况下,项目经理可能与其他项目经理一起,向项目组合或项目集经理报告。项目组合或项目集经理对整个组织范围内的一个或多个项目承担最终责任。为了实现项目目标,项目经理需要与所有相关经理紧密合作,确保项目管理计划符合所在项目组合或项目集的计划。项目经理还需与其他角色紧密协作,如组织经理、主题专家以及商业分析人员。在某些情况下,项目经理可以是临时管理角色的外部顾问。

(四)行业影响

项目经理应时刻关注行业的最新发展趋势,获得并思考这一信息对当前项目是否有影响或可用。这些趋势包括(但不限于):①项目、产品和技术开发;②新且正在变化的市场空间;③标准(例如项目管理标准、质量管理标准、信息安全管理标准);④技术支持工具;⑤影响当前项目的经济力量;⑥影响项目管理学科的影响力;⑦过程改进和可持续发展战略。

对项目经理而言,持续的知识传递和整合非常重要。项目管理专业和项目经理担任主题专家的其他领域都在持续推进相应的专业发展。知识传递和整合包括(但不限于):①在当地、全国和全球层面(例如实践社区、国际组织)向其他专业人员分享知识和专业技能;②参与培训、继续教育和发展项目管理专业(例如大学、项目管理协会(PMI))、相关专业(例如系统工程、配置管理)、其他专业(例如信息技术)。

(五)跨领域

专业的项目经理针对组织的价值可以选择指导和教育其他专业人员项目管理方法。项目经理还可以担任非正式的宣传大使,让组织了解项目管理在及时性、质量、创新和资源管理方面的优势。

三、项目经理的能力

(一)概述

近期的 PMI 研究通过 PMI 人才三角(见图 13-2)指出了项目经理根据《项目经理能力发展(PMCD)框架》需要具备的技能。人才三角重点关注三个关键技能组合:

(1)技术项目管理。与项目、项目集和项目组合管理特定领域相关的知识、技能和行为,即角色履行的技术方面。

(2)领导力。指导、激励和带领团队所需的知

图 13-2 PMI 人才三角

识、技能和行为,可帮助组织达成业务目标。

（3）战略和商务管理。关于行业和组织的知识和专业技能,有助于提高绩效并取得更好的业务成果。

虽然技术项目管理技能是项目集和项目管理的核心,但 PMI 研究指出,当今全球市场越来越复杂,竞争也越来越激烈,只有技术项目管理技能是不够的。各个组织正在寻求其他有关领导力和商业智慧技能。来自不同组织的成员均提出,这些能力可以有助于支持更长远的战略目标,以实现赢利。为发挥最大的效果,项目经理需要平衡这三种技能。

（二）技术项目管理技能

技术项目管理技能指有效运用项目管理知识实现项目集或项目的预期成果的能力。项目经理经常会依赖专家判断来有效开展工作。要获得成功,重要的是项目经理必须了解个人专长以及如何找到具备所需专业知识的人员。

研究表明,顶尖的项目经理会持续展现出几种关键技能,包括（但不限于）：

（1）重点关注所管理的各个项目的关键技术项目管理要素。简单来说,就是随时准备好合适的资料。最主要的是：①项目成功的关键因素；②进度；③指定的财务报告；④问题日志。

（2）针对每个项目裁剪传统和敏捷工具、技术和方法。

（3）花时间制订完整的计划并谨慎排定优先顺序。

（4）管理项目要素,包括（但不限于）进度、成本、资源和风险。

（三）战略和商务管理技能

战略和商务管理技能包括纵览组织概况并有效协商和执行有利于战略调整和创新的决策和行动的能力。这项能力可能涉及其他职能部门的工作知识,例如财务部、市场部和运营部。战略和商务管理技能可能还包括发展和运用相关的产品和行业专业知识。这种业务知识也被称为领域知识。项目经理应掌握足够的业务知识：①向其他人解释关于项目的必要商业信息；②与项目发起人、团队和主题专家合作制定合适的项目交付策略；③以实现项目商业价值最大化的方式执行策略。

为制定关于项目成功交付的最佳决策,项目经理应咨询具备关于组织运营的专业知识的运营经理。这些经理应了解组织的工作以及项目计划会对工作造成的影响。对项目经理而言,对项目主题的了解越多越好,至少应能够向其他人说明关于组织的以下方面：①战略；②使命；③目的和目标；④产品和服务；⑤运营（例如位置、类型、技术）；⑥市场和市场条件,例如客户、市场状况（发展或萎缩）和上市时间因素等；⑦竞争（例如什么、谁、市场地位）。

为确保一致性,项目经理应将以下关于组织的知识和信息运用到项目中：①战略；②使命；③目的和目标；④优先级；⑤策略；⑥产品或服务（例如可交付成果）。

战略和商业管理技能有助于项目经理确定应为其项目考虑哪些商业因素。项目经理应确定这些商业和战略因素会对项目造成的影响,同时了解项目与组织之间的相互关系。这些因素包括（但不限于）：①风险和问题；②财务影响；③成本效益分析（例如净现值、投资回报率）,包括各种可选方案；④商业价值；⑤效益预期实现情况和战略；⑥范围、预算、进度和质量。

通过运用这些商务知识,项目经理能够为项目提出合适的决策和建议。随着条件的变化,项目经理应与项目发起人持续合作,使业务战略和项目策略保持一致。

(四)领导力技能

领导力技能包括指导、激励和带领团队的能力。这些技能可能包括协商、抗压、沟通、解决问题、批判性思考和人际关系技能等基本能力。随着越来越多的公司通过项目执行战略,项目变得越来越复杂。项目管理不仅仅涉及数字、模板、图表、图形和计算机系统方面的工作。人是所有项目中的共同点。人可以计数,但不仅仅是数字。

1. 人际交往

人际交往占据项目经理工作的很大一部分。项目经理应研究人的行为和动机,应尽力成为一个好的领导者,因为领导力对组织项目是否成功至关重要。项目经理需要运用领导力技能和品质与所有项目相关方合作,包括项目团队、团队指导和项目发起人。

2. 领导者的品质和技能

研究显示,领导者的品质和技能包括(但不限于):

(1)有远见(例如帮助描述项目的产品、目的和目标;能够有梦想并向他人诠释愿景)。

(2)积极乐观。

(3)乐于合作。

(4)通过以下方式管理关系和冲突:①建立信任;②解决顾虑;③寻求共识;④平衡相互竞争和对立的目标;⑤运用说服、协商、妥协和解决冲突的技能;⑥发展和培养个人及专业网络;⑦以长远的眼光来看待人际关系与项目同样重要;⑧持续发展和运用政治敏锐性。

(5)通过以下方式进行沟通:①花大量的时间沟通(研究显示,顶尖的项目经理投入的90%左右的时间是花在沟通上的);②管理期望;③诚恳地接受反馈;④提出建设性的反馈;⑤询问和倾听。

(6)尊重他人(帮助他人保持独立自主)、谦恭有礼、友善待人、诚实可信、忠诚可靠、遵守职业道德。

(7)展现出诚信正直和文化敏感性,果断、勇敢,能够解决问题。

(8)适当时称赞他人。

(9)终身学习,以结果和行动为导向。

(10)关注重要的事情,包括:①通过必要的审查和调整,持续优化工作;②寻求并采用适用于团队和项目的优先级排序方法;③区分高层级战略优先级,尤其是与项目成功的关键因素相关的事项;④对项目的主要制约因素保持警惕;⑤在战术优先级上保持灵活;⑥能够从大量信息中筛选出最重要的信息。

(11)以整体和系统的角度来看待项目,同等对待内部和外部因素。

(12)能够运用批判性思维(例如运用分析方法来制定决策)并将自己视为变革推动者。

(13)能够创建高效团队,以服务为导向,展现出幽默的一面,与团队成员有效地分享乐趣。

3.权术、权力和办好事情

领导和管理的最终目的是办好事情。这些技能和品质有助于项目经理实现项目目的和目标。很多技能和品质涉及影响、谈判、自主和权力。

项目经理对组织运行方式的了解越多,就越有可能获得成功。项目经理应观察并收集有关项目和组织概况的数据,然后从项目、相关人员、组织以及整个环境出发来审查这些数据,从而得出计划和执行大多数行动所需的信息和知识。这些行动是项目经理运用适当的权力影响他人和进行协商之后的成果。有了权力就有了职责,项目经理应体察并尊重他人。项目经理的有效行动保持相关人员的独立自主。项目经理的行动成果就是让合适的人执行必要的活动来实现项目目标。权力可能体现个人或组织的特征。人们对领导者的认知通常是因为权力。因此,项目经理注意自己与他人的关系是非常重要的。借助人际关系可以让项目相关事项得到落实。行使权力的方式有很多,项目经理可自行决定。由于权力的性质以及影响项目的各种因素,权力及其运用变得非常复杂。行使权力的方式包括(但不限于):

(1)地位(有时称为正式的、权威的、合法的,例如组织或团队授予的正式职位)。

(2)信息(例如收集或分发的控制)。

(3)参考(例如因为他人的尊重和赞赏,获得的信任)。

(4)情境(例如在危机等特殊情况下获得的权力)。

(5)个性或魅力(例如魅力、吸引力)。

(6)关系(例如参与人际交往、联系和结盟)。

(7)专家(例如拥有的技能和信息、经验、培训、教育、证书)。

(8)相关的奖励(例如能够给予表扬、金钱或其他奖励)。

(9)处罚或强制力(例如给予纪律处分或施加负面后果的能力)。

(10)迎合(例如运用顺从或其他常用手段赢得青睐或合作)。

(11)施加压力(例如限制选择或活动自由,以符合预期的行动)。

(12)出于愧疚(例如强加的义务或责任感)。

(13)说服力(例如能够提供论据,使他人执行预期的行动方案)。

(14)回避(例如拒绝参与)。

在权力方面,顶尖的项目经理积极主动且目的明确。这些项目经理会在组织政策、协议和程序许可的范围内主动寻求所需的权力和职权,而不是坐等组织授权。

4.领导力与管理比较

"领导力"和"管理"这两个词经常被互换使用,但它们并不是同义词。"管理"更接近于运用一系列已知的预期行为指示另一个人从一个位置到另一个位置;相反,"领导力"指通过讨论或辩论与他人合作,带领他们从一个位置到另一个位置。

项目经理所选择的方法体现了他们在行为、自我认知和项目角色方面的显著差异。表13-1从几个重要的层面对管理和领导力进行比较。

为获得成功,项目经理必须同时采用领导力和管理这两种方式。技巧在于如何针对各种情况找到恰当的平衡点。项目经理的领导风格通常体现了他们所采用的管理和领导力方式。

表 13-1　团队管理与团队领导力比较

管理	领导力
直接利用职位权力	利用关系的力量指导、影响与合作
维护	建设
管理	创新
关注系统和架构	关注人际关系
依赖控制	激发信任
关注近期目标	关注长期愿景
了解方式和时间	了解情况和原因
关注赢利	关注范围
接受现状	挑战现状
做正确的事情	做正确的事情
关注可操作的问题和问题的解决	关注愿景、一致性、动力和激励

1）领导力风格

项目经理领导团队的方式可以分为很多种。项目经理可能会出于个人偏好或在综合考虑了与项目有关的多个因素之后选择领导力风格。根据作用因素的不同，项目经理可能会改变风格。要考虑的主要因素包括（但不限于）：

（1）领导者的特点（例如态度、心情、需求、价值观、道德观）。

（2）团队成员的特点（例如态度、心情、需求、价值观、道德观）。

（3）组织的特点（例如目标、结构、工作类型）。

（4）环境特点（例如社会形势、经济状况和政治因素）。

研究显示，项目经理可以采用多种领导力风格。在这些风格中，最常见的包括（但不限于）：

（1）放任型领导（例如，允许团队自主决策和设定目标，又被称为"无为而治"）。

（2）交易型领导（例如，关注目标、反馈和成就以确定奖励，例外管理）。

（3）服务型领导（例如，做出服务承诺，处处先为他人着想；关注他人的成长、学习、发展、自主性和福祉；关注人际关系、团体与合作；服务优先于领导）。

（4）变革型领导（例如，通过理想化特质和行为、鼓舞性激励、促进创新和创造，以及个人关怀提高追随者的能力）。

（5）魅力型领导（例如，能够激励他人；精神饱满、热情洋溢、充满自信；说服力强）。

（6）交互型领导（例如，结合了交易型、变革型和魅力型领导的特点）。

2）个性

个性指人与人之间在思维、情感和行为的特征模式方面的差异。个人性格特点或特征可能包括（但不限于）：

（1）真诚（例如，接受他人不同的个性，表现出包容的态度）。

（2）谦恭（例如，能够举止得体、有礼貌）。

（3）创造力（例如，抽象思维、不同看法、创新的能力）。

（4）文化（例如，具备对其他文化的敏感性，包括价值观、规范和信仰）。

（5）情绪（例如，能够感知情绪及其包含的信息并管理情绪，衡量人际关系技能）。

（6）智力（例如，以多元智能理论衡量的人的智商）。

（7）管理（例如，管理实践和潜力的衡量）。

（8）政治（例如，政治智商和把事办好的衡量）。

（9）以服务为导向（例如，展现出愿意服务他人的态度）。

（10）社会（例如，能够理解和管理他人）。

（11）系统化（例如，了解和构建系统的驱动力）。

高效的项目经理在上述各个方面都具备一定程度的能力。每个项目、组织和情况都要求项目经理重视个性的不同方面。

第三节　水利工程项目团队建设和管理

项目团队是项目组织中的核心，建设一个和谐、士气高昂的项目团队对项目的成功起着十分重要的作用。因此，现代项目管理强调项目团队的组织、建设和按照团队的方式开展项目工作。同时，任何一个项目的成功实施还要求项目团队成员及其各部门之间的相互协调和配合。

一、项目团队的含义

团队理论始于日本，再次发展并流行于欧美企业界，是对传统管理理论的一次巨大革命。团队理论的内涵就是为了整合各个成员的力量，是实现组织扁平化的一种有效途径。

（一）团队的定义

团队是两个以上个人的组合，集中心力于共同的目标，以创新有效的方法，相互信赖地共同合作，以达成最高的绩效。团队是正式群体，内部有共同目标，其成员行为之间相互依存、相互影响，并能很好地合作，追求集体的成功。

团队是相对部门或小组而言的。部门和小组的一个共同特点是：存在明确内部分工的同时，缺乏成员之间的紧密协作。团队则不同，队员之间没有明确的分工，彼此之间的工作内容交叉程度高，相互间的协作性强。团队在组织中的出现，根本上是组织适应快速变化环境要求的结果，"团队是高效组织应付环境变化的最好方法之一"。

项目团队，就是为适应项目的实施及有效而建立的团队。项目团队的具体职责、组织结构、人员构成和人数配备等因项目性质、复杂程度、规模大小和持续时间长短而异。项目团队的一般职责是项目计划、组织、指挥、协调和控制。项目组织要对项目的范围、费用、时间、质量、风险、人力资源和沟通等进行多方面管理。

由以上定义可知，简单把一组人员调集在一个项目中一起工作，并不一定能形成团队，就像公共汽车上的一群人不能称为团队一样。项目团队不仅仅是指被分配到某个项目中工作的一组人员，它更是指一组互相联系的人员同心协力地进行工作，以实现项目目标,满足客户需求。而要使这些人员发展成为一个有效协作的团队,一方面要项目经理做出努力,另一方面也需要项目团队中每位成员积极地投入到团队中去。一个有效率的项目团队不一定能决定项目的成功,而一个效率低下的团队,则注定使项目失败。

(二)项目团队的特点

从项目团队的定义中可以看出,这种组织具有如下特点:

(1)项目团队是为完成特定的项目而设立的专门组织,它具有很强的目的性。这种组织的使命就是完成特定项目的任务,实现特定项目的既定目标。这种组织没有或不应当有与既定项目无关的其他的使命或任务。在这一目标的感召下,项目团队成员凝聚在一起,并为之共同奋斗。

(2)项目团队是一种一次性的临时组织。这种组织在完成特定项目的任务以后,其使命已终结,项目团队即可解散。在出现项目中止的情况时,项目团队的使命也会中止,而项目团队或是解散,或是暂停工作。等到项目解冻或重新开始时,项目团队便可重新开展工作。

(3)项目团队由项目工作人员、项目管理人员和项目经理构成。其中项目经理是项目团队的领导,是项目团队中的决策人物和最高管理者,对于大多数项目而言,项目的成败取决于项目经理人选及其工作。

(4)项目团队强调的是团队精神和团队合作,这是项目成功的精神保障和项目团队建设的核心工作之一。因为项目团队按照团队作业的模式开展项目工作,这是一种完全不同于一般运营组织中的部门、机构或队伍的特定组织和特殊工作模式,所以需要强调团队精神与合作。

(5)项目团队的成员在某些情况下,需要同时接受双重领导,也就是既受原有职能部门负责人又受所在项目团队项目经理的双重领导(在职能型组织、矩阵型组织和均衡矩阵型组织中尤其是这样)。这种双重领导会使项目团队的发展受到一定的限制,有时还会出现职能部门和项目团队二者组织指挥命令不统一的情况,从而对项目团队造成影响。

(6)不同组织中的项目团队由不同的人员构成、不同的稳定性和不同的责权利构成。一般项目型组织中的项目团队的人员构成多数是专职的,项目团队的稳定性高,而且责权利较大;职能型组织中的项目团队的人员构成多数是兼职的(包括项目经理和项目管理人员),项目团队的稳定性低,而且责权利较小;矩阵型组织则介于这两者之间。

此外,项目团队还具有渐进性和灵活性等特点。渐进性是指项目团队在初期多数由较少成员构成,而随着项目的进展、任务的展开,项目团队会不断地扩大。灵活性是指项目团队的人员多少和具体人选应随着项目的发展与变化而不断调整。

二、项目团队的建设

(一)团队建设的作用

1.有利于提高企业工作效率

团队由一组人构成,其知识、经验与判断力都会比其中任何一个人要高。由于社会助长作用,许多人在一起共同工作,可以促进个人活动的效率,出现增量或增质的现象。通过集体讨论、集体判断,可以避免由于个人知识、经验、能力的局限所引起的失误。通常团队能以有效而富于创造的方法解决问题,决策质量会得到提高。

2.增强组织间的协调

水利工程企业中,由于各部门的划分,可能会产生"职权分裂"现象,即对某个问题,一个部门没有完全的决策权,只有通过几个相关部门的职权结合才能形成完整的决策。这类问题可以通过上级主管解决,但采用跨部门的团队就可既减轻上层主管的负担,又有利于促进部门间的合作,还有助于提高效率。除增强部门间的协调外,通过团队,其成员间也能更好地协调工作。在目标和价值观一致的情况下,团队内部的协调就更加自觉和高效。

3.加强沟通及信息的传递和共享

在团队中面对面地接触,可以更清楚方便地弄清问题,这是一种非常有效的沟通方式。而且各方能同时获取信息,了解决策,减少信息传递时间,减少信息传递失真。

4.有利于分权

通过团队建设可以更有效地分权与授权。在决策中,成员间可以发挥权力制衡作用,避免个人独断专行。团队中的各成员代表不同的利益集团,从而可以使团队的决策和行为广泛地反映各个利益集团的利益,获得广泛的支持。

5.有利于提高企业人力资源的使用效率

团队建设通过分享工作与责任,提升自我价值,使员工受到激励。员工不但会积极参与决策与计划的制订,还会认真接受和执行决策与计划。

6.有利于员工的成长

通过团队建设,各成员能了解到整个组织的情况,并能有机会向其他人员学习,从而有助于发挥个人的技能。团队建设还能使组织的工作分类更少、更单纯,能够适应新员工的价值观,提高对各种变化的反应速度。

(二)项目团队组建原则

1.明确共同的目标

明确共同的目标可以为团队成员指引方向,提供推动力。团队成员通常会用一定的时间和精力分解项目目标,使之成为具体的、可以衡量的、现实可行的绩效目标,这样,每一个团队成员便明确了自己的努力方向。所以,某人只要加入了这个项目团队,就必须对项目目标有清晰的了解,同时,对自己的工作职责和范围、可动用资源、质量标准、预算和进度计划等方面以及它们与项目目标的关系,也应该有所了解。

2.高素质的成员

只有高素质的成员才能构成高效的团队。高素质的成员是指项目成员具备实现项目目标所必需的各方面技术和能力,熟悉项目管理的知识和应用,具有一定的文化特性以及由此而形成的工作品质。

3.平等的权利和义务

团队成员有权通过合理的竞争机制和科学的评价机制获得奖金、分享利润和股票等团队奖励和个人奖励,有权申请合理的劳动条件,有权获得进修培训的机会,其工作受劳动法保护。同时,他们有义务履行自己的工作职责,完成自己的工作任务,遵守工作指标、出勤率、工作进度等规定和纪律。

4.有效的沟通

项目成员之间的沟通渠道应该保持畅通。只有破除了心理障碍,才谈得上各种语言和非语言的交流。有效的沟通有助于团队成员之间消除误解,迅速而准确地了解彼此之间的想法和情感,在进行项目工作时才可以和谐协调,达到无缝隙结合。

(三)项目团队组建的过程和手段

1.项目团队组建的过程

项目团队的组建可能很漫长又费时,特别对于大型复杂的工程项目,项目团队的组建应非常谨慎,图13-3是项目团队组建的主要过程。

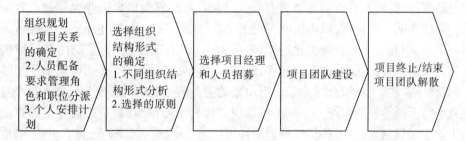

图13-3　项目团队组建的主要过程

2.项目团队组建的手段

项目经理在组建一个团队的时候经常面临着缺乏全职工作的组员,项目经理在组建团队时需要采用一些手段,尽可能地使项目团队参与,调动参与者相应的积极性。

(1)有效利用会议。定期的项目团队会议为沟通项目信息提供了一个重要的论坛,项目会议的一个不那么明显的作用是帮助建立一个有凝聚力的团队特征。在项目会议期间,队员们看到他们不是单独工作的,他们是一个大的项目团队的一部分,并且项目成功依靠全体成员的共同努力,定期召集所有项目参与者有助于明确团队成员之间的关系,并且增加了集体观念。

(2)协同定位团队成员。最明显的使项目团队切实有效的方法是让团队成员一起工作在共同的空间里,但是这不能总是可行的,因为在矩阵环境中包含兼职的成员,而且成员们还在忙于其他项目和活动。为了协同定位,一个有效的办法就是利用项目会议室或活动室。经常地,这些房间墙上挂着甘特图、费用图,以及跟项目计划及控制相关的其他产品,这些房间就作为项目成就的实际标志。

(3)创建团队名称。形成一个团队名称像"A团队"或者"改革者",通常是团队更切实的策略。通常地,也要创建相应的团队标志。项目经理再一次需要依靠集体的创造力来树立相应的名称和标志。这些标志随后被粘贴到文具、T恤衫、咖啡杯上等,有助于提示团队成员关系的重要性。

(4)团队惯例。正如公司惯例有助于建立企业特征一样,在项目层次中相应的标志性行动能够建立一个独特的团队文化,例如,给团队成员一些有条纹的领带,数量跟项目中的里程碑的数量是相符的,当达到一个里程碑后,项目成员就剪掉一个条纹表示他们取得的进步。而在另一个项目中,采取的做法是对于在设计中发现缺陷的人员,就发给他们一个发磷光的玩具蟑螂,发现的缺陷越大,得到的玩具蟑螂也就越大。这样的管理有助于把项目从主流业务中分离出来,并且增加了特殊说明。

三、项目团队的学习——构建学习型组织

(一)什么是学习型组织

20世纪80年代以来,随着信息革命、知识经济时代进程的加快,企业面临着前所未有的竞争环境的变化,传统的组织模式和管理理念已越来越不适应环境,其突出表现就是许多在历史上曾名噪一时的大公司纷纷退出历史舞台。因此,研究企业组织如何适应新的知识经济环境,增强自身的竞争能力,延长组织寿命,成为世界企业界和理论界关注的焦点。在这样的大背景下,以美国麻省理工学院教授彼得·圣吉(Peter M. Senge)为代表的西方学者,吸收东西方管理文化的精髓,提出了以"五项修炼"为基础的学习型组织理念。学习型组织理论认为,在新的经济背景下,企业要持续发展,必须增强企业的整体能力,提高整体素质。也就是说,未来真正出色的企业将是能够设法使各阶层人员全身心投入并有能力不断学习的组织——学习型组织。所谓学习型组织,是指通过培养弥漫于整个组织的学习气氛、充分发挥员工的创造性思维能力而建立起来的一种有机的、高度柔性的、扁平的、符合人性的、能持续发展的组织。这种组织具有持续学习的能力,具有高于个人绩效总和的综合绩效。

(二)学习型组织的特征

1. 组织成员拥有一个共同的愿景

组织的共同愿景(Shared Vision),来源于员工个人的愿景而又高于个人的愿景。它是组织中所有员工共同愿望的景象,是他们的共同理想。它能使不同个性的人凝聚在一起,朝着组织共同的目标前进。

2. 组织由多个创造性个体组成

在学习型组织中,团体是最基本的学习单位,团体本身应理解为彼此需要他人配合的一群人。组织的所有目标都是直接或间接地通过团体的努力来达到的。

3. 善于不断学习

这是学习型组织的本质特征。所谓"善于不断学习",主要有四点含义:

一是强调"终身学习"。即组织中的成员均应养成终身学习的习惯,这样才能形成组织良好的学习气氛,促使其成员在工作中不断学习。

二是强调"全员学习"。即企业组织的决策层、管理层、操作层都要全身心投入学习,尤其是经营管理决策层,他们是决定企业发展方向和命运的重要阶层,因而更需要学习。

三是强调"全过程学习"。即学习必须贯彻于组织系统运行的整个过程之中。约翰·瑞定(J. Redding)提出了一种被称为"第四种模型"的学习型组织理论。他认为,任何企业的运行都包括准备、计划、推行三个阶段,而学习型企业不应该是先学习然后进行准备、计划、推行,不要把学习与工作分割开,应强调边学习边准备、边学习边计划、边学习边推行。

四是强调"团体学习"。即不但重视个人学习和个人智力的开发,更强调组织成员的合作学习和群体智力(组织智力)的开发。学习型组织通过保持学习的能力,及时铲除发

展道路上的障碍,不断突破组织成长的极限,从而保持持续发展的态势。

4. "地方为主"的扁平式结构

传统的企业组织通常是金字塔式的,学习型组织的组织结构则是扁平的,即从最上面的决策层到最下面的操作层,中间相隔层次极少。它尽最大可能将决策权向组织结构的下层移动,让最下层单位拥有充分的自决权,并对产生的结果负责,从而形成以"地方为主"的扁平化组织结构。只有这样的体制才能保证上下级的不断沟通,下层才能直接体会到上层的决策思想和智慧光辉,上层也能亲自了解到下层的动态,吸取第一线的营养。只有这样,企业内部才能形成互相理解、互相学习、整体互动思考、协调合作的群体,才能产生巨大的、持久的创造力。

5. 自主管理

学习型组织理论认为,"自主管理"是使组织成员能边工作边学习并使工作和学习紧密结合的方法。通过自主管理,可由组织成员自己发现工作中的问题,自己选择伙伴组成团队,自己选定改革进取的目标,自己进行现状调查,自己分析原因,自己制定对策,自己组织实施,自己检查效果,自己评定总结。团队成员在"自主管理"的过程中,能形成共同愿景,能以开放求实的心态互相切磋,不断学习新知识,不断进行创新,从而增加组织快速应变、创造未来的能量。

6. 组织的边界将被重新界定

学习型组织的边界的界定,建立在组织要素与外部环境要素互动关系的基础上,超越了传统的根据职能或部门划分的"法定"边界。

7. 员工家庭与事业的平衡

学习型组织努力使员工丰富的家庭生活与充实的工作生活相得益彰。学习型组织对员工承诺支持每位员工充分的自我发展,而员工也以承诺对组织的发展尽心尽力作为回报。这样,个人与组织的界限将变得模糊,工作与家庭之间的界限也将逐渐消失,两者之间的冲突也必将大为减少,从而提高员工家庭生活的质量(满意的家庭关系、良好的子女教育和健全的天伦之乐),达到家庭与事业之间的平衡。

8. 领导者的新角色

在学习型组织中,领导者是设计师、仆人和教师。领导者的设计工作是一个对组织要素进行整合的过程,他不只是设计组织的结构和组织政策、策略,更重要的是设计组织发展的基本理念;领导者的仆人角色表现在他对实现愿景的使命感,他自觉地接受愿景的召唤;领导者作为教师的首要任务是界定真实情况,协助人们对真实情况进行正确、深刻的把握,提高他们对组织系统的了解能力,促进每个人的学习。

学习型组织有着它不同凡响的作用和意义。它的真谛在于:一方面学习是为了保证企业的生存,使企业组织具备不断改进的能力,提高企业组织的竞争力;另一方面,学习更是为了实现个人与工作的真正融合,使人们在工作中活出生命的意义。

学习型组织的基本理念,不仅有助于企业的改革和发展,而且它对其他组织的创新与发展也有启示。人们可以运用学习型组织的基本理念,去开发各自所置身的组织创造未来的潜能,反省当前存在于整个社会的种种学习障碍,思考如何使整个社会早日向学习型社会迈进。或许,这才是学习型组织所产生的更深远的影响。最后,建议项目组的每一位成员,不管在什么时候,最好都能给自己留出一段可以自由支配的学习时间,只有不断地丰富自己的经验、知识,才有可能成为一名成功的项目管理人员。

第四节　水利工程项目组织文化建设

一、组织文化概述

将组织视为一种文化的想法相对于其他理论来说还是最近的事情。多年前,大多数组织被简单地看作是协调和控制一群人的理性工具。它们具有垂直层次结构,有多个部门,有权力关系等。但后来人们发现组织不仅仅只有这些,组织还像人一样是具有个性的。有的组织可能是呆板的,有的可能是灵活的;有的可能是冷漠的,有的可能是充满活力的;有的可能是消极保守的,有的可能是积极进取的。

(一)组织文化的主要定义

(1)威廉·大内(美,W.G.Ochi)在1981年提出:组织文化是基于组织内成员可沟通的价值观和信仰的一套符号、利益和神话。

(2)霍夫斯蒂德(荷,G.Hofstede)在1980年提出:组织文化是心灵的集体行动方案。

(3)彼德斯和沃特曼(美,T.J.Peters & R.H.Waterman)在1982年提出:组织文化是一套有支配作用的、有关联的、被分享的价值观,它是通过故事、神话、传说、标语、轶事和童话等符号手段来传递的。

(4)奥雷利(美,C.O.Reilly)在1983年提出:组织文化是一些强有力的、广泛分享的核心价值观。

(5)墨赫特(美,G.Moorhead)在1995年提出:组织文化是一套帮助组织内的员工理解什么行为是可被接受的、什么行为是不可被接受的价值观。

可见西方学者对组织文化的概念有不同的理解,对此众说纷纭。

(二)组织文化的基本特点

虽然组织文化有许多不同的定义,但可以看出一些共有的基本特点:

(1)组织文化是一个组织中的成员拥有的一套价值观体系。

(2)组织文化不仅写在纸上,或在培训课程中清楚地讲解,而且是被组织成员共同认可的。

(3)组织文化是可以通过符号手段来沟通的。

根据这些基本特点,可以认为,组织文化是组织内部成员共同认可的、可以通过符号手段来沟通的一套价值观体系。

(三)组织文化内容与层次

组织文化包括以下具体内容:

(1)人们相互影响的常规行为,例如组织的仪式、典礼,人们共同使用的语言。

(2)组织内共同遵守的规范和标准,例如"按劳付酬,多劳多得"。

(3)组织具有的主要价值观念,如"产品质量"或"价格导向"。

(4)指导组织对待员工和顾客的政策与哲学。

（5）组织中长期遵循的策略规则,或新成员必须学习以便成为组织所接纳的成员的规则。

（6）通过有形的设计而在组织中传播的情绪和氛围,以及组织成员同顾客或其他外部人员相互影响的方式。

这些内容中的任何一项,都不能单独代表组织文化。但是,把它们放在一起,就反映并赋予了组织文化的内涵。按照组织文化内容的可观察性和可变动性的不同,组织文化可以划分为多个层次(见图13-4)。

组织文化中最不明显的和最难以变化的是一些共同的假定,一些关于现实和人性的普遍认可的信条。例如,指导某些组织形成报酬制度、规则和程序的一个基本假定是:雇员的本性是懒惰的,必须严格控制他们才能提高其工作业绩。

文化价值代表着集体的信仰、假定,以及关于判断事情好坏、道德与否的标准。不同的公司,文化价值可能很不相同。有的公司最关心的是金钱、盈利与否,有的则最关心技术创新和员工福利等。公司在不同的发展阶段关

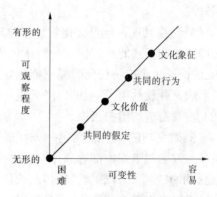

图 13-4　组织文化的层次

注的内容可能也不相同,也就是说,会有些变化。共同的行为是比较容易看得见和被改变的。在共同的组织环境里,员工的行为容易相互模仿和被改造。

文化的最表层是文化象征,它由符号、故事、图画、标语、服装等组成。麦当劳的雇员在汉堡包大学接受培训时,指导者告诉他们:你们的血管里要充满番茄酱。很多公司的新员工的第一堂培训课上,在讲授公司的历史时,公司历史上的一些传奇人物的事迹总会成为必修内容。

（四）组织文化的功能和作用

1. 组织文化的积极作用

（1）目标导向功能。使组织中的个体目标与整体目标一致。在一般管理观念中,为了实现组织的预期目标,需要制定一系列的战略、制度、规定和程序,以此来引导和规范组织成员为实现组织目标而努力。但这种单纯依靠制度和工具的硬性管理已无法适应现代社会文化的变迁,战略与文化适当结合会产生事半功倍的绩效。组织文化的运作就是在组织具体的历史环境和现实条件下将组织成员的事业心和成功的欲望化为具体的目标、行为准则和价值观,使其成为组织成员的精神动力,自觉地为组织目标而努力的过程。也就是说,成功的组织文化的实质就是在组织内部建立了一个动力机制,它使组织成员了解组织目标的伟大,并乐于为实现组织目标而贡献力量。

（2）凝聚功能。使组织成员团结在一起,形成强大的力量。很显然,硬性的规章制度只能维持表面上的和平,而无法达到真正的和谐。组织文化犹如一种黏合剂,它具有一种极强的凝聚力,把不同层次、性格各异的人团结在组织文化中,使每个人的思想感情和命运都与组织的安危紧密相连,把组织看作自己的家,与其同甘苦、共命运。

（3）激励功能。以组织文化作为组织的精神目标和支柱，激励全体成员自信、自强、团结进取。组织文化的核心就是建立一种共同的价值观体系。成功的组织文化不但能够创造出一种人人受尊重、人人受重视的文化氛围，往往还能产生一种激励机制，激励组织成员不断进取。

（4）创新功能。组织文化重视营造适当的环境，以赋予其成员超越和创新的动机，提高创新素质，引导创新行为。组织成功与否的关键在于其成员创造性的发挥。良好的组织文化创造出一种和谐、民主、鼓励变革和超越自我的环境，为成员的创造性工作提供客观条件。

（5）约束功能。通过文化优势创建出一种为其成员共同接受并自觉遵守的价值观体系，即一些非正式的约定俗成的群体规范和价值观念。尽管组织的规章制度是必要的，但它无法保证每个成员任何时候都能遵守。而组织文化则是用一种无形的文化上的约束力量，形成一种软约束，不但可以降低组织成员对制度约束的逆反心理，而且创造出一种和谐的、自发奋进的组织氛围。

（6）效率功能。组织文化一方面通过增强组织成员的共同活力来提高组织整体活力；另一方面对组织内部管理体制提出挑战，以开放型的体制代替传统的僵硬封闭管理，来提高组织效率。开放型管理体制的特征是利用组织成员的默契配合来补充僵硬的行政协调，不仅提倡组织间竞争，而且提倡组织内部的竞争，以此提高组织效能。

2. 组织文化的消极作用

组织文化对于提高组织绩效和增加凝聚力都大有裨益。但是，也应该看到组织文化对组织行为有效性的潜在消极作用。当组织文化的核心价值观得到强烈而广泛的认同时，这种组织文化就是强文化。它在组织内部形成一种很强的行为控制氛围，使组织成员对组织的目标和立场有着高度一致的看法。这种目标的一致性导致了高凝聚力、忠诚感和一贯性。但是这种强文化还会产生以下后果：

（1）阻碍组织的变革。当组织处于动态的环境中，组织的共同价值观与其现行需要不相符时，组织文化很可能成为组织变革的障碍。强劲的组织文化在稳定的环境中，可以带来行为的高度一致，起到积极的作用。但它可能约束组织的手脚，使组织难以应付变幻莫测的环境。因此，对于拥有强文化的组织来说，过去带来成功、引以为傲的东西，在环境变化时很可能导致失败。当组织做出适应环境的变革时，由于组织行为的一贯性，强烈的组织文化会阻碍变革的进程。

（2）削弱个体优势。新成员的加入，会为组织注入新鲜血液，但由于成熟的组织文化可能会限定组织接受新的价值观和行为方式，那么带有种族、性别和价值观等方面差异的新成员就会难以适应或难以被组织接受。在这种强文化压力下，新成员往往会放弃个性而服从组织文化。组织文化通常会削弱不同背景的人带到组织中的独特优势，而这些优势又往往可能是组织在未来发展时所必需的。

（3）组织合并的障碍。在组织合并时，管理者所考虑的通常是组织变更需求和资产负债等因素，如果忽略了两个不同类型的组织文化的差异，将给合并后的组织带来一系列的麻烦，甚至会导致合并的失败。

二、组织文化建立的原则

(一) 目标原则

组织文化的建立,必须能够明确反映组织的目标和宗旨,反映代表组织长远发展方向的战略性目标和为社会、顾客或组织成员服务的最高目标和宗旨。组织文化的目标导向功能,使组织中的个体目标与整体目标一致,并因此感到自己的工作意义重大。组织文化理论超越一般管理观念,运用战略和文化的有机结合来进行管理。成功的组织文化能将组织成员的事业心和成就欲转化为具体目标、行为准则和价值观,使其自觉地为组织目标努力。

(二) 价值原则

组织文化要体现组织的个体价值观,体现全体组织成员的信仰、行为准则和道德规范,它不但为全体组织成员提供了共同的价值准则和日常行为准则,同时也是组织管理的必要条件。每个员工都应将自己的行为与这些准则和规范联系起来,并使之成为整体力量,来提高组织效能。

(三) 卓越原则

组织文化应包括锐意进取、开拓创新、追求优势、永不自满等精神。组织文化应设计一种和谐、民主、鼓励变革和超越自我的环境,从主观和客观上为组织成员的创造性工作提供条件,并将求新、求发展作为组织行为的一项持续性要求。在美国和日本的一些成功企业的信念中,今天做的事,现在的产品,到明天就可能变得不合适了,应根据变化不断做出相应调整,只有这样才能立于不败之地。追求卓越,开拓创新是组织活力最重要的标志。

(四) 激励原则

组织成员的每一项成就都应该得到组织和管理者的肯定与鼓励,并将其报酬与工作绩效联系起来,激励全体成员自信自强,团结进取。成功的组织文化不但应创造出一种人人受尊重、人人受重视的文化氛围,还应产生一种激励机制。每个成员在组织中的每一次进步和成长,都应该受到组织的关注,并给予及时的承认和支持,从而在组织中形成一种良性的激励循环,使组织成员为实现自我价值和组织目标而不断进取。

(五) 环境原则

组织文化的建立当然需要一个适宜的环境,包括良好的外部环境和内部环境。良好的内部环境是指每个成员在组织中有极强的归属感,他们愿意并自觉地参与组织的决策和管理,他们希望通过自己潜能的发挥给组织带来良好的绩效。正如威廉·大内(William Ouchi)的《Z理论》提出的,现代管理中处理人际关系应采用信任和微妙的方式,管理者与被管理者、上级和下级之间应建立起亲密和谐的关系,彼此真诚地关心和尊重,互相体谅。在这样的工作环境下形成的和谐进取的整体是组织文化的基础,它不但有利于提高工作绩效,还会使组织成员产生精神上的满足感。也就是说,组织文化应创造出一种和谐、民主、有序的内部环境。为推进组织文化建设的良性发展,社会的舆论导向和主流文化也应朝着积极、健康、乐观、开放的趋势发展。政府可在政策上给予影响,组织可在文化建设上主动创新,媒体可在组织文化的形式和内容上给予倡导等。

(六)个性原则

组织文化是个性与共性的统一。任何组织都有其应遵循的共同的客观规律,如善于和有效地激励员工,提供优质的产品和服务,形成高绩效的组织功能等,这些构成了组织文化的共性部分。由于民族文化环境、社会环境、行业、组织目标和领导行为的不同,因而形成了组织文化的个性。组织文化鲜明的个性不但是一个组织与其他组织相区别的重要标志,也有助于成员理解和接纳该组织的文化,从而有效发挥组织文化的作用。

(七)相对稳定性原则

组织文化是组织长期发展过程中提炼出来的精华。它是由一些相对稳定的要素组成的,并在组织成员的思想上具有根深蒂固的影响。因此,组织文化的建立应具有一定的稳定性和连续性,具有远大的目标和坚定的信念,不会因为微小环境的变化或个别成员的去留而发生变动。不过,在保持组织文化的相对稳定性的同时也要注意其灵活性。在组织内外环境或自身地位发生变化时,应及时更新、充实组织文化,以保持组织的长久活力。

复习思考题

1.找一个团队管理的成功案例,结合本章的基本原理,分析其合理性与科学性。

2.如果你是一个项目经理,如何管理自己的团队?试结合某工程实例做一个顶层设计。

第十四章　水利工程项目组织协调管理

第一节　水利工程项目组织协调

一、工程项目组织协调的概念

协调是通过及时的调整或调解,使各个方面、各个部分、各个层次的工作配合得当,协同一致。组织协调是指以一定的组织形式、手段和方法,对工程项目中产生的关系不畅进行疏通,对产生的干扰和障碍予以排除的活动。组织协调是项目管理的一项重要工作,工程项目要取得成功,组织协调具有重要的作用。一个工程项目,在其目标规划、计划与控制实施过程中有着各式各样的组织协调工作,例如,项目目标因素之间的组织协调,项目各子系统内部、子系统之间、子系统与环境之间的组织协调,各种施工技术之间的组织协调,各种管理方法、管理过程的组织协调,各种管理职能(如成本、工期、质量、合同等)之间的组织协调,项目参加者之间的组织协调等。组织协调可使矛盾着的各个方面居于一个统一体中,解决它们之间的不一致和矛盾,使项目实施和运行过程顺利。组织协调包括以下几个方面的含义:

(1)组织协调是有目标的协调。

(2)组织协调是为了保持组织与外部环节的平衡,使组织与外部环境处于最佳的适应状态。

(3)组织内部进行有效沟通,使各个方面、各个部门和各个成员的工作同步化、和谐化,以有效地达到组织目标。

可以说,组织协调既要处理好外部关系,也要处理好内部关系,是一门内求团结、外求合作的艺术。

二、工程项目组织协调的范围

工程项目组织协调的范围包括内部关系的协调、近外层关系的协调和远外层关系的协调。内部关系即各参建单位组织内部关系,包括工程项目组织内各部门之间的关系、各层次(决策层、执行层和操作层)之间的关系等。近外层关系是指工程项目承包企业、业主、监理单位、设计单位、材料物资供应单位、分包单位、开户银行、保险公司等各单位相互关系的协调,是工程项目组织系统的各参建单位之间的关系。这种关系往往体现为直接或间接的合同关系,应作为工程项目组织协调的重点。远外层关系是指与工程项目部虽无直接或间接的合同关系,但却有法律、法规和社会公德等约束的关系,包括与政府、环保、交通、消防、公安、环卫、绿化、文物等管理部门之间的关系。

当然,对于不同的参建单位,由于其组织本身的结构、目的、工作流程等有很大的不同,而且其组织的外部环境、其在整个工程项目组织系统中的地位和作用也有很大的不同,所以其具体的协调范围也有不同。

三、工程项目组织协调的内容

(一)人际关系的协调

人际关系的协调包括工程项目参建单位组织内部人际关系的协调和工程项目参建单位与关联单位之间人际关系的协调。协调的对象应是相关工作结合部中人与人之间在管理工作中的联系和矛盾。

工程项目参建单位组织内部人际关系是指工程项目参建单位组织各成员之间的人员工作关系的总称。内部人际关系的协调主要是通过交流增进相互之间的了解与亲和力,促进相互之间的工作支持,提高工作效率;通过调解、互谅互让来缓和工作之间的利益冲突,化解矛盾。

工程项目参建单位组织与关联单位之间的人际关系是指工程项目参建单位组织成员与其上下级职能管理部门成员、近外层关系单位工作人员、远外层关系单位工作人员之间工作关系的总称。与关联单位之间人际关系的协调同样要通过各种途径加强友谊、增进了解、提高相互之间的信任度,有效地避免和化解矛盾,减少扯皮,提高工作效率。

(二)组织关系的协调

组织关系的协调主要是对工程项目参建单位组织内部各部门之间工作关系的协调,具体包括项目各部门之间的合理分工与有效协作。分工与协作同等重要,合理的分工能保证任务之间的平衡匹配,有效协作既可避免相互之间的利益分割,又可提高工作效率。

(三)供求关系的协调

供求关系的协调应包括工程项目参建单位组织与供应单位之间关系的协调。它主要是保证工程项目实施过程中所发生的人力、材料、机械设备、技术、信息、服务等生产要素供应的优质、优价和适时、适量,避免相互之间的矛盾,保证项目目标的实现。

(四)协作配合关系的协调

协作配合关系的协调主要是指与近外层关系的协作配合协调和工程项目参建单位组织内部各部门、各层次之间协作关系的协调。这种关系的协调主要通过各种活动和交流促进彼此之间的相互了解、相互支持,实现相互之间协作配合的高效化。

(五)约束关系的协调

约束关系的协调包括法律法规约束关系的协调、行政管理约束关系的协调和合同约束关系的协调。前二者主要通过提示、教育等手段,提高关系双方的法律法规意识,避免产生矛盾或及时、有效地解决矛盾;后者主要通过过程监督和适时检查以及教育等手段主动杜绝冲突与矛盾,或依照合同及时、有效地解决矛盾。

四、工程项目组织协调的常用方法

(一)会议协调法

会议协调法是建设工程项目中最常用的一种协调方法,实践中常用的会议协调法包括第一次工地会议、生产协调(调度)会、专题讨论会、监理例会、设计交底会等。

(二) 交谈协调法

在实践中,并不是所有问题都需要开会来解决,有时可采用"交谈"这一方法。交谈包括面对面的交谈和电话交谈两种形式。无论是内部协调还是外部协调,这种方法使用频率都是相当高的。其作用在于以下几方面:

(1)保持信息畅通。由于交谈本身没有合同效力及其方便性和及时性,所以建设工程参与各方之间都愿意采用这一方法进行。

(2)寻求协作和帮助。在寻求别人协作和帮助时,往往要及时了解对方的反应和意见,以便采取相应的对策。另外,相对于书面寻求协作,人们更难于拒绝面对面的请求。因此,采用交谈方式请求协作和帮助比采用书面方法实现的可能性要大。

(3)及时地发布工程指令。在实践中,工程项目管理人员一般都采用交谈方式先发布口头指令,这样,一方面可以使对方及时地执行指令,另一方面可以和对方进行交流,了解对方是否正确理解了指令。随后,再以书面形式加以确认。

(三) 书面协调法

当会议或者交谈不方便或不需要时,或者需要精确地表达自己意见时,就会用到书面协调的方法。书面协调方法的特点是具有合同效力,一般常用于以下几方面:

(1)不需双方直接交流的书面报告、报表、指令和通知等。

(2)需要以书面形式向各方提供详细信息和情况通报的报告、信函和备忘录等。

(3)事后对会议记录、交谈内容或口头指令的书面确认。

(四) 访问协调法

访问协调法主要用于外部协调中,有走访和邀访两种形式。走访是指工程项目管理人员在建设工程实施前或实施过程中,对与工程实施有关的各政府部门、公共事业机构、新闻媒介或工程毗邻单位等进行访问,向他们解释工程的情况,了解他们的意见。邀访是指工程项目管理人员邀请上述各单位代表到施工现场对工程进行指导性巡视,了解现场工作。因为在多数情况下,这些有关方面并不了解工程,不清楚现场的实际情况,如果进行一些不恰当的干预,会对工程产生不利影响。这个时候,采用访问法可能是一个相当有效的协调方法。

(五) 情况介绍法

情况介绍法通常与其他协调方法是紧密结合在一起的,它可能是在一次会议前,或是一次交谈前,或是一次走访或邀访前向对方进行的情况介绍。形式上主要是口头的,有时也伴有书面的。介绍往往作为其他协调的引导,目的是使别人首先了解情况。因此,工程项目管理人员应重视任何场合下的每一次介绍,要使别人能够理解你介绍的内容、问题和困难,以及你想得到的协助等。

总之,组织协调是一种管理艺术和技巧,工程项目管理人员需要掌握领导科学、心理学、行为科学方面的知识和技能,如激励、交际、表扬和批评的艺术、开会的艺术、谈话的艺术、谈判的技巧等。

五、工程项目组织协调管理

工程项目组织协调管理就是要在保证项目信息及时和正确的收集、提取、传播、存储以及最终处理的基础上,保证项目组织内部以及和项目外界环境的信息畅通、和谐共处、配合得当、协同一致。一般包括协调计划、计划实施和结果评审三个阶段。

(一)协调计划

协调计划需要明确组织成员各自的职责范围,以及协调的目标、时间、方式、内容等。参加项目建设的各方都应明白,协调的有效性不仅会影响项目整体目标的实现,而且会影响各自目标的实现。协调计划一般包括五个方面:①明确协调的要求;②分析影响协调的因素;③确定协调目标,目标要有针对性、具体、有约束和限制;④选择最佳的沟通渠道;⑤选择最佳的沟通方式。

(二)计划实施

计划实施就是克服一切困难和障碍,执行协调计划的过程。此时,一是应做必要的实施准备工作,如思想准备、资源准备等;二是要做好信息交流;三是要注意计划实施中的控制和指导,既要保证计划落实,又要根据实际情况做及时的完善和调整。

(三)结果评审

即对协调的结果和绩效进行评审,形成报告。

第二节　水利工程项目沟通管理

在现代水利工程项目中,有众多的单位参与项目建设,几十家、几百家甚至上千家,形成了非常复杂的项目组织系统。由于各单位都具有不同的任务、目标和利益,因而在项目实施过程中,都企图指导、干预项目的实施,获取自身利益的最大化,最终造成了各单位利益相互冲突的局面。

项目管理者必须对此进行有效的协调控制,采取有力的手段,使矛盾的各方处于一个统一体,解决其不一致和矛盾,使系统结构均衡,保证项目顺利实施。沟通是有效解决各方面矛盾的重要手段。通过沟通,解决技术、过程、逻辑、管理方法及程序中存在的矛盾和不一致,并且由于沟通本身又是一个心理过程,因而能够有效解决各方参与者心理与行为的障碍和争执,达到共同获利的目的。

一、沟通与项目沟通

(一)沟通的概念

1. 沟通的定义

沟通就是两个或两个以上的人或实体之间信息的交流。这种信息的交流,既可以是通过通信工具进行交流,如电话、传真、网络等,也可以是发生在人与人之间、人与组织之间的交流。沟通不仅与人们的日常生活密切相连,还在管理尤其是人力资源管理中发挥着重要作用。在任何一个组织中,管理人员所处理的每件事都涉及沟通,并以沟通的信息作为决策依据,而且在决策之后仍然需要沟通。没有沟通,即使是再好的决策、再完善的计划也发挥不了作用。沟通可能很复杂,也可能很简单;可能拘泥于形式,也可能十分随便。这一切都取决于传递信息的人与人之间的关系。沟通包括以下四个方面的含义:

(1)沟通要有信息的发送者和接受者。沟通是双方的行为,是一方将信息传递到另一方。沟通的双方可以是个人,也可以是群体或组织。

(2)沟通要有信息。沟通是通过信息的传递完成的,而信息的传递通过一系列符号来实现的,即通过语言、身体动作、面部表情和符号语言等由发送者传递给接受者。

(3)沟通要有渠道。渠道包括口头沟通和书面沟通两种形式。

(4)沟通要有效。信息经过传递之后,接受者感知到的信息与发送者发出的信息完全一致时,沟通过程才是有效的。

沟通的结果就是组织及各部门之间行动上的协调统一。任何组织的管理只有通过信息交流即沟通才能实现,所以,组织管理效果的好坏可以通过其沟通效果来测定。沟通效果较好,则管理就较成功,工作效率就提高;反之,沟通不力,则表现为管理较差。管理的实施几乎完全依赖于沟通,一个管理者能否成功地进行沟通,很大程度上决定了他能否成功地对组织进行管理。

2. 沟通的要素

沟通是在个人和文化两种条件下进行的双向过程,也可以理解为"传递思想,使别人理解自己的过程"。其含义是说沟通是一个互相交流的过程。

1) 沟通者

对任何信息所达到的效果而言,发出者都是很关键的。信息源的可信赖性、意图和属性都很重要。在一些情况下,只要让人们知道某条信息来源于一个有名望、有影响的人,就足以使之为人们所接受。研究表明,对沟通的反应常受到以下暗示的重要影响:沟通者和意图,专业水平和可信赖性。但到了接受者能区分信息和来源的时候,信息来源可能就会失去其重要性。但在能做出这种区别之前,沟通者就变得非常关键。

2) 内容

影响信息效果的另一个重要因素就是信息的内容。信息的内容可以通过以下两种沟通特性的表现来反向描述。

(1)有效情感强度的把握。大量的研究表明,当沟通对象的情感强度上升时,对沟通者所提建议的接受程度并不一定相应地上升。对任何类型的劝说性沟通而言,这种关系更可能是曲线形的。当情感强度从零增至一个中等程度时,接受性也增加;但是情感强度再增强至更高水平时,接受性反而会下降。

这就表明情感强度处于很高或很低水平时都可能有钝化作用。中等情感强度是最有效的。然而,在最终的分析中,对某信息应施用多大程度的情感还要靠主观判断。

(2)劝说型沟通的把握。在劝说型的沟通中,对非人格化的主题给出了一系列复杂的论据,通常明确地给出结论比让听众自己得出结论更为有效,特别是听众一开始不同意评论者的主张的时候更应如此。给出双方面论据相对于只给出单方面论据从长远来看更有效。如果不管最初的观点是什么,沟通对象都将处于随后的反面宣传之中;或不论沟通对象是否暴露于随后的反面宣传之中,沟通对象一开始就不同意评论者的主张,在这些情况下,给出双方面的论据更有利于沟通对象对评论者观点的接受。但如果沟通对象在一开始就同意评论者的主张,而后来又不会处于反面宣传之中,那么提供双方面的论据就没有只提供单方面的论据有效。

从以上分析可以推断:一个令人信服的单方面沟通(是指仅说出问题的一个方面,或一种观点,而不说明相反方面,不要与单向沟通混淆)能使人们转向期望的方向,至少可以是暂时的,直至他们听到问题的另一个方面。然而,双方面的沟通效果都是持久的。它为沟通对象提供了消除或不理睬负面看法而保留正面看法的基础。

有关研究表明,按突降次序给出主要论据收到的效果最好,在这种情况下,人们开始时对沟通的兴趣很小。在开始时兴趣就很高的情况下,其他的因素如接受者的个性和倾向及沟通者、信息的内容等,对表达的内容更为重要。这些因素的相关组合可构成特定情况下的最佳表达。

3)接受者

沟通中的第三个重要因素就是接受者。个人的个性及接纳他的群体都很重要。个性可从总体智力和需求倾向两方面来确定。有两个假设必须说明:

(1)具有较高智商的人,由于他们具有进行正确推理的能力,比智商较低的人更容易受到影响,这种沟通主要依赖于印象的逻辑论证。

(2)具有较高智商的人,由于他们具有较强的否定意识,比智商较低的人更少受到影响。

个性还应从需求倾向的角度来探究。某些个性需求能使个人易于上当受骗。一个人的社会感觉不健全,压抑、进攻性等都与较强的个性相关联。这种个性可用劝说型沟通来度量。具有很强自尊心的个人更倾向于自己思考,而不会放任自己过分地受外界影响。

个人所属的社会群体也会对沟通产生重要的影响,特别当这种沟通违背这个群体的一些原则时,表现尤为强烈。一个人的态度很大程度上依赖于他所属群体的观点和态度,特别是在他很珍惜群体中的成员这一身份时更为明显。通常情况下,在一个群体中最珍视其成员身份的人,他们的观点最不易受那些违反原则的沟通的影响。这就表明对一个群体的归附程度和这个群体准则的内部化之间有着直接的关系。

概括起来,沟通的效果不仅取决于接受者的个性,还取决于接受者对某个群体的归附程度和这个群体确定的一些原则。

(二)项目沟通的概念

1. 项目沟通的定义

项目沟通就是项目团队成员之间、各部门之间利用各种方式和技巧所进行的信息的双向、互动的反馈和理解过程。项目管理是由项目的各个部门和该部门的人进行的,不同的部门、不同的人都对同一个项目进行管理,那么,要保证项目的正常进行,部门之间、人与人之间就肯定需要沟通,这就是项目的沟通。项目需要有效的沟通,以确保在适当的时间以低代价的方式使正确的信息被合适的人所获得。在项目实施过程中,沟通主要是组织部门沟通和人际沟通。

1)组织部门沟通

组织部门沟通是指项目组织各个部门之间的信息传递。组织内部的信息沟通有正式渠道和非正式渠道。正式渠道是指组织内部按正规的方式建立起来的渠道,信息既可以从上级部门向下级部门传递(如政策、规范、指令),也可以从下级部门向上级部门反映(如报告、请求、建议、意见),还可以是同级部门之间的信息交流。非正式渠道是由组织内部成员之间因彼此的共同利益而形成的。这些利益既可能因工作而产生,也可能因组织外部的各种条件而产生。通过非正式渠道传送的信息有时经常会被曲解,而与正式渠道相矛盾,有时又会成为正式渠道的有效补充。

2)人际沟通

人际沟通就是将信息由一个人传递给另一个人或多个人,同时也包括人与人之间的相互理解,如项目经理与团队成员之间的沟通。人际沟通不同于组织部门的沟通,比如,人际沟通主要通过语言交流来完成,并且这种沟通不仅仅是信息的交流,还包括感情、思想、态度等的交流。并且人际沟通的障碍还有一个特殊的方面,就是人所特有的心理。因此,对人际沟通,要特别注意沟通的方法和手段。

2.项目沟通的重要性

1)沟通是项目决策和计划的基础

项目管理班子要想制订科学的计划,必须以准确、完整和及时的信息作为基础。通过项目内外部环境之间的信息沟通,就可以获得众多的变化的信息,从而为科学计划及正确决策提供依据。

2)沟通是项目组织和控制的依据

项目管理班子没有良好的信息沟通,就无法实施科学管理。只有通过信息沟通,掌握项目班子内各方面情况,才能为科学管理提供依据,从而有效提高项目班子的组织效能。

3)沟通是建立和改善人际关系的必需条件

信息沟通、意见交流,可将各个成员组织贯通起来,成为一个整体。信息沟通是人的一种重要的心理需要,是人们用以表达思想、感情和态度的手段。畅通的信息沟通,可以减少人与人之间不必要的冲突,改善人与人之间、组织之间的关系。

4)沟通是项目经理成功领导的重要措施

项目经理通过各种途径将意图传递给下级人员并使下级人员理解和执行。如果沟通不畅,下级人员就无法正确理解和执行项目经理的意图,从而无法使项目顺利进行下去,最终导致项目管理混乱乃至失败。因此,只有提高项目经理的沟通能力,项目成功的把握才会比较大。

3.项目沟通的复杂性

由于项目组织和项目组织行为的特殊性,使得在现代工程项目中沟通十分困难,尽管有现代化的通信工具和信息收集、存储与处理工具,减小了沟通技术上和时间上的障碍,使得信息沟通非常方便和快捷,但仍然不能解决人们许多心理上的障碍。组织沟通的复杂性在于以下方面:

(1)现代工程项目规模大,参加单位多,造成每个参加者沟通面大,各人都存在着复杂的联系,需要复杂的沟通网络,如图14-1所示。

(2)现代工程项目技术复杂、新工艺的使用和专业化、社会化的分工,以及项目管理的综合性和人们的专业化分工的矛盾都增加了交流和沟通的难度。特别是项目经理和各职能部门之间经常难以做到协调配合。

(3)由于各参加者(如发包人、项目经理、技术人员、承包人)有不同的利益、动机和兴趣,且有不同的出发点,对项目也有不同的期望和要求,对目标和目的的认识更不相同,因此项目目标与他们的关联性各不相同,造成行为动机的不一致。作为项目管理者,在沟通

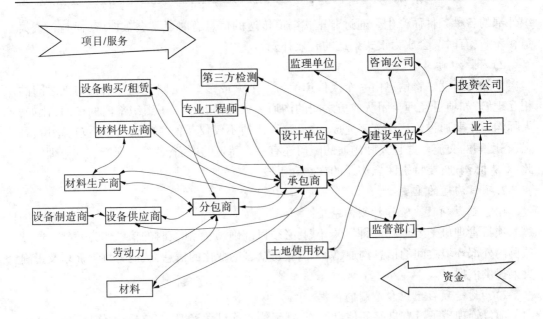

图 14-1　项目利益相关者之间的沟通网络

过程中不仅应强调总目标,而且要照顾各方面的利益,使各方面都满意。

(4)由于项目是一次性的,项目组织都是新成员、新对象、新任务,所以项目组织摩擦就大。一个组织从新成立到正常运行需要一个过程,有许多不适应和摩擦。所以,项目刚成立或一个单位刚进入项目,都会有沟通上的困难,容易产生争执。

(5)反对变革的态度。项目是建立一个新的系统,它会对上层管理组织、外部周边组织(如政府机关、周边居民等)以及其他参与者组织产生影响,需要他们改变行为方式和习惯,适应并接受新的结构和过程。这必然对他们的行为、心理产生影响,容易产生对抗。这种对抗常常会影响他们应提供的对项目的支持,甚至会造成对项目实施的干扰和障碍。

(6)人们的社会心理、文化、习惯、专业、语言、伦理、道德对沟通产生影响,特别是国际合作项目中,参加者来自不同的国度,他们适应不同的社会制度、文化、语言及法律背景,从而从根本上产生了沟通的障碍。同时伴随的社会责任的差异程度也是沟通过程中的相关问题。

(7)在项目实施过程中,组织和项目的战略方式与政策应保持其稳定性,否则会造成协调的困难,造成人们行为的不一致,而在项目生命周期中,这种稳定性是无法保持的。

二、项目沟通管理的程序与方法

(一)项目沟通管理的概念

项目沟通管理是指对项目过程中各种不同方式和不同内容的沟通活动的管理,是为了确保项目信息合理收集和传输以及最终处理所需实施的一系列过程。项目沟通管理的目标是保证有关项目的信息能够适时以合理的方式产生、收集、处理、储存和交流。

任何一个项目都有其特定的项目周期,其中的每一个阶段都是至关重要的。要做好项目各个阶段的工作,达到预期的标准和效果,就必须在项目内部的各部门之间、项目与外部之间建立起一种有效的沟通渠道,使各种信息快速、准确、有效地进行传递,从而使各部门、项目内外能达到协调一致,使项目成员明确各自职责,并通过这种信息传递,找出项目管理中存在的一些问题。

项目沟通管理具有以下特点:

(1)复杂性。每个项目都会涉及客户、供应商、政府机构等多个方面,并且大部分项目组织和团队都是为了特定项目而建立的,具有临时性和不确定性。因此,项目沟通管理必须协调好各部门以及部门与外部环境之间的关系,确保项目顺利实施。

(2)系统性。项目是一个开放的复杂系统,其确立涉及社会经济、政治、文化等多个方面,也对这些方面产生影响。这就决定了项目沟通管理应该从整体利益出发,运用系统的思维和分析方法,进行全面有效的管理。

(二)项目沟通的形式

项目中的沟通形式是多种多样的,可以从很多角度进行分类,例如,按照是否需要反馈信息,可以分为单向沟通和双向沟通;按照沟通信息的流向,可以分为上行沟通、下行沟通和平行沟通;按照沟通的严肃性程度,可以分为正式沟通和非正式沟通;按照沟通信息的传递媒介,可以分为书面沟通和口头沟通等;按照沟通信息的方式,可以分为语言沟通和非语言沟通。

1. 正式沟通与非正式沟通

正式沟通是通过正式的组织过程来实现或形成的,是通过项目组织明文规定的渠道进行信息传递和交流的方式,由项目的组织结构图、项目流程、项目管理流程、信息流程和确定的运行规则所构成。这种正式的沟通方式和过程必须经过专门设计,有固定的沟通方式、方法和过程,一般在合同中或项目手册中被规定为一系列的行为准则。并且这个准则得到大家的认可,作为组织规则,以保证行动的一致。通常这种正式沟通的结果具有法律效力。正式沟通的优点在于沟通效果好,有较强约束力,缺点在于沟通的速度慢。

非正式沟通是在正式沟通之外进行的信息传递和交流。项目参与者,既是正式项目组织成员,又是各种非正式团体中的一个角色。在非正式团体中,人们建立起各种关系来沟通信息,了解情况,影响人们的行为。非正式沟通的优点是沟通方便,沟通速度快,并且能够提供一些非正式沟通中难以获得的小道消息,但是缺点是信息容易失真。

2. 上行沟通、下行沟通与平行沟通

上行沟通是指将下级的意见向上级反映,即自下而上的沟通。项目经理应该鼓励下级积极向上级反映情况,只有上行沟通的渠道畅通,项目经理才能全面掌握情况,做出符合实际的决策。上行沟通通常有两种,一种是层层传递,即根据一定的组织原则和组织程序逐级向上级反映,另外就是减少中间的层次,直接由员工向最高决策者进行情况的反映。下行沟通则是上级将命令信息传达给下级,是由上而下的沟通。平行沟通通常应用于组织中各个平行部门之间的信息交流。平行沟通有助于增加各个部门之间的了解,使各个部门保证信息的畅通,减少各个平行部门之间的矛盾和冲突。

3. 单向沟通与双向沟通

当信息发送者与信息接收者之间没有相应的信息反馈的时候,所进行的沟通即为单向沟通。单向沟通过程中,一方只接收信息,另一方只发送信息。单向沟通适用于以下几

种情况:一是问题较简单,但时间较紧;二是下属易于接受解决问题的方案;三是下属没有了解问题的足够信息,反馈不仅无助于解决问题,反而有可能混淆视听。单向沟通信息传递速度快,但准确性较差,有时又容易使信息接收者产生抗拒心理。

双向沟通中,信息发送者和信息接收者不断进行信息的交换,信息发送者在信息发送后及时听取反馈意见,必要时可以进行多次重复商谈,直到双方达到共同明确和满意。双向沟通比较适合于时间充裕,但问题棘手、下属对解决方案的接受程度至关重要、下属对解决问题提供有价值的信息和建议等情况。双向沟通的优点是沟通信息准确性较高,接收者有信息反馈的机会,有助于双方信息的有效交流,但信息传递速度慢。

4.书面沟通与口头沟通

书面沟通是指用书面形式所进行的信息传递和交流,例如通知、文件、报刊等。其优点是可以作为资料长期保存,反复查阅;缺点是效率低,缺乏反馈。

口头沟通是与书面沟通相对应的沟通方式,运用口头表达进行信息交流,例如演说、谈话、讲座、电话通话等。其优点是比较灵活、速度快,双方可以自由交换意见即时反馈,并且信息传递较为准确;但缺点是传递过程中经过层层交换,信息容易失真,并且口头沟通不容易被保存。

5.语言沟通与非语言沟通

语言沟通是利用语言、文字等形式进行的,非语言沟通是利用动作、表情、体态、声光信号等非语言方式进行的。

总之,没有哪一种沟通形式是尽善尽美的,不同场合需要不同的沟通形式。对许多人来说,沟通形式的选择不外乎口头沟通和书面沟通。但从信息技术和现代通信的发展来看,电子媒介还创造了一种介于口头和书面之间的沟通方式。虽然沟通形式的形态各异,但是如果一种沟通形式在使用时能附加一种对事后记忆有帮助的辅助形式,那么沟通的效果肯定会事半功倍。如图14-2所示,这是在美国进行的各种研究得出的结论。该图显示,单独听到的信息的沟通效果小于被看到的信息的沟通效果,看到的信息的沟通效果又小于既看到又听到的信息的沟通效果。

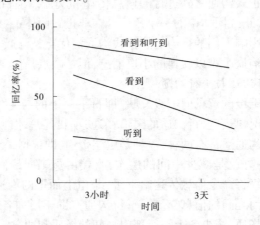

图14-2 不同沟通形式回忆率随时间的变化曲线

（三）项目沟通的渠道

信息沟通是在项目组织内部、外部的公众之间进行信息交流和传递活动。对于沟通渠道的选择，可能会影响到工作效率以及项目成员和参与者的信心。

1. 正式沟通渠道

在信息的传递过程中，信息并非由发出信息的人直接传递给需要这个信息的人，中间要经过一些人或组织的转达。这就形成了沟通渠道和沟通网络问题。

对于正式的沟通渠道，通常存在 5 种模式：链式、轮式、环式、Y 式、全通道式，见图 14-3。

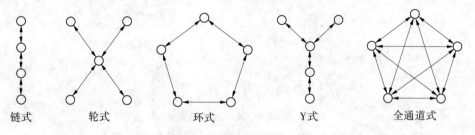

链式　　　轮式　　　环式　　　Y式　　　全通道式

图 14-3　正式沟通渠道

图 14-3 中，每一个圆圈可看成是一个成员或者组织的同等物，箭头表示信息传递的方向。

（1）链式沟通模式。在链式网络中，信息按照高低层次逐级传递，信息可以自上而下或者自下而上进行交流。在这个模式中，居于两端的传递者职能与里面的每一个传递者相联系，居中的则可以分别与上下互通信息。各个信息传递者所接收的信息差异较大。该模式的优点是信息传递速度快，适用于项目组织庞大、实行分层授权控制的项目信息传递及沟通。

（2）轮式沟通模式。在轮式沟通模式中，重要的主管部门分别与下属部门发生沟通，成为个别信息的汇集点和传递中心。在这种模式中，只有位于主管位置的人员或组织才能全面了解情况，并由其向下属发出指令，而下级部门之间没有沟通联系，分别只掌握了本部门的情况。该沟通模式是加强控制、争时间、抢速度的一个有效方法。

（3）环式沟通渠道。信息通过不同成员之间依次联络沟通，有助于形成团队，提高成员士气，使大家都满意。

（4）Y 式沟通模式。在该模式中，项目其中一个成员或组织位于沟通活动的中心，成为中间媒介与中间环节。

（5）全通道式沟通模式。该模式是一个开放的信息沟通系统，其中每一个成员之间都有一定的联系，彼此了解。通常适用于民主、合作精神强的组织中。

2. 非正式沟通渠道

在沟通当中，除了有正式沟通渠道，还有非正式沟通渠道。一部分信息是通过非正式沟通渠道进行传播的，也就是通常所说的小道消息。

对于非正式的沟通渠道，即小道消息的传播，通常也有四种传播方式：单线式、流言式、偶然式和集束式，见图 14-4。

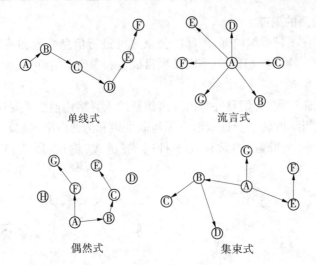

单线式　　　　　　　　流言式

偶然式　　　　　　　　集束式

图 14-4　非正式沟通渠道

（1）单线式。消息由 A 通过一连串的人传播给最终的接收者。

（2）流言式。又称为闲谈传播式,是由一个人 A 主动地把小道消息传播给其他人,例如在小组会上传播小道消息。

（3）偶然式。又称机遇传播式,消息由 A 按照偶然的机会传播给他人,他人又按照偶然的机会传播给其他人,并没有固定的路线。

（4）集束式。又称为群集传播式,信息由 A 有选择地告诉相关的人,相关的人也按照此方式进行信息的传播。这种沟通方式最为普遍。

三、项目沟通的障碍

（一）沟通障碍

任何沟通方式都存在沟通障碍,主要有以下几种类型:

（1）语言理解上的障碍。对同一思想、同一事物,由于人们表达能力的不同,存在着表达的清楚与模糊之分。同样,对于同一表达,不同的人可能也会有不同的理解或者领会的快慢不同。

（2）知识经验水平的差距障碍。当信息沟通双方的知识经验水平差距太大时,发送者看来是很简单的内容,但接收者可能由于知识经验水平过低而无法理解,或无法正确及时地领会发送者的意图。

（3）信息选择性障碍。所谓"忠言逆耳",人们在接收某个信息时,如果是符合己方需要或与己方利益一致的信息,很容易接受;而对己方不利的信息则不容易接受。这样就会不自觉地产生信息选择性,造成沟通障碍。

（4）心理因素的障碍。比如人的个性、气质、修养、态度、情绪、兴趣等,都可能会成为沟通的障碍。

（5）组织层次链条的障碍。在沟通中,组织层次越少越好,如果组织层次过多,那么不仅容易减缓信息传递速度,降低交流频度,影响组织效率,而且会使信息失真和遗漏。

（6）信息长度障碍。交流的信息并非越多越好，只要关键的、重要的信息充分即可。信息长度过大，信息接收者的感官和神经长时间处于紧张状态，容易疲劳和厌烦。

（7）沟通渠道和媒介的选择障碍。沟通有多种渠道，如沟通时间和地点的选择，采用电话沟通还是面对面沟通，都会有不同的效果。不同的感官具有不同的接收效率。据统计，人类通过感觉器官所接收的全部信息中，视觉约占 65%，听觉约占 20%，触觉约占 10%，味觉约占 2%，即大部分信息来源于视觉和听觉，而且图形信息比声音信息更容易被接受。此外，当人用多个感觉器官接收同一内容，比用单一的感觉器官接收，效率高很多。各种渠道和媒介都有各自的优缺点，如果沟通不考虑当时的实际情况和具体要求，随意选择沟通媒介和渠道，势必造成信息沟通的障碍。

（二）沟通障碍的分析及处理

1. 沟通障碍产生的原因

（1）项目开始时或当某些参加者介入项目组织时，缺少对目标、责任、组织规则和过程统一的认识与理解。在项目制订计划方案、做决策时未能听取基层实施者的意见，项目经理自认为经验丰富，武断决策，不了解实施者的具体能力和情况等，致使计划不符合实际。在制订计划时以及制订计划后，项目经理没有和相关职能部门进行必要的沟通，就指令技术人员执行。

此外，项目经理与发包人之间缺乏了解，对目标和项目任务有不完整的甚至无效的理解。项目前期沟通太少，例如在招标阶段给承包商编制投标文件的时间太短。

（2）目标之间存在矛盾或表达上有矛盾，而各参加者又从自己的利益出发解释，导致混乱。项目管理者没能及时做出统一解释，使目标透明。项目存在许多投资者，他们进行非程序干预，形成实质上的多业主状况。参加者来自不同的专业领域、不同的部门，有不同的习惯、不同的概念和理解，而在项目初期没有统一解释文本。

（3）缺乏对项目组织成员工作进行明确的结构划分和定义，人们不清楚他们的职责范围。项目经理部内部工作含混不清，职责冲突，缺乏授权。在企业中，同期的项目之间优先等级不明确，导致项目之间资源争执。

（4）管理信息系统设计功能不全，信息渠道、信息处理有故障，没有按层次、分级、分专业进行信息优化和浓缩。

（5）项目经理的领导风格和项目组织的运行风气不正。发包人或项目经理独裁，不允许提出不同意见和批评，内部言路堵塞；由于信息封锁，信息不畅，上层或职能部门人员故弄玄虚或存在幕后问题；项目经理部中有强烈的人际关系冲突，项目经理和职能经理之间互不信任、互不接受；不愿意向上司汇报坏消息，不愿意听那些与自己事先形成的观点不同的意见，采用封锁的办法处理争执和问题，相信问题会自行解决；项目成员兴趣转移，不愿承担义务；将项目管理看作是办公室的工作，做计划和决策仅依靠报表和数据，不注重与实施者直接面对面的沟通；经常以领导者居高临下的姿态出现在成员面前，不愿多做说明和解释，习惯强迫命令，对承包商常常动用合同处罚或者以合同处罚相威胁。

（6）召开的沟通协调会议主题不明，项目经理权威性不强，或不能正确引导；与会者不守纪律，使正式的沟通会议成为聊天会议；有些职能部门领导个性过强或行为放纵，存在不守纪律、没有组织观念的现象，甚至拒绝任何批评和干预，而项目经理无力指责和干预。

（7）有人滥用分权和计划的灵活性原则，下层单位或子项目随便扩大它的自由处置权，过于注重发挥自己的创造性，这些均违背或不符合总体目标，并与其他同级部门造成摩擦，与上级领导产生权力争执。

（8）使用矩阵式组织，但人们并没有从直线式组织的运作方式上转变过来。由于组织运作规则设计得不好，项目经理与组织职能经理的权力、责任界限不明确。一个新的项目经理要很长时间才能被企业、管理部门和项目组织接受和认可。

（9）项目经理缺乏管理技能、技术判断力或缺少与项目相应的经验，没有威信。

（10）发包人或组织经理不断改变项目的范围、目标、资源条件和项目的优先等级。

2. 对沟通障碍的处理

对于沟通障碍，沟通中可以采用下述方法进行处理：

（1）应重视双向沟通方法，尽量保持多种沟通渠道的利用，正确运用语言文字等。

（2）信息沟通后必须同时设法取得反馈，以弄清沟通双方是否已经了解，是否愿意遵循并采取相应的行动等。

（3）项目经理部应当自觉以法律、法规和社会公德约束自身行为，在出现矛盾和问题时，首先应取得政府部门的支持、社会各界的理解，按程序沟通解决；必要时借助社会中介组织的力量，调解矛盾、解决问题。

（4）为了消除沟通障碍，应该熟悉各种沟通方式的特点，以便在进行沟通时能够采用恰当的方式进行交流。

（三）有效沟通的技巧

（1）首先要明确沟通的目的。经理人员必须弄清楚进行沟通的真正目的是什么？需要沟通的人理解什么？确定好沟通的目的，沟通的内容就容易进行了。

（2）实施沟通前先澄清概念。项目经理事先要系统地考虑、分析和明确所要进行沟通的信息，并对接收者可能受到的影响进行估计。

（3）只对必要的信息进行沟通。在沟通过程中，经理人员应该对大量的信息进行筛选，只把那些与所进行沟通人员工作密切相关的信息提供给他们，避免过量的信息使沟通无法达到原有目的。

（4）考虑沟通时的环境情况。所说的环境情况，不仅包括沟通的背景、社会环境，还包括人的环境以及过去沟通的情况，以便沟通的信息能够很好地配合环境情况。

（5）尽可能地听取他人意见。在与他人进行商议的过程中，既可以获得更深入的看法，又易于获得他人的支持。

（6）注意沟通的表达。要使用精确的表达，把沟通人员的项目和意见用语言和非语言精确地表达出来，而且要使接收者从沟通的语言和非语言中得出所期望的理解。

（7）进行信息反馈。在信息沟通后，有必要进行信息的追踪与反馈，弄清楚接收者是否真正了解了所接收的信息，是否愿意遵循，并且是否采取了相应行动。

（8）项目经理人员应该以自己的实际行动来支持自己的说法，行重于言，做到言行一致。

（9）从整体角度进行沟通。沟通时，不仅仅要着眼于现在，还应该着眼于未来。多数沟通符合当前形式发展的需要。但是，沟通更要与项目长远目标相一致，不能与项目总体目标产生矛盾。

（10）学会聆听。项目经理人员在沟通过程中听取他人陈述时应该专心，从对方表述中找到沟通的重点。项目经理人员接触的人员众多，并不是所有的人都善于与人交流，只有学会聆听，才能够从各类沟通者的言语交流中直接抓住实质，确定沟通的重点。

第三节　水利工程项目冲突管理

在所有的项目中都存在冲突，冲突是项目组织的必然产物。冲突就是两个或两个以上的项目决策者在某个问题上的纠纷。对待冲突，不同的人有不同的观念。传统观点认为，冲突是不好的，人们害怕冲突，力争避免冲突。现代观点认为，冲突是不可避免的，只要存在需要决策的地方，就存在冲突。冲突本身并不可怕，可怕的是对冲突处理方式的不当将会引发更大的矛盾，甚至可能造成混乱，影响或危及组织的发展。

一、冲突及其种类

冲突是指个体由于互不相容的目标、认识或情感而引起的相互作用的一种紧张状态。

（一）冲突的特点

1. 冲突客体的多样化

冲突可以发生在一个个体内部，也可以发生在个体与个体之间，也可以发生在由个体组成的群体之间。这里主要讨论后两种冲突，但不要忽视前一种冲突造成的影响。

2. 冲突起因的多样化

从冲突的定义中可以看出，冲突有多种起因：目标不相容、认识不相容、情感不相容。这些只是表面起因，还有许多深层心理起因。

3. 冲突的客观性

事实证明，只要有人存在的地方，就有冲突。因此，冲突是一种客观存在的、不可避免的、正常的社会现象，是组织心理和行为必不可少的一部分。

（二）冲突与竞争

1. 什么是竞争

竞争是指个体为了达到自己的目的，而使另外个体达不到目的的一种行为。例如，只有一个总经理职务，生产副总和销售副总都想成为总经理，他们之间就会产生竞争。

2. 冲突与竞争的关系

（1）竞争中可以没有冲突。例如，两位游泳运动员为了争冠军，可以激烈地竞争，但是可能相互之间根本不认识，也可能从未在一个游泳池里游过泳，也就是说，他们之间几乎没有相互作用，即没有冲突。

（2）竞争中可以产生冲突。某公司有一个去美国深造的名额，两位候选人在竞争中会产生冲突，因为他俩有相互作用。

（3）冲突的结果可以是双赢的。例如，两家公司为了增加销售量而引起冲突，结果是两家的销售量都增加了。

（4）竞争的结果一般是零和。即总是一方赢、一方输。例如，原来甲公司的市场占有率是 55%,乙公司的市场占有率是 45%,通过竞争,甲公司的市场占有率降为 48%,乙公司的市场占有率上升为 52%。虽然从冲突的含义来看,甲公司也可能增加销量而赢了,但从竞争的角度来看,乙公司赢了,甲公司输了。

二、项目冲突及其类型

(一)项目冲突的概念

项目冲突是组织冲突的一种特定表现形态,是项目内部或外部某些关系难以协调而导致的矛盾激化和行为对抗。项目冲突是项目内外某些关系不协调的结果,一定形态的项目冲突的发生表明了该项目在某些方面存在着问题。深入认识和理解项目冲突,有利于项目内外关系的协调和对项目冲突进行有效管理。

1. 项目冲突的主体

项目冲突的内涵告诉我们,项目中的个人、群体、项目本身以及与项目发生交往活动的一切行为主体都可能成为项目冲突的主体。在项目冲突管理中所涉及的个人,一般是指项目负责人、项目各部门的管理者和项目团队成员等项目内部成员,有时也包括项目投资者、消费者,以及行业、工会及社区管理者等外部成员。

项目中的群体既包括正式组织结构的群体,也包括依据业缘关系、地缘关系、血缘关系或权力关系等构成的非正式群体。

2. 项目冲突的表现形式

项目是企业组织的一种特殊形态,其本质是一个人与人之间相互作用的系统,表现为一种密切的相互协作关系,即项目成员之间、成员与项目之间、项目与外部环境之间存在着高度的依赖性,而这种依赖性是项目冲突产生的客观基础。当项目内外部的某些组织关系不协调时,项目冲突便产生了,这种冲突表现为直接对抗性的形式。这种形式的冲突一般需要通过适当的方式或方法将其消除。

项目冲突的另一种表现形式为项目冲突双方或各方之间所存在的不平衡的压力关系。在我们生存的任何社会环境中,处处存在着压力。通常情况下,压力使人们感到紧张或忧虑,甚至表现为组织冲突。在此意义上,项目冲突的发生就是冲突双方或各方之间对压力的心理反应不平衡而引起相互之间的抵触或不一致的行为等。也就是说,在项目成员之间以及项目之间,各方都承受着对方给予的压力,它们构成一个动态的压力结构,项目内部关系及其与外部关系的平衡状态通过其压力结构水平的高低表现出来。若各方之间的压力处于均衡状态,项目内外关系则保持平衡,对抗的双方或各方对压力的反应就表现为一种潜在的冲突行为;若是压力不足或各方能够承受对方的压力,且感觉不到忧虑和威胁,项目成员之间的对抗性则不强,项目内外部关系表现为一种和谐、友善和协作的关系;而当各方不能承受对方的压力时,相互之间压力结构的均衡状态就会被打破,矛盾公开化,往往呈现出对抗性的冲突行为,并且冲突程度随着对方压力的增加而加剧或激化。这种形式的冲突可以根据具体情况有意识地引导,甚至激化,以激励或促进项目成员、各个项目之间的竞争,高效率地完成项目任务。

3. 项目冲突的范围

界定项目冲突的范围不能离开项目。毫无疑问,发生于项目内部成员或群体之间的冲突属于项目内部冲突,其范围限于项目内部;而发生在项目外部的冲突,如项目与项目之间的冲突、项目与环境之间的冲突等,属于项目外部冲突,其主体是项目本身,冲突的范围可能涉及两个项目或更多;当冲突对方为不同地区或国家的个人、群体或项目时,冲突必然扩展为地区性或国际性的冲突。所以,项目冲突的范围界定必须视具体情况以及性质而定。

(二)项目冲突的类型及由来

在项目中,冲突是客观存在的,也是经常发生的。依据项目发生的层次和特征的不同,项目冲突可以分为人际冲突、群体或部门冲突、个人与群体或部门之间的冲突以及项目与外部环境之间的冲突。

1.人际冲突

人际冲突是指群体内的个体之间的冲突,主要指群体内两个或两个以上个体由于意见、情感不一致而互相作用时导致的冲突。项目人际冲突一般分为两个层面,即同一层级的个人之间的横向关系冲突和不同层级的个人之间的纵向关系冲突。前者如一般项目团队成员之间的冲突,后者如项目负责人或管理者与团队成员之间的冲突。

一般项目团队成员之间的冲突表现为当一个成员面临两种互不相容的目标时,所体验的一种左右为难的心理感觉。其发生冲突的原因主要有以下几个方面:

(1)由于个性差异造成的冲突。个性差异是指人与人之间在性格特征上的不同。在同一项目团队内,各个团队成员具有各自不同的成长经历,由此导致智力、体力、生活环境、教育程度、工作性质等均不相同,结果就表现为各自不同的个性特征。在一个项目团队中,有的成员性情温和、处事随和、待人友善,有的成员则性情暴躁、行事交往带有攻击性;有的成员性格内向、态度沉稳,有的成员则性格外向、豁达大度等。当不同个性特征的成员相处或共事时,由于他们解决问题的作风和方式不同,就有可能引起冲突。

(2)由于个人价值观的不同而造成的冲突。价值观反映一个人对事物的是非、善恶、好坏的评价,不同价值观的成员,行为表现特征不同,对同一事物或行为也具有不同的价值判断标准,这种差异极易引起成员相互之间主观判断的分歧和争议,难免发生冲突。

(3)由于信息沟通不良造成冲突。一个项目中不同团队成员有不同的信息沟通渠道,正式的或非正式的、口头的或书面的等,若彼此之间互不通气,容易造成冲突。

(4)由于个人本位主义思想造成的冲突。项目中每个成员都在一定的部门、岗位上工作,在处理问题上有时首先考虑的是本部门或本岗位的利益,而对项目整体利益或他人利益考虑较少,这样不同的部门和岗位上的项目团队成员就可能发生冲突。

(5)由于工作竞争而引起的冲突。社会中普遍存在的竞争现象,在项目团队成员之间也存在。一般来说,正常的竞争能够促进成员积极向上、奋发图强;但是如果过于片面强调竞争,不注意处理好相互合作的关系,可能会引起成间的冲突。

项目负责人或管理者与团队成员之间发生冲突的原因既包括以上五个方面,还包括如项目负责人或管理者自身素质的缺陷、思想方法和工作方法的不当、协调和沟通不及时、利益处理上的不公正等。由于项目负责人或管理者与项目团队成员本身就是一对矛盾,所以二者之间有时难免发生冲突。

2. 群体或部门冲突

项目是由若干部门或团体组成的，项目中的部门与部门、团体与团体之间，由于各种原因常常发生冲突。群体或部门之间的冲突发生于具有协作关系、业务往来或其他交往的部门、团体之间，如争夺职权、管辖权和资源等而发生的不同部门间的摩擦，幕僚和直线管理者之间的争执等。

组织理论研究者卢桑斯认为，组织中群体或部门之间的冲突一般有四种情况：组织不同层次间的冲突、不同职能间的冲突、指挥系统与参谋系统的冲突以及正式组织与非正式组织间的冲突。西蒙认为，造成群体或部门冲突的根源在于组织分工、不同背景和不同的团体意识。休尔则将群体或部门之间的冲突概括为三个方面：功利主义、部门化和非正式组织的影响。

一般而言，在项目中形成群体或部门冲突的原因包括以下几个方面：

（1）各群体或部门之间目标上的差异引起的冲突。项目由于分工划分成若干不同功能的部门或单位，而每个部门或单位在项目设计时就已确定其子目标，这些具体目标之间是不同的，甚至是相互冲突的。而在执行过程中，各部门或单位的工作行为又常以本单位利益为中心，根本不理会项目整体目标与各部门或单位的协调，使各部门或单位相互隔离，导致冲突发生。目标不一致往往是群体之间产生冲突的根本原因。

（2）群体价值观的差异引起的冲突。组织中群体的价值观具有不同的表现，即表现在理论上、经济上、艺术上、社交上、政治上和宗教上。不同价值观的群体追求的目标或感兴趣的东西不同，相互之间因追求目标实现的程度不同而产生的不平衡，必然导致群体之间的嫉妒、压制、阻碍等冲突行为的发生。同样，由于认识上的差异，还会使两个部门或单位的意见和行为一时难以协调，有可能引起各部门或单位之间的冲突。如项目内的不同群体对于需要多少时间取得工作成果问题往往存在很大的差异，项目中的一个群体可能很快就会取得工作成果，而另一个群体则相反，这种情况也称之为确定时间上的差异。

（3）由于利益分配上的不信任和不合理的利益分配引起的冲突。利益分配是人类社会最古老的冲突，也是最根本的冲突。利益分配在项目管理中主要包括资源的分配和经济利益的分配。项目中的部门或单位为了完成自己各自的任务需要一定的资源，而项目资源以及可用于分配的利益是有限的，不可能满足所有部门或单位的需要，在一定时期内用于分配的收益和资源与实际需求或欲望之间往往存在很大的差距，于是群体之间争夺有限的资源和利益的冲突便发生了，这就难免造成某些部门没能获得利益满足，可能导致部门或单位之间的争执、争吵甚至攻击。由利益分配引起的群体或部门冲突，一是群体或部门对利益分配不信任；二是现实中的利益分配不合理。群体或部门对利益分配的不信任，一方面是以往利益分配不合理的结果，另一方面是其情感或意识上的原因。也正因为如此，不合理的利益分配是群体或部门冲突中最敏感的成因，它所引起的冲突往往具有很强的对抗性，冲突中的各方都不愿意放弃自己的利益立场。

（4）职责和权限划分不清，即组织结构上的功能缺陷引发的冲突。如对于不断发展而出现的新任务应该由哪个部门或单位承担，存在着不同的看法；尤其是一些麻烦事出现之后，部门或单位互相推诿，都认为不是自己职责范围内的事等。诸如这些职责、权限的不明确，都容易引起群体间的冲突。

(5)项目沟通不畅引起的冲突。信息沟通是项目赖以存在和发展的基础,通过项目沟通可以改变群体或个人的行为,从而对项目的运行产生积极作用。项目沟通不畅的情况有以下几种:其一,信息传递者在信息传递过程中,往往对自己所要传递的信息内容缺乏真正的了解和理解,或者信息本身就是模糊的,所以接收者最初接收的信息就是一种被曲解的信息。其二,因信息传递工具功能的障碍,或信息发送者与接受者因双方思想、认识方式等差异或动机不同而对信息内容产生误解。其三,信息接收者和传递者之间因互不信任、怀疑、敌对态度而引起对信息的歪曲和人为的破坏,或因恐惧、紧张等其他原因而造成曲解。

3. 个人与群体或部门之间的冲突

个人与群体或部门之间的冲突不仅包括个人与正式组织部门的规则制度要求及目标取向等方面的不一致,还包括个人与非正式组织团体之间的利害冲突。个人与群体或部门之间冲突的成因,主要表现在以下几方面。

1)个人目标与群体目标的差异

在项目中,个人目标与群体目标不是都能够同时实现的:有时,个人目标得到实现,群体目标则无法实现;有时,群体由于过多强调共同目标或部门目标,而忽视或不能兼顾个人目标,造成个人与群体或部门之间的冲突。

2)个人文化与群体文化的不同

每个项目都存在着两种文化,即个人文化与群体文化。个人文化主要是指一个人带入工作中的行为规范、态度、价值观念等,反映一个人的价值观和认知水平。它可以因一个人的价值观、工作哲学、愿意承担风险的程度、对权力和控制等欲望的高低不同而不同。群体文化则表现为个人工作的环境氛围,如专制官僚文化、民主型文化等。成功的项目管理希望团队成员个人的文化能够与群体的文化相一致,但是现实中由于诸多客观而难以克服的不良因素的作用,团队成员个人的文化与群体的文化匹配不协调的现象十分普遍。团队成员个人文化与群体文化匹配不协调的结果是成员与部门之间的配合不默契和低效率,以致产生冲突。

3)个体利益与群体利益的差异

在项目利益分配时,每个人都想得到更多的收益,对自己在分配中的所得总是不满足,于是个人与群体间的利益冲突便发生了,而且这种冲突无法避免。因为每个人都自觉不自觉地把自己放在最重要的位置上,总认为自己所做的事情是对项目完成最重要、最关键的工作,对项目的贡献比其他成员大。因此,他总对自己的获得存有不满,认为群体利益的分配是不合理的。

4. 项目与外部环境之间的冲突

项目与外部环境之间的冲突主要表现在项目与社会公众、政府部门、消费者之间的冲突。如,社会公众希望项目承担更多的社会责任和义务,集经济、社会、环境效益于一身,但项目在一定的社会发展时期受生产力发展水平的限制,其经济利益的取得,常常以损害环境质量或社会公众的其他利益为代价,于是项目与社会公众之间的冲突不可避免地发生。同样,项目的组织行为与政府部门约束性政策法规之间的不一致和抵触,项目与消费者之间发生的纠纷和冲突行为等都是项目与环境之间常见的冲突形态。

三、项目冲突的管理

项目冲突管理是从管理的角度运用相关管理理论来面对项目中的冲突事件,避免其负面影响,发挥正面作用,以保证项目目标的实现。

(一) 项目冲突管理的阶段

项目冲突管理一般包括项目诊断、项目冲突处理和项目冲突处理结果三个阶段。

1. 项目诊断

项目诊断是项目冲突管理的前提,是发现问题的过程。项目负责人在诊断过程中,要充分认识到冲突发生在哪个层面上,问题出在哪里,并做出在什么时候应该降低冲突或激发冲突的反应。

2. 项目冲突处理

项目冲突处理包括事前预防冲突、事后有效处理冲突和激发冲突三个方面。事前预防冲突包括事前规划与评估(如环境影响评估)、人际或组织沟通、工作团队设计、健全规章制度等,目的在于协调和规范各利害关系个人或群体的行为,建立组织间协调模式,鼓励多元化合作与竞争,强调真正的民众参与;事后冲突处理强调主客观资料收集、整理与分析,综合运用回避、妥协、强制和合作等策略,理性协商谈判,形成协议方案,监测协议方案执行,并健全冲突处理机制(包括行政、立法、司法等);激发冲突一般是通过改变组织文化、鼓励合理的竞争、引进外人、委任开明的项目负责人来实现的。

3. 项目冲突处理结果

对项目冲突的处理结果必然会影响组织的绩效,项目负责人必须采取相应的方法有效地降低或激发冲突,使项目内冲突维持在一个合理的水平上,从而带来项目绩效的提高。由于项目冲突具有性质的复杂性、类型的多样性和发生的不确定性等特征,因此对项目冲突进行管理就不可能千篇一律地使用一种方法或方式解决,而是必须对项目冲突进行深入的分析,采取积极的态度,选择适当的项目冲突管理方式,尽可能地利用建设性冲突,控制和减少破坏性冲突。

(二) 项目冲突管理

在项目中,管理者对处理冲突已有一定的经验,这些经验在许多场合中仍然十分有效。

1. 妥协

妥协是指要求冲突双方各退一步,以达成双方都可以接受的目标的一种方法。妥协是目前许多组织中最常用的方法之一。由于冲突双方实力相当,一时也难以辨别谁更有理,或者两者其实都有理,只是看问题的角度不同而已,管理者会要求双方达成妥协条件,各方都部分得到满足。最典型的例子是甲方要求增加投资 50%,乙方认为最多增加投资 30%,最后把 50% 加上 30%,除以 2,增加投资 40%。

有时妥协能很好地解决冲突,但要防止有些个体或群体知道领导者准会用妥协的方法,在冲突一开始就开出高价而占便宜。

2. 裁决

在项目冲突无法界定的情况下,冲突双方可能争执不下,这时可以由领导或权威机构经过调查研究,判断孰是孰非,仲裁解决冲突;有时对冲突双方很难立即做出对错判断,但又急需解决冲突,这时一般需要专门的机构或者专家(权威人士)做出并不代表对错的裁决。这种方式的长处是简单、省力;但是,这种方法中的权威者必须是一个熟悉情况、公正、明事理的人,否则会挫伤团队成员的积极性,影响项目目标的实现。

由于项目内的个体和群体往往不能经常进行相互间的沟通,因而在仲裁或裁决的时候,往往先将项目冲突的双方或代表召集到一起,让他们把冲突的原因和分歧讲出来,辨明是非。在此基础上,双方各提出自己的解决方案,最终选择或调整形成一个双方都能满意的方案。为什么这种解决问题的方法常常很奏效,其中有两个原因:一是把冲突双方召集在一起,能够使各方了解并不是只有他们自己才面临的问题;二是仲裁或裁决的会议可以作为冲突各方的一个发泄场所,防止产生其他冲突。研究表明,管理得较好的组织或项目倾向于面对面地处理冲突,而不是回避冲突。

3. 拖延

所谓拖延,是指面对冲突不予处理,等待其自然缓解或消除的一种方法。拖延也是管理者常用的一种方法,对涉及面较小、不会构成重大危害作用的轻微冲突,可采用拖延方法。但是,如果对目前看来微不足道,可是一经拖延,或者矛盾一经积累,会造成重大损失的冲突,不能采用拖延方法,要及时解决。

4. 和平共处

和平共处是指冲突双方求同存异,避免把矛盾公开化、加剧化的一种方法。一般没有重大原则差异的冲突可以用和平共处的方法来解决。管理者可以协助冲突双方分析各自的观点与立场,以及产生冲突的原因,然后协助冲突双方找出共同的地方,加以肯定。找出小差异的地方,通过协商来解决;找出大差异的地方,暂时拖延一下,但要避免公开化和加剧化。和平共处是解决一些冲突较好的方法。

5. 宣传

宣传是改变态度的有效方法之一。在冲突中,许多人都是由于态度不同而造成对事物的看法不同,要转变冲突双方的态度,缓解和消除冲突,选用宣传方法是明智的。可以请冲突双方转换一下角色,从对方的角度来看一下问题;也可以请有关的权威来解释一下事物的真相,使双方用较客观的态度来审核一下原来的观点是否有偏差;也可以组织冲突双方坐下来,请双方心平气和地谈谈为何会有这种认识;也可以告诉冲突双方,其他人、其他群体或其他组织以前是如何解决这类冲突的。宣传几乎可以用在一切冲突中,但是有些管理者由于种种原因,不擅长使用宣传方法,以至于使宣传不能收到良好的效果。

6. 转移目标

当冲突激烈,又无其他适当解决办法时,转移目标是一种可以选用的方法。所谓转移目标,是指寻找一个外部竞争者,把冲突双方的注意力转移到第三者身上来缓解或消除冲突的一种方法。比如,工程部和发展部都在互相埋怨对方占用的资金太多,以至于本部门的经费不够。总经理开始引导他们转移目标,只要争取到下一位有实力的客户,经费问题就可以迎刃而解了。这时,工程部和发展部都把目标对准如何获得下一位有实力的客户方面,消除了彼此的冲突。在运用转移目标方法时,一定要注意消除冲突双方固有的冲突因素,否则第三者消失后,冲突双方的冲突因素又会成为主要矛盾,管理者还是要回过头来解决这些问题。

7. 压制

压制冲突是指由上级用行政命令来限制冲突的一种方法。由于压制冲突没有真正消除冲突的根源,虽然一时由于冲突双方限于上级的权势而停止冲突,但一旦时机成熟又会爆发冲突。另外,就算不爆发冲突,冲突的一方或双方会觉得处理不公平,积极性受到打击而影响工作。因此,压制冲突应尽量少用,一旦暂时用了,日后要想办法解决冲突的根源。

复习思考题

1. 试述工程项目组织协调的常用方法。

2. 试述如何克服项目沟通的障碍,进行有效沟通。

3. 如果你是一个工程项目经理,试举例说明如何解决冲突,如何做好沟通协调。

第十五章　水利工程项目信息管理

第一节　水利工程项目信息管理概述

信息是各项管理工作的基础,是科学决策的重要依据,项目管理人员只有及时掌握完整、准确、满足需要的信息,才能使管理工作有效地起到计划、组织、控制和协调的作用。工程项目信息管理是工程项目管理机构在明确工程项目信息流程的基础上,通过对各个系统、各项工作和各种数据的管理,使工程项目信息能方便和有效地获取、存储、存档、处理和交流。工程项目信息管理的目的旨在通过对信息的有效组织管理和控制,为工程项目建设提供增值服务。因此,工程项目管理人员应充分重视信息管理工作,掌握工程项目信息管理的理论、方法和手段。

一、信息的含义和特征

(一)信息的含义

信息指的是用口头方式、书面方式或电子方式传输(传达、传递)的知识、新闻或情报。声音、文字、数字和图像等都是信息表达的形式。工程项目信息是指反映和控制工程项目管理活动的信息,包括各种报表、数字、文字和图像等。

信息是将数据进行加工处理转换的结果。数据是用来记录客观事物的性质、形态、数量和特征的抽象符号,包括文字、数字、图形、声音、信号和语言等。同一组数据可以按不同要求,将其加工成不同形式的信息。

信息的接收者根据信息对当前或未来的行为做出决策。信息管理是指对信息的收集、加工、整理、存储、传递与应用等一系列工作的总称。工程项目信息管理就是通过合理组织和控制信息,使决策者及时、准确地获得相应的信息。

工程项目信息资源的组织与管理是在工程项目决策和实施的全过程中,对工程项目信息的获取、存储、存档、处理和交流进行合理的组织与控制。工程项目信息包括在项目决策过程、实施过程和运行过程中产生的信息,以及其他与项目建设有关的信息,包括项目的组织类信息、管理类信息、经济类信息、技术类信息和法规类信息。项目组织类信息包含所有项目建设参与单位、项目分解信息、管理组织信息等。项目管理类信息包括项目投资管理、进度管理、合同管理、质量管理、安全管理等各方面信息。项目经济类信息包括资金使用计划,材料、设备和人工市场价格等信息。项目技术类信息包括国家或地区的技术规范标准、项目设计图纸、施工技术方案等信息。项目法规类信息包括国家或地方的建设程序法规等。项目信息分类可以有很多方法,可以按照信息来源、信息的管理职能、信息的稳定程度等进行划分。

(二)信息的特征

1.信息的准确性

信息应客观真实地反映现实世界的事物。通过感官识别信息是直接识别,通过其他各种探测手段识别信息则是间接识别。信息的准确性要求识别、传送和储存时不失真。

2.信息的有效性

信息是一种资源,用来辅助决策的信息资源的利用价值因人、因事、因时和因地而异,信息资源的价值与不同的时空和用户有关。信息是有生命周期的,在生命周期内,信息有效。为了保证信息有效,要求配备快速传递消息的通道,信息流经处理的道路最短,中间的停顿最少。人的社会分工不同,对信息的要求就不同。信息接收者对分工范围内的相关信息感兴趣,认为是有效信息,对分工范围外的信息不感兴趣,认为是无效信息。

3.信息的共享性

利用网络技术和通信设备可实现信息的共享性,在许多单位、部门和个人都能使用同样的信息,这样可以保证各个部门使用信息的统一性,保证决策的一致性。信息传递可通过报纸、杂志、报告和各种文件等多种媒体来实现,借助于数据管理技术和计算机网络技术,使人类社会进入了信息资源充分共享的时代。

4.信息的可存储性

信息是多种多样的,相应地产生多种存储方式。信息的可存储性表现在要求存储信息的内容真实,要求存储安全而不丢失,要求在较小的空间中存储更多的信息,要求在不同的形式和内容之间很方便地进行转换和连接,要求对已存储的信息能以最快的速度检索出所需的信息。

5.信息的系统性

信息构成是整体的、全面的,信息的运动是连续的,信息发生先后之间存在一定的关系,在时间上是连贯的、相关的和动态的。可以利用过去的信息分析现在,从现在和过去预测未来,需要连续收集信息、存储信息和快速进行信息检索,信息具有系统性。

二、工程项目中的信息流

工程项目的实施过程中不断产生大量信息。项目信息在管理组织机构内部上下级之间和项目管理组织与外部环境之间的流动,称为信息流。在项目实施过程中,通常包括如下几种主要流动。

(一)工作流

工作流构成项目的实施过程和管理过程,主体是劳动力和管理者。任务书确定了项目所有工作的实施者,通过项目计划具体安排实施方法、实施顺序、实施时间及实施过程中的协调。这些工作在一定时间和空间上实施,形成项目的工作流。

(二)物流

物流表现出项目的物资生产过程。工作的实施需要各种材料、设备、能源,由外界输入,经过处理转换成工程实体,得到项目产品,形成项目的物流。

(三)资金流

资金流是项目实施过程中价值的运动。从资金变为库存的材料和设备,支付工资和工程款,转变为已完工程,投入运营作为固定资产,通过项目的运营取得收益,形成项目的资金流。

(四)信息流

工程项目的实施过程不断产生大量信息,这些信息随着上述几种流动过程按一定的规律产生、转换、变化和被使用,被传送到相关部门,形成项目实施过程中的信息流。工程项目信息流程反映了工程项目建设过程中各参与部门、单位之间的关系。项目管理者设置目标、进行决策、制订各种计划、组织资源供应,领导、指导、激励、协调各项目参加者的工作,控制项目的实施过程都依据信息来实施;通过信息了解项目实施情况,发布各种指令,计划并协调各方面的工作。信息流对工程项目管理有重要的意义。信息流将项目的工作流、物流、资金流、各个管理职能、项目组织、项目与环境结合在一起,不仅反映而且控制并指挥着工作流、物流和资金流。所以,项目管理人员应明确项目信息流程。项目中的信息流包括两个主要的信息交换过程。

1. 项目与外界的信息交换

项目作为一个开放系统,与外界有大量的信息交换。

(1)由外界输入的信息。如市场状况信息、物价变动信息、环境信息,以及外部系统给项目的干预、对项目的指令等。

(2)项目向外界输出的信息。如项目状况的报告、请示、要求等。

2. 项目内部的信息交换

项目实施过程中项目组织者因进行沟通而产生的大量的信息。项目内部的信息交换主要包括正式的信息渠道和非正式的信息渠道。信息在组织机构内按组织程序流通,属于正式的沟通。

正式的信息渠道包括的信息流如下:

(1)自上而下的信息流。通常决策、指令、通知、计划是由上向下传递,但传递过程并不是一般的翻印,而是进行逐渐细化、具体化,一直细化到基层,成为可执行的操作指令。

(2)由下而上的信息流。通常各种实际工程的情况信息,由下逐渐向上传递,传递不是一般的叠合,而是经过逐渐归纳整理形成的逐渐浓缩的报告。通常信息太详细会造成处理量大、没有重点,容易遗漏重要说明;而太浓缩又存在对信息的曲解,或解释出错的问题。

(3)横向或网络状信息流。按照项目管理工作流程设计,各职能部门之间存在大量的信息交换,如技术人员与成本员、成本员与计划师、财务部门与计划部门等之间存在的信息流。在信息技术高度发达的今天,人们已越来越多地通过横向和网络状沟通渠道获得信息。

第二节　水利工程项目信息管理系统

工程项目信息管理系统是信息、信息流通和信息处理各方面的总和,能将各种管理职能和管理组织沟通起来。建立工程项目信息管理系统,是工程项目管理者的责任,也是完成工程项目管理任务的前提。工程项目信息管理系统应方便项目信息输入、加工与存储,应有利于用户提取信息,及时调整数据、表格与文档,应能灵活补充、修改与删除数据,应能使施工准备阶段的管理信息、施工过程项目的管理信息、竣工阶段的信息等有良好的接口。工程项目信息管理系统主要包括信息的收集、加工整理、存储、检索和传递。

一、工程项目信息的收集

工程项目信息收集是收集项目决策和实施过程中的原始数据,信息管理工作的质量很大程度上取决于原始资料的全面性和可靠性。建立一套完善的信息采集制度具有重要的意义。

(一)建立、完善工程项目信息采集制度

项目组织应建立项目信息管理系统,及时收集信息,将信息准确、完整地传递给使用单位和人员,优化信息结构,实现项目信息化管理。项目经理部应配备信息管理员,负责收集、整理、管理本项目范围内的信息,为预测未来和决策提供依据。项目信息收集应随工程的进展进行,经有关负责人审核,保证及时、准确、真实。

基于现代信息技术的信息电子化、现场感知技术和网络技术,极大地丰富了信息收集手段,提高了信息收集效率。

(二)工程项目建设前期的信息收集

工程项目在正式开工之前,需要进行大量的工作,产生大量的文件,包括设计任务书、设计文件、招标投标合同文件等有关资料。

设计任务书是确定工程项目建设规模、建设布局和建设进度等原则问题的重要文件,也是编制工程设计文件的重要依据。项目信息包括项目建议书,可行性研究报告,项目建设上级单位和政府主管部门对工程项目的要求与批复,项目建设用地的自然、社会、经济环境等一系列有关信息资料。

工程项目的设计任务书经建设单位审核批准后,需委托工程设计单位编制工程设计文件。在工程项目进行设计前,工程设计单位一般要收集社会及建设地区的自然条件资料调查情况(如河流、水文、水资源、地质、地形、地貌、气象等资料)、工程技术勘测调查情况(如修建水库水电站,对已选定的坝址做进一步调查勘探,对岩土基础进行分析试验。如利用当地材料建坝,对各种石料的性质进行试验分析等)、技术经济勘察调查情况(工程建设地区的原材料、燃料来源,水电供应和交通运输条件,劳力来源、数量和工资标准等资料)。对于大型工程项目,项目设计通常有如下三个阶段:初步设计、技术设计和施工图设计。各阶段均有大量的技术、经济等相关信息。

工程项目的招标文件由建设单位编制或委托咨询单位编制。在招标投标过程中及在决标后,招标投标文件及其他文件将形成一套对工程建设起制约作用的合同文件。在招标投标文件中包含建设单位所提供的材料供应、设备供应、水电供应、施工道路、临时房屋、征地情况等,承建单位所投入的人力、机械方面的情况,工期保证、质量保证、投资保证、施工措施和安全保证等。

工程项目建设前期除以上各个阶段产生的各种文件资料外,还包括上级单位对工程项目的批示和有关指示、征用土地等重要的文件信息。

(三)工程项目施工期的信息收集

工程项目在整个工程施工阶段,包含建设单位提供的信息、承包方提供的信息、工程监理的记录信息等各种信息,需要及时收集和处理。项目施工阶段是大量信息发生、传递

和处理的阶段。

建设单位作为建设项目的组织者,在施工中要依据合同文件规定提供相应的条件,表达对工程各方面的意见和要求,下达某些指令。建设单位及建设单位的上级单位在建设过程中对工程建设的各种有关进度、质量、投资、合同等方面的意见和指令,都是工程建设过程中的重要信息。

承包方在施工中必须经常向上级部门、设计单位、监理单位及其他方面发出某些文件,传达一定的内容,向工程监理单位报送施工组织设计、报送计划、单项工程施工措施、质量问题报告等。工地现场监理机构的记录包括工地工程师的监理记录、工程质量记录、竣工记录等内容。在施工现场发生的各种情况中,工程建设的各参与单位按照自身项目管理工作进行收集和整理,汇集成丰富的信息资料。

(四)工程竣工阶段的信息收集

工程竣工按照要求验收大量有关的信息资料。信息资料一部分是在整个施工过程中积累形成的,一部分是在竣工验收期间根据资料整理分析形成的。完整的竣工资料应由承包单位编制,经工程监理单位和相关方面审查后,移交建设单位,通过建设单位移交项目管理运行单位及有关的政府主管部门。

二、工程项目信息的加工整理

为了有效地控制项目的投资、进度和质量,提高工程建设的效益,应在全面、系统收集项目信息的基础上,对收集来的信息资料进行加工整理。通过对资料和数据进行整理与分析,应用数学模型统计推断可以产生决策的信息,预测项目建设未来的进展状况,为项目管理做出正确的决策提供可靠的依据。

比如,工程价款结算一般按月进行,对投资完成情况进行统计、分析,在统计分析的基础上做一些预测。每月、每季度应对工程进度进行分析,做出综合评价,包括当月工程项目各方面的实际完成量,与合同规定的计划数量之间的比较。如果拖后,应分析原因,找出存在的主要问题,提出解决的意见。又如,工程项目信息管理应系统地将当月施工中的各种质量情况进行归纳和评价,对工程质量控制情况提出意见。

三、工程项目信息的检索和传递

无论是存入档案库,还是存储在计算机存储器的信息资料,为了查找的方便,都要拟定一套科学的查找方法和手段,做好分类编目工作。完善健全的检索系统,使报表、文件、资料、人事和技术档案既保存完好,又方便查找;否则,会使资料杂乱无章,无法利用。信息是在工程项目信息管理工作的各部门、各单位之间传递,通过传递,形成各种信息流。畅通的信息流,将通过报表、图表、文字、记录、会议、审批及计算机等传递形式和手段,不断地将工程项目信息完整、准确地输送到项目建设各方手中,成为他们进行科学决策的依据。图15-1为某工程智慧工地指挥中心,也是信息收集和分发中心。

工程项目信息管理的目的是更好地使用信息,为管理决策服务。经过加工处理好的信息,要按照需要和要求提供给项目管理工作使用。信息检索和传递的使用效率与使用

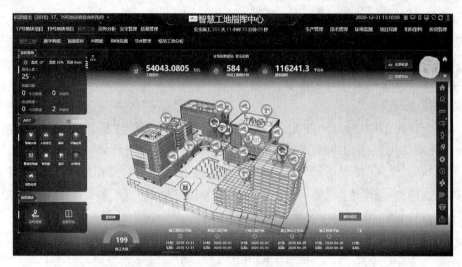

图 15-1　智慧工地控制平台界面

质量随着计算机的普及而提高。存储于计算机中的数据,已成为各个部门所共享的信息资源。因此,利用计算机进行信息的加工、储存、检索和传递,是更好地使用信息的前提。可以利用计算机存储量大的特点,集中存储与工程项目有关的各种信息,使工程项目管理工作流程程序化、记录标准化、报告系统化,实现高效、快速的信息管理。利用计算机运算速度快的特点,及时、准确地加工处理项目所需要的各种数据,形成文字、图表、图像等,在工程项目管理中可及时发现问题,检查项目的实施情况,做出调整或规划的决策。随着科学技术的发展,在工程项目信息管理工作中,计算机应用的范围和程度越来越广,可帮助实现工程项目管理工作的标准化、规范化和系统化。

第三节　BIM 技术及其在水利工程项目管理中的应用

一、BIM 应用概述

BIM 是建筑信息模型(Building Information Modeling)的英文简称,最初由建筑行业提出,后逐渐拓展到整个工程建设领域。BIM 以三维数字技术为基础,集成了工程项目各种相关信息,最终形成工程数据模型,是对工程项目设施实体与功能特性的数字化表达。BIM 具有单一工程数据源,可解决分布式、异构工程数据之间的一致性和全局共享问题,支持建设项目全生命周期中动态的工程信息创建、管理和共享;同时是一种应用于设计、建造、管理的数字化方法,这种方法支持工程项目集成管理环境,可以使工程项目在其整个进程中提高效率并减少风险。BIM 的定义由三部分组成:

(1)BIM 是一个设施(建设项目)物理和功能特性的数字表达。

(2)BIM 是一个共享的知识资源,是一个分享有关这个设施的信息,为该设施从建设到拆除的全生命周期中的所有决策提供可靠依据的过程。

(3)在项目的不同阶段,不同利益相关方通过在 BIM 中插入、提取、更新和修改信息,以支持和反映其各自职责的协同作业。

建筑信息模型(BIM)是以建筑工程项目的各项相关信息数据作为模型的基础,进行建筑模型的建立,通过数字信息仿真模拟建筑物所具有的真实信息,有如下特性:①可视化;②协调性;③模拟性;④优化性;⑤可出图性。

BIM 贯穿于建设项目全生命周期,可以用于工程项目的全生命周期管理(见图 15-2)。

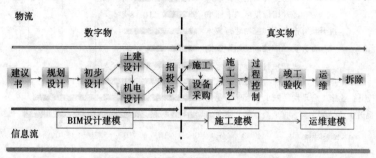

图 15-2　BIM 技术全生命周期管理

二、水利水电工程 BIM 模型构建的基本规定

水利水电 BIM 设计联盟(The Bim Union of China Water Conservancy and Hydropower,CWHBIM,以下简称联盟)是由中国水利水电勘测设计协会(以下简称"中水勘协")的会员单位发起成立的非营利组织,旨在推动 BIM 技术在水利水电行业的发展,为成员单位及行业服务,紧密结合国家和行业发展需要,建立水利水电 BIM 生态圈,推进水利水电行业 BIM 应用。联盟作为水利水电行业唯一的 BIM 专业性组织,在中水勘协的领导下,组织编制完成了《水利水电 BIM 标准体系》(以下简称《标准体系》)。

依据《标准体系表编制原则和要求》(GB/T 13016—2009)、《水利技术标准体系表》(2014 版)、《水电行业技术标准体系表》(2016 版)、《水利水电勘测设计技术标准体系》(2015 版)等文件,联盟在充分调查研究国内外相关标准的基础上,结合水利水电行业 BIM 技术应用现状和发展需求,按照突出重点、分步实施的原则,最终形成着眼于水利水电工程全生命周期 BIM 应用,聚焦于通用及基础标准和规划及设计标准,兼顾建造与验收标准和运行维护标准的《标准体系》。水电工程信息模型设计交付可分为设计阶段的交付和面向应用的交付,设计阶段的交付可分别按预可行性研究、可行性研究、招标设计、施工详图设计等阶段进行。设计阶段的交付应满足各阶段设计深度的要求;面向应用的交付宜包括水电工程全生命期内有关设计信息的各项应用,信息模型应满足应用需求。

水利水电行业 BIM 技术应用起步较晚,水电工程信息模型(Building Information Model for Hydropower Project)在水电工程全生命期应用所产生的数字化模型,由几何信息和非几何信息组成,简称信息模型。信息化的技术方法还在探索中,应用经验也还不足,为了 BIM 技术在水利水电行业的全面推广应用,参考借鉴国内外相关 BIM 标准,结合水利水电工程特点和行业发展需求,构建水利水电 BIM 标准体系,做好水利水电 BIM 标准顶层设计,统一指导、规范 BIM 技术应用是十分必要和重要的。各使用企业最想得到 BIM 的应用价值调查结果如图 15-3 所示。

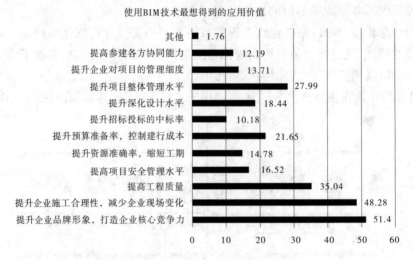

使用BIM技术最想得到的应用价值

图 15-3　BIM 技术应用价值调查结果

　　水电工程信息模型设计交付应包含交付准备、交付物和交付协同等方面。水电工程信息模型设计交付应根据已建立的信息模型输出交付物,交付协同应以交付物为依据,工程各参与方应基于协调一致的交付物进行协同,设计交付及交付协同宜采用交付平台或电子存储介质完成,实现交付物及相关资源的共享和交换,交付物的来源、传递、存储及使用应遵守国家现行有关法律法规及信息安全的相关要求。

　　水电工程信息模型交付准备过程中,应根据项目需求、执行计划、交付深度、交付物形式、交付协同要求确定模型架构和选取适宜的模型精细度;水电工程信息模型的精细度应以模型单元的几何表达精度和信息深度进行描述,可使用二维图形、文字、文档、多媒体等补充和增强表达设计信息;水电工程信息模型应由模型单元组成,交付过程应以模型单元作为基本对象,当模型单元的几何信息和属性信息不一致时,应优先采信属性信息。

三、模型架构和精细度

(一)水电模型分级、精度要求

　　水电工程信息模型所包含的模型单元应分级建立,可嵌套设置,分级应符合表 15-1 的规定。

表 15-1　模型单元的分级

序号	模型单元分级	模型单元用途
1	项目级模型单元	承载项目、子项目或局部工程对象信息
2	功能级模型单元	承载完整功能的系统或空间信息
3	构件级模型单元	承载单一的构配件或产品信息
4	零件级模型单元	承载从属于构配件或产品的组成零件或安装零件信息

水电工程信息模型包含的最小模型单元应由模型精细度等级衡量,模型精细度基本等级划分应符合表15-2的规定,根据工程项目的应用需求,可在基本等级之间扩充模型精细度等级。

表15-2　水电工程信息模型精细度等级划分

等级	英文名	简称	所包含的最小单元模型
1.0级模型精细度	Level of model definition 1.0	LOD 1.0	项目级模型单元
2.0级模型精细度	Level of model definition 2.0	LOD 2.0	功能级模型单元
3.0级模型精细度	Level of model definition 3.0	LOD 3.0	构件级模型单元
4.0级模型精细度	Level of model definition 4.0	LOD 4.0	零件级模型单元

水电工程信息模型中工程地质类模型单元的建模要求应符合现行《水电工程三维地质建模技术规程》(NB/T 35099)的相关规定。水电工程信息模型中有关建筑工程类的模型交付要求应符合现行《建筑信息模型设计交付标准》(GB/T 51301)的相关规定。

水电工程信息模型应包含下列内容:①模型单元几何信息及几何表达精度;②模型单元属性信息及信息深度;③模型单元的关联关系;④属性值的数据来源。

模型单元的建模精度要求,应选取适宜的几何表达精度呈现模型单元几何信息:①在满足设计深度和应用需求的前提下,应选取较低等级的几何表达精度;②不同的模型单元可选取不同的几何表达精度;③几何表达精度的等级划分应符合表15-3的规定。

表15-3　水电工程信息模型几何表达精度的等级划分

等级	英文名	简称	几何表达精度要求
1级几何表达精度	Level 1 of geometric detail	G1	满足二维化或者符号化识别的需求
2级几何表达精度	Level 2 of geometric detail	G2	满足空间占位、主要颜色等粗略识别的需求
3级几何表达精度	Level 3 of geometric detail	G3	满足建造、安装、采购等精细识别的需求
4级几何表达精度	Level 4 of geometric detail	G4	满足高精度渲染展示、产品管理、制造加工准备等高精度识别的需求

模型单元的属性信息应符合下列规定:①应选取适宜的信息深度体现模型单元属性信息。②属性应分类设置。③属性宜包含中文字段名称、编码、数据类型、数据格式、计量单位、值域、约束条件,交付表达时,应至少包括中文字段名称、计量单位。④属性值应根据设计阶段的发展逐步扩充而逐步完善,并应符合下列规定:应符合唯一性原则,即属性值和属性应一一对应,在单个应用场景中属性值应唯一;应符合一致性原则,即同一类型的属性、格式和精度应一致。

模型单元属性信息深度等级的划分应符合表15-4的规定。

表 15-4　水电工程信息模型属性信息深度的等级划分

等级	英文名	简称	信息深度要求
1 级信息深度	Level 1 of information detail	N1	宜包含模型单元的身份信息、项目信息、定位信息
2 级信息深度	Level 2 of information detail	N2	宜包含和补充 N1 等级信息,增加构造尺寸、组件构成、关联关系
3 级信息深度	Level 3 of information detail	N3	宜包含和补充 N2 等级信息,增加技术信息、建造信息
4 级信息深度	Level 4 of information detail	N4	宜包含和补充 N3 等级信息,增加资产信息和维护信息

　　水电工程信息模型应包含设计阶段交付所需的全部设计信息。水电工程信息模型应基于模型单元进行信息交换和迭代,并应将阶段交付物存档管理。水电工程信息模型可索引其他类别的交付物,交付时,应一同交付,并应确保索引路径有效。

(二)面向交付 BIM 协同

　　模型实施过程应由信息模型提供方完成,要达到如下应用类别与目标(见表 15-5),并应符合下列规定:①应根据应用需求文件制订信息模型执行计划;②应根据执行计划建立信息模型。

表 15-5　主要应用类别

代号	应用类别	应用目标
R1	性能化分析	各阶段有关工程安全、使用性能的模拟
R2	设计效果表现	表达设计思想的视觉效果
R3	冲突检测	对不同模型单元的空间冲突进行检测和消除
R4	管线综合	对水力机械、给排水、电气、暖通空调等进行统一的空间排布,在满足系统安装要求的基础上优化空间布局
R5	项目审批	项目基本建设程序中的各个审批环节
R6	投资管理	项目基本建设程序中的投资管理
R7	招标投标	项目基本建设程序中的各类招标和投标环节
R8	施工组织	项目建造过程中施工作业组织、施工工艺仿真等
R9	质量管理	项目设计和建造过程中的质量管理
R10	成本管理	项目设计和建造过程中的成本管理

续表 15-5

代号	应用类别	应用目标
R11	进度管理	项目设计和建造过程中的进度管理
R12	安全管理	项目设计和建造过程中的安全管理
R13	构配件、预制件生产	构配件、预制件的加工和装配
R14	竣工交付	项目设计和建造的竣工移交
R15	物资管理	构配件、设备和材料的采购
R16	资产管理	建筑物及机电设备的资产管理
R17	运行和维护	建筑物及机电设备的运行和维护

模型交付过程应由提供方和应用方共同完成,并应符合下列规定:①提供方应根据项目需求文件向应用方提供交付物;②应用方应复核交付物及其提供的信息,并应提取所需的模型单元形成应用数据集;③应用方可根据信息模型的设计信息创建应用模型,应用模型创建和使用过程中,不应修改设计信息;④模型设计信息的修改应由提供方完成,并应将修改信息提供给应用方。

面向应用的交付,应用需求文件应作为交付物,并应包含下列内容:①信息模型的应用类别和应用目标;②采用的编码体系名称和现行标准名称;③模型单元的模型精细度、几何表达精度、信息深度,并列举必要的属性及其计量单位;④交付物类别和交付方式。

(三)BIM 技术的交付平台要求

交付平台应满足水电工程设计阶段和面向应用的交付协同要求,并能为施工、运维等阶段提供基础数据;交付平台应兼容常用软件的数据格式,并便于与其他系统集成;交付平台应符合国家网络与信息安全的要求。

交付平台建设要求:①宜具备模型校验、集成、存储、展示、查询、统计等功能;②应建立和维护各交付物之间的关联关系;③宜实现水电工程信息模型交付的可视化集成;④宜根据使用场景和用途,支持多种终端应用;⑤应支持文件名、编码等对象信息的浏览、检索。

(四)框架层次设置

根据标准的内在联系特征及水利水电工程的特点,水利水电工程 BIM 标准体系由三个部分组成(见图 15-4)。

第一部分为水利水电工程 BIM 数据标准。为实现水利水电建设项目全生命周期内不同参与方与异构信息系统间的互操作性,用于指导和规范水利水电工程 BIM 软件开发,面向 IT 工具的标准。共设置 4 项标准:水利水电工程信息模型数据字典库、水利水电工程信息模型分类和编码标准、水利水电工程信息模型存储标准和水利水电工程信息模型交换标准。

第二部分为水利水电工程 BIM 应用标准,是指导和规范水利水电工程专业类及项目类 BIM 技术应用的标准。根据水利水电工程特点和对 BIM 技术的应用需求,分为"T 通

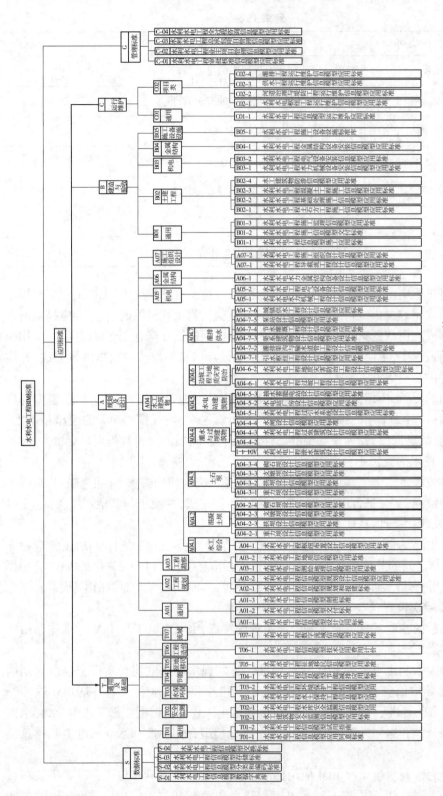

图 15-4　水利水电工程 BIM 标准体系

用及基础""A 规划及设计""B 建造与验收""C 运行维护"四个类别,共设置62项标准。

(1)"T 通用及基础"包括7个专业分支:"T01 通用""T02 安全监测""T03 水保环保""T04 节能""T05 征地移民""T06 工程造价""T07 流域",共设置10项标准。

(2)"A 规划及设计"包括7个专业分支:"A01 通用""A02 工程规划""A03 工程勘察""A04 水工建筑物""A05 机电""A06 金属结构""A07 施工组织设计",共设置36项标准。

(3)"B 建造与验收"包括5个专业分支:"B01 通用""B02 土建工程""B03 机电""B04 金属结构""B05 施工设备设施",共设置11项标准。

(4)"C 运行维护"包括2个专业分支:"C01 通用""C02 项目类",共设置5项标准。

第三部分为水利水电工程 BIM 管理标准,是指导和规范水利水电工程项目管理 BIM 技术应用的标准。共设置4项标准:水利水电工程审批核准信息模型应用标准、水利水电工程业主项目管理信息模型应用标准、水利水电工程总承包项目管理信息模型应用标准、水利水电工程全过程咨询信息模型应用标准。

(五)标准体系编号

对列入体系的每项 BIM 标准,均赋予唯一的"标准体系编号"。"标准体系编号"由"标准体系分类号"和"标准顺序号"组成,中间用"-"隔开(见图15-5)。

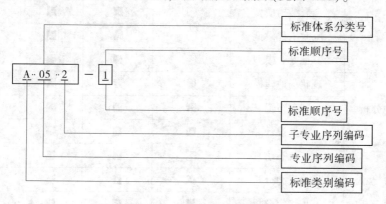

图15-5 项目编码示意图

"标准体系分类号"由"标准类别编码""专业序列编码""子专业序列编码"组成,采用英文字母与阿拉伯数字混合编号形式,即"标准类别编码"以一个大写正体英文字母表示;"专业序列编码"和"子专业序列编码"以数字表示,中间用"-"隔开。子专业序列是在专业序列的基础上按照普遍的水利水电行业细化的专业分类。

"标准顺序号"是在相应子专业序列下的某 BIM 应用标准的排号,以阿拉伯数字表示。

四、BIM 模型的构建

水利工程设计选型独特,CAD 设计图纸信息繁多,需要专业人员解析才能获得工程三维形态,且图纸修改过程复杂,设计人员协同困难,使得设计周期增长,设计质量难以控制。BIM 作为一种集成建筑完整数字化信息的三维框架,能够实现水利工程可视化查询和设计的关联修改。水利工程施工技术复杂,工程质量难以保证,运用 BIM 技术对关键节点进行施工放样,能有效指导现场工人科学有序施工,从而提高工程质量,减少返工,缩短工期,便于施工交底和后期的运营管理。再者,水利工程地形条件复杂,在施工前期需要大量的挖、填土方,土方量计算是否精确关系到水利工程最终造价是否准确。运用 BIM 技术对水利工程进行地形和相关建筑物的建模,实现水工建筑物可视化查询和关键节点质量控制,简化施工总布置优选过程,同时,在此过程中完成快速精确计算土方量,使工程管理与信息技术高度融合,对于提高水利工程信息化率、方便后期运行管理具有重要意义。BIM 模型的构建是运用 BIM 技术对建设项目进行信息管理的前提,研究为了实现水利工程项目完整的数字化查询,对项目的地形和水工建筑物分别进行 BIM 模型的构建。

BIM 建模的过程,也是对工程项目进行拆分、组合的过程,通过项目分解,进行族库的规划、建模规划、所要进行项目管理维度(nD)的规划。各阶段 BIM 模型精度要求如表 15-6 所示。

表 15-6　水电工程各阶段 BIM 模型精度要求

序号	应用项	应用子项	预可行性研究	可行性研究	招标设计	施工图设计
1	模型创建	勘测模型	■	■	■	■
		水工模型	■	■	■	■
		机电模型	□	■	■	■
		金属结构模型	□	■	■	■
		临时工程模型	□	■	■	■
		其他专业模型	□	■	■	■
2	场地分析	现状场地建模	■	■	■	■
		工程布置	■	■	■	■
		开挖设计	■	■	■	■
3	仿真分析	水流流态仿真	□	■	■	□
		结构受力分析	■	■	■	■
		基础稳定分析	■	■	■	■
		应急预案仿真模拟	□	■	■	■
		洪水淹没仿真	□	■	■	■
4	方案比选优化	设计方案比选及优化	■	■	□	—
5	可视化应用	虚拟仿真漫游	■	■	■	■
		可视化校审	■	■	■	■
		可视化设计交底	■	■	■	■
6	碰撞检测	碰撞检测、空间分析	■	■	■	■
7	模型出图	设计表达(出图)	■	■	■	■
8	工程算量	工程量统计	■	■	■	■

注:表中"■"表示基本应用,"□"表示可采用,"—"表示该阶段不适用。

BIM 建模采用 BIM 软件,结合各专业图纸严格按照设计构建 BIM 模型,在建模过程中发现的图纸问题,要对图号、轴网等进行详细记录。经相关单位同意后,对原设计错漏问题进行修改的,修改前后模型都应保留。

五、BIM 模型质量审核

BIM 模型建成以后,要进行质量审核。审核内容包括:①模型是否达到最初设定的建模标准;②构件定位是否准确;③关键节点是否与图纸一致。

第四节　新基建视角下水利工程项目管理

一、水利工程领域的新基建现状

相比传统的基建,"新基建"是立足于高新科技的基础设施建设,主要包括 5G 基建、特高压、城际高速铁路和城市轨道交通、新能源汽车充电桩、大数据中心、人工智能、工业互联网等七大领域。值得一提的是,在整个新基建项目中,5G 基建、大数据中心、人工智能作为近几年最热的技术领域,毫无疑问成为谈论最多的话题。

"新基建"的"新",不应仅仅指的是"新兴产业"的"新",只要能够发掘出基建领域的新增长点,便能够被纳入"新基建"的范畴。因此,"新基建"的概念也适用于传统的基建领域。我们可以将发掘传统基建领域新增长的过程,称为对传统基建的"补短板"。而这"补短板"可从两方面入手:

一是发展传统基建领域的新兴细分子行业,如交通运输短板领域的冷链物流、能源行业短板领域的特高压和充电桩、民生基建领域的公共卫生和医疗等。

二是乘城市群建设东风,满足城市群对基础设施建设的新需求。随着我国城市群建设的推进,长三角、粤港澳、京津冀等多个城市群将对轨道交通、城际铁路、教育、医疗等基础设施产生广阔需求。

在智慧水利工程建设方面,大力推进江河湖库以及涉水工程全面感知体系建设,实施防汛抗旱监测预警智慧化工程,构建全覆盖、全时空、全天候、全要素、全生命周期的一体化水利智能感知与一体化应用体系。建设互联、高速、可靠的水利信息网,构建覆盖全省各级水利行政主管部门、各类水利工程管理及涉水单位全面互联互通的水利网络大平台,实现省、市、县、镇四级水利网点和各类涉水节点的高速网络全覆盖。建立水利大数据中心和共享平台,加快推进水利业务数据互联互通和"一数一源",重点推进水利大数据智能应用、水利"一张图"(见图 15-6)建设信息平台、大数据中心。推进水利专业数据汇集、共享,构建创新协同的水利大数据智能应用体系。构建面向整个区域节水、供水、防洪潮、防台风、水生态、河湖管理等业务的水安全智能应用体系。几年内,大江大河和重要水利工程管理要基本实现数字化、网络化、可视化和管控智能化。

二、水利工程项目建设信息化——智慧工地

智慧工地是由智慧城市概念细化而来的,在建筑行业信息化、数字化、智能化水平逐

图 15-6 智慧水利一张图

渐提升的情况下,以施工过程管理为出发点,围绕人、材、机、法、环等关键因素,通过三维设计平台建立起协同、智能、科学的项目信息化生态圈,使工地现场感知互通,并将人工智能、传感技术、虚拟现实等信息技术和工地现场相连,形成普遍的互联。智慧工地可以说是 BIM 技术和信息技术的结合,而 BIM 技术可以说是构建智慧工地建设的基础。通过 BIM 技术可以建立虚拟的三维可视化模型、生成进度计划、进行漫游分析和管道碰撞等,对于智慧工地构建起着极为重要的作用。

(一)智慧工地问题分析

建筑业作为我国国民经济的支柱行业,在获取巨大成果的同时,建筑业总体上还保留着传统的建造方式和粗放的经营方式,是一个安全事故多发的高危行业。建筑工地的项目管理存在的问题可总结为几个方面,如图 15-7 所示。

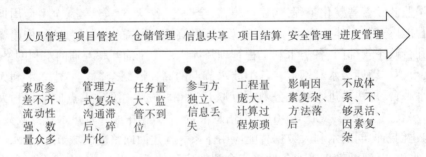

图 15-7 智慧工地问题分析

在人员管理方面,工地工人素质参差不齐、工人流动性强、工人数量众多,使得人员管理难度大。在项目管控方面,管理方式复杂、企业沟通滞后和碎片化管理等问题造成对项目整体管控难度大;在仓储管理方面,物资管理任务量庞大、监管不到位,使得仓储管理较为混乱;在信息共享方面,各参与方工作独立、信息保存和流通时极易出现丢失,使得出现信息孤岛的现象;在项目结算过程中,工程量庞大、计算过程烦琐,使得项目结算难度大;在安全管理方面,管理方法落后、管理不到位,使得安全管理难度大;在进度管理方面,进度影响因素复杂、控制不够灵活、措施不成体系,使进度管理难度大。

(二) BIM 数字场布

BIM 数字场布就是利用 BIM 技术将二维图纸转化为 3D 可视化并携带信息数据的三维场地。水利水电工程的施工场地布置十分复杂,施工现场范围大,项目会涉及施工供水供电、砂石料系统、材料堆放区、临时办公活动板房、临时加工车间、大型施工机械的位置设定和行进路线等多种因素的影响。如果在前期场布中不能合理规划,大量的工人同时进行施工的过程中会出现立体交叉作业、机械冲突等现象,严重影响工程的进度,并且存在较大的施工安全隐患。

例如,合理的机械交通路线和停放位置会保证设备运行、材料运输以及施工人员的安全;合理的塔吊运行轨迹规划会避免塔吊彼此之间以及塔吊与在建项目的区域碰撞;合理地布置材料堆放区与加工区会避免场地局部荷载过大而出现塌方现象。这些都可以运用BIM 技术在设计阶段进行模拟并导出成果,实现对一线工人的安全培训,增强安全意识,避免安全事故。

利用 BIM 相关技术进行场地布置,可以以较小投入来进行多次设计以实现场地的最优布置,从而实现施工时的虚拟交底,使施工人员对施工区域和项目基本情况有较为全面的了解,从而降低成本、提高效率,做到数字施工。

(三) 智慧工地和 BIM 数字场布的联系

由于二维的施工场布图纸不直观,缺乏整体性,无法确保施工现场布置的合理性。通过 BIM 模型的搭建,三维可视化施工场布模型可以具有可视化及参数化的特征,并实现模拟过程中的实时对比。管理人员可以直观掌握施工现场设备的布置,减少临时设备的搭建,减少资源浪费、降低成本、提高效率,从而实现工地的精细化管理。

(四) 智慧工地相关技术支撑

1. BIM 技术

BIM 技术是一种数据化工具,实现信息在项目的全生命周期内传递和分享。前节已有详述。

2. 物联网技术

通过物联网技术可以进行物与物、人与物之间的信息传递。在物联网应用方面,通过 RFID 来识别和跟踪物体,将物体信息存储到标签内。在工程应用中,RFID 常用于机械设备、运输车辆和施工人员的管理,可以实现工程建设全生命周期内材料的跟踪,通过存储的信息,实现痕迹管理;通过传感器技术,可以将模拟信号转化为数字信号再交给计算机处理;通过嵌入式系统技术则可以进行信息的分析处理。

3. 数据库技术

数据库技术是信息系统的核心技术。对于施工现场所涉及的信息与资源,通过数据库技术实现信息的长期、稳定存储,并可以表现为多种形式,实现可共享的数据集合,防止各种数据在存储和传递过程中产生改变或者是丢失,使数据可以被多个用户浏览和获取。

4.云平台技术

云平台技术是将软件、硬件、网络连接,实现数据计算、处理和共享的一种托管技术。通过云平台技术,可以对工地的大量数据进行数据分析和计算,通过强大的分析和模拟能力,实现项目发展趋势的预测分析,辅助管理人员对项目目标进行动态控制。

(五) 智慧工地设计的需求分析

根据工地存在的问题并结合智慧工地及 BIM 数字场布概念分析,明确智慧工地需求。智慧工地需求分析见图 15-8。

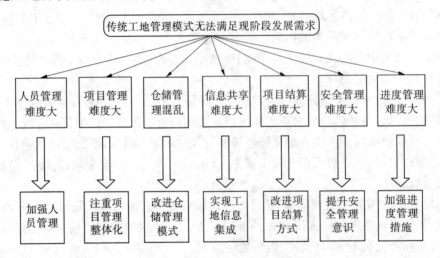

图 15-8　智慧工地需求分析

1.功能性需求分析

1) 人员管理

人员管理首先要给工地的所有人员制定信息统计表,可以对人员信息进行统计和管理,这里的人员信息不仅包括基本信息,还有诚信信息以及从业信息。采用智能安全帽,在保证安全的基础上,对工人的位置信息和体征数据进行实时的监测。采用人脸识别门禁考勤,对工人的出勤进行有效的记录,从而根据出勤率以及技能信息完成工资的发放,实现对员工的整体管理,减少纠纷的发生。

2) 项目管理

项目管理可以利用传感器、监控设备等技术,在施工现场设置检测器、传感器以及智能摄像头等,对项目的扬尘、噪声、气候、用水、用电等方面进行 24 小时的监测,对项目的基本信息和环境情况全面掌握,实现实时动态的监管,从而完成对项目的整体管控。

3) 仓储管理

仓储管理模块要对工地涉及的材料和机械进行全面统计,运用电子标签、图像识别、GPS 等技术对材料和机械进行管理。对物料采购情况、物流动态、验收质量等信息进行登记,对设备进出场验收、日常监测以及机械运行状态进行掌握,实现仓储的动态管控。

4) BIM 模型

通过带有参数的 BIM 模型,使用场地布置软件可以对场地进行绘制,还原现场的地形地貌情况、设计施工场地的临时设施、布置施工现场的道路等,做出 360°随意旋转的三维布置图,可以使用任意视角查看场地布置,避免不够直观的问题。多种 BIM 软件都可以展示 BIM 模型,但是软件之间模型可能难以通用,从而造成信息丢失,并且对于施工现场中模型的浏览也过于复杂。为了实现模型和场布的便利浏览,需要构建一个云端的网络系统,可以实现网页上的直接查看。

5) 项目结算

在项目结算中,对于一个项目,传统的工程量计算不仅工程量大,还不能保证准确性。通过 BIM 技术能够根据模型信息导出准确的工程量,并根据工程量对 BIM 模型进行一些优化,优化后继续导出工程量,实现建筑物的精准设计。而我国工程造价管理停留在阶段性管理,并没有实现项目全过程造价管理,整个过程存在信息沟通不及时、多次重复计价、造价数据难以共享等问题。造价管理应进行全方位管控,保证信息数据传递的及时性和准确性,并且最重要的是实现模型构件与造价文件的参数关联,达到模型变链接工程量变,工程量变链接造价数额变的效果。

6) 安全管理

工地的安全管理对于项目的顺利完成极为重要,安全管理首先要对建筑施工现场的作业人员和管理人员的活动进行监管,结合 VR 技术进行安全教育培训,加强对施工区域人员的规范管理。运用移动端的安全巡检对不安全情况进行记录,实现准确的定位整改,生成整改单、通知单、汇总数据,防止不安全情况的再次发生。利用 BIM 技术、摄像技术以及图像识别技术进行作业过程的监督、安全隐患的排查,对工地整体的安全情况有一个全面的管控,避免事故的发生,营造良好的工作环境。

7) 进度管理

工程项目进度计划贯穿于整个项目的建造实施过程中,是实现工期目标的基本保证。对于大型重点建设工程项目,施工周期长、投资大、工期要求十分紧迫,施工方的工程进度压力大,数百天连续施工,一天两班制施工时有发生,这种盲目赶工难免会导致施工质量问题和施工安全问题的出现,并且引起施工成本的增加。

施工现场的进度受到多方面的影响,通过采用 BIM 技术,进行直观的进度模拟和编制合理的进度计划文件,包括总进度计划、关键线路进度计划、年/月/周进度计划等,并将模拟动画和进度文件进行存储;根据总控计划和施工计划进行计划分解,明确任务;对相关数据(例如日报、月报、季报等)材料实现输出与分析,使项目和进度计划相连接,根据现场信息的采集,判断实际与计划是否出现偏差,根据偏差情况及时采取措施,实现项目的按时竣工。

2. 非功能性需求分析

非功能性需求指的是在开发时需要考虑的需求,主要包括性能需求、安全需求、可靠性需求、兼容性需求、数据保密需求。智慧工地非功能性需求见表 15-7。

表 15-7　智慧工地非功能性需求

需求类型	要求
性能需求	在配置环境下,登录响应时间应该在 3 秒内,功能列表刷新时间在 3 秒内,刷新人员资料、文件列表等响应时间在 3 秒内。搜索、添加、删除等功能响应时间在 3 秒内
安全需求	严格进行权限访问,用户只有经过身份认证,才可以访问权限内的功能,不能非法或者超过权限进行访问。并提供日志管理,能经受来自互联网的一般性攻击
可靠性需求	进行系统操作时有操作提示,并能够处理系统运行时出现的各种异常并进行异常提示,系统可以 7×24 小时运行
兼容性需求	系统可以支持 IOS、Android、Windows 等操作系统
数据保密需求	系统中数据传递时应该经过加密,保证数据在传输和处理过程中不被篡改

3. 智慧工地构建目标

(1)资源整合。资源整合就是将工地中不同来源、不同层次、不同结构、不同内容的资源进行识别和选择。这些资源包括人员、材料、机械等,通过资源整合,可以实现不同部门、人员、专业之间的资源共享,进一步考虑资源的配置,寻求成本最小、效率最高的最优资源配置方案,使工地成为统一的、动态的资源生态圈。

(2)应用集成。Revit 可以提供 3D 可视化的信息模型;lumion 可以进行建筑的规划和设计,并完成场景的创建和渲染;navisworks 可以进行施工的模拟,对施工进度进行控制。除了这些应用,还有 RFID、二维码、传感器等。这些应用都有助于工地的管理,但是它们都运行在独立的系统上,功能和信息都是相对独立的,无法实现工地的整体管控,所以要将这些碎片化的应用进行整合,实现对工地的整体管控。

(3)数据可视化。在工地的建设过程中会产生大量的信息,这些信息的内部是有一定规律的,通过数据的捕获、数据的分类,进而进行数据的分析。通过数据可视化,可以借用图形化的手段,比较清晰、有效地传达数据分析的结果。

(4)实时协同。工地的状态是多种多样的,也是随时变化的。随着时间的流逝,工地会进行各种工作并出现各种情况,这些工作和情况都是动态的,需要结合资源和专业进行协同工作,实现对工地动态管理。

三、智慧工地系统设计

通过分析传统施工模式的不足,明确要改进的各个方面,使得智慧工地可以实现一种全新的施工模式。通过建立一个基于 BIM 技术和信息技术的协同系统,来集成各个系统软件和应用,从而形成一个统一的整体。这个集成的信息平台可以弥补传统施工模式中的缺陷,提供先进的技术和手段实现施工的精细化管理和场布的数字化以及数据的可视化。围绕施工过程构建一个多专业集成、多参与方协同的施工项目信息化生态圈,并收集数据来实现工地的可视化管理,提高建筑施工质量、降低施工风险,从而实现智慧建造。对于这个集成的信息系统,它的设计不仅要满足子系统功能的实现,还要找寻系统之间的关联,使平台建设符合业务功能间的逻辑关联。

(一)设计原则

(1)实用性原则。智慧工地系统设计应满足业务需求,通过掌握的实际技术和设施来解决问题,同时考虑到工地实际环境,保证系统在环境较为恶劣的工地可以安全实施。

(2)安全性原则。智慧工地系统往往有多个用户在线使用多种业务、传输大量数据。不同等级用户的使用功能应该不同,因此要对不同等级的使用者设计访问和操作的权限。设计较为安全的框架来保证数据传输的安全,同时也应该考虑到数据丢失后恢复问题,这就对平台的安全性和可靠性提出了较高的要求。

(3)易用性原则。智慧工地系统要提供简易、灵活的操作页面,充分考虑系统使用者的特点和习惯。减少复杂的操作,考虑常规的业务功能处理习惯。

(4)开放性原则。智慧工地系统要能够在多种终端设备上使用,可以连接多种软件和硬件,使数据可以畅通地在业务系统中进行采集和传输。

(二)后台总体设计

通过智慧工地的需求分析,明确平台功能需求。接着进行后台的整体设计和系统的层级技术架构设计以及功能结构设计。智慧工地系统的整体架构分为5个方面,从下到上分别为智能感知层、数据传输层、业务层、用户层以及展示层,整体架构如图15-9所示。

(1)智能感知层。主要负责数据的采集,通过各种设备和一些应用采集到大量不同的信息,完成数据的采集工作。

(2)数据传输层。通过智能感知层采集的数据,大致可以分为基础数据、过程数据和实时数据,通过无线网或是以太网进行传输。

(3)业务层。在业务层通过数据传输层传输的数据可以完成各种业务,包括人员的管理、进度的管理、安全的管理等,以及对于整个系统的相关业务。

(4)用户层。在用户层实现一个系统多种用户进行使用,不同专业的用户实现相关的业务功能。

(5)展示层。提供多种展现形式,可以实现大屏、网页端、移动端的查看、分析,提供易用、便捷的交互页面,提升管理的便捷性。

(三)后台功能结构设计

智慧工地系统的各个功能应考虑到不同的用户角色,各功能间也要相互协调,通过智慧工地的需求分析,将智慧工地系统的功能模块分为8类,分别是系统管理、人员管理、项目管理、仓储管理、BIM模型、项目结算、安全管理以及进度管理。智慧工地系统的后台功能结构如图15-10所示。

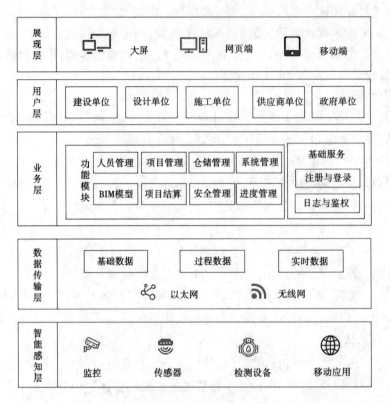

图 15-9　智慧工地系统整体架构设计

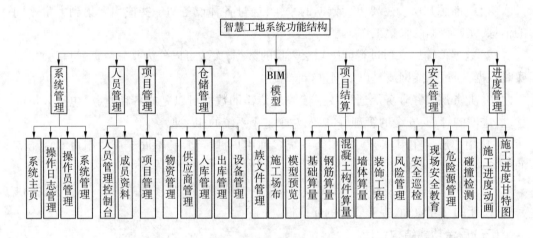

图 15-10　智慧工地系统的后台功能结构

四、基于区块链项目技术的数据存储

对于智慧工地的多专业集成、多参与方协同、跨阶段应用等特点,随之而来的就是海量数据的产生。数据的存储离不开数据库。数据库从文件系统到实体关系模型,实体关系模型的提出又催生了 Oracle、SQLserver、MySQL 等一系列软件的出现。随着技术的发展,以 MangoDB 为代表的 NOSQL 数据库开始崛起,数据库一直在不断地发展。通过实体关系模型和 NOSQL,可以解决数据存储和数据访问的可扩展性问题。通过云存储技术,可以解决海量数据的处理问题。为了解决数据的真实性和有效性问题,又提出了区块链技术。

(一)区块链技术概述

区块链技术是一种创新的分布式分类账技术(DLT),它的应用领域多种多样,包括货币、供应链、电子健康记录、投票等,它可以用来记录两方或者多方之间的交易。区块链实际上是分布式网络、密码学的账本体系、基于数字货币的激励机制和基于博弈论的共识算法共同作用所形成的。作为一个去中心化的数据库,区块链可以保存每个事物的详细信息,按照时间的顺序将信息存储为一个一个的块,每个块引用前方的块,从而形成一个相互连接的链条。

1. 基于区块链技术的数据存储特点

(1)去中心化。区块链将一个一个的区块按时间串联起来,并规定了一系列的方法管理这些数据。区块链有很多节点,每个节点都存储数据,但这些节点都不是中心节点,即区块链并没有管理员,而是由系统中的所有节点完成对系统的管理,每个节点的地位是相同的,共同维护系统的数据安全。

(2)可靠性高。区块链将数据存储在节点里,而不是像传统分布式存储将数据存储到副本里,采用的是更先进的编码模式,有效地避免了单点故障的影响,攻击单个节点不会对整个网络造成破坏,可靠性更高。

(3)不可篡改。当操作完成的时候,记录的信息会存到新的区块里,这个区块会按照时间顺序连接到区块链中,区块链中的每一个节点都会存储这个信息,如果区块的信息被更改,区块对应的哈希值会随之改变,后面的链随之断开。所以,如果想要对信息进行更改,只能对所有节点进行更改,因此信息的篡改是不会完成的。

(4)可追溯。区块链可以将存储数据的每一个步骤都记录下来,并且这些信息不可以更改,形成了可靠的数据历史记录。通过这些记录,就可以对历史进行追溯。

(5)高度透明。区块链中的数据除各参与方私有信息被加密外,其他数据都是开放的,每一个人都可以对这些信息进行浏览,随时可以进行查看,整个系统是高度透明的。

2. 区块链技术和智慧工地的契合性分析

(1)区块链技术与人员管理。工地的人员信息应该是实名制的信息,包括基本信息、从业信息以及诚信信息。特别是从业信息和诚信信息,两者都需要长时间的记录,人员是流动的,流动过程涉及的方面繁多,区块链技术的不可篡改性使得人员的信息更加透明和可信,有助于工地的人员管理。

(2)区块链技术与物资管理。工地中的物资数量多、体积大、运输过程长、环节多,材料从出厂到运输,再到仓库堆放,最后在工地使用,这一系列环节复杂。通过区块链技术,将材料参与方的数据进行记录,可以解决多个参与方以及物流所造成的信息分散问题,实现物资信息的随时查看,保证物资的质量安全。

(3)区块链技术与数据信息。在工地上,需要考虑人、材、机等多方面的管理问题,项目涉及建筑、结构、电器等多个专业,包含建设、设计、施工、供应商、政府等多个单位。不同的方面、专业、单位,会形成不同的数据流,这些数据信息的流通往往是不及时的,数据往往是不共享的。通过区块链技术,可以实现数据全程的多方协同和历史追溯。

(4)区块链技术与 BIM 模型。在实际工程中,一个 BIM 模型往往需要经过多次的修改,这种修改有时候会在各个参与方中间进行。那么对于一个 BIM 模型,各个参与方获取的信息往往是不相同的,通过区块链技术的可追溯性,参与方可以查看上一阶段的 BIM 模型,查看后进行相应的修改。区块链技术的不可篡改性使这种修改不可以在原有记录上更改,而是建立新的 BIM 模型,这种修改会被记录到区块链中,使得各个参与方的每一个操作都可以被记录、被查看。

(5)区块链技术与安全管理。对于工地的安全管理,可以说它存在于项目的整个生命周期,影响因素有很多,造成安全问题的因素大部分不能很快地被识别。而区块链技术的可追溯性有助于工程安全的实施监督以及事后追责。

(二)区块链技术和智慧工地系统的结合

1. 区块链层级结构与区块结构

区块链的层级结构大多分为 6 层,由上而下分别是应用层、合约层、激励层、共识层、网络层、数据层,各层相互独立却又相互联系,数据层可以认为是不可以更改的数据库,在数据层主要描述了区块链的物理形式,即区块链上的链式结构,包含随机数、时间戳、哈希值等。区块链的层级结构如图 15-11 所示。

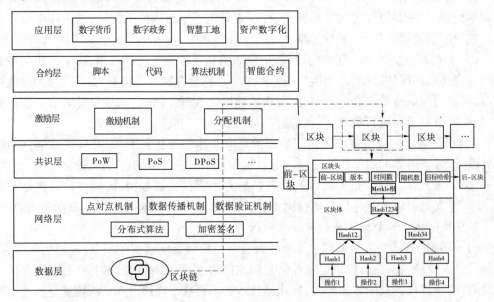

图 15-11　区块链的层级结构

2. 智慧工地区块链的系统架构

结合智慧工地的需求和区块链技术的层级结构,针对智慧工地应用中的不足,提出基于区块链技术的数据存储和智慧工地相结合的新模型,达到多阶段、多专业、多参与方信息的整合和追溯,做到信息的无损传递和多方共享,形成完善的建筑业诚信体系。系统平台架构从下向上分为 6 层,分别是技术支撑层、数据层、区块链层、接口层、功能层、应用层。面向建设方、设计方、施工方、监理方、供应商等多个单位,在项目的策划阶段、设计阶段、施工阶段、运维阶段等全生命周期内进行项目的整体管控。该系统平台架构如图 15-12 所示。

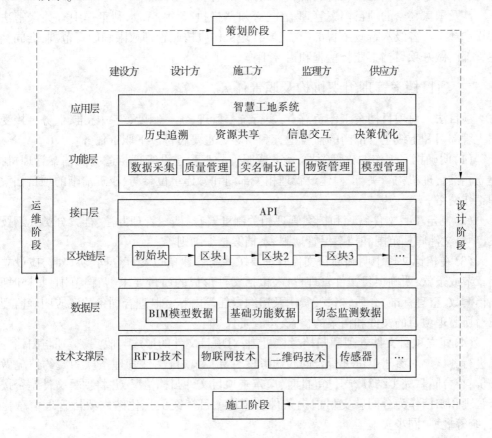

图 15-12　系统平台架构

第五节　水利工程项目文档资料管理

为了进一步加强水利工程建设项目档案(以下简称项目档案)规范化管理,根据《中华人民共和国档案法》《政府投资条例》《建设项目档案管理规范》等法律法规和标准规范,结合项目档案管理工作实际,制定《水利工程建设项目档案管理规定》(水办〔2021〕200 号)。

一、项目档案总体要求

项目档案是指水利工程建设项目在前期、实施、竣工验收等各阶段过程中形成的,具有保存价值并经过整理归档的文字、图表、音像、实物等形式的水利工程建设项目文件(以下简称项目文件)。项目档案工作是水利工程建设项目建设管理工作的重要组成部分,应融入建设管理全过程,纳入建设计划、质量保证体系、项目管理程序、合同管理和岗位责任制,与建设管理同步实施,所需费用应列入工程投资。

项目档案应完整、准确、系统、规范和安全,满足水利工程建设项目建设、管理、监督、运行和维护等活动在证据、责任和信息等方面的需要。

涉及国家秘密的项目档案管理工作,必须严格执行国家和水利工作中有关保密法律法规和规定。各级水行政主管部门、流域管理机构应按照管理权限和职责范围,会同档案主管部门做好项目档案监督检查和指导工作。

二、项目档案管理组织机构及职责任务

项目法人对项目档案工作负总责,实行统一管理、统一制度、统一标准,业务上接受档案主管部门和上级主管部门的监督检查和指导。主要履行以下职责任务:

(1)明确档案工作的分管领导,设立或明确与工程建设管理相适应的档案管理机构;建立档案管理机构牵头,工程建设管理相关部门和参建单位参与、权责清晰的项目档案管理工作网络。

(2)制定项目文件管理和档案管理相关制度,包括档案管理办法、档案分类大纲及方案、项目文件归档范围和档案保管期限表、档案整编细则等。

(3)在招标文件中明确项目文件管理要求。与参建单位签订合同、协议时,应设立专门章节或条款,明确项目文件管理责任,包括文件形成的质量要求、归档范围、归档时间、归档套数、整理标准、介质、格式、费用及违约责任等内容。监理合同条款还应明确监理单位对所监理项目的文件和档案的检查、审查责任。

(4)建立项目文件管理和归档考核机制,对项目文件的形成与收集、整理与归档等情况进行考核。对参建单位进行合同履约考核时,应对项目文件管理条款的履约情况做出评价;在合同款完工结算、支付审批时,应审查项目文件归档情况,并将项目文件是否按要求管理和归档作为合同款支付前提条件。应将项目档案信息化纳入项目管理信息化建设,统筹规划、同步实施。

(5)对档案主管部门和上级主管部门在项目档案监督检查工作中发现的问题及时整改落实,对检查发现的档案安全隐患,应及时采取补救措施予以消除。

项目法人与参建单位应配备满足工作需要的档案管理人员,在工程建设期间不得随意更换,确需变动的,必须对其负责的项目文件办理交接手续。档案管理人员应具备档案专业知识和技能,掌握一定的工程管理和水利工程技术专业知识,经过项目档案管理业务培训。项目法人与参建单位应保障档案工作经费,满足项目文件收集整理归档、档案库房管理、档案信息化建设、档案数字化及服务外包等工作需要。项目法人档案管理机构主要履行以下职责任务:

(1)组织协调工程建设管理相关部门和参建单位实施项目档案管理相关制度。

(2)负责制订项目档案工作方案,对参建单位进行项目文件管理和归档交底。

(3)负责监督、指导工程建设管理相关部门及参建单位项目文件的形成、收集、整理和归档工作。

(4)组织工程建设管理相关人员和档案管理人员开展档案业务培训。

(5)参加工程建设重要会议、重大活动、重要设备开箱验收、专项及阶段性检查和验收。

（6）负责审查项目文件归档的完整性和整理的规范性、系统性。

（7）负责项目档案的接收、保管、统计、编研、利用和移交等工作。

项目法人工程建设管理相关部门主要履行以下职责任务：

（1）负责对水利工程建设项目技术文件的规范性提出要求。

（2）负责对勘察、设计、监理、施工、总承包、检测、供货等单位归档文件的完整性、准确性、有效性和规范性进行审查。

（3）负责对本部门形成的项目文件进行收发、登记、积累和收集、整理、归档。

参建单位主要履行以下职责任务：

（1）建立符合项目法人要求且规范的项目文件管理和档案管理制度，报项目法人确认后实施。

（2）负责本单位所承担项目文件收集、整理和归档工作，接受项目法人的监督和指导。

（3）监理单位负责对所监理项目的归档文件的完整性、准确性、系统性、有效性和规范性进行审查，形成监理审核报告。

实行总承包的建设项目，总承包单位应负责组织和协调总承包范围内项目文件的收集、整理和归档工作，履行项目档案管理职责和任务。各分包单位负责其分包部分文件的收集、整理，提交总承包单位审核，总承包单位应签署审查意见。

三、项目档案资料管理

（一）项目文件管理

项目文件内容必须真实、准确，与工程实际相符；应格式规范、内容准确、文字清晰、页面整洁、编号规范、签字及盖章完备，满足耐久性要求。水利工程建设项目重要活动及事件，原始地形地貌，工程形象进度，隐蔽工程，关键节点工序，重要部位，地质、施工及设备缺陷处理，工程质量或安全事故，重要芯样，工程验收等，必须形成照片和音视频文件。

竣工图是项目档案的重要组成部分，一般由施工单位负责编制，须符合《水利工程建设项目竣工图编制要求》。

项目法人负责组织或委托有资质的单位编制工程总平面图和综合管线竣工图。项目文件应在文件办理完毕后及时收集，并实行预立卷制度。工程建设过程中形成的、具有查考利用价值的各种形式和载体的项目文件均应收集齐全，并依据归档范围确定其是否归档。项目文件整理应遵循项目文件的形成规律和成套性特点，按照形成阶段、专业、内容等特征进行分类。项目文件组卷及排列可参照《建设项目档案管理规范》（DA/T 28），案卷编目、案卷装订、卷盒、表格规格及制成材料应符合《科学技术档案案卷构成的一般要求》（GB/T 11822），数码照片文件整理可参照《数码照片归档与管理规范》（DA/T 50），录音录像文件整理可参照《录音录像档案管理规范》（DA/T 78）。

（二）项目文件归档

项目法人应按照《水利工程建设项目文件归档范围和档案保管期限表》，结合水利工程建设项目实际情况，制定本项目文件归档范围和档案保管期限表。归档的项目文件应为原件。因故使用复制件归档时，应加盖复制件提供单位公章或档案证明章，确保与原件一致,并在备考表中备注原件缺失原因。项目法人与参建单位按照职责分工,分别组织对归档文件进行质量审查。对审查发现的问题,各单位应及时整改,合格后方可归档。每个审查环节均应形成记录和整改闭环。

(三)项目档案管理

项目法人与参建单位应建设与档案工作任务相适应的、符合规范要求的档案库房,配备必要的档案装具和设施设备。应建立档案库房管理制度,采取相应措施做好防火、防盗、防水、防潮、防有害生物等防护工作,确保档案实体安全和信息安全。项目法人档案管理机构应建立项目档案管理卷,对项目建设过程中形成的能够说明档案管理情况的有关材料组成专门案卷,包括项目概况、管理办法、分类方案、整理细则、归档范围和保管期限表、标段划分、参建单位归档情况、档案收集整理情况、交接清册等。

(四)项目电子文件和电子档案管理

项目法人应根据项目文件归档范围,结合工程建设实际情况,确定项目电子文件归档范围。项目电子文件形成部门负责电子文件的归档工作,项目法人档案管理机构负责项目电子文件归档的指导、协调和电子档案接收、保管、利用等工作。项目电子文件在办理完毕后,应按照归档要求及时收集完整;项目电子文件整理应按照档案分类方案分别组成多层级文件信息包,文件信息包应包含项目电子文件及过程信息、版本信息、背景信息等元数据。项目电子文件完成整理后,由形成部门负责对文件信息包进行鉴定和检测,包括内容是否齐全完整、格式是否符合要求、与纸质或其他载体文件内容的一致性等;项目法人档案管理机构在接收电子文件归档时,应进行真实性、可靠性、完整性、可用性检验,检验合格后,办理交接手续。

项目法人应按照国家有关规定及《电子文件归档与电子档案管理规范》(GB/T 18894)等标准规范开展电子文件归档与电子档案管理工作,完善管理制度,配备软硬件设施,建立电子档案管理系统。电子档案管理系统应当功能完善、适度前瞻,满足电子档案管理要求。项目法人应开展纸质载体档案数字化工作,档案扫描、图像处理和存储、目录建库、数据挂接等工作应符合《纸质档案数字化技术规范》(DA/T 31)有关规定,数字化范围根据工程建设实际情况并参照《建设项目档案管理规范》(DA/T 28)有关规定确定。委托第三方进行数字化加工时,委托单位应与数字化加工单位签订保密协议,确保档案信息安全。

(五)档案验收与移交

项目档案验收是水利工程建设项目竣工验收的重要内容,大中型水利工程建设项目在竣工验收前要进行档案专项验收,其他水利工程建设项目档案验收应与竣工验收同步进行。项目档案专项验收一般由水行政主管部门主持,会同档案主管部门开展验收。地方对项目档案专项验收有相关规定的,从其规定。档案专项验收前,验收主持单位或其委托的单位应根据实际情况开展验收前检查评估工作,落实验收条件是否具备,针对检查发现的问题提出整改要求,问题整改完成后方可组织验收。项目档案专项验收按照水利部《水利工程建设项目档案验收管理办法》执行。项目档案移交时,应填写"水利工程建设项目档案交接单",编制档案交接清册。

水利工程建设项目涉及征地补偿和移民安置工作形成的档案,按照《水利水电工程移民档案管理办法》(档发〔2012〕4 号)执行。

复习思考题

1. 在新工科的大背景下,作为当代大学生应该学好哪些知识,才能适应社会信息化高速发展环境中从事工程项目管理工作的需要?

2. 新基建是什么? 当代大学生加强哪些方面的训练,才能抓住新基建带来的机遇,适应新基建的挑战?

第十六章　水利工程管理发展

第一节　水利工程管理发展影响因素

探讨未来水利工程管理的发展时,首先必须考虑影响水利工程管理发展的主要因素。

一、市场全球化和逆全球化并存

经济全球化和国际、国内市场一体化是当前世界发展的大趋势。尤其是我国加入世界贸易组织以后,国内市场大门已经打开。从鲁布革工程开始,我国的水利水电工程建设市场已经开始对外开放。但同时也应注意到,世界经济发展出现停滞状态,民族主义、贸易保护主义抬头,再加上疫情冲击,发达资本主义国家拉开了逆全球化大幕。这对于水利工程项目来说,有以下影响:

一是市场参与方增多且复杂化。由于国内、国际市场的一体化,水利工程项目建设的参与方,包括投资方、管理方、施工方、设计方等,不仅是国际性的,而且是超越国家的,会出现"多国部队"。对这样的水利工程项目进行建设管理,将面临诸多挑战,包括法律方面、文化方面、技术方面等。

二是市场将变得更加复杂和多变。一方面,市场的全面开放,影响市场的因素更多、更复杂。市场变化的节奏也在逐步加快,处在多变之中。为了应对复杂多变的市场,项目决策和建设过程中,要动态调整目的、目标、措施等,以适应市场的变化,有时甚至需要特别的应急计划。另一方面,由于逆全球化的影响,加剧了水利工程建设过程的不确定性,如逆全球化对物资采购、技术应用的影响等。这显然给水利工程项目管理提供大量机会的同时,也提出了很多挑战。

二、创新、协调、绿色、开放、共享新发展理念带来深刻变革

在新的历史发展阶段,要破解发展难题,厚植发展优势,必须牢固树立并切实贯彻创新、协调、绿色、开放、共享的发展理念,这是关系我国发展全局的一场深刻变革。坚持创新发展,必须把创新摆在国家发展全局的核心位置,不断推进理论创新、制度创新、科技创新、文化创新等各方面创新。坚持协调发展,必须牢牢把握中国特色社会主义事业总体布局,正确处理发展中的重大关系,促进新型工业化、信息化、城镇化、农业现代化同步发展,在增强国家硬实力的同时,注重提升国家软实力,不断增强发展整体性。坚持绿色发展,必须坚持节约资源和保护环境的基本国策,坚持可持续发展,加快建设资源节约型、环境友好型社会,形成人与自然和谐发展的现代化建设新格局,推进美丽中国建设,为全球生态安全做出新贡献。坚持开放发展,必须顺应我国经济深度融入世界经济的趋势,奉行互利共赢的开放战略,发展更高层次的开放型经济,积极参与全球经济治理和公共产品供

给,提高我国在全球经济治理中的制度性话语权,构建广泛的利益共同体。坚持共享发展,必须坚持发展为了人民、发展依靠人民、发展成果由人民共享,做出更有效的制度安排,使全体人民在共建共享发展中有更多获得感,增强发展动力,增进人民团结,朝着共同富裕方向稳步前进。落实五大发展理念,对水利事业发展提出了新要求。

三、水资源状况和水资源地位的提升

我国的水资源状况基本情况是:人多水少,水资源时空分布不均,与国土资源和生产力布局不相匹配,经济社会发展和水环境承载力之间的突出矛盾没有根本缓解。基于此基本情况,需要不断丰富完善治水理念,创新水利发展模式,实现重大水利技术和管理问题突破性进展,实现水利可持续发展。

近来,国家明确把水资源作为国家的重要战略资源之一,坚持以人为本,坚持人与自然和谐,坚持科学治水,坚持节约保护。水资源地位的提升,对于开发、利用、保护水资源的水利工程项目的建设和管理会产生较大影响。

四、政府改革

随着国家政治体制改革的深化,政府职能正处在转变过程中。政府职能的转变,必然会带来管理体制的转变,尤其是对于需要大量国家公共投资的水利工程项目来说,受到该转变的影响将更加直接和深远,也对水利工程项目管理如何快速适应政府变革提出了挑战。

五、社会变革

我国的社会变革也处在快速剧烈状态之中。比如,劳动效率的提高使工作时间将可能进一步减少,人们有需要更多闲暇时间的要求,甚至有弹性工作时间的要求;随着知识的快速更新,人们有从事多种职业的可能性和需求;乡土观念的逐渐淡化,人力资源大流动已经形成;人们对工作之外的文化消费需求和娱乐需求逐步增强等。这些社会的变革必然要求我们在水利工程项目管理中来应对和适应,影响水利工程项目的管理。

六、市场化进程和管理体制变革

目前我国的水利工程项目管理体制是:在国家宏观监督调控指导下,以项目法人责任制为主体,以咨询、设计、监理、施工、物资供应等为服务、承包体系的系统的水利工程项目建设管理体制。随着国家经济体制和政治体制改革的不断深化,该建设管理体制也在不断的发展和完善中,比如PPP模式的推行等。体制框架的调整,必然影响到水利工程项目的管理实践。

水利工程市场也处在快速的变革当中。比如,以前的水利建设项目主要由国家和地方政府投资,现在,水利工程市场逐步放开,尤其是对于供水和水利发电工程项目,已经对公司企业开放,许多大型水利工程项目,甚至整个流域系统开发,均可以交由公司投资建设、管理、运营等。

七、碳排放等新政策指导

"双碳"目标是指国家的二氧化碳排放力争于 2030 年前达到峰值,努力争取 2060 年前实现"碳中和"。工程建设行业是碳排放的大户,尤其是在工程建设中大量使用的钢材、水泥等,都是高耗能产业,由于国家能源结构不合理,高碳化石能源占比过高,能源利用效率偏低、能耗偏高,都对"双碳"目标的实现形成巨大的压力。为了"双碳"目标的实现,实施控制排放的调控政策成为必然,水利工程项目管理会受此政策的影响,也要求水利工程建设必须为此目标做出贡献。

八、项目大型化、复杂化

随着改革开放的不断深入和发展,国家经济的持续发展,国力的不断强大,社会对基础设施大型项目的要求更加强烈,需要围绕重大的水、电、运输以及健康关怀、社会结构重组等实施大量工程项目,我国也有足够的财力来实施大量复杂的工程项目。大型项目是国家和政府提升国家基础设施的重要战略。就水利工程项目而言,已完工的三峡水利枢纽工程、白鹤滩水电站工程、南水北调东线和中线一期工程,正在实施的引江济淮、滇中引水工程,规划中的南水北调西线工程等,都着眼于国家能源结构的优化和水资源的跨流域调动与优化配置,就是很好的例证。未来还有大量的大型水利工程在酝酿之中。

这些水利工程项目,投资巨大,规模特大,建设期很长,工程往往是跨流域的、跨区域的。大型水利工程项目的实践迫切需要改善大型工程项目的管理,对于这类工程的管理,以及如何高效率地完成这些工程,有大量的管理问题需要解决,如项目群管理问题、区域间利益协调问题、工程综合管理问题等,是我们面临的巨大挑战。

九、工程实施条件和环境的复杂化

随着大量实施条件相对较好的水利工程项目逐步完成,后续的水利工程项目实施条件和实施环境越来越困难,比如长距离、大埋深、复杂地质条件的隧洞施工,极端恶劣气候条件下的施工,高海拔地区的工程建设,少数民族聚居区域内的工程建设等。工程实施条件和实施环境的复杂化,也为工程项目管理提出了大量急需研究解决的问题。

对于水利行业来说,准确进行气象预测、水文预测等本身就是一个难题,加上世界气候变暖的影响,使水文、气象等的规律发生变化,极端气候条件增多,更增加了预测难度。在复杂条件下进行水利工程管理,应对和处理大量的不确定性显然是不可回避的关键问题。

十、工程技术更新发展

水利工程建设技术的快速发展,如全断面岩石掘进机施工技术、盾构技术、超大型预冷强制式混凝土拌和楼等先进技术和装备,使工程实施的工艺、方案、速度、质量和成本等均出现了巨大变化,还有地理信息技术等新技术、新手段应用到水利工程项目管理中。针对这些新情况,传统的项目管理思想、手段和方法也需要快速创新和发展,来适应工程技术的快速变化。新技术的采用要求必须提高支持技术的管理过程。

十一、计算机和信息技术发展

计算机和信息技术的发展,为水利工程项目建设提供了广阔的发展空间。

从工程技术来说,包括工程施工设备操作控制的数字化、工程运行的自动化等方面,均提供大量的发展机会和可能。

从工程项目管理来说,计算机使处理海量的工程信息成为可能,网络化使信息的长距离传输和共享成为可能,虚拟化使工程建设过程的计算机模拟与虚拟实现成为可能,人工智能使工程建设过程中的自动科学决策成为可能,如此等等,均对工程项目管理产生了深远的影响,拓展了巨大的想象空间,为工程项目管理的创新和提升提供了大量机会。

十二、对水环境和水生态的重视

在水利工程决策和实施中,更加重视水环境和水生态,提出坚持把生态效益、经济效益和社会效益相统一的原则。这要求在进行水利工程项目管理中,应重视项目实施过程中的水环境保护问题,重视水生态系统的影响和修复问题。这必然会对水利工程项目管理的理念、措施等产生影响。

十三、水利工程项目群的集成管理

随着水利工程市场的发展,可能一个公司负责多个水利工程项目的管理,这些项目可能是同时进行的,也可能是先后进行的;或者一个大型项目逐步开展,如南水北调三条线的逐步实施,每条线又分阶段进行。这就要求我们超越单个具体水利工程项目管理的层面,而把所有项目形成水利工程项目群,着眼资源共享、一体化采购、信息共享等,进行集成化管理,以求获得较高的管理绩效。但进行水利工程项目群的集成管理,还需要解决许多问题。

十四、工程哲学的发展

与科学哲学、技术哲学一样,工程哲学也在随着工程的发展不断丰富和完善。比如,传统的工程活动仅仅将生态环境与人的社会活动规律作为工程决策、工程运行与工程评估的外在约束条件,没有把生态规律与人的社会活动规律视为工程活动的内在因素;工程活动虽然具有了规模庞大的特点,但缺乏对工程现象进行系统的研究并建立起科学的理论,表现在工程管理中的经验性特征;工程活动指的是改造自然的人类活动,忽视了自然对人类的限制和反作用的一面,而且更不重视工程对社会结构与社会变迁的影响和社会对工程的促进、约束和限制作用,因而不能全面把握两者的互动关系。随着人类社会的发展,人们不断对传统工程的基本观念进行彻底的反思,逐渐认识到,当代工程活动不应是一味改变自然的造物活动,而是协调人与自然关系,造福人类及其子孙后代的造物活动。当代工程活动不仅应该把生态环境作为工程活动的外在约束条件,更要把生态因素作为工程决策、工程运行与工程评估的内在要素;工程活动本身不是一种纯粹的技术活动,它也是一种社会活动。在技术要素集成与综合的过程中,同时发生着社会要素的综合与集成,发生着与技术过程、技术结构相适应的社会关系结构的形成。工程活动与社会发展应相互协调,工程活动可以促进社会发展,甚至改变社会结构,当代工程活动的模式也要与社会发展模式相适应。现代工程是规模巨大的造物活动,其价值追求是多元化的,有科学价值、经济价值、社会价值、军事价值、生态价值等。这些价值之间可能是协调的,也可能是冲突的,协调价值冲突是当代工程决策的关键。工程活动的前提是处理多元价值之间的关系,形成统一的价值观,这个统一的价值观不是消除多元价值观的差异,而是多元价值观的统一;工程活动的过程和结果必须与其他的系统相协调,如工程的结构和功能要与生态结构和功能相协调,与社会的结构和功能相协调,与文化的结构和功能相协调,与经济的结构和功能相协调,与政治的结构和功能相协调。

工程哲学观的发展必然影响到水利工程项目的决策、实施和运行全过程,并对水利工程项目管理产生影响。

十五、物质资源的影响

该问题主要包括三个层面:

(1)世界性的石油等物质资源的短缺会使人们更加重视项目活动的方式,过去没有把施工用油资源当成重要问题的项目将不得不考虑项目活动的代价问题,这将使水利工程管理更加复杂化。

(2)材料科学的发展促成了大量新材料的出现,在不断有新材料应用到水利工程项目时,会对工程的管理和控制产生影响。

(3)由于对生态和环保的要求日益强烈,因此工程所使用的物质资源对生态和环境造成的影响也日益引起人们的重视,所以对于水利工程项目管理中的材料选购、设备选用等问题将不得不增加更多的制约因素,增加工程管理难度。

第二节　我国水利工程管理发展

预测未来的可能趋势和事件是容易的,但要让预测能够实际发生却是十分困难的。为了能够很好地把握和应对未来的水利工程管理,就假定我们有一定的预测能力,对水利工程管理的发展趋势做一些设想。

一、治水新思路是根本遵循

"节水优先、空间均衡、系统治理、两手发力"十六字治水方针是水利事业发展的根本遵循和行动指南,赋予了新时期治水的新内涵、新要求、新任务,为今后强化水治理、保障水安全指明了方向,是做好水利工作的科学指南。节水优先,是针对我国国情、水情,总结世界各国发展教训,着眼中华民族永续发展做出的关键选择;空间均衡,是从生态文明建设高度,审视人口、经济与资源环境关系,在新型工业化、城镇化和农业现代化进程中做到人与自然和谐的科学路径;系统治理,是立足山水林田湖草沙生命共同体,统筹自然生态各要素,解决我国复杂水问题的根本出路;两手发力,是从水的公共产品属性出发,充分发挥政府作用和市场机制,提高水治理能力的重要保障。

二、长江和黄河国家战略带来的机遇

长江通道是我国国土空间开发最重要的东西轴线,在区域发展总体格局中具有重要的战略地位。推动长江经济带发展必须走生态优先、绿色发展之路,要把修复长江生态环境摆在压倒性位置,共抓大保护,不搞大开发,共同努力把长江经济带建成生态更优美、交通更顺畅、经济更协调、市场更统一、机制更科学的黄金经济带。

黄河流域生态保护和高质量发展作为国家战略,主要目标任务是要坚持绿水青山就是金山银山的理念,坚持生态优先、绿色发展,以水而定、量水而行,因地制宜、分类施策,上下游、干支流、左右岸统筹谋划,共同抓好大保护,协同推进大治理,着力加强生态保护治理、保障黄河长治久安、促进全流域高质量发展、改善人民群众生活、保护传承弘扬黄河文化,让黄河成为造福人民的幸福河。

长江经济带发展战略与黄河流域生态保护和高质量发展战略为两大流域的发展带来了新机遇,也为两大流域的工程管理提出了新要求。

三、水利工程项目结构的调整

随着工程水利向资源水利思想的转变,以及国家的水资源发展战略,水利工程结构必然发生改变,基于水资源跨流域调动和优化配置、水环境工程、水生态工程、污水处理工程等类别的项目所占比重会逐步增加。

尤其是在党的十九大工作报告中,明确提出要建设水利基础设施网络,形成国家水网,实现水资源调配的全国一盘棋,解决国家水资源时空分布极不均衡问题,并把水利排在九大基础设施网络之首。同时,南水北调工程作为我国跨流域、跨区域配置水资源的骨干工程,南水北调后续工程高质量发展也为工程运行管理和后续工程建设管理提出了更高要求。

另外,基于"双碳"目标的战略要求,作为清洁能源的水电工程将为能源结构改革提供强劲动力,水电工程也会迎来新的发展机遇。

四、管理理念变迁

在工程项目管理中不断采用新的管理理念,如项目管理办公室、组织级项目管理、项目群管理、组织流程重组、组织层级扁平化等,不断提高管理绩效,并提高工程实施绩效。

五、社会需求的变化

随着国家人口的增长和城市化进程的加快,对水资源需求的日益增加也是必然的趋势。随着社会发展节奏的加快,人们在追求工程建设的高质量、低成本的基础上,将更加注重工程建设进度,要求尽快发挥工程功能。所以,基于加快工程进度的技术开发、设备研发和管理提升将更加迫切,比如盾构设备研发、装配式结构技术等。

六、基于供应链管理的绩效提高

水利工程市场的竞争日益加剧,各个参与主体,尤其是施工方、设计方,逐渐认识到,市场竞争已经不仅仅是单个主体的竞争,而是基于核心主体所形成的供应链之间的竞争。每个主体需要构建自己稳定、高效的供应链,着力提高整个供应链的绩效,以提高整个工程的实施绩效,从而提高自己的市场竞争力。

随着市场竞争的逐渐加剧,工程企业逐渐明白,基于互信的合作将可获得双赢的结局,所以战略联盟和合作将成为趋势。为了在市场竞争与合作中获得优势,各个公司需要削减不相关业务和非核心业务,而专注于自己的核心业务,着力提高自己的核心竞争力,其他非核心业务进行外包。同时,一个公司的资源是有限的,为了获得竞争优势,提高公司整合外部资源的能力也变得非常重要。

七、基于信息化的管理效率提升

信息技术和信息化已经对水利工程管理产生了巨大影响,获得了管理效率的巨大提高。随着信息技术在智能化等方面的新突破,以及信息技术在工程管理中应用的进一步深化,工程管理信息化程度的提高,使用信息技术收集、分析和解释数据的能力将为提升项目管理能力提供更多的机遇,工程管理效率必将获得更大的提高,智慧水利和智慧工程建设成为可能。智慧水利建设的重点任务是构建数字孪生流域,建设"2+N"水利智能业务应用体系,完善水利网络安全体系。"2+N"中2是流域防洪应用和水资源管理与调配应用,N包括水利工程建设和运行管理、河湖长制及河湖管理、水土保持、农村水利水电、节水管理与服务、南水北调工程运行与监督、水行政执法、水利监督、水文管理、水利行政和水利公共服务等。

八、新基建带来的新机遇

新型基础设施是以新发展理念为引领,以技术创新为驱动,以信息网络为基础,面向高质量发展需要,提供数字转型、智能升级、融合创新等服务的基础设施体系。目前来看,新型基础设施主要包括3个方面内容:一是信息基础设施。主要是指基于新一代信息技术演化生成的基础设施,比如,以5G、物联网、工业互联网、卫星互联网为代表的通信网络基础设施,以人工智能、云计算、区块链等为代表的新技术基础设施,以数据中心、智能计算中心为代表的算力基础设施等。二是融合基础设施。主要是指深度应用互联网、大数据、人工智能等技术,支撑传统基础设施转型升级,进而形成的融合基础设施,比如,智能交通基础设施、智慧能源基础设施等。三是创新基础设施。主要是指支撑科学研究、技术开发、产品研制的具有公益属性的基础设施,比如,重大科技基础设施、科教基础设施、产业技术创新基础设施等。

具体到工程,新基建主要包括5G基站、特高压、城际高速铁路和城际轨道交通、新能源汽车充电桩、大数据中心、人工智能和工业互联网七大领域。

新基建除本身作为项目管理应用范畴,可以为项目管理发展提供新的发展空间外,同时,新基建必将在信息感知、数据传输、存储和智能处理等环节,创造出更多技术更先进、性能更完善、价格更适宜的新技术、新产品、新设备,有力促进水利基础设施数字化转型升级,为水利工程管理信息化快速发展提供坚实的技术基础。

九、新形势、新理念、新业态、新技术助推水利事业高质量发展

我国水旱灾害频发这一老问题依然存在，而水资源短缺、水生态损害、水环境污染等新问题更加突出，解决"新老水问题"、保障国家水安全是新形势的要求。同时，必须完整、准确、全面地把握"创新、协调、绿色、开放、共享"新发展理念，用新发展理念指导水利工作实践。水利事业发展面临着建筑工业化、建造服务化和平台化等新业态，也要注意和历史文化、风景、休闲旅游等结合，培育新业态。新材料、新设备、新工艺、新技术等伴随着新型工业化进程快速发展，为水利工程建设提供了有力的技术支撑。所以，新形势、新理念、新业态、新技术将助推水利事业高质量发展。

十、新工科建设为水利事业高质量发展提供有力的人才支撑

新工科建设是应对新经济的挑战，从服务国家战略、满足产业需求和面向未来发展的高度，在"卓越工程师教育培养计划"的基础上，提出的一项持续深化工程教育改革的重大行动计划。新工科建设具有反映时代特征、内涵新且丰富、多学科交融、多主体参与、涉及面广等特点，是主动应对新一轮科技革命与产业变革的战略行动。新工科建设为水利学科发展带来了新机遇，依托新工科建设的新理念、新标准、新模式、新方法、新技术、新文化，立足于"工科专业的新要求"改造升级水利工科专业，培养更多适应水利事业发展要求的新工科人才，必将为水利事业高质量发展提供有力的人才支撑。

复习思考题

1. 选取某个水利工程项目管理发展影响因素，讨论其影响的积极和消极作用。

2. 结合某个涉水的国家战略（比如长江经济带发展战略、黄河流域生态保护和高质量发展战略等），讨论其对水利事业发展的影响。

3. 结合新基建和信息技术发展，讨论其对水利工程项目管理发展的深远影响。

参 考 文 献

[1] 中国项目管理研究会. 中国项目管理知识体系与国际项目管理专业资质认证标准[M].北京:机械工业出版社,2002.

[2] [美]Project Management Institute(项目管理协会). 项目管理知识体系指南(PMBOK 指南)[M].6版.北京:电子工业出版社,2018.

[3] Turner J R,et al.项目管理手册[M].3 版.李世其,等译.北京:机械工业出版社,2004.

[4] Frederick E G, Nancy E J. Construction Project Management [M]. 4th. Pearson Education,inc. ,2014.

[5] Jeffrey K P. Project Management:Achieving Competitive Advantage[M].4th. Pearson Education,inc. ,2016.

[6] 丛培经. 工程项目管理[M].5 版. 北京:中国建筑工业出版社,2017.

[7] 毕星,翟丽.项目管理[M].上海:复旦大学出版社,2000.

[8] 卢向南.项目计划与控制[M].2 版.北京:机械工业出版社,2009.

[9] 中国建筑业协会工程项目管理委员会.中国工程项目管理知识体系[M].2 版.北京:中国建筑工业出版社,2011.

[10] 丁士昭. 工程项目管理[M].2 版.北京:中国建筑工业出版社,2014.

[11] 《建设工程项目资源管理》编委会. 建设工程项目资源管理[M]. 北京:中国计划出版社,2007.

[12] 中国水利工程协会. 水利工程建设进度管理[M]. 北京:中国水利水电出版社,2007.

[13] 方国华,朱成立.水利水电工程概预算[M].2 版.郑州:黄河水利出版社,2019.

[14] 刘亚臣,常春光. 工程项目融资[M].3 版.大连:大连理工大学出版社,2012.

[15] 王卓甫. 工程项目风险管理:理论、方法与应用[M]. 北京:中国水利水电出版社,2003.

[16] 朱党生. 水利水电工程环境影响评价[M]. 北京:中国环境科学出版社,2006.

[17] 彭麟,蒋叶.工程招投标与合同管理[M].武汉:华中科技大学出版社,2018.

[18] 中华人民共和国民法典[M].北京:中国法制出版社,2020.

[19] 丁荣贵,杨乃定. 项目组织与团队[M].2 版.北京:机械工业出版社,2011.

[20] 刘尚温.工程建设组织协调[M]. 北京:中国水利水电出版社,知识产权出版社,2007.

[21] 曾凝霜,刘琰,徐波.基于 BIM 的智慧工地管理体系框架研究[J].施工技术,2015,44(10):96-100.

[22] 薛冉冉,肖洁,李永福.浅谈建设智慧工地对工程项目施工过程的重要性[J].科学技术创新,2020(7):103-104.

[23] 鹿焕然.建筑工程智慧工地构建研究[D].北京:北京交通大学,2019.

[24] 杨信.建筑企业智慧工地管理系统设计与实现[D].长沙:湖南大学,2019.

[25] 韩豫,孙昊,李宇宏.智慧工地系统架构与实现[J].科技进步与对策,2018,35(24):107-111.

[26] 张月玥,齐悦.BIM 技术在土木工程施工中的有效应用[J].工业建筑,2021,51(1):259-260.

[27] 徐友全,贾美珊.物联网在智慧工地安全管控中的应用[J].建筑经济,2019,40(12):101-106.

[28] 魏艳.基于区块链的数据完整性验证技术研究[D].南京:南京邮电大学,2019.

[29] Singh Parminder,et al. Block chain and homomorphic encryption-based privacy-preserving data aggregation model in smart grid[J]. Computers and Electrical Engineering, 2021, 93.

[30] 聂凯君,曹傧,彭木根.6G 内生安全:区块链技术[J]. 电信科学,2020,36(1):21-27.

[31] 严小丽,吴颖萍.基于区块链的 BIM 信息管理平台生态圈构建[J].建筑科学,2021,37(2):192-200.